JN310055

Plant Viruses

植物ウイルス

——病原ウイルスの性状——

東京大学大学院農学生命科学研究科

山下修一［編著］

悠書館

1. カリフラワーモザイクウイルス（***Cauliflower mosaic virus*, CaMV**）感染カリフラワー

2. ダリアモザイクウイルス（***Dahlia mosaic virus*, DMV**）感染ダリア

3. オダマキえそモザイクウイルス（**Aquilegia necrotic mosaic virus, AqNMV**）感染オダマキ

4. ペチュニア葉脈透化ウイルス（***Petunia vein clearing virus*, PVCV**）感染ペチュニア

5. アオキ輪紋ウイルス（**Aucuba ringspot virus, ARSV**）感染アオキ

6. カンナ黄色斑紋ウイルス（***Canna yellow mottle virus*, CYMV**）感染カンナ

7. オギ条斑ウイルス（***Miscanthus streak virus*, MiSV**）感染オギ

8. タバコ葉巻ウイルス（***Tobacco leaf curl virus*, TLCV**）感染トマト

9（a）．タバコ葉巻ウイルス（*Tobacco leaf curl virus*, TLCV）感染ヒヨドリバナ

9（b）．タバコ葉巻ウイルス（*Tobacco leaf curl virus*, TLCV）感染スイカズラ

10. トマト黄化葉巻ウイルス（*Tomato yellow leaf curl virus*, TYLCV）感染トマト

11. サツマイモ葉巻ウイルス（*Sweet potato leaf curl virus*, SPLCV）感染サツマイモ

12. アブチロンモザイクウイルス（*Abutilon mosaic virus*, AbMV）感染アブチロン

13. レンゲ萎縮ウイルス（*Milkvetch dwarf virus*, MDV）感染ソラマメ

14. バナナバンチィトップウイルス（*Banana bunchy top virus*, BBTV）感染バナナ

15. イネ黒条萎縮ウイルス（*Rice black-streaked dwarf virus*, RBSDV）感染イネ株の葉縮症状

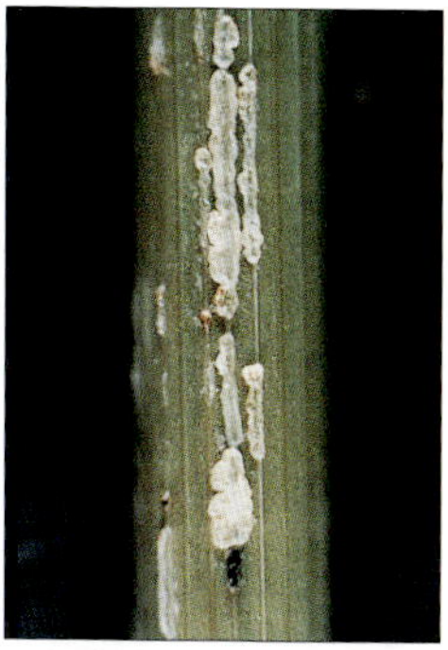

16(a). イネ黒条萎縮ウイルス（***Rice black-streaked dwarf virus***, **RBSDV**）感染イネの桿脈隆起

16（b）. イネ黒条萎縮ウイルス（***Rice black-streaked dwarf virus***, **RBSDV**）感染トウモロコシの葉脈隆起

17. イネ萎縮ウイルス（***Rice dwarf virus***, **RDV**）感染イネ

18. ダイコン葉縁黄化ウイルス（***Radish yellow edge virus***, **RYEV**）感染ダイコン

19. レタスビッグベインウイルス（***Lettuce big-vein virus***, **LBVV**）感染レタス

20. タバコわい化ウイルス（***Tobacco stunt virus***, **TSV**）感染タバコ

21. マサキモザイクウイルス（**Euonymus mosaic virus, EuMV**）感染マサキ

22. グロリオーサ白斑ウイルス（**Gloriosa fleck virus, GlFV**）感染グロリオーサ

23. ハス条斑ウイルス (*Lotus streak virus*, LSV) 感染ハス（レンコン）

24. トマト葉脈透化ウイルス (Tomato vein clearing virus, TVCV) 感染トマト

25. ソラマメ葉脈黄化ウイルス (Broad bean yellow vein virus, BBYVV) 感染ソラマメ

26. ムギ類北地モザイクウイルス（*Northern cereal mosaic virus*, NCMV）感染エンバク

27. ニンジンラブドウイルス (Carrot rhabdovirus, CRV) 感染ニンジン

28. トマト黄化えそウイルス (*Tomato spotted wilt virus*, TSWV) 感染トマト

29. トマト黄化えそウイルス (*Tomato spotted wilt virus*, TSWV) 感染ピーマン

30. イネ縞葉枯ウイルス（*Rice stripe virus*, RSV）感染イネ

31. イネ縞葉枯ウイルス（*Rice stripe virus*, RSV）感染トウモロコシ

32. イネグラッシースタントウイルス（*Rice grassy stunt virus*, RGSV）感染イネ

33. チューリップ微斑モザイクウイルス（*Tulip mild mottle mosaic virus*, TMMMV）感染チューリップ

34. イネわい化ウイルス（Rice waika virus , RWV）（*Rice tungro spherical virus* , RTSV）感染イネ（范原図）

35(a). ソラマメウイルトウイルス２（*Broad bean wilt virus 2*, BBWV-2）感染ソラマメ

35(b). ソラマメウイルトウイルス２（*Broad bean wilt virus 2*, BBWV-2）感染ホウレンソウ

36. ソテツえそ萎縮ウイルス（*Cycas necrotic stunt virus*, CNSV）感染ソテツ

37. タバコ輪点ウイルス（*Tobacco ringspot virus*, TRSV）感染タバコ（土居原図）

38. オオムギ黄萎ウイルス（*Barley yellow dwarf virus*, BYDV）感染オオムギ

39. オオムギ黄萎ウイルス（*Barley yellow dwarf virus*, BYDV）感染エンバク（レッドリーフ症状）

40. ビート西部萎黄ウイルス（*Beet western yellows virus*, BWYV）感染ホウレンソウ

41. メロン葉脈黄化ウイルス（Melon vein yellowing virus, MVYV）感染メロン

42. カーネーション斑紋ウイルス（*Carnation mottle virus*, CarMV）感染カーネーション

43. ハナショウブえそ輪紋ウイルス（*Japanese iris necrotic ring virus*, JINSV）感染ハナショウブ

44. メロンえそ斑点ウイルス（*Melon necrotic spot virus*, MNSV）感染メロン

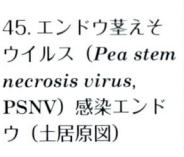

45. エンドウ茎えそウイルス（*Pea stem necrosis virus*, PSNV）感染エンドウ（土居原図）

46. タバコネクロ－シスウイルス（***Tobacco necrosis virus*, TNV**）感染タバコ（土居原図）

47. タバコネクロ－シスウイルス（***Tobacco necrosis virus*, TNV**）感染チューリップ

48. アルファルファモザイクウイルス（***Alfalfa mosaic virus*, AlMV**）感染シロクローバ

49（a）. キュウリモザイクウイルス（***Cucumber mosaic virus*, CMV**）感染トマトの糸葉

49（b）. キュウリモザイクウイルス（***Cucumber mosaic virus*, CMV**）感染トマトのえそ

50. キュウリモザイクウイルス（***Cucumber mosaic virus*, CMV**）感染タバコ（土居原図）

51. キュウリモザイクウイルス（***Cucumber mosaic virus*, CMV**）感染ソラマメ

52. カンキツリーフルゴースウイルス（***Citrus leaf rugose virus*, CLRV**）感染カンキツ（セミノール）

53. スモモ黄色網斑ウイルス（***Plum line pattern virus*, PLPV**）（詳細未定）感染と思われるサクラ

54. プルナスリングスポットウイルス（***Prunus necrotic ringspot virus*, PNRSV**）感染バラ

55. ポインセチアモザイクウイルス（***Poinsettia mosaic virus*, PoMV**）感染ポインセチア

56. ブドウフレックウイルス（***Grapevine fleck virus*, GlFV**）とブドウ葉巻ウイルス（***Grapevine leafroll virus*, GLRV**）の重複感染によるブドウ果実の着色不良（土居原図）

57. オオムギ縞萎縮ウイルス（***Barley yellow mosaic virus*, BaYMV**）感染オオムギ

58. コムギ縞萎縮ウイルス（***Wheat yellow mosaic virus*, WYMV**）感染コムギ圃場（同心状に発生）

59. インゲンマメ黄斑モザイクウイルス（***Bean yellow mosaic virus*, BYMV**）感染ソラマメ

60. ジャガイモYウイルス（***Potato virus Y*, PVY**）（えそ系）感染タバコ

61. ダイズモザイクウイルス（*Soybean mosaic virus*, SoyMV）感染ダイズ

62. サトウキビモザイクウイルス（*Sugarcane mosaic virus*, SuMV）感染トウモロコシ

63. サツマイモ斑紋モザイクウイルス（*Sweet potato feathery mottle mosaic virus*, SPFMMV）感染サツマイモ

64. チューリップモザイクウイルス（*Tulip breaking virus*, TuBV）感染チューリップ（花弁斑入り）

65. カブモザイクウイルス（*Turnip mosaic virus*, TuMV）感染ダイコン

66. カボチャモザイクウイルス（*Watermelon mosaic virus*, WMV）感染カボチャ

67. シバモザイクウイルス（*Zoysia mosaic virus*, ZMV）感染ノシバ

68. ビート萎黄ウイルス（*Beet yellows virus*, BYV）感染ホウレンソウ

69. ニンジン黄葉ウイルス（***Carrot yellow leaf virus***, **CYLV**）感染ニンジン

70. クローバ萎黄ウイルス（***Clover yellows virus***, **CYV**）感染シロクローバ

71. コムギ黄葉ウイルス（***Wheat yellow leaf virus***, **WYLV**）感染コムギ

72. キュウリ黄化ウイルス（***Cucumber yellows virus***, **CuYV**）感染キュウリ

73. キュウリ黄化ウイルス（***Cucumber yellows virus***, **CuYV**）感染メロン

74. キュウリ黄化ウイルス（***Cucumber yellows virus***, **CuYV**）媒介のオンシツコナジラミ

75. ブドウ葉巻ウイルス（***Grapevine leafroll virus***, **GLRV**）感染ブドウ

76. ヤマノイモえそモザイクウイルス（**Chinese yam necrotic mosaic virus, CYNMV**）感染ヤマノイモ

77 ジャガイモXウイルス（*Potato virus X*, PVX）感染ジャガイモ

78. シロクローバモザイクウイルス（*White clover mosaic virus*, WCMV）感染シロクローバ

79. ブドウえそ果ウイルス（*Grapevine berry inner necrosis virus*, GBINV）感染ブドウ葉

80. ブドウえそ果ウイルス（*Grapevine berry inner necrosis virus*, GBINV）感染ブドウ果実

81. ムギ斑葉モザイクウイルス（*Barley stripe mosaic virus*, BSMV）感染オオムギ

82. キュウリ緑斑モザイクウイルス（*Cucumber green mottle mosaic virus*, CGMMV）感染メロン

83. ハイビスカス黄斑ウイルス（Hibiscus yellow mosaic virus, HYMV）感染ハイビスカス

84. オオバコモザイクウイルス（*Ribgrass mosaic virus*, RiMV）感染オオバコ

85. サーモンズオプンチアウイルス（*Sammons' Opuntia virus*, SOV）感染サボテン（三角柱）

86. タバコモザイクウイルス（*Tobacco mosaic virus*, TMV）感染タバコ

87. タバコ茎えそウイルス（*Tobacco rattle virus*, TRV）感染ホウレンソウ

88. ムギ類萎縮ウイルス（*Soil-borne wheat mosaic virus*, SBWMV）感染コムギの圃場（同心円状に発生）

89. ムギ類萎縮ウイルス（*Soil-borne wheat mosaic virus*, SBWMV）感染コムギ

90. ソラマメえそモザイクウイルス（*Broad bean necrosis virus*, BBNV）感染ソラマメ

91. ジャガイモモップトップウイルス（*Potato mop-top virus*, PMTV）感染ジャガイモ

92. ビートえそ性葉脈黄化ウイルス（*Beet necrotic yellow vein virus*, BNYVV）感染ビート

93. インゲンマメ南部モザイクウイルス（*Southern bean mosaic virus*, SBMV）感染ツルマメ

94. コックスフットウイルス（*Cocksfoot mottle virus* , CoMV）感染オーチャードグラス

95. カンキツ萎縮ウイルス（*Satuma dwarf virus*, SDV）感染カンキツ（温州）（岩波原図）

96. ソラマメ黄色輪紋ウイルス（Broad bean yellow ringspot virus , BBYRSV）感染ソラマメ

97. コムギ斑紋萎縮ウイルス（Wheat mottle dwarf virus、WMDV）感染コムギ

98. ゴボウ斑紋ウイルス（Burdock mottle virus, BuMV）感染ゴボウ

99. ランえそ斑紋ウイルス（Orchid fleck virus, OFV）感染シンジウム

100. ランえそ斑紋ウイルス（Orchid fleck virus, OFV）感染エビネ

101.Piper bacilliform virus (PiBV) 感染コショウ（ブラジル産）

102.Solanum violaefolium ringspot virus, SvRSV）感染 ***S. violaefolium***（ブラジル産）

103. ホップわい化ウイロイド（***Hop stunt viroid,*** **HSVd**）感染ホップ（夏秋知英原図）

104. キクわい化ウイロイド（***Chrysanthemum stunt viroid,*** **CSVd**）感染キク（生育不良株は多数、取り残されている）

105. リンゴさび果ウイロイド（***Apple scar skin viroid,*** **ASSVd**）感染リンゴ果実

106. リンゴゆず果ウイロイド（***Apple fruit crinkle viroid,*** **AFCVd**）感染リンゴ果実

はじめに v
凡　例 vii

第Ⅰ編　総　論

1．植物ウイルス病 2
（1）ウイルス病の記載 3
（2）被害 3
（3）他生物のウイルス病 4
①脊椎動物 4
1）ヒト 4
2）家畜類 5
②無脊椎動物 6
③細菌 7
④菌類など 7
（4）ウイルスの発見と定義 7
①ウイルスの発見 7
②ウイルスの定義 9
2．ウイルスの検診・同定 10
（1）病徴 10
①外部病徴 10
②内部病徴 10
（2）接種試験 11
①汁液接種 12
②媒介生物による接種 12
（3）電子顕微鏡観察 13
①ネガティーブ染色法 13
②超薄切片法 14
（4）血清試験 16
（5）遺伝子診断 17
① 核酸プローブ法 17
② PCR 法 17
3．ウイルス粒子の性状 18
（1）形態と構造 18
（2）理化学的性状 19
4．ウイルスの遺伝 20
（1）ゲノム 20
（2）遺伝情報の発現と複製 22
（3）変異と進化 26
5．ウイルスの感染・増殖と防除 28
（1）伝染・伝搬 28
（2）感染・増殖 29
（3）防除 30
6．ウイルスの分類 31
（1）ウイルス分類の歴史 31
（2）ウイルスの同定・分類基準 32
（3）国際ウイルス分類委員会（ICTV）による分類 32
（4）植物ウイルスの種類と本邦のウイルス 33
（5）ウイロイドの分類と複製 33

図Ⅰ-1　植物ウイルスの細胞内所在・病変の電顕像例 34
図Ⅰ-2　いくつかの植物ウイルス群のゲノム構造 35
図Ⅰ-3　ウイルスの遺伝情報の発現様式 38
図Ⅰ-4　主なウイロイドの塩基配列と二次構造 38

図 I-5　ウイロイドのドメイン構造とそれによる分類　38
図 I-6　ウイロイドの複製様式（2 タイプ）　39
図 I-7　国際ウイルス分類委員会（ICTV）による植物ウイルスの分類　40
表 I-1　過去に大きな被害が発生、また今後に大きな被害が予想されるウイルス・ウイロイド病　41
表 I-2　植物ウイルスの主な外部病徴　42
表 I-3　主なウイロイドの種類と分類　43
表 I-4　植物ウイルスの分類群と主な性状　44
表 I-5　植物ウイルスの分類属と所属種　52
表 I-6　ウイルスの主な同定・分類基準　61

第Ⅱ編　病原ウイルス

1．2本鎖（逆転写）DNA ウイルス …64
（1）カウリモウイルス科　***Caulimoviridae***　64
① カウリモウイルス属　***Caulimovirus***　65
② ペチュウイルス属　***Petuvirus***　68
③ ソイモウイルス属　***Soymovirus***　69
④ バドナウイルス属　***Badnavirus***　70
2．1本鎖 DNA ウイルス ……………………73
（1）ジェミニウイルス科　***Geminiviridae***　73
① マスツレウイルス属　***Mastrevirus***　74
②べゴモウイルス属　***Begomovirus***　75
③カルトウイルス属　***Curtovirus***　78
④トポクウイルス属　***Topocuvirus***　79
（2）ナノウイルス科　***Nanoviridae***　80
① ナノウイルス属　***Nanovirus***　80
② バブウイルス属　***Babuvirus***　81
3．2本鎖 RNA ウイルス ……………………83
（1）レオウイルス科　***Reoviridae***　83
①フィジーウイルス属　***Fijivirus***　84
②ファイトレオウイルス属　***Phytoreovirus*** 86
③ オリザウイルス属　***Oryzavirus***　88
（2）パルチチウイルス科　***Partitiviridae***　90
①アルファクリプトウイルス属　***Alphacryptovirus***　91
② ベータクリプトウイルス属　***Betacryptovirus***　93
（3）科未定　95
①バリコサウイルス属　***Varicosavirus***　95
②エンドルナウイルス属　***Endornavirus***　97
4．1本鎖 RNA ウイルス ……………………98
A. 逆転写（RT）ウイルス　98
（1）シュイドウイルス科　***Pseudoviridae***　98
①シュイドウイルス属　***Pseudovirus***　99
② シレウイルス属　***Sirevirus***　100
（2）メタウイルス科　***Metaviridae***　101
① メタウイルス属　***Metavirus***　102
B. マイナス（ー）鎖ウイルス　104
（1）ラブドウイルス科　***Rhabdoviridae***　104

① ヌクレオラブドウイルス属 *Nucleorhabdovirus* 106
②サイトラブドウイルス属 *Cytorhabdovirus* 111
(2) ブニヤウイルス科 *Bunyaviridae* 115
①トスポウイルス属 *Tospovirus* 116
(3) 科未定 122
① テヌイウイルス属 *Tenuivirus* 122
②オフィオウイルス属 *Ophiovirus* 125
C. プラス（＋）鎖ウイルス 127
(1) セクイウイルス科 *Sequiviridae* 127
①ワイカウイルス属 *Waikavirus* 128
② セクイウイルス属 130
(2) コモウイルス科 *Comoviridae* 132
①コモウイルス属 *Comovirus* 133
②ファバウイルス属 *Fabavirus* 135
③ネポウイルス属 *Nepovirus* 137
(3) ルテオウイルス科 *Luteoviridae* 143
①ルテオウイルス属 *Luteovirus* 144
② ポレロウイルス属 *Polerovirus* 146
③ *Enamovirus* 属 149
④ 属未定 150
(4) トムブスウイルス科 *Tombusviridae* 152
①カルモウイルス属 *Carmovirus* 153
②ネクロウイルス属 *Necrovirus* 157
③トムブスウイルス属 *Tombusvirus* 158
(5) ブロモウイルス科 *Bromoviridae* 161
① アルファモウイルス属 *Alfamovirus* 162
② ククモウイルス属 *Cucumovirus* 163
③ イラルウイルス属 *Ilarvirus* 166
(6) チモウイルス科 *Tymoviridae* 171
① チモウイルス属 *Tymovirus* 172
② マクラウイルス属 *Maculavirus* 174
③ *Marafivirus* 属 175
(7) ポチィウイルス科 *Potyviridae* 176
① バイモウイルス属 *Bymovirus* 177
② ポチィウイルス属 *Potyvirus* 180
③ ライモウイルス属 *Rymovirus* 192
(8) クロステロウイルス科 *Closteroviridae* 194
① クロステロウイルス属 *Closterovirus* 194
②クリニウイルス属 *Crinivirus* 199
③ アムペロウイルス属 *Ampelovirus* 201
(9) フレキシウイルス科 *Flexiviridae* 203
①アレクスウイルス属 *Allexvirus* 204
② キャピロウイルス属 *Capillovirus* 205
③カルラウイルス属 *Carlavirus* 206
④フォベアウイルス属 *Foveavirus* 212
⑤ポテックスウイルス属 *Potexvirus* 212
⑥トリコウイルス属 *Trichovirus* 216
⑦ ビティウイルス属 *Vitivirus* 218
⑧ *Mandarivirus* 属 219
(10) 科未定 220
棹状ウイルス 220
①ホルディウイルス属 *Hordeivirus* 220
②トバモウイルス属 *Tobamovirus* 221
③トブラウイルス属 *Tobravirus* 225
④ ベニウイルス属 *Benyvirus* 227
⑤フロウイルス属 *Furovirus* 228
⑥ ポモウイルス属 *Pomovirus* 230
⑦ *Pecluvirus* 属 231
球状ウイルス 232
① ソベモウイルス属 *Sobemovirus* 232
②サドワウイルス属 *Sadwavirus* 234

③ チェラウイルス属　***Cheravirus***　236
④ ***Idaeovirus*** 属　236
⑤ ***Umbravirus*** 属　237
桿菌状ウイルス　237
① ***Ourmiavirus*** 属　237
5．未分類あるいは未詳ウイルス…238
球状ウイルス　238
桿（棒）状～ひも状ウイルス　241
被膜を欠く短桿菌状ウイルス　243
① 核増殖型ウイルス　244
② 細胞質増殖型ウイルス　245
6．ウイロイド（Viroid）……………………246

参考図書　249
索　　引　255

はじめに

農耕文化とともに植物学は芽生えたといわれる。植物には多数の病気があり、通常、それらは経済性をもってわれわれにダメージをあたえる。ウイルスは生物の病気の重要な病原である。ウイルスは生きた宿主内でのみ代謝する非生物であり、ウイルスに対しては今日なお有効な治療薬は存在せず、最後に残された病原ともいわれる。

ウイルスはすべて核酸と蛋白質のヌクレオキャプシドからなり、一部はさらに被膜を有する。ウイルスは実用的重要性とともに、分子生物学的分野にも多大な貢献をしてきた。これまでにウイルス研究の分野で、20 名以上のノーベル賞が授与されていることが、これを証する。ウイルスの分類は全生物で統一的に扱われる。ウイルス学は基礎科学であるとともに応用科学の面をも有する。

筆者は本邦産ウイルスの多くを自ら収集し、病原を主に電子顕微鏡（電顕）を用いて探索してきた。また、菌類ウイルスについても同様に追究してきた。植物のウイルスは有用植物から野草にわたり、寄生性には広狭がある。ウイルスはウイルス粒子を生じることがウイルス定義のひとつであるが、これに合致しない病原として、植物のウイロイド、動物のプリオンが見出された。

ウイルスの形状は斉一で一定したものである。また、ウイルスの細胞内所在・増殖様式、細胞変性はウイルスやウイルス群により一定である。これらの探究は植物の組織学、細胞学上も意義深い。ウイルスは細胞内核酸が起源と推定され、それらが病原性、寄生性を獲得、拡大して、変異・適応、進化してきたと思われる。

本書は植物ウイルスを全般的に扱う。従来、この種の著作は複数の編者・著者によることが多い。著者は当大学で、前任の土居先生を引き継ぎ、ウイルス学・植物ウイルス学を講義してきた。先生は植物ウイルス研究の応用に電顕をいち早く取り入れられ、多数のウイルスの細胞内所在を究明され、またこの途中で植物マイコプラズマ様微生物も発見された。これらは、組織等の局在性病原の存在解明の契機ともなった。著者は先生の電顕関連資料の多くを受け継いだ。本書はこれらを含め、取りまとめたものである。

植物病理学には、植物学、病原学の知見が重要であり基本となる。本書は2編に分けられ、Ⅰ編は総論、Ⅱ編は本邦に存在するウイルスを中心に主な特徴を示した。Ⅱ編ではウイルス粒子の形状、細胞内所見を示すために、極力、電顕写真の収録に務めた。

本書が植物保護関係者のみならず、関連領域における方々に広く活用されることを望む。

本書の取りまとめには多くの方の協力をいただいた。ここに、関係者に深謝申し上げる。また、本書の企画から出版に至るまで大変なお世話をいただき、終始ご尽力いただいた悠書館社長長岡正博氏、ソフトサイエンス社元社長吉田進氏には衷心より感謝を表する。

2010年12月

山下修一

凡　例

1. 本書は2編からなる。I編は総論、II編は病原ウイルスとした。前者では一般植物ウイルス学的知見を紹介し、参考図書を挙げた。後者では、本邦に存在するウイルスのすべてについて主たる性状を示すように務めた。ただ、近年に報告あるいは性状未詳で、一部割愛されたものもある。また、ウイルス名の改称が提案されたものもある。ウイロイドはウイルス学の延長で見出されたもので、本書でも簡単に示した。
2. 植物ウイルスは現在、世界で約900種、本邦で約300種が知られている。II編で取り上げたウイルスの名称は、基本的には国際ウイルス分類委員会（ICTV）第8次報告（Virus Taxonomy 8th Reports, Fauquet, C. M. *et al*. eds., 2005）および「日本植物病名目録」（日本植物病理学会編、2000）に準じた。本邦に存在するウイルスについては和名を付した。ウイルス名は大文字で表記し、分類的にICTVで確認されたものはイタリック、未定のものは立体（ローマン体）で示すことになっている。本書ではこれに準じた。イタリックでないウイルスについては今後、さらなる探究が望まれる。
3. II編の病原ウイルスでは、ICTV報告に準じ、グループ（科、属）の特性を示し、本邦に存在するウイルスについては具体的に述べた。これらの記述には参考文献を挙げた。病徴はカラー口絵に、電子顕微鏡写真（ネガティブ染色、超薄切片）は本文に一部を示し、理解を深める一助とした。各ウイルス病については病名があるが、ここでは省いた。なお、寄生性の広いウイルスでは、発生植物で病名が異なるものもある。
4. 以前には、ウイルスの組織局在性、細胞内所在・増殖様式などはほとんど知られていなかった。ウイルス粒子は極めて微小で、電顕でのみ観察できる。筆者は野外で採集したウイルス性病害について、まず電顕で調べ、伴せて、通常のウイルス検診技術を用いた。この種の研究には電顕が任意に使用できなければならない。電顕技術も容易でない。筆者は幸い、当大学学部でこの幸運に恵まれた。病徴と電顕観察で大多数のウイルスが判定できる。本書は多数の電顕写真を主に収録したが、類書は他にない。ウイルス学上も座右の書になると思われる。

第Ⅰ編

総　論

ヒトを含め動物、植物あるいは微生物など、ほとんどの生物には病気（disease）がある。病因を病原（pathogen）という。

ウイルス（virus）は通常、病原のひとつである。ウイルス学（virology）はウイルスによって起こる病気とその病原、すなわち、「ウイルス病と病原ウイルス」について科学する学問といえる。従って、植物ウイルス学（plant virology）は「植物ウイルス病とその病原ウイルス」に関する科学といえる。

ヒトに感染するウイルスはわれわれに直接の被害をもたらすが、家畜（魚類、昆虫類も含む）や植物に感染するウイルスは通常、われわれに経済性をもって間接的に影響をもたらす。ウイルスの種類、宿主によっては無病徴・潜在感染もある。

植物ウイルス学は基礎科学としての生物学、農学としての応用科学の両面を有する。ウイルス学の中心的課題は病原学（etiology）であるが、その歴史は伝染性病原を対象とする菌類学、細菌学、寄生虫学などより新しく、ほぼ、20 世紀初頭に始まる。ウイルス学は学術上、応用上重要であり、多数の知見があり、また今日までに多くの出版物がある。ここでは、植物ウイルスに関する国内外の参考図書の単行書を巻末に挙げた。参考いただきたい。

1．植物ウイルス病

病気は健全から逸脱した状態を示す。ただ、健全の定義は難しい。病害は通常、有用植物に経済的被害を生じた場合をいう。病気でも病害と称しないこともある。有用植物としては、農作物、野菜、花卉、果樹、特用・飼料作物、芝草、樹木、緑化樹などがある。

（1）ウイルス病の記載

植物ウイルス病の初記載はヨーロッパの静物画に描かれているチューリップ斑入りで、これはチューリップモザイクウイルス（*Tulip breaking virus*）の感染（1576）によるとされてきた。一方、この斑入りは観賞価値を高め、18 世紀のチューリップ狂時代には投機の対象となったとされる。病気が経済的価値を高めた例である。しかし今日では、最古の記録は、わが国の万葉集に孝謙天皇が詠まれている和歌「この里は継ぎて霜や置く夏の野にわが見し草は黄葉たりけり」（752）とされる。黄葉は葉脈黄化症状を呈したキク科野草のヒヨドリバナ（*Eupatorium chinensis*）（口絵 9（a））のことであり、これはタバコ葉巻ウイルス（*Tobacco leaf curl virus*）が感染したものである。18 世紀初期には、ウイルス病とされる伝染性斑葉（斑入り）として、ヨーロッパでジャスミンなどが、日本ではツバキが記録されている。

（2）被害

植物ウイルスの被害は農耕が始まってからと推定され、通常、有用植物の経済的被害によって、われわれに影響をもたらす。植物ウイルスによる被害程度はこれまでに多数記録されている。ただ、それらの被害は時代や国によって評価はさまざまであり、詳細な客観的統計資料はほとんどない。記載されている大きな被害例を示す。

古くは、ヨーロッパで 18 世紀後期、主食のジャガイモで衰退と称された萎縮病（複数のアブラムシ伝搬性ウイルスが関与）が大きな問題になった。20 世紀の初～中期には、アメリカ合衆国西部での *Beet curly top virus* によるビート、ブラジルでのカンキツトリステザウイルス（*Citrus tristeza virus*）によるサワーオレンジ、アフリカ西部での *Caccao swollen shoot virus* によるカカオ、アメリカ合衆国での複数の黄化性ウイルスによるオオムギ、ジャガイモ、ビートで、大きな被害が記録されている。

日本でも多くの被害が記録されている。練馬ダイコン（品種）は カブモザイクウイルス（*Turnip mosaic virus*）に弱く、このウイルスのために栽培が不可能になったとされる（1950）。キュウリモザイクウイルス（*Cucumber mosaic virus*）によるタバコモザイク病（1958）、キュウリ緑斑モザイクウイルス（*Cucumber green mottle mosaic virus*）によるスイカこんにゃく病（1968）などが特記される。

今日でも各国でウイルス病が発生し、問題となっている。過去に発生あるいは今後に甚大な被害が予想されるウイルス病の例を表I−1（41頁）に示す。

（3）他生物のウイルス病

①脊椎動物

1）ヒト

ヒト（human）のウイルスはわれわれに直接的なダメージをもたらし、重篤な場合には死にいたらしめる。以前は、細菌や寄生虫は人類の大きな脅威であったが、これらには、抗生物質や化学薬剤などの開発で打ち克ってきた。一方、ウイルスに対しては今日でも有効な治療薬は存在せず、ウイルスは「人類最後の敵」とも称される。

天然痘（痘瘡、variola）は世界各国で脅威を生じ、インカ帝国の滅亡の一因になったともいわれる。このウイルスは世界保健機構（WHO）のワクチン施用で地球上より撲滅（1978）され、過去のウイルス病となった。インフルエンザ（influenza）は抗原性変異により10数年間隔で大流行するとされ、スペインかぜ（1918～1919）では世界中で7億人が感染し、2,000万人以上が死亡したとされる。以前に香港カゼ、アジアカゼが大きな脅威となったが、今日、トリ（H5N1）、ブタ（新型）（H1N1）ウイルスのヒトへの感染拡大が懸念されている。小児マヒ（ポリオ、polio）は世界に広く分布し、新生児で経口感染する神経指向性ウイルスである。衛生状態が悪いと多発する。狂犬病（rabies）はイヌなどの脊椎動物が伝搬するが、今日では媒介動物の駆除、弱毒ワクチンの開発などで先進国での発生は低下した。黄熱（yellow fever）はアフリカ、南米などの熱帯地方でネッタイシマカが伝搬する風土病として恐れられたが、今日ではワクチンで対処されている。1980年前後から欧米などの文明国で免疫力が低下し、重篤にいたるヒト免疫不全（*Human immunodeficiency*（後天性免疫不全症候群、エイズ（acquired immunodeficiency syndrome, AIDS））は、免疫の中枢にあたるT-cellにウイルスが感染し、これを破壊するために免疫不全となる。本ウイルスでサハラ以南のアフリカでは国家存亡が懸念されている国もあるといわれる。

他に、ヒトでは身近なウイルスとして、脳炎（encephalitis）、風疹（rubella）、麻疹（はしか）（measles）、白血病（leukosis）、肉腫（oncorna）、肝炎（hepatitis）、ヘルペス（herpes）、子宮頸がん（human papilloma）、その他、多数存在する。一方、その重要度から緊急な対応が望まれる新興ウイルスでは、エマージング（emerging）ウイルスが絶えず発生しているが、これらに対しては、国際・国内検疫で対処することになる。交通機関の発達で、媒介虫を介して侵入する懸念もある。

2）家畜類

通常、ウシ、ウマ、ブタ、ヒツジ、ヤギなどが家畜類（domestic animal）と称されるが、広義ではさらにニワトリ、シチメンチョウ、アヒルなどの家きん類、イヌ、ネコなどの愛玩動物類、ウサギ、モルモット、マウス、サルなどの実験動物類、コイ、マス、サケ、ナマズ、カマスなどの魚類なども家畜類に含まれる。これらのウイルスは経済的被害をもたらすが、一部は人畜共通病原となる。

牛痘（cow pox）はウシの重要なウイルスで、獣医学は牛痘対策から生じたともいわれる。本ウイルスはヒト天然痘と近縁で、ヒトにも軽く感染することから、ジェンナー（Jenner, E）（1796）による生涯免疫をもとにしたヒト天然痘対策のための弱毒ワクチン（種痘）開発の契機になったといわれる。これは、ウイルスの概念のない時代のことである。ウシ、ブタ、ヒツジなどの口蹄疫（foot and mouth disease）は極めて伝染力が強く、走る病気（running disease）ともいわれ、動物で最初に発見されたウイルスでもある。本邦では長年、駆逐されていたが、近年、九州で認められ、その伝染経路の解明、対応が懸念される。ニューカッスル病（newcastle disease）は家きん類の重要な法定伝染病原のひとつで、死亡率も高く、養鶏が全滅することもある。ウシ狂牛病（bovine spongiform encephalopathy, BSE）はウイルスと異なり、蛋白質が病原とされるプリオン（prion）に起因する。ウシに、ふるえや運動失調などを生じ、他のウシ科家畜やヒトへの感染（新型 Creatzfelt-Jakob disease, CFD）が懸念されている。これらはスクレイピー（scrapie）群とされる。ヒトのクールー（Kuru）病もプリオンが起因する。家畜類では、他にも多数のウイルスあるいは人畜共通ウイルスが存在する。交通機関が発達した今日、媒介生物介在、非介在のウイルスの侵入には、絶えざる注意が必要である。

②無脊椎動物

広義では昆虫も家畜類として捉えられこともある。無脊椎動物ウイルス（invertebrate viruses）で問題となるのは昆虫の益虫である。主たるものはカイコとミツバチで、双方とも多くのウイルスが知られている。特に、前者では核多核体病（膿病）（nucleopolyhedrosis）、後者ではサックブルド（sacbrood bee）が挙げられる。農業昆虫などでも多数知られ、一部はバイオコントロールとしての利用が検討されている。タコなどの軟体動物にも複数のウイルスが知られている。

③細菌

細菌ウイルス（bacterial virus, bacteriophage）は、以前にはタンク培養、連続培養などの大規模発酵産業でファージ汚染が問題となったとされる。これには、ブタノール・乳酸・グルタミン酸・枯草菌・抗生物質発酵などの例があるが、今日ではファージ汚染は低下している。細菌ウイルス（phage）がウイルス学、分子生物学、遺伝学に多大な貢献をもたらしたことは周知のことである。

④菌類など

菌類ウイルス（fungal viruses, mycoviruses）はマッシュルーム（*Agaricus bisporus*）で栽培床にきのこを生じなくなるヨーロッパの die-back で２種のウイルス（mushroom virus 1, 2）が最初に発見された（1962）。動物にインターフェロンを誘導する *P. stoloniferum, P. foetidus* 産物（statolon、helenine）やペニシリン生産菌の *Penicillium chrysogenum* に２本鎖 RNA ウイルスが発見されたことを契機に、菌類ウイルスへの関心がもたれた。著者らは植物病原菌類で最初にイネいもち病菌（*Pyricularia oryzae*）でウイルス（山下ら、1970）を見出したが、今日では発酵菌、植物病原菌、動物病原菌、食用菌などの下等～高等菌類で多数の菌類ウイルスが知られている。近年、菌類ウイルスによる植物病原菌のバイオコントロールも検討され、将来の発展が期待される。近年、近縁の原虫（プロトゾア）、藻類、プランクトンなどでも各種のウイルスが知られている。アメーバでは最大級のウイルス（*Minivirus*）が知られている。

（4）ウイルスの発見と定義

①ウイルスの発見

細菌学（bacteriology）は20世紀後半にコッホ（ドイツ）、パスツール（フランス）らによって確立されたといわれる。確立された細菌学には3つの特徴があった。すなわち、細菌は、素焼きの細菌ろ過器を通過しない、小さいけれど光学顕微鏡（光顕）で観察できる、生体外（培地上）で培養できる、という特徴があった。ウイルスの発見はこれらの要件に該当しない病原の存在とその探索から進められた。ウイルスの発見に植物ウイルスは大きな貢献をした。

Mayer（1886）はタバコモザイク病（病原は *Tobacco mosaic virus*, TMV）の病汁液を健全タバコの葉柄に注射すると伝染することを明らかにし、この病原性は60℃の加熱では変化しないが、80℃で失活するとした。Iwanowski（1892）はTMVが素焼きの細菌ろ過器を通過することを認め、病原は細菌よりも小さいものと推定した。Beijerink（1898）はIwanowskiの実験を追試して確認し、ろ過性病原に対して液性伝染生物（contagium vivum fluidum）と名付けた。Vivumはウイルス（ラテン語で毒）を意味する。ここで、最初にウイルスなる語が示された。わが国のウイルス学では、長い間、ウイルスに対して「病毒」なる用語が用いられた。

最初の動物ウイルスはLoeffler & Frosch（1898）らにより、ウシ口蹄疫ウイルス（food and mouth disease virus）で発見された。この病原は細菌ろ器を通過し、生体内で増殖する小さな微生物と推定された。本ウイルスの発見後、短期間のうちに同様なろ過性ウイルス、すなわち、黄熱、狂犬病、牛痘、ブタコレラ（hog cholera）、ポリオなどで確認された。腫瘍（ガン）ウイルスもRousにより1911年にニワトリ肉腫（rous sarcoma）で発見された。昆虫ウイルスの発見は、van Prowazek（1907）によるカイコ多角体病（*Silkworm nuclear polyhedrosis virus*）とされる。

細菌ウイルスの発見は遅れた。Twort（1915）は微生物の培養中、雑菌として混入したブドウ球菌のコロニーに半透明なガラス状の斑点、すなわち、溶菌斑（プラーク、plaque）を生じることを見出した。溶菌斑からは生きた細菌は回収できない、溶菌斑をかき取って正常な細菌に加えると伝染する、伝染性因子は細菌ろ過器を通過することから、溶菌の原因は細菌に感染するウイルスと推定した。細菌ウイルスの最初の発見はD' Herelle（1917）とされている。氏はTwortと同様な溶菌現象を赤痢菌で認め、そのろ過性を確認し、溶菌因子を細菌ウイルスとしてバクテリオファージ（bacteriophage）と提案した。バクテリオファージは細菌を食べるの意を有する。氏はさらに、見えないウイルスの定量法を確立したことでもウイルス学に貢献した。

②ウイルスの定義

ウイルスの一般的な概念はウイルス発見の時代に得られた。すなわち、当時に確立された細菌学に該当しない3つの要因として発見された。ウイルスの定義はいろいろ提案されている。今日、広く用いられる定義はテンペレートファージを発見したLworff & Tournier（1966）のものである。これは、①ウイルスはDNAかRNAの一方の核酸を持つ。②ウイルス粒子は核酸からのみで複製される。③ウイルス粒子は二分裂では増殖しない。④ウイルスはエネルギー産生系を生じる遺伝情報を持たない。⑤ウイルスは寄主細胞のリボソームを利用する。

ウイルスはウイルス粒子（virus particle, virion）という一定の構造・形態をとる。しかし、これらに合致しないウイルス性病原も知られている。植物では裸の核酸（RNA）が病原のウイロイド（viroid）, 動物では蛋白質が病原のプリオン（prion）がある。両者は病徴、伝染様式などから、長年、ウイルス病と推定されながらウイルス粒子が見出されなかったもので、新規の病原として発見された。これらの病原はウイルス学の分野で扱われている。なお近年では、従来、可動遺伝子とされてきたレトロポゾン（retro transposon）もウイルスとして扱われている。

2．ウイルスの検診・同定

ウイルスを検出（detection）、診断（diagnosis）し、その病原ウイルスを同定（identification）することは、ウイルス学の基本となる。病原を正しく検診することは防除・対策上も不可欠である。病原の判定にはコッホの原則を証明する必要がある。すなわち、ある病気に特定のウイルスが存在する（検出）。このウイルスが in vitro に取り出せる（分離）。ウイルスを原寄主に接種すると同じ病気が再現され、そこから再び同一ウイルスが分離される（病徴再現、再分離）。

（1）病徴

ウイルス感染で生じる症状を病徴（symptom）という。病徴は全身病徴（systemic symptom）と局部病徴（local symptom）、外部病徴（external symptom）と内部病徴（internal symptom）に分けられる。ウイルス病は通常、全身的に発症するが、ウイルスによっては特定の器官、組織に生じる場合がある。肉眼で認められる病徴を外部病徴、光顕や電子顕微鏡（電顕）で認められる病徴を内部病徴という。熟練すると、病徴のみでかなり病原ウイルスが推定できる。

①外部病徴

肉眼で認められる病徴を外部病徴という。外部病徴は変色、組織え死・変形、生育異常など、多様である。植物ウイルスの主な病徴を表Ⅰ−2（42頁）に示した。外部病徴で病名、ウイルス名が付される場合が多い。

②内部病徴

光顕や電顕で認められる病徴を内部病徴といい、内部病変（internal

cytopathic）とも称される。組織病変として、篩部え死（phloem necrosis）（篩部局在性ウイルス：*Begomovirus* の一部、*Fijivirus, Waikavirus, Luteovirus, Polerovirus, Closterovirus, Crinivirus, Macluravirus* など）、腫瘍（ゴール）（*Begomovirus* の一部、*Fijivirus, Enamovirus, Nepovirus* の一部など）、細胞病変として細胞内小器官異常（葉緑体の質量的変化・崩壊（多くの変色タイプのウイルス））、ミトコンドリアの小胞化、封入体（inclusion）などがある。封入体はウイルス感染細胞に特異的に誘導される構造体で、ウイルス粒子の集合（*Tobamovirus, Potexvirus* など）、ウイルスゲノムと蛋白質が会合してウイルス粒子を生じる場とされるビロプラズム（viroplasm）（*Caulimovirus, Petuvirus, Soymovirus, Reoviridae, Alphacryptovirus* の一部、*Rhabdoviridae, Tospovirus, Waikavirus,* 未分類の被膜を欠く短桿菌状ウイルスなど）、層板状・風車状などの特異的蛋白質からなる細胞質封入体（cytoplasmic inclusion）（*Potyviridae*）、小胞体（endoplasmic reticulum, ER）が特別に増生した膜状封入体（vesicular body）（*Badnavirus* の一部、*Fabavirus, Nepovirus* の一部、*Bymovirus, Hordeivirus, Benyvirus, Furovirus, Pecluvirus, Pomovirus* など）などがある。膜状封入体では近年、ウイルスゲノムの複製部位の可能性も示唆されているものも多い。*Caulimovirus, Tobamovirus, Benyvirus, Furovirus, Bymovirus* などの封入体は光顕レベルに発達し、検診に役立つ。電顕では特異的な核酸様繊維や蛋白質、細胞内小器官の病変が観察されるウイルスがある。ウイルスの細胞内所在・分布、内部病変は寄主のいかんにかかわらず、ウイルスあるいはウイルス群で一定である。一方、これらはウイルスの検診・同定にも利用される（図I－1、34頁）。なお、第II編でも一部を示した。

（2）接種試験

ウイルスは垂直伝染（vertical transmission）または水平伝染（horizonal transmission）する。前者は栄養繁殖（株分け、挿し木、接ぎ木、とり木、塊根、塊茎など）、種子・花粉、媒介昆虫での経卵伝染、後者は接触

(contact)、媒介生物（vector）などがある。栄養繁殖される植物では通常、ほぼ100％で子孫に伝染する。種子伝染性の有無は播種して発病状況を調べる。

①汁液接種

ウイルスの病原性を調べるには、通常、最初に汁液接種（sap inoculation）が行われる。本接種はなすり付け接種あるいは機械的接種（mechanical inoculation）ともいわれる。接種源として、ウイルス罹病組織を緩衝液（リン酸緩衝液など）下で乳鉢と乳棒で磨砕する。感染性を高めるために、磨砕時に酸化防止剤、還元剤、キレート剤などを添加する場合もある。あらかじめ育苗・準備した原宿主や検定（判別）植物の葉面にカーボランダム（研磨剤）をふりかけ、ウイルス磨砕液を綿球に含ませ、あるいは直接に指先に付着させて、葉面を軽くなでる。接種後は、水道水あるいはジョウロで葉面を洗浄する。これらの接種で、葉表面のクチクラが付傷し、部分的に表皮細胞の細胞膜が裸出し、ここからウイルス粒子が食胞作用（pinocytosis あるいは phagocytosis）で細胞内に取り込まれ、感染すると思われる。

ウイルス感染の有無、局部感染と全身感染、病徴はウイルスと植物の組み合わせによって一定であり、これらの反応で病原ウイルスはかなり同定できる。

②媒介生物による接種

植物ウイルスを媒介する生物は菌類（fungi）、線虫（nematode）、ダニ（mite）、昆虫（insect）など多様である。

菌類や線虫伝搬はすべて土壌伝染し、通常、圃場では同心円状に伝播する。これらは、汚染土壌に検定植物を播種することで、土壌伝染を調べる。節足動物のダニと昆虫での伝搬は虫体内保毒期間によって、非永続的（口針型）伝搬、半永続的伝搬、永続的伝搬に類別される。永続的伝搬は媒介虫体内に長期間ウイルスを保毒し、それらは開放系体液を還流する循環型（circulative）と、虫体に感染・増殖する増殖型（propagative）に分けられる。媒介昆虫の多くは吸汁性で、口針を維管束の篩部に注入することでウイルスの獲得と接種を行うとされる。一部のだしゃく性昆虫、ダニ、線虫、菌類などは、表皮細胞への感染を行うと思われる。

ウイルスと媒介生物、媒介様式は一定とされ、当然、試験方法は異なる。吸汁性昆虫（アブラムシ、ウンカ・ヨコバイ、コナジラミなど）においては、半永続あるいは永続的伝搬の循環型ウイルスではパラフィルム膜を通じての膜吸汁法が採用され、虫体内増殖型ウイルスでは媒介虫を CO_2 で眠らせ、微小ガラス管で腹部に注射する虫体内注射法も利用される。これらの手法はウイルスの定量にも利用できる。

（3）電子顕微鏡観察

ウイルス粒子は電子顕微鏡（電顕）でのみ観察される。電顕は今日、性能が向上し、操作性も容易となり、広く普及している。既報ウイルスの多くが、病徴と電顕で検診できる。電顕は照射した電子線の拡散でコントラストを生じる。生物組成元素は低電子密度なので重金属（タングステン、ウラン、モリブデンなど）溶液にまぶして電顕観察する。ネガティーブ染色はこれらの重金属分子が隙間に染み込むことでコントラストを生じる。従って、これらは陰（影）染色ともいう。

①ネガティーブ染色法

ウイルス粒子の簡易電顕検出法として、ダイレクトネガティーブ染色（direct negative, DN）法あるいはリーフディプ（leaf dip）と称される方法があり、極めて有効である。すなわち、罹病組織（葉など）を 2 ～ 3mm 角くらいにカミソリで切り出し、清浄なスライドグラス上に置き、これに 1

% リンタングステン酸溶液（PTA）（KOH で pH 6.0 に調整、試料グリッドの膜面に乗りやすくするために、界面活性剤として写真用ドライウェルを 0.01% 添加）を 1、2 滴加え、鋭利なカミソリで切り刻む。次いで、コロジオン膜（カーボン補強）をはったグリッドで磨砕液に軽く触れて取り、余分の水気をろ紙で吸い取り、風乾し、電顕観察する。カミソリで切り刻む代わりに、罹病組織の切り口を PTA 溶液に浸しても良い。一連の試料作製は 1 ～ 2 分間で行える。これらの手法で多くの植物ウイルスが観察できる。一部、これらの粒子が崩壊しやすいウイルス（*Rhabdovirus, Tospovirus, Cucumovirus,* 未分類短桿菌状ウイルスなど）がある。これらはあらかじめ、スライドグラス上の 0.1 M リン酸緩衝液（pH 7.0）でカミソリを用いて磨砕し、これをグリッドに取り、風乾させる。次いで、1 ～ 3% グルタールアルデヒド溶液（0.1 M リン酸緩衝液（pH 7.0）で調整）あるいは 1 % オスミック酸液に短時間浮かべ、蒸留水で 2 ～ 3 回洗い、1 %PTA 溶液で電子染色し電顕観察する。著者はこれまでのところ、これらの方法で調べたウイルスはすべて検出できている。なお、ウイルス濃度が低い場合には、部分精製した濃縮試料を観察する。この方法と病徴で多くのウイルスは検診できる。この種の探究には電顕が任意に利用できる必要がある。

②超薄切片法

超薄切片法はウイルス粒子の組織・細胞内での所在、増殖様式や細胞内病変の電顕観察（図 1–1、34 頁）が不可欠である。超薄切片の作製法は動物、植物、微生物分野とも、基本的には異ならない。通常は、サンプリング、固定、脱水、包埋、超薄切片、電子染色、電顕観察を行うが、ここでは割愛する。ただ、当然、試料によって種々、工夫を要することもある。ウイルスの組織・細胞所在、増殖様式、細胞内病変などはウイルス独自のものである。通常、これらはウイルス群で共通することから、ウイルスの同定・分類にも有効である。ウイルスはまず感染した一次細胞で増殖し、次いでフリー核酸あるいはウイルス粒子の形態で原形質連絡糸（プラズモデスマータ）を通じて隣接細胞間移行して増殖して、最終的には維管束の篩管に出て、植物の同化産物とともに全身に拡大すると推定されている。葉肉細胞↔篩管移行を繰り返すと思われる。未詳ながら、葉肉細胞間、導管を通じての移行・増殖の可能性もあるだろう。

植物ウイルスには組織局在性がある。多くのウイルスは非局在性で、植物の全組織に存在するが、一部のウイルス（*Curtovirus, Topovirus*, コナジラミ伝搬の一部の *Begomovirus, Nanoviridae ? Fijivirus, Cryptoviridae ? Rhabdoviridae ? Waikavirus, Luteovirus, Polerovirus, Macluravirus, Closteroviridae* など）は篩部に局在する。通常、前者はモザイクなどの変色を生じ、汁液接種が可能、後者は黄化、葉巻、萎縮を生じ、汁液接種困難なものが多い。細胞内におけるウイルスゲノムの発現、複製部位は、核なのか細胞質なのか、ほとんど未詳である。ウイルス感染細胞に特異的に誘導される構造体を封入体（inclusion, inclusion body）という。これは動物ウイルスでも同じで、肥大したものは光顕により検出されるので、従来よりウイルスの診断に用いられてきた。植物ウイルスの封入体には、ウイルス粒子の集塊（*Tobamovirus, Potexvirus*）、ウイルスゲノムと蛋白質が会合してウイルス粒子を合成する領域とされるバイロプラズム（viroplasm, VP）（*Caulimoviridae, Reoviridae, Alphacryptovirus* の一部、*Rhabdoviridae, Tospovirus, Waikavirus*, 未分類で被膜を欠く短桿菌状、桿状ウイルスなど）、蛋白質合成あるいはウイルスゲノム複製と関連すると推定される膜状封入体（vesicular body, VB）（*Fabavirus, Nepovirus, Bymovirus*, 菌類伝搬の桿状ウイルス群、他）、細胞質に特異的に層板状、風車状あるいは電子密度の高い dense body の蛋白質を生じるウイルス群（*Potyviridae*）などがある。後者は細胞質封入体（cytoplasmic inclusion, CI）という。

細胞内小器官にも様々な病変が観察される。一般に、変色を生じるウイルスでは葉緑体減少、変形が認められる。ミトコンドリア（*Pea stem necrosis virus, Cucumber green mottle virus* など）や葉緑体（*Turnip yellow mosaic virus*, TYMVなど）の縁表面に核酸様繊維を含む小胞（Ve）を生じるウイルス群がある。TYMVでは小胞内にRNA polymerase複製型のds RNAが検出されるという。これは、小胞内でのゲノム複製を示唆する。また、イネわい化ウイルス（*Rice tungro spherical virus*, RTSV）では細胞膜に接して細胞質に核酸様繊維を含む小胞が特異的に誘導される。細胞内小器官の病変は進化上、ウイルスはこれらの器官あるいはゲノムと密な関係がある可能性がある。ウイルスの細胞内所在、増殖に関しては今日、金コロイド法など免疫電顕法なども併用され、詳細な検討が行われるようになった。ウイルスの生体内での異動を解明する意義は深いと思われる。

（4）血清試験

ウイルス粒子は核蛋白質（nucleoprotein）からなる。核蛋白質など抗原性物質が免疫機能を有する動物に注入されると、液性免疫として抗体（antibody）（免疫グロブリン、Ig A,D,E,G,M、主にG）が産生され、これが血液を還流して抗原の中和に働く。ウイルス学では精製したウイルス標品をウサギやマウスなどの実験動物に、静脈あるいは筋肉注射を４～５回して免疫し、十分な力価が得られたならば頸動脈切断あるいは心臓刺針などで採血し、抗体を含む抗血清（antiserum）を得る。以前は、粗汁液による抗血清作製も行われたが、今日ではほとんどない。抗血清作製については近年、専門家に依頼する例がある。できれば、研究者は自己作製されたい。

通常の抗体は複数の抗原決定基（エピトープ）と反応するポリクロナール抗体であるが、単一の抗原決定基と反応するモノクロナール抗体を作製することもできる。得られた抗血清を用いて抗原―抗体反応を調べるが、これは生体反応のために高い特異性を示す。血清試験法としては沈降反応、凝集反応、結合抗体法、免疫電顕法、中和法など多数ある。各試験はそれぞれ特徴があり、感度も異なり、目的によって使い分けされる。血清試験はウイルス学分野では汎用され、ウイルスの検出のみならず、診断、同定、定量にも利用できる試験方法の詳細は成書を参考されたい。

（5）遺伝子診断

遺伝子診断（gene diagnosis）は分子診断あるいは分子雑種ともいわれ、核酸の DNA または RNA の相補性を調べるもので、近年、ウイルス学のみならず生物学分野では広く利用されている。これには主に 2 つの方法がある。

① 核酸プローブ法

プローブ（probe）は釣り針の意で、相補性のある核酸に前もって目印（アイソトープ 32P やビオチン色素）を付し、これをマーカーに被検核酸と分子雑種を作製させる。反応は DNA/DNA, DNA/RNA, RNA/RNA で行える。これには、膜（ニトロセルロースメンブラン）上で行うドットブロット法（dot blot hybridization）と、アガロースなどで電気泳動後にゲルから膜に移して調べるサザンブロットハイブリダイゼーション（DNA 対象）、ノーザンハイブリダイゼーション（RNA 対象）がある。

② PCR 法

生物学分野で、特定核酸（遺伝子）を増幅してそれらの検出・同定に広く用いられている技法である。PCR（polymerase chain reaction）法は核酸塩基配列が全部あるいは部分的に知られている被検核酸で利用できる。これには配列の分った領域（20 ～ 25 nt）を人工的に合成したプライマー、被検核酸（増幅対象）、4 種塩基下で増幅を行う。DNA の場合、ds ウイルスではウイルス粒子、ss ウイルスでは感染組織からの複製型 ds を抽出し、Tag polymerse などの耐熱性の DNA ポリメラーゼを用いて、合成—熱変成を反復（20 ～ 30 回）して、特定核酸（遺伝子）を増幅させ、電気泳動で特異的バンドを検出、あるいは塩基配列を求める。増幅時にアイソトープやビオチンでラベルし、これをプローブにして、ドットブロットあるいはサザン・ノーザンブロットハイブリダイゼーションを行うこともできる。RNAの場合、ssウイルスではウイルス粒子、dsウイルスでは熱変性してss RNAとし、これより逆転写酵素（reverse transcriptase）でc DNAを合成後ds DNとし、ついで前述のDNAの場合と同様な反応で増幅することができる。本法はRT-PCR法と称される。

3．ウイルス粒子の性状

（1）形態と構造

ウイルス粒子は微小なため、電顕でのみ観察できる。ウイルス粒子はすべて核酸（nucleic acid）とこれを覆う蛋白質（外被蛋白質、coat protein, CP）から成り、これをヌクレオキャプシド（nucleocapside）という。蛋白質殻はキャプシド（capside）という。ヌクレオキャプシドは球形（spherical）の多面体（polyhedral）とらせん型（helical）に分けられ、前者はゲノム核酸を外被蛋白質が覆った形状、後者はらせん型の核酸に外被蛋白質が配列した形状をとる。外被蛋白質の最少単位は構造単位（structure unit）＝サブユニット（subunit）と称し、これが電顕的に認められる構造を形態的単位（morphological unit）＝キャプソメア（capsomere）という。一部のウイルスでは、これらの外部に細胞由来の糖蛋白質の被膜（envelope）を有する（*Rhabdoviridae, Tospovirus*）。

多面体ウイルスは正確には正20面体（icosahedral）で、20の面と12の頂点を有する。正20面体は幾何学的に対称軸で5（頂点）－3（面）－2（稜（辺））形状と称される。正20面体のひとつの面は小さな正3角形が折りたたまれた構造と理解される（正3角形網という）。ひとつの面における正3角形網の数はウイルスで一定である。そこで、ウイルス粒子の表面構造が電顕で確認されれば、キャプソメア数や構造単位数が推定できる。

植物ウイルスで最も表面構造が解析されたものとして、*Tymovirus* の *Turnip yellow mosaic virus*（TYMV）がある。TYMV はキャプソメア 32, 構造単位 180 とされる。らせん型キャプシドとしては、桿状～ひも状の植物ウイルスが該当する。特に、*Tobamovirus* のタバコモザイクウイルス（*Tobacco mosaic virus*, TMV）では詳細に解析されている。TMV はピッチ 2.3nm、らせん 1 回転当たりの構造単位は 16 1/3 で、全体として 2,130 構造単位／ 130.4 回転、300 × 18 nm の形状をとる。らせん型ウイルスもらせんピッチ、構造単位は一定である。

被膜（envelope）を有するウイルスはウイルスの細胞内成熟部位と関係する。合成されたヌクレオキャプシドはらせん型で、通常、核内増殖型ウイルスは核膜、細胞質増殖型ウイルスは小胞体（ER）やゴルジ体膜を覆って成熟する。植物ウイルスでは *Rhabdoviridae* と *Tospovirus* が該当する。動物ウイルスでは細胞壁を有しないので、細胞膜で出芽成熟するものがある。被膜は本来、細胞由来であるために性状は生体膜であるが、これにはウイルスゲノムでコードされた特異的な糖蛋白質の抗原が安定構造（spike, projection）として存在する。

（2）理化学的性状

ウイルスはウイルス粒子という一定の形態と構造をとる。ウイルス粒子には恒数というべき沈降定（係）数（S 値）と浮遊密度（g/ ㎤）がある。紫外部吸収値（260 nm/280 nm）は核酸含量が高いウイルスほど高くなる。

ウイルス粒子の基本的組成はすべてのウイルスで共通し、核酸と蛋白質からなる。被膜を有するウイルスはさらに糖蛋白質を有する。核酸については、DNA/RNA、種類、塩基組成・配列、ORF 解析、切断地図、遺伝子地図、構造蛋白質（コート蛋白質）については種類、アミノ酸組成・配列、末端アミノ酸、立体構造の解析が求められる。通常、ウイルスの抗原性は構造蛋白質を調べることとなる。被膜を有するウイルスでは成熟時の生体膜にウイルスに特異的な糖蛋白質が付加される。ゲノムについては、1粒子に存在する単成分（粒子）（mono-component）ウイルス、複数の粒子に存在する多成分（粒子）（multi-component）ウイルスに分けられる。植物ウイルスでは多成分性ウイルスが多い。ウイルスの単・多成分性は通常、濃縮ウイルス標品を密度勾配遠心でバンドが単一あるいは複数生じるかを検討し、感染性を調べる。後者ならば分画した成分あるいはこれから抽出した核酸を相互に組み合わせて調べる。ゲノムの分節性はウイルス標品から抽出した核酸を電気泳動することで確認できる。分節ゲノムウイルスは、ゲノムが1成分（*Reoviridae, Tospovirus* など）および複数の成分に含まれるものがある。これらで、単一ゲノムの単成分、分節ゲノムの単、2，3，4，6～10成分での存在がある。分節ゲノムウイルスでは、遺伝情報の相互補充、相互依存、自己増殖能欠失などがある。

4．ウイルスの遺伝

ウイルスは病原として重要のみならず、遺伝子たる核酸を有するために、遺伝学、分子生物学分野でも大きな貢献をもたらしている。ウイルス学に関連し、これまでに多数のノーベル賞授賞者があることもこれを裏付ける。

(1) ゲノム

遺伝子（gene）の単位をゲノム（genome）あるいはシストロン（cistron）という。ウイルスゲノムはRNA／DNA、ds／ss、分節／非分節、逆転写など多様であり、ウイルスは遺伝子の宝庫ともいわれる。ウイルス学が今日の分子生物学や遺伝学の発展に貢献した業績は大きい。ウイルスゲノムの探究は基本的には通常の遺伝学の方法と同じで、発現形質（表現型）の種類と数を知る必要がある。発現形質としては寄主範囲、病徴、植物体内移行、伝搬、封入体などの生物的特性、ウイルス粒子の形状、外被蛋白質の性質や抗原性、遺伝子構造・配列などの理化学的特性がある。生物学の重要な定義とされる遺伝コード表（トリプレット）（3塩基で1アミノ酸をコード）の完成は1966年とされるが、これには、TMV-RNAの亜硝酸処理による変異体の構造蛋白質のアミノ酸配列解が貢献したとされる。

核酸の特定の塩基配列を切断する酵素として制限酵素（restrictive enzyme）がある。*Hin*dII, *Eco*RIなどは著名で、今日では多数の作用点の異なる制限酵素が市販されている。現在のところ、有効な制限酵素はDNAに限られる。従って、植物ウイルスでは本酵素の利用はds DNAウイルス（*Caulimoviridae*）では直接、ss DNAウイルス（*Geminiviridae*）では感染細胞内に生じる複製型のds DNA、RNAウイルスではss RNAウイルスはそのまま、ds RNAウイルスは熱変成して一本鎖化し、その後、逆転写酵素（reverse transcriptase）でss DNA化後、DNAポリメラーゼでds DNAにすることで、DNA制限酵素で切断片を作製できる。制限酵素で切断した核酸片をつなぎ合わせたのが切断片地図（cleavege map）あるいは物理的地図（physical map）という。これは本来の機能遺伝子地図とは異なる。制限酵素は特定の塩基配列あるいは遺伝子の切り出しには不可欠である。また、逆転写酵素はRNAの遺伝子操作に不可欠である。制限酵素、逆転写酵素の発見が、今日の遺伝子工学研究の基礎をもたらしたといわれる。

核酸はDNA、RNAとも4種の塩基が配列している。DNAではA, G, C,T、RNAではA, U, C, Gの塩基である。遺伝学における重要な定義として全生物に共通する遺伝コードがある。これは、3塩基が1アミノ酸をコード（トリプレッドあるいはコドン）するものである。従って、ウイルスゲノムの塩基の一次配列が解析されれば、共通保存領域（モチーフ）などより、コードされるアミノ酸配列や機能も推定できる。今日では多くのウイルスで解析され、これらはジーンバンクより入手できる。遺伝子の発現には翻訳開始配列のイニシェーションコドン（DNAではATG、RNAではAUG）と終止配列のターミネーションコドン（DNAではTGA, TAA, TAG、RNAではUGA, UAA, UAG）が必要である。通常、遺伝子は分子量1万以上が機能しうる蛋白質と推定される。これらをコードしうる領域を翻訳部位（open reading fram、ORF）という。通常、1ORFを1遺伝子と推定している。ウイルスゲノム核酸の1次配列が解析されれば、ORF, 遺伝子の構造・配列も推定される。多くの場合、遺伝子には共通保存領域（モチーフ）がある。ウイルスによっては、ターミネーションコドンでの読み過ごし（read-through）（TMVポリメラーゼの130K/180Kなど）、ORFの重複、フレームシフト、少数の塩基の挿入や欠損による無意味配列などもある。これらは、ウイルスの適応、進化の過程と推定される。

ウイルス核酸の塩基配列の決定は最初にバクテリオファージのMS2-RNA（Fiersら、1976）で解析されたが、植物ウイルスではカリフラワーモザイクウイルス（CaMV）DNA（Franckiら、1980）が8,024 bpであることが知られた。TMV-RNAは1982年（Goeletら）に全塩基配列（6,395 nt）が明らかにされた。いくつかの植物ウイルスのゲノムを図1-2（35頁）に示した。

（2）遺伝情報の発現と複製

ウイルスゲノムは多様である。ウイルスは遺伝情報の発現に関与するmRNAの転写（transcription）様式で7群に分けられる。これは、mRNAによるウイルス分類とも称され、蛋白質翻訳に関与するmRNAをプラス鎖（＋）、これに相補的な核酸をマイナス（－）鎖とする。すなわち、これによると、① ds-DNAウイルス（*Caulimoviridae*）：ds-DNA → ss-RNA（mRNA） → 蛋白質、② ss-DNAウイルス（*Geminiviridae, Nanovirus*）：ss-DNA → ss-RNA（mRNA） →蛋白質、③ ds-RNAウイルス（*Reoviridae, Partitiviridae, Varicosavirus, Endornavirus*）： ds-RNA → ss-RNA（mRNA）→蛋白質、④ ss-RNAウイルス（－鎖）（多数の植物ウイルス群）： ss-RNA（mRNA） →蛋白質、⑤ ss-RNAウイルス（－鎖）（*Rhabdoviridae*）：ss-

RNA（－鎖）→ ss-RNA（相補的な＋鎖、mRNA）→蛋白質、⑥ ss-RNA ウイルス（±、両意鎖）（*Tospovirus, Tenuivirus , Ophiovirus* ）→ ss-RNA（分節ゲノムに＋と－の mRNA 領域）→蛋白質、⑦ ss-RNA ウイルス（＋鎖）（*Pseudoviridae, Metaviridae*）：ss-RNA（＋鎖、mRNA）→蛋白質。⑦は逆転写を行う RNA ウイルス（レトロウイルス）群である。これらの様式を図 1-3（38 頁）に示した。mRNA より蛋白質が合成されることを翻訳（translation）という。翻訳された蛋白質がウイルスの各種の機能を誘起する。遺伝子の最小単位をシストロンと称する。一般的には、ウイルスを含め、生物の遺伝子はポリシストロンとして存在し、前核生物とそのウイルスの mRNA は蛋白質合成時にモノシストロニックに働く。真核生物とそのウイルスは mRNA 転写時にモノシストロニックになるといわれるが、その様式は多様である。ポリプロテインを生じ翻訳後切断（processing）するもの、ss-RNA（＋鎖）では 3' 末端側（主に構造蛋白質）をサブゲノム（subgenome）として転写、翻訳するものなど、ウイルス群によって様々である。翻訳後切断には通常、ウイルスゲノムで翻訳された蛋白質分解酵素（protease）が関与する。本酵素はシスィン、セリン、パパイン様などいくつかのグループに分けられる。動物ウイルスでは寄主酵素が関与するものがある。

動物の DNA ウイルスでは mRNA の成熟にスプライシング（splicing）なる現象が知られている。これは Adenovirus で報告され、核内に進入したウイルスゲノムはその全長に相当する相補的な mRNA 前駆体を合成し、これが核から細胞質に移行するときに不要なイントロンが切り捨てられ、5' 側がキャップ、3' 側がポリ A 構造となり mRNA として成熟して、リボソームを用いて蛋白質の翻訳を行う。ただ、植物ウイルスでのスプライシングなる明瞭な証明は未定である。

ウイルスの翻訳は全遺伝子が同時に進行するのではなく、初期と後期蛋白質合成に時間差翻訳がなされる。すなわち、前者としては複製に必要なポリメラーゼ（POL）、ヘリカーゼ（HEL）など、後者として構造蛋白質（coat protein, CP）、移行蛋白質（MP）、蛋白質分解酵素（PRO）、伝搬関与（HC）蛋白質などが推定されている。

ウイルスゲノムの複製様式も多様である。植物の ds-DNA ウイルス（*Caulimoviridae*）は寄主の DNA ポリメラーゼで m RNA を生じ、これからウイルスゲノムでコードした逆転写酵素で ss-DNA を合成し、次いで寄主の DNA ポリメラーゼで ds-DNA 化し、子 DNA となる。逆転写を行うウイルスは動物の *Hepadnaviridae, Retoroviridae*, その他の *Pseudoviridae, Metaviridae* などとともにレトロイドウイルス（retoroidvirus）ともいわれる。その他の生物の ds-DNA ウイルスでは Cains（θ）、rolling circle 型、replicating linear molecule 型などが知られている。ss-DNA の *Geminiviridae* ウイルスでは（+）鎖のウイルスゲノムに相補的な（−）鎖を生じ、（−）鎖上でローリングサークル型で（+）鎖の巨大分子を合成し、これを核酸分解酵素でウイルスゲノムのサイズに切り出して子 DNA となる。*Nanoviridae* では 1,000nt 程度の低分子 ss DNA が 6 〜 10 種検出され、これらは各々、塩基配列が異なるために、個々はひとつの遺伝子の分節ゲノムウイルスと推定される。本ウイルス群も *Geminiviridae* と同様に、（+）鎖 DNA →（−）鎖→子（+）鎖が複製されると推定される。ds RNA ウイルスでは *Reoviridae, Partitiviridae* ではゲノムは分節しており、分節ゲノムは遺伝子に対応する。ウイルスゲノムから（+）を鋳型に（−）を合成し、これを鋳型に子（+）ds RNA となる。この複製様式は半保存的と推定されている。*Varicosavirus, Endornavirus* のゲノム複製様式は知られていない。

ss RNA ウイルスゲノムの複製は様々である。植物ウイルスで多数を占める（+）鎖ウイルスは（+）鎖から相補的な（−）鎖生じ、これを鋳型に子（+）鎖が複製される。（−）鎖ウイルス（*Rhabdoviridae*）では（−）鎖ウイルスから相補的な（+）鎖を生じ、これを鋳型に子（−）鎖を合成する。（±）鎖両意性ウイルス（*Topoviridae, Tenuivirus, Ophiovirus*）のゲノムは相補的に反転され、これを鋳型に子 RNA が複製される。動物で乳ガン、白血病、肉腫、免疫不全などで知られている *Retoroviridae* ウイルスは（+）鎖 RNA より逆転写酵素で ss DNA を合成し、これを寄主の DNA ポリメラーゼで ds、環状化し、ウイルスゲノムでコードしたインテグラーゼで寄主染色体に組み込まれ、プロウイルス化する。この状態で細胞分裂において娘細胞に移行するが、寄主の DNA-RNA ポリメラーゼでウイルスの子 RNA が複製される。従来、可動遺伝子として働くレトロトランスポゾン（retorotransposon）はその生活史でウイルス様粒子の構造をとり、また複製様式も *Retoroviridae* ウイルスに類似することから、近年、ウイルスとして扱われている。植物では *Pseudoviridae* 科の *Pseudovirus, Sirevirus* 属、*Metaviridae* 科の *Metavirus* 属がある。しかし、植物でのこれらの詳細は未定である。

植物では低分子 RNA が病原となるウイロイド（viroid）がある。既報のウイロイドは植物のみで知られ、300 〜 350 nt 程度の環状 RNA で（表 1–3（43 頁）、図 1–4（38 頁））、自身は特定の機能蛋白質は生じないと推定される。ウイロイドは今日、20 余種報告され、分子構造、複製様式より *Pospiroidae*、*Avsunviriodae* の 2 科に分類されている（表 1–3、図 1–5（38 頁））。ウイロイドゲノムは（+）鎖で、その複製は基本的にはローリングサークル様式である。*Pospiviroidae* では（+）鎖上で長い（−）鎖を合成し、これを鋳型に相補的な多量体の（+）鎖を生じ、寄主の endonuclease でウイロイド 1 分子分に切り出され、環状化して、子ウイロイドとなる。*Avsunviriodae* では合成された（−）鎖を鋳型に多量体の（+）鎖を生じ、これを核酸自身による自己切断（self-cleavage、機能をリボザイム（ribozyme））する。自己切断は（−）鎖、（+）鎖の段階で 2 回行われることで、子ウイロイドを生じる（図 1–6、39 頁）。

核酸自身が酵素的に働くリボザイムおよび先述の逆転写酵素の発見が従来の生物学におけるセントラルドグマ説を否定し、RNA ワールド説の根拠となった。

（3）変異と進化

ウイルスは環境に適応し、絶えず変異して進化すると思われる。変異（variation）はゲノム核酸の塩基レベルの変異で誘起される。変異には核酸の複製時の読み間違い（点変異）、塩基の付加・欠損、遺伝子の獲得・消失・組み換え・再集合などがある。翻訳領域での点変異では、アミノ酸に変化を生じるミスセンス変異、変化しないサイレント変異、蛋白質合成が停止するナンセンス変異がある。通常、DNA ウイルスの場合、複製時に関与する DNA ポリメラーゼはミスマッチを修正することができるが、RNA ウイルスの RNA ポリメラーゼはこれができないとされる。そこで、RNA ウイルスでは、DNA ウイルスより 100 万倍の塩基置換が生じるともいわれる。

塩基の付加・置換はフレームシフトを生じやすい。遺伝子レベルでの変異は大きな変異を生じるとされる。特に、分節ゲノムウイルスではゲノム組換えが起こっている可能性がある。動物の influenza virus は単粒子に（+）鎖 ss-RNA の 8 分節ゲノムを有するが、これらは他の系統と同一の共通寄主細胞に感染すると、子ウイルス形式の段階で容易に遺伝子組換えが起こり、新たな抗原性、病原性のウイルスが生じると推定されている。遺伝子組換えは大きな変異を生じ、不連続変異と称される。ウイルスは宿主・環境に対し、適応・変異し、選抜・優性化・固定化することで進化（evolution）が起こると思われる。

今日、全生物において多数のウイルスの遺伝子配列が知られている。Koonin ら（1993）や Ward ら（1993）は多数の（+）鎖 ss RNA ウイルスの遺伝子をコンピューター解析し、core gene 説を提案している。多くの本群のウイルスが有する遺伝子（RNA ポリメラーゼ（Pol）、ヘリカーゼ（Hel）、メチルトランスフェラーゼ（Mtr）、コート蛋白質（CP）、プロテアーゼ（Pro）など）を core gene とするが、なかでもウイルスが生き残るには複製に関与する Pol が最も重要とされ、この特性で 3 群に類別（Pol 1, Pol 2, Pol 3 群）される。なお、Hel では 3 群、Mtr では 2 群、CP では 3 ～ 5 群、Pro では 4 群に類別されるという。ウイルスの祖先型遺伝子構造として、CP-Pro-Pol と Hel - CP-Pro- Pol が推定されている。これらの遺伝子がさらに遺伝子の獲得、機能分化、 弛緩、ゲノム結合蛋白質（Vpg）獲得、切り詰め、分節化、欠失、再編、分化、取替、などが生じた可能性が推定されている。しかし、直接的検証はされていない。

遺伝子の配列・構造が解明されるにつれ、これらを対象にウイルスの上位分類（目－綱など）も検討されつつある。DNA ウイルスでも DNA ポリメラーゼで 2 群（A, B）の上位分類を行う試みがある。

ウイルスはどこから来たのであろうか。すなわち、ウイルスの起源は何であろうか。以前には、細菌のような前核微生物が感染・退化（進化？）するとの外部寄生説があった。しかし、今日のウイルスの遺伝子解析からみると、細胞の各種小器官（核、葉緑体、ミトコンドリア）などの DNA ゲノムあるいはこれらに由来する RNA などが独自の複製、感染性や伝搬性、病原性などを獲得して、宿主域を広げてきたものとも推定される。そうとすれば、由来した細胞内小器官や細胞ゲノムに痕跡があるかも知れない。実際、これらの関係を示唆する所見は多い。従って、ウイルスは生物細胞ゲノム由来と推定するのが妥当と考えられる。また、以前に転移遺伝子と称されたトランスポゾン、レトロトランスポゾンが今日ではウイルスとして捉えられるようになったが、これらがウイルスの起源となったと推定される。ウイロイドの起源も未詳であるが、ウイロイドは機能蛋白質をコードしないと推定されている。詳細は未詳であるが、m RNA のイントロン由来の可能性もある。しかし、病原性の機構は明らかでない。

5．ウイルスの感染・増殖と防除

（1）伝染・伝搬

ウイルスの伝染は垂直伝染（vertical transmission）と水平伝染（horizonal transmission）に分けられる。前者には、植物で多く用いられる栄養繁殖（株分け、挿し木、接ぎ木、取り木、塊根、塊茎など）、種子・花粉、媒介虫での経卵伝染などがある。栄養繁殖されるウイルスの場合、これで100％伝染するといえる。後者には接触（contact）と媒介生物（vector）がある。接触では植物同志での接触、農作業や汚染土壌などによる接触がある（*Tobamovirus, Potexvirsus, viroid* など）。一方、植物ウイルスの多くは媒介生物によって伝搬される。菌類（fungi）としては、下 等 菌類とされる変形菌類（*Polymyxa, Spongospra*）と鞭毛菌類（*Olpidium, Synchytrium*）が知られ、いずれも土壌伝染する。無脊椎動物では、線形動物門の線虫（nematode）があり、媒介線虫としては *Paratrichodorus, Trichodorus, Xiphinema, Longidorus* spp. の4属に限られ、土壌伝染する。節足動物（Arthopoda）として、ダニ（mite, 特にフシダニ（eriophyd mite））、アザミウマ（スリップス）（thrips）、コナカイガラムシ（mealy bug）、コナジラミ（whitefly）、ハムシ（beetle）、アブラムシ（aphid）、ヨコバイ（leafhopper）、ウンカ（planthopper）などがある。節足動物伝搬のウイルスは、ウイルスの保毒期間の長短で非永続的・半永続的・永続的伝搬に分けられる。永続的伝搬はさらに虫体内を還流するのみの循環型、虫体内で増殖する増殖型に分けられる。虫体内増殖型ウイルスとして、*Rhabdoviridae, Reoviridae ,Tospovirus, Tenuivirus, Marafivirus* などがあるが、これらは植物ウイルスであるとともに昆虫ウイルスであるともいえる。

ウイルスによっては、他のウイルスと重複感染することでのみ伝搬される依存伝搬（dependent transmission）もある（*Rice tungro bacilliform virus : Rice tungro spherical virus, Parsnip fleck virus : Anthricus yellows virus, Carrot mottle virus : Carrot red leaf virus* など）。なお、脊椎動物の節足動物媒介のウイルスは以前にはアルボウイルス（Arboviruses）と総称されていたが、今日では各種の性状が解明されるにつれて、多くの科・属に分類されている。

（2）感染・増殖

植物ウイルスの感染・増殖は垂直伝染性ウイルスではそのまま子孫に移行する。水平伝染性ウイルスでは、機械的伝染性および表皮感染性（菌類、線虫、だしゃく性昆虫）ウイルスは裸出された細胞膜から食胞作用で取り込まれ、吸汁性昆虫では篩部に注入されると推定される。植物体内に侵入したウイルスは感受性細胞内で脱コートし、転写、翻訳、複製して子ウイルスを生じる。これら一連のプロセスは一段増殖（one step growth）という。隣接細胞へは裸のゲノム核酸（TMV など）あるいはウイルス粒子（*Nepovirus* など）の形状で移動し、増殖・移行を反復して、篩部に出て全身的に移行する。

通常、ウイルスは別々に合成されたウイルスゲノムと構造蛋白質（コート蛋白質）が会合（assembly）することで、子孫の粒子を産生する。ウイルス粒子の会合には、自己組立（self assembly）と、方向づけられた組立（directed assembly）があるといわれる。単純な構造を有する一般の球状～桿状の植物ウイルスは自己組立を行うと推定されている。適当な条件下でウイルス核酸とコート蛋白質を加えると、自ら会合して粒子を形成する。この会合はコート蛋白質のみでも起こり、また異種ウイルスの核酸を加えても粒子を生じるが、この形状はコート蛋白質由来であることなどから、形態形成はコート蛋白質自身の性質によると思われる。これらは、*Tobacco mosaic virus, Cowpea chlorotic mottle virus, Brome mosaic virus, Turnip* *yellow mosaic virus*などで詳細に検討されている。方向づけられた組立はT4、λ, *Poxvirus*など、大型で複雑なウイルスなどで報告され、植物ウイルスでは知られていない。これらは自ら粒子形成に関与する非構造蛋白質のゲノムを有し、これにより調節・指令して会合する。

ウイルスの組織・細胞内所在様式はウイルス群やウイルス種によって一定である。これらで、ウイルスの診断、同定も可能である。脊椎動物ウイルスではウイルスの局在性の高いものが多く、その所在を解明することは実用上も重要である。感染細胞内には基質、細胞内小器官などに様々な内部病変が生じる。これらの一部については電子顕微鏡観察の項で概述した。増殖したウイルスはさらに別な個体へと伝播し、激化すると流行にいたる。

ウイルス感染・増殖によるウイルスの所在様式、内部病変はさまざまである。

(3) 防除

ウイルスは核酸と蛋白質からなる生体高分子で、無生物である。しかしその物質、エネルギー代謝は感染細胞に依存し、生物のように増殖する。ウイルスに特異な増殖経路に作用する薬剤の開発が望まれるが、薬害を伴うことが多く、卓効を示す特効的な薬剤は知られていない。脊椎動物ウイルスではいくつか抗ウイルス剤が登録されているが、主たる対処法は液性・細胞性の免疫（immunity）とインターフェロンの干渉（interference）の活用である。

植物ウイルスの主な実用的防除法は、以下の耕種的手法である。

抵抗性品種：主要な作物とウイルスでは従来から実施。多くの実用品種が育種され、一部、抵抗性遺伝子も解明されている。

圃場衛生：伝染源の除去、輪作、土壌消毒、土壌pH改良、作付期の変更など。媒介者の回避・駆除。健全種苗の利用。

ウイルスフリー化：茎頂培養、プロロプラスト培養、熱処理。弱毒ウイルス利用。

形質転換体の利用：有用遺伝子（ウイルス外皮蛋白質、サテライト RNA など）の導入。

法的措置（植物検疫）：輸入・国内検疫。

治療薬のないウイルスに対しては今後、形質転換体の活用が期待される。被害の大きな *Papaya mosaic virus* では外皮蛋白質導入体が卓効を示している。ただ、外皮蛋白質遺伝子導入植物の野外栽培には多くの制約がある。わが国では、抗ウイルス剤としてシイタケ菌抽出物、コウジカビ菌抽出物、アルギン酸ソーダの天然物が TMV などで農薬登録されているが、これらはあらかじめ植物体を薬剤で覆っておく感染阻害剤で、効果は限られる。増殖阻害剤は知られていない。植物ウイルスに対しては、現在では総合的防除法が用いられている。治療効能を有する抗ウイルスの開発はウイルス学の最大の関心であるが、この分野の発展を期したい。

6．ウイルスの分類

（1）ウイルス分類の歴史

20 世紀半ばに多数の生物でウイルスが知られてきた。Holmes（1948）は全生物のウイルスを統一的に分類することを最初に提案したが、これは生物のラテン２名法に基礎を置き、種（species）の主な基準は宿主と病徴であった。その後、ウイルスの形状や理化学性が解明されるにつれ、ウイルス自身の属性が重視されてきた。ウイルスの共通分類を検討すべき国際的な組織の設立が望まれ、数年間の準備期間を経て、1970 年に国際ウイルス分類委員会（International Committee on Taxnomy of Viruses, ICTV）が発足した。この ICTV には植物ウイルス分科会（Plant Virus Subcommittee, PVS）、細菌ウイルス分科会（Bacerial Virus Subcommittee, BVS）、脊椎動物ウイルス分科会（Vertebrate Virus Subcommittee, VVS）、無脊椎動物ウイルス分科会（Invertebrate Virus Subcommittee, IVS）の４分科会が設置され、1975年には菌類ウイルス分科会（Fungal Virus Subcommitte、FVS）が追加された。今日、FVSでは原虫や藻類ウイルスなども対象としている。

ウイルスの分類については、種（species）の概念に関して長年、議論された。すなわち、ウイルスは無生物であり、生物で用いられている種のような系統発生的な階層分類の導入は無理との主張（主に、植物ウイルス学者）と、ウイルスの種は生物の種とは異なっても構わないとの主張（主に、動物ウイルス学者）の対立があった。しかし、近年、分子生物学の進展で、ウイルス遺伝子の塩基配列、構造、機能などとともに、分子レベルでウイルスの変異、進化などが明らかになり、1990年のICTV総会で階層的分類を導入することが決定された。このような経緯もあり、植物ウイルスでは科（family）が未定な属（genus）も多く残されている。今後、これらの対処が焦眉の急となっている。

（2）ウイルスの同定・分類基準

ウイルスの同定・分類基準となる特性は、ウイルス粒子自体の性状、遺伝情報発現・複製、生物的性状などである。これらを表1–6（61頁）に示した。

（3）国際ウイルス分類委員会（ICTV）による分類

ICTVの分科会はワーキンググループを設けて分類について検討し、通常、３ヵ年ごとに開催される国際ウイルス学会議で審議し、決定事項は公表されている。最新の公表は第8次ICTV報告（2005）である。これによると、植物ウイルスは14科71属、脊椎動物ウイルスでは30科117属、無脊椎動物ウイルスは24科45属、細菌ウイルスは15科28属、菌類・原虫・藻類ウイルスは 11 科 29 属に類別されている。植物ウイルスでは科が未定なものが 16 属あり、これらの所属の検討が残されている。図 1–7（40 頁）に植物ウイルスの分類を示す。

ウイルスの命名（nomenclature）についても ICTV で命名規約がある。しかし、現状では命名は研究者に任されている。通常、病徴に由来するものが多いが、地名・現地語、文字・記号・数字、ウイルスの粒子形状・分類群・宿主・伝染様式などもある。特定の病徴でも複数のウイルスが関与することもある。ジャガイモモザイク：*Potato virus A, M, S, X, Y* など。ヒトでは肝炎の A, B, 非 A・B ウイルス（現在、C, D, E なども発見）など。細菌のように個体での症状が未詳名ものは文字・記号・数字などになることが多い。ウイルスの記載においては、分類が確定したものはイタリック、未確定のものはローマン体で表す。

（4）植物ウイルスの種類と本邦のウイルス

植物ウイルスは現在、世界中で 81 属（18 科と未定科群）約 900 種が、本邦では 54 属（15 科と未定科群）約 300 余種が知られている。植物ウイルスでは未定科の属が起こされているが、これらは現行の ICTV 分類体系への対応が遅れたためである。今後、これらは整理されるであろう。一方、なお未分類のウイルスもある。植物ウイルス群の主な特性を表 1–4（44 頁）に示した。第８次 ICTV で了承されたウイルスおよび本邦で記載されているウイルスを表１–5（52 頁）に示した。

（5）ウイロイドの分類と複製

ウイロイドの分類も ICTV で検討されている。これらについては、前述した。

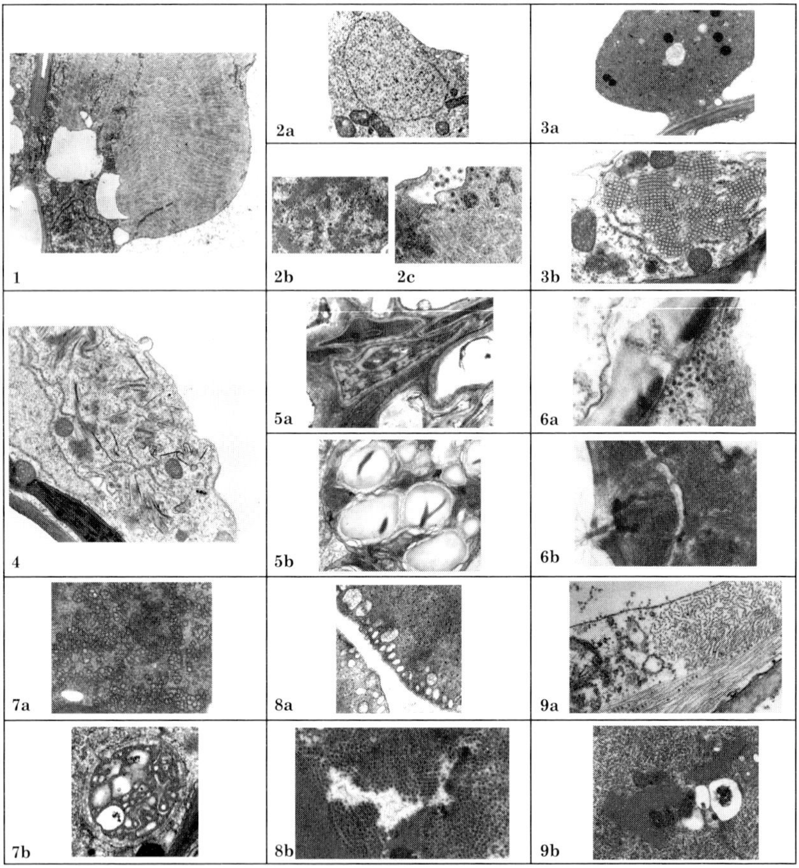

図Ⅰ-1　植物ウイルスの細胞内所在・病変の電顕像例（一部、第Ⅱ編と重複）

①封入体（ウイルス粒子の集塊）：*Tobacco mosaic virus.* ②封入体（ビロプラズム、VP）：a；顆粒状（*Rice tungro spherical virus* = Rice waika virus）、b；格子状（*Rice dwarf virus*）、c；繊維状（*Rice dwarf virus*）．③封入体（膜状, vesicular body, VB）：a；*Broad bean wilt virus*、b；*Soil-borne wheat mosaic virus.* ④封入体（細胞質, cytoplasmic inclusion body, CI）：*Turnip mosaic virus.* ⑤篩部え死（a）と、葉肉細胞の葉緑体でのでんぷん滞積（b）：*Barley yellow dwarf virus.* ⑥原形質連絡糸（PD）内のウイルス粒子：a；*Cycas necrosis stunt virus*、b；Cucumber yellows virus. ⑦細胞質内に誘導された小胞：a；Cucumber yellows virus、細胞内小器官ミトコンドリアの小胞化、b；*Pea stem necrosis virus*（小胞内には核酸様繊維が観察される）．⑧核酸様繊維：a；VP に接した小胞内の繊維（*Rice tungro spherical virus*）、b；VP 内で遊離した繊維（*Rice black-streak dwarf virus*）．⑨特異的蛋白質：a；*Tobacco necrosis virus*、b；*Pea stem necrosis virus.*

図Ⅰ-2　いくつかの植物ウイルス群のゲノム構造

（朝倉書店、2002 より一部、転載）

(1) ２本鎖（ds）DNA ウイルス

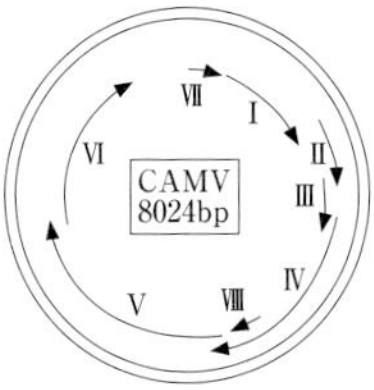

Ⅰ（38K）：移行タンパク質、Ⅱ（18K）：アブラムシ媒介に関与するヘルパー成分、Ⅲ（15K）、Ⅳ（57K）：コートタンパク質、Ⅴ（79K）：逆転写酵素、Ⅵ（61K）：封入体、Ⅶ（11K）：Ⅷ（12K）：機能不明。

(2) １本鎖（ss）DNA ウイルス

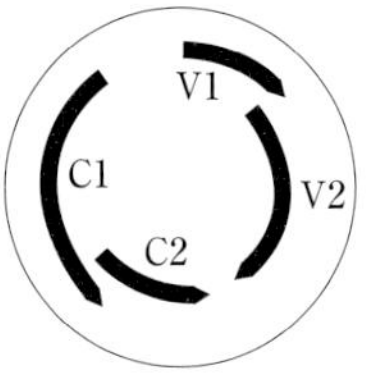

Maize streak virus
（*Geminiviridae*：*Mastrevirus*）
V1（11K）：移行タンパク質、V2（27K）：コートタンパク質、C1・C2：複製酵素。

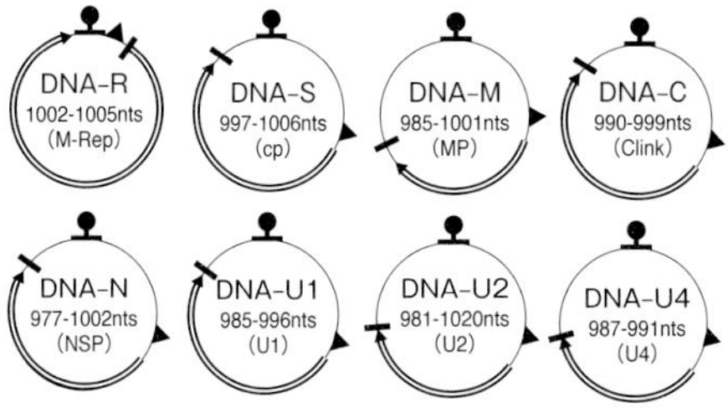

Nanoviridae：*Nanovirus*
（Academic Press, 2005 より転載）

(3) ２本鎖（ds）RNA ウイルス

ゲノム		産物	
セグメント	塩基数（bp）	タンパク質	機能・分布など
S1	4423	P1（164K）	RNA ポリメラーゼ（コア）
S2	3513	P2（123K）	構造タンパク質（外殻）、虫媒伝搬に関与
S3	3195	P3（114K）	コアの主要構造タンパク質
S4	2468	Pns4（80K）	非構造タンパク質または亜鉛フィンガーモチーフ
S5	2571（2570）	P5（91K）	外殻の構造タンパク質、NTP 結合能
S6	1699	Pns6（57K）	非構造タンパク質
S7	1698	P7（55K）	コアの構造タンパク質、核酸結合タンパク質
S8	1424	P8（46K）	外殻の主要構造タンパク質
S9	1305	Pns9（39K）	非構造タンパク質
S10	1321（1319）	Pns10（39K）	非構造タンパク質
S11	1067	Pns11（21K）	非構造タンパク質、核酸結合タンパク質
S12	1066	Pns12（34K）	非構造タンパク質

Rice dwarf virus（*Reoviridae*：*Phytoreovirus*）

(4) 1本鎖（ss）RNA ウイルス

ssRNA ウイルスは植物ウイルスには多数あり、それらの性状も多様である。ssRNA ウイルスはゲノム発現様式でプラス鎖（+）、マイナス鎖（−）（両意鎖（±）含む）

A. プラス鎖（+）RNA ウイルス

ウイルス RNA ゲノム自体が mRNA 活性を持つ。これらには、単一・分節ゲノム、球状・桿状・ひも状など数多い。近年、それらの遺伝子構造が広く知られてきた。遺伝子記号は下記に示す。

記号：CI；細胞質封入体、CP；コートタンパク質、HEL；ヘリカーゼ、HC；ヘルパー成分、MP；移行タンパク質、MTR；メチルトランスフェラーゼ、NI；核内封入体（a・小、b・大）、NTP；ヌクレオチド結合タンパク質、POL；RNA ポリメラーゼ、PRO；プロテアーゼ、RBP；RNA 結合タンパク質、TRI；トリプル遺伝子ブロック、Vpg；ゲノム結合タンパク質

a. 単一ゲノムウイルス

① 球状ウイルス

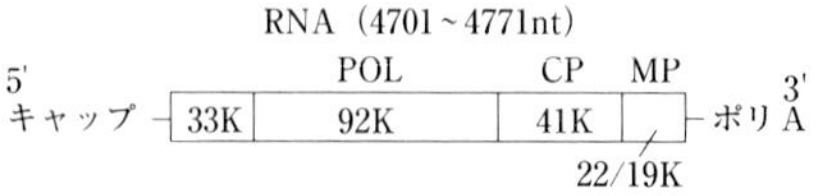

Tomato bushy stunt virus
(*Tobamoviridae: Tombusvirus*)

② 桿状ウイルス

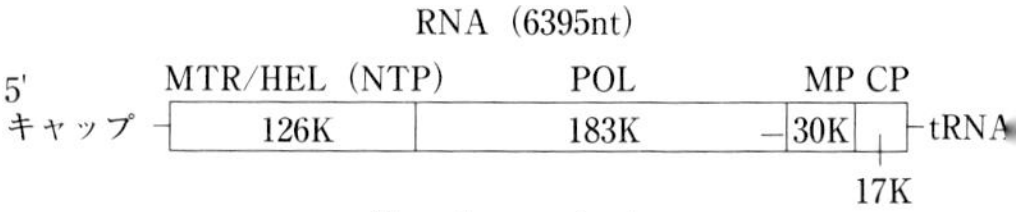

Tomato mosaic virus
(*Tobamovirus*)

③ ひも状ウイルス

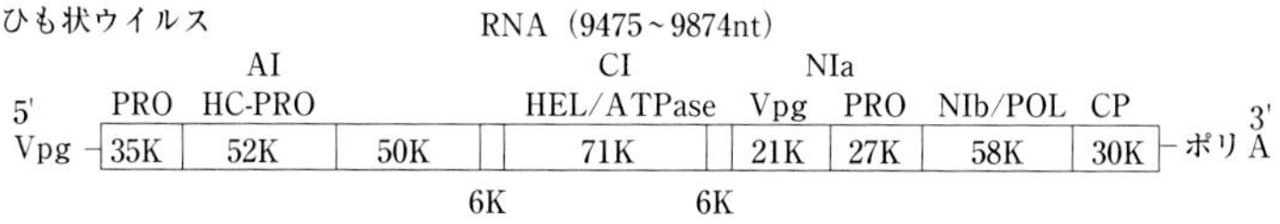

Potyviridae: Potyvirus

b. 2分節ゲノムウイルス

① 球状ウイルス

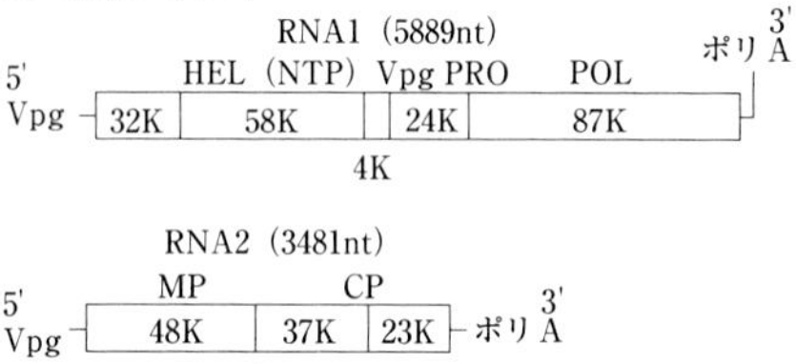

Cowpea mosaic virus
(*Comoviridae: Comovirus*)

② 桿状ウイルス

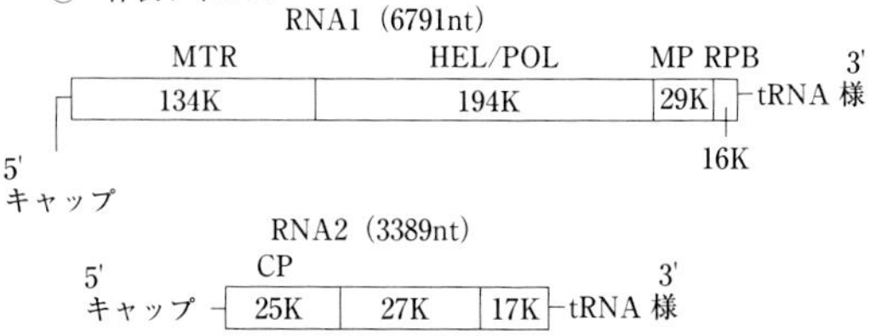

Tobacco rattle virus
(*Tobravirus*)

c. 3分節ゲノムウイルス

① 球状ウイルス

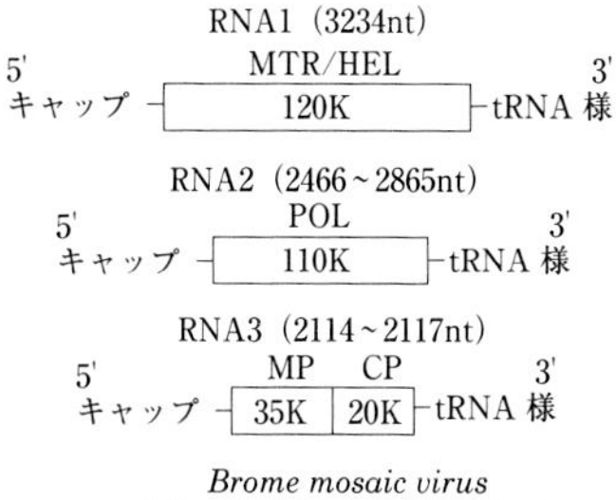

Brome mosaic virus
(*Bromoviridae: Bromovirus*)

② 桿状ウイルス

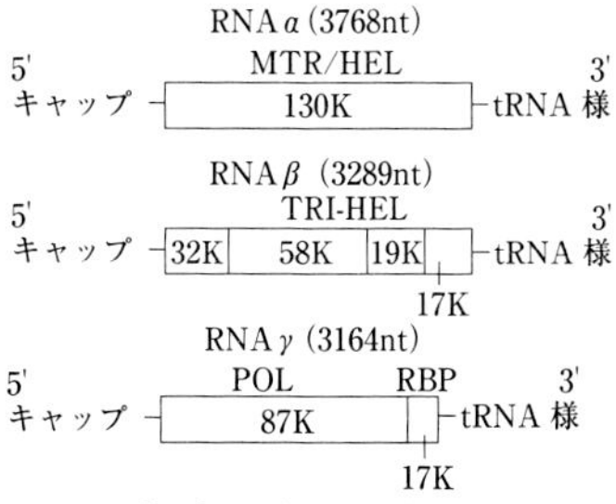

Barley stripe mosaic virus
(*Hordevirus*)

B. マイナス鎖（－）RNA ウイルス

①記号：G；糖タンパク質、M；マトリックスタンパク質、N；ヌクレオキャプシドタンパク質、POL；RNA ポリメラーゼ、sc4；機能不明

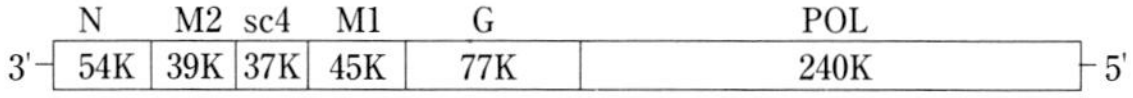

Sonchus yellow net virus
（*Rhabdoviridae: Cytorhabdovirus*）

②記号：CP：コートタンパク質、G：糖タンパク質、N：ヌクレオキャプシドタンパク質、NS：非構造タンパク質、POL：RNA ポリメラーゼ（両意鎖（±）RNA ウイルス）

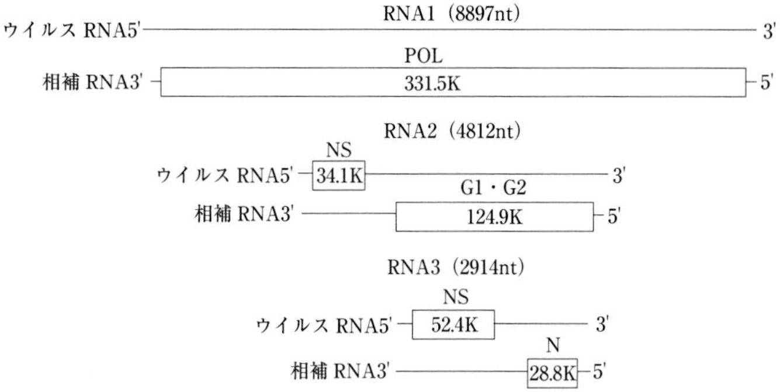

Tomato spotted wilt virus
（*Bunyaviridae: Tospovirus*）

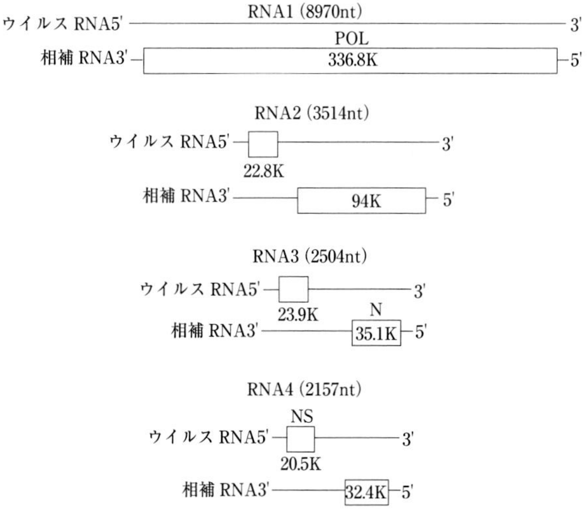

Rice stripe virus
（*Tenuivirus*）

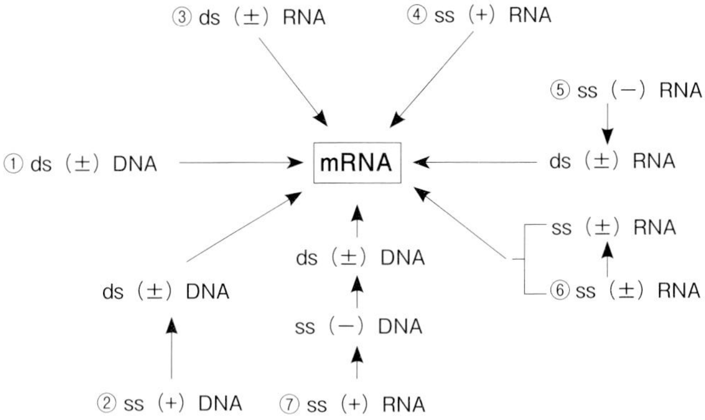

図 I-3　ウイルスの遺伝情報の発現様式

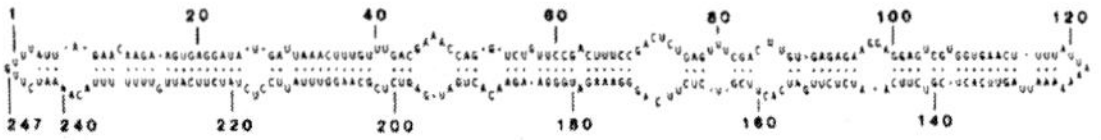

Avocado sunblotch viroid（ASBVd）（Symons, 1981）を一部改変）

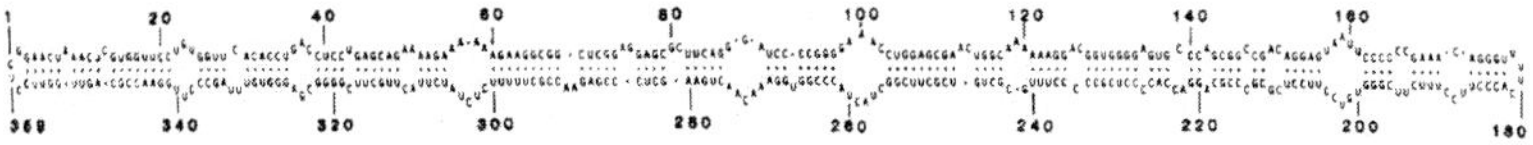

Potato spindle tuber viroid（PSTVd）（Gross ら、1978 を一部改変）

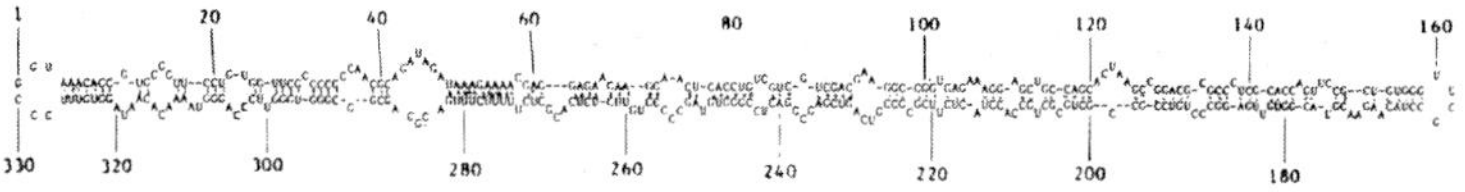

Apple scar skin viroid（ASSVd）（Hashimoto ら、1987）

図 I-4　主なウイロイドの塩基配列と二次構造

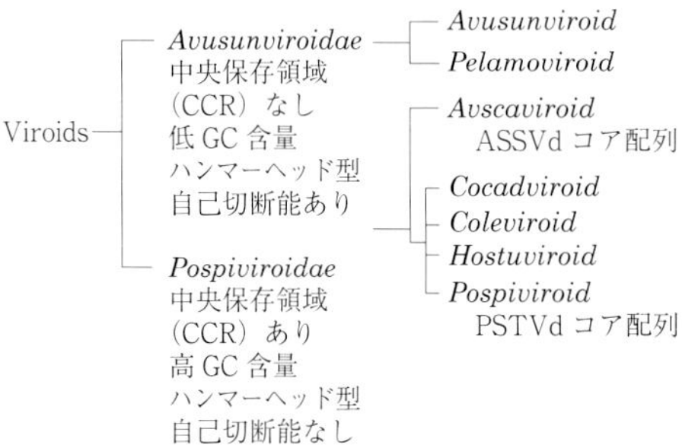

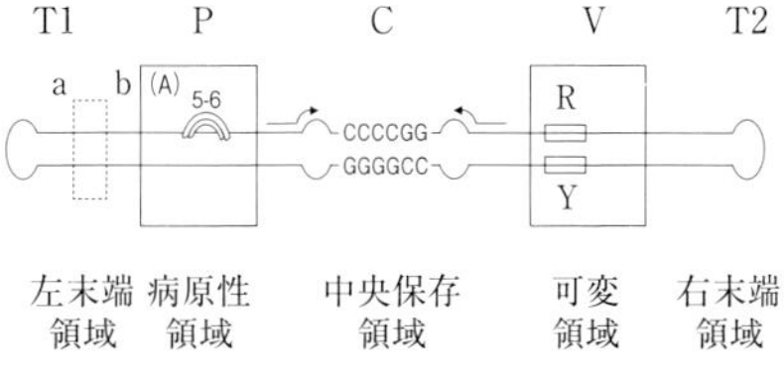

Pospiviroidae のドメイン構造（Keese ら、1985 を一部改変）。矢印は逆位反復配列、R と Y はオリゴプリン、オリゴピリミジンヘリックスを示す。

図 I-5　ウイロイドのドメイン構造とそれによる分類

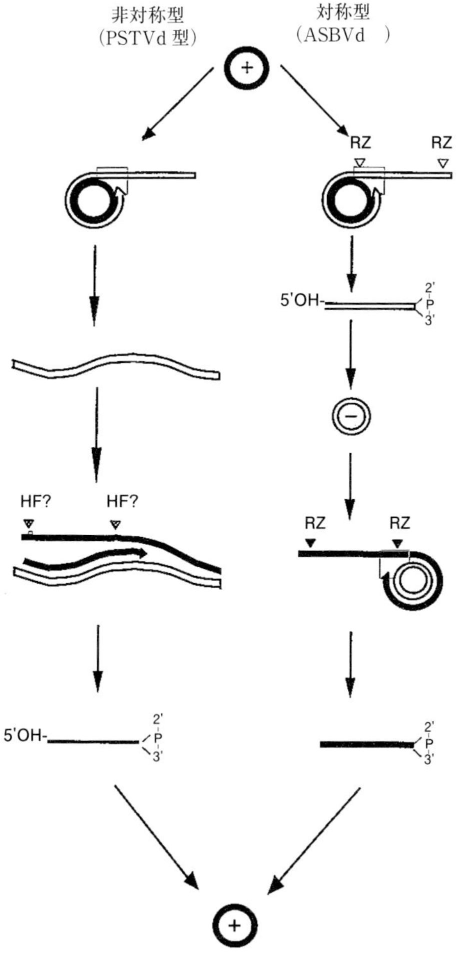

図 I-6 ウイロイドの複製様式（2 タイプ）
HF：宿主因子　RZ：リボザイム

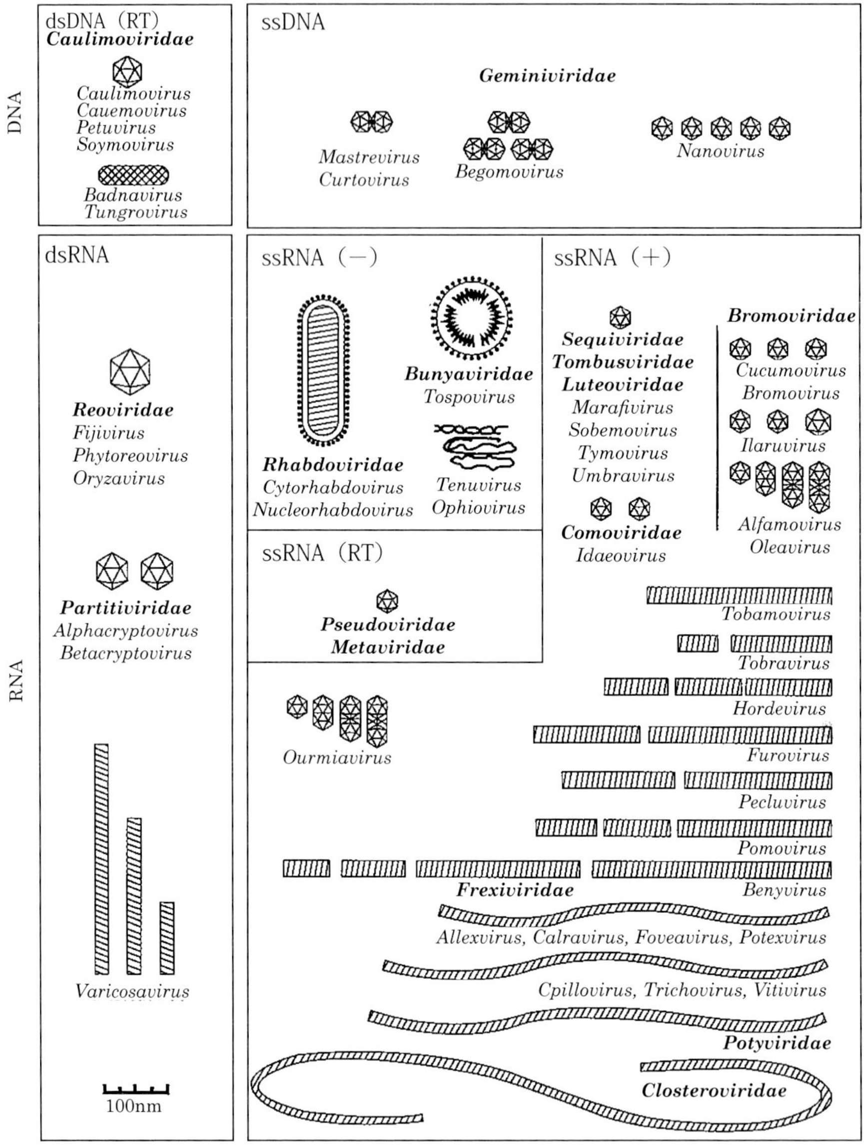

図 I-7　国際ウイルス分類委員会（ICTV）による植物ウイルスの分類
（8th Report of ICTV, 2005 より一部、改変転載）

表Ⅰ-1　過去に大きな被害が発生、また今後に大きな被害が予想されるウイルス・ウイロイド病

ウイルス（ウイロイド）病	地域
African cassava mosaic	アフリカ　アジア　アメリカ
Barley yellow dwarf	各国
Banana bunchy top	アジア　オーストラリア　エジプト　太平洋諸島
Bean yellow mosaic	カリブ海諸国　中央アメリカ　アメリカ（フロリダ）
Beet yellows	各国
Cacao swollen shoot	アフリカ
Citrus stristeza	アフリカ　アメリカ
Coconut cadang-cadang	フィリピン
Maize streak	アフリカ
Plum pox	ヨーロッパ　カナダ
Rice hoja blanca	中南米
Rice tungro	東南アジア
Sugarcane mosaic	各国
Tomato yellow leaf curl	地中海・カリブ海諸国
Tomato spotted wilt	各国

表 I-2　植物ウイルスの主な外部病徴

葉		**植物体　茎根**	
退緑		生育不良	
モザイク	mosaic	萎縮　わい化	dwarf　stunt
斑紋	mottle mottling	枝ぶくれ	swollen shoot
葉脈透化	vein clearing	異常生育	
葉脈緑帯	vein banding	腫瘍	tumor
条線	stripe	叢生	rosette
退緑斑点	chlorotic spot	木部穿孔	stem pitting
白斑	fleck	上偏生長	epinasty
輪紋	ringspot	**花　果実　種子**	
黄化　赤化		奇形	
萎黄　黄萎	yellowing　yellows	奇形花　奇形果	malformation
赤化	redding	葉状化	phyllody
奇形　肥大		変色	
ひだ葉	enation	斑入り	breaking
火ぶくれ	ruffle	さび果	scar skin
糸葉	ern leaf	種なし	
肥大	swellig	種なし	aspermy
隆起	proliferation		
え死　え疽			
え死斑点	necrotic spot		
頂部え死	top necrosis		
条斑（条え疽）	streak		
えそ輪紋	necrotic ringspot		
巻葉			
巻葉	leaf roll		
葉巻	leaf curl		
縮葉			
縮葉	rugose		
蓮葉	crinkle		

表Ⅰ-3　主なウイロイドの種類と分類

ウイロイド	略称	塩基数
Avusunviroidae		
Avusunviroid		
*Avocado sunblotch**	ASBVd	245～250
Carnation stunt associated	CSAVd	275
Pelamoviroid		
Apple fruit crinkle(リンゴゆず果)	AFCVd	371
Chrysanthemum chlorotic mottle	CChMVd	398～399
*Peach latent mosaic**	PLMVd	335～338
Pospiviroidae		
Avscaviroid		
Apple dimple fruit	ADFVd	306～307
Apple scar skin (リンゴさび果) *	ASSVd	329～330
Austrarian grapevine	AGVd	369
Citus III	CVD-III	292, 297
Citrus bent leaf	CBLVd	318
Grapevine yellow speckle 1	GYLVd-1	366～368
Grapevine yellow speckle 2	GYLVd-2	363
Pear blister canker	PBCVd	315～316
Cocadviroid		
Citrus VI	CVd-IV	284
*Coconut cadang-cadang**	CCCVd	246～247, 287～301
Coconut tinangaja	CTiVd	254
Hop latent	HLVd	256
Coleviroid		
*Coleus blumei 1**	CbVd 1	248, 250～250～1
Coleus blumei 2	CbVd 2	301～302
Coleus blumei 3	CbVd 3	361～362, 364
Coleus blumei d 1 (コレウスブルメイ *d1*)	CbVd d1	
Hostuviroid		
Hop stunt (ホップわい化) *	HSVd	295～303
Pospiviroid		
Chrysanthemum stunt (キクわい化)	CSVd	354, 356
Citrus exocortis (カンキツエクソコーティス)	CEVd	370～375, 463
Columnea latent	CLVd	370, 372
Iresine 1	IrVd	370
Mekican papita	MPVd	359～360
Potato spindle tuber (ジャガイモスピンドルチューバー) *	PSTVd	356, 359～360
Tomato apical stunt	TASVd	360, 363
Tomato planta macho	TPMVd	360

*：タイプ種
本邦に存在するウイロイドについては和名を付記。分類上、所属の確定した種はイタリック、未定種はローマン（立体）で示した。PSTVd は最近、ジャガイモ、ダリアで分離されたという

表 I-4　植物ウイルスの分類群と主な性状

科・属	ウイルス粒子						ゲノム核酸	
	被膜	形態	成分	サイズ (nm)	沈降定数 (S)	浮遊密度 (g/cm^3)	分節数	サイズ (bp あるいは nt)
DNA								
2 本鎖（RT）								
Caulimoviridae								
Caulimovirus	−	球状	1	50	208	1.37	1	8,016−8,060
Cavemovirus	−	球状	1	45−50	246		1	8,158
Petuvirus	−	球状	1	50			1	7,205
Soymovirus	−	球状	1	50			1	8,175
Badnavirus	−	桿菌状	1	130 × 30	218	1.37	1	7,161−7,568
Tungrovirus	−	桿菌状	1	10−400 × 30−35		1.312	1	8,002
1 本鎖								
Geminiviridae								
Mastrevirus	−	双球状	1	30 × 18	70	1.35	1	2,686−2,750
Curtovirus	−	双球状	1	30 × 18	70	1.34	1	2,993
Topocuvirus	−	双球状	1	30 × 18	70		1	2,860
Begomovirus	−	双球状	1	30 × 18	69−90	1.35	2	2,588−2,870 2,508−2,724
Nanoviridae								
Nanovirus	−	球状	1	17−20		1.34	6−8	977−1,111
Babuvirus	−	球状	1	17−20	46	1.28−1.29	6	1,111−1,018
RNA								
2 本鎖								
Reoviridae								
Fijivirus	−	球状	1	65−70（2 層）	400		10	1,430−4,391 （Σ 28,699）
Phytoreovirus	−	球状	1	65−70（2 層）	510	1.39−1.42	12	1,066−4,423
Oryzavirus	−	球状	1	75−80（2 層）	510	1.39−1.42	10	1,162−3,849 （Σ 25,749）
Partitiviridae								
Alphacryptovirus	−	球状	1	30	118	1.39	2	1,490 1,830
Betacryptovirus	−	球状	1	38		1.38	2	2,072 2,238
− *Varicosavirus*	−	桿状	2	300−320 340−360×18			2	6,000 6,700
Endornavirus	（ウイルス粒子は形成しない）						1	13,716
1 本鎖								
（RT）RNA								
Pseudoviridae								
Pseudovirus	−	球状 だ円状	1	30−40 200−300			1	5,600
Sirevirus	−	球状 だ円状	1	50			1	4,200−9,700
Metaviridae								
Metavirus	−	球状	1	50	156		1	5,200

構造蛋白質					生物的性状	
種類	分子量(kDa)	ら旋ピッチ(nm)	キャプソメア数	寄主範囲	主な伝染	細胞内所在など
1	57		72	狭	アブラムシ（半永続的）	細胞質（viroplasm），一部は核
1	57			狭		細胞質（viroplasm）
1	50			狭	種子、栄養繁殖	細胞質（viroplasm）（寄主染色体にプロウイルス化）
1	52			狭		細胞質（viroplasm）
2	35 40			狭	株分け、カイガラムシ（半永続的）	細胞質，一部は膜状構造増生
1	32			狭	ヨコバイ（半永続的）（伝搬はRTSVに依存）	細胞質（篩部）
1	28−34		22	狭	ヨコバイ（半−永続的）	核（細胞質）
1	30		22	広	ヨコバイ（半−永続的）	核（篩部）
1	27		22	狭	ツノゼミの1種（半−永続的）	細胞質（viroplasm），核（篩部）
1	27	22		狭−広	コナジラミ（半−永続的）	核
1	19			狭	アブラムシ（半−永続的）	細胞質，液胞
1	20			狭	アブラムシ（半−永続的）	（篩部）
6	64−139		92	狭	ウンカ（虫体内増殖）	細胞質（viroplasm）（篩部）
6	46−164		92	狭	ヨコバイ（虫体内増殖，経卵伝搬）	細胞質（viroplasm）
8	33−120			狭	ウンカ（虫体内増殖）	細胞質（viroplasm）
1	55			狭	種子	細胞質（核？）（篩部？）
1				狭	種子	細胞質（核？）
1	48	5.0		狭	菌類（土壌伝染）	細胞質
				狭	種子（発症なし．一部細胞質不稔？）	細胞質に小胞（？）
1	55			狭	垂直	細胞質（レトロトランスポゾン）
				狭	垂直	細胞質（レトロトランスポゾン）
2	15 26			狭	垂直	細胞質（レトロトランスポゾン）

科・属	ウイルス粒子						ゲノム核酸	
	被膜	形態	成分	サイズ (nm)	沈降定数 (S)	浮遊密度 (g/cm^3)	分節数	サイズ (bp あるいは nt)
(−) RNA								
Rhabdoviridae								
Nucleorhabdovirus	+	桿菌状	1	100−430 × 45−100	770−1,450	1.17−1.20	1	12,600−14,000
Cytorhabdovirus	+	桿菌状	1	100−430 × 45−100	770−1,450	1.17−1.20	1	12,500
Bunyaviridae								
Tospovirus	+	球状	1	80−100	520−550	1.21	3	2,916 4,821 8,897
− *Tenuivirus*	−	ひも状	4	260 350 430 1,300 × 8	60−98	1.28	4	2,157 2,504 3,514 8,970
Ophiovirus	−	ひも状	2	700 1,500−2,500 × 9		1.22	3	1,500 1,600−1,800 7,500−9,000
(+) RNA								
Sequiviridae								
Waikavirus	−	球状	1	30	183	1.51	1	12,226
Sequivirus	−	球状	1	30	153	1.49	1	9,871
Comoviridae								
Comovirus	−	球状	2	28	98 118	1.44−1.46 1.41	2	3,481 5,889
Fabavirus	−	球状	2	30	93−100 113−126	1.40 1.44	2	3,589 5,957
Nepovirus	−	球状	2	28	86−128 115−134	1.43−1.48 1.51−5.53	2	4,662 7,356
Luteoviridae								
Luteovirus	−	球状	1	25−30	106−118	1.39−1.40	1	5,677
Polerovirus	−	球状	1	28	115−127	1.39−1.40	1	5,600−5,882
Enamovirus	−	球状	1	28	107−122	1.42	1	5,706
Tombusviridae								
Carmovirus	−	球状	1	33	118−130	1.33−1.36	1	3,879−4,450
Necrovirus	−	球状	1	28	118	1.40	1	3,684
Tombusvirus	−	球状	1	32−35	132−140	1.34−1.36	1	4,701−4,776
Aureusvirus	−	球状	1	30		1.34−1.36	1	4,415
Avenavirus	−	球状	1	35			1	4,114
Dianthovirus	−	球状	1	32−35	126−135	1.37	2	1,412−1,449 3,876−3,940
Machlomovirus	−	球状	1	30	109	1.37	1	4,437
Panicovirus	−	球状	1	30	109	1.365	1	4,326
Bromoviridae								
Alfamovirus	−	桿菌状	3 (4)	30−57 × 18	73 82 94	1.37	3	2,037 2,593 3,644
Cucumovirus	−	球状	3	29	99	1.37	3	2,216 3,050 3,357

構造蛋白質					生物的性状	
種類	分子量(kDa)	ら旋ピッチ(nm)	キャプソメア数	寄主範囲	主な伝染	細胞内所在など
4	21−93	4.2−4.5		狭	アブラムシ，ヨコバイ，ウンカ（虫体内増殖）	核（viroplasm）
4	18−170	4.2−4.5		狭	アブラムシ，ヨコバイ，ウンカ（虫体内増殖）	細胞質（viroplasm）
4	29 58 78 200			広	アザミウマ（虫体内増殖）	細胞質（viroplasm）
1	32	6−7		中	ウンカ（虫体内増殖、経卵伝搬）	細胞質，核
1	43−50			狭	栄養繁殖　菌類（土壌伝染）	細胞質
3	22.5 25 34			狭	ヨコバイ（非永続的）	細胞質(viroplasm,小胞)(篩部)
3	23 26 31			狭	アブラムシ（半永続的）（伝搬は *Luteoviridae* に依存）	細胞質（膜状封入体）
2	22 42		32	狭	ハムシ（半永続的），種子	細胞質（膜状封入体）
2	27 43			広	アブラムシ（非永続的）	細胞質（膜状封入体）
2	55−60		42	中−広	線虫（土壌伝染），種子	細胞質（膜状封入体）
1	22			狭−広	アブラムシ（永続的伝搬）	細胞質，小胞（篩部）（篩部え死）
1	23			中	アブラムシ（永続的伝搬）	細胞質，小胞（篩部）（篩部え死）
1	21			中	アブラムシ（永続的伝搬）	細胞質（封入体），核
1	38		32	中−狭	接触．菌類（土壌伝染）	細胞質（膜状封入体），核
1	29−30			狭−広	菌類（土壌伝染）	細胞質（膜状封入体），核
1	41		32	中−広	種子，菌類，土壌	細胞質（膜状封入体），核
1	40			狭	土壌	細胞質
1	48			狭	菌類（土壌伝染）	細胞質
1	37−38			中	土壌	細胞質，核
1	25.1			狭	ハムシ（非永続的），（種子）	細胞質
1	26			狭	栄養繁殖，（種子）	細胞質（封入体）
1	24			広	アブラムシ（非永続的）（種子）	細胞質
1	26.2		32	広	アブラムシ（非永続的）（種子）	細胞質，核

科・属	ウイルス粒子						ゲノム核酸	
	被膜	形態	成分	サイズ (nm)	沈降定数 (S)	浮遊密度 (g/cm³)	分節数	サイズ (bp あるいは nt)
Ilarvirus	−	球状−桿菌状	3	26−35 × 18	80−120	1.36	3	2,205 2,926 3,491
Bromovirus	−	球状	3	27	88	1.35	3	2,117 2,865 3,234
Oleavirus	−	球状−桿菌状	3	43 48 5	80−120	1.36	3 (4)	2,438 2,734 3,126 2,078
Tymoviridae								
Tymovirus	−	球状	1	30	116	1.40	1	6,319
Marafivirus	−	球状	1	28−31	120	1.42−1.46	1	6,905
Maculavirus	−	球状	1 (2)	30			1	7,500−7,600
Potyviridae								
Bymovirus	−	ひも状	2	250−300, 500−600 × 13	165	1.28−1.34	2	3,585 7,326
Potyvirus	−	ひも状	1	680−900 × 12	150−160	1.31	1	9,475−9,874
Ipomovirus	−	ひも状	1	800−950 × 12	155	1.307	1	9,069−10,818
Tritivirus	−	ひも状	1	690−700 × 13	166	1.30−1.32	1	9,346−9,672
Rymovirus	−	ひも状	1	700 × 15	165	1.325	1	9,463−9,540
Macluravirus	−	ひも状	1	672 × 13−16	155	1.31−1.33	1	8,000
Closteroviridae								
Closterovirus	−	ひも状	1	1,250−2,000 × 12	96−140	1.30−1.34	1	15,480−19,296
Crinivirus	−	ひも状	2	650−850 700−900 × 12			2	7,193 8,118
Ampelovirus	−	ひも状	1	1,400−2,000 × 10−13			1	13,071−17,919
Flexiviridae								
Potexvirus	−	ひも状	1	470−580 × 13	115−130	1.31	1	5,845−7,015
Carlavirus	−	ひも状	1	610−700 × 13	147−176	1.3	1	7,400−7,700
Capillovirus	−	ひも状	1	640−700 × 12	100	1.2	1	6,496
Foveavirus	−	ひも状	1	800 × 12			1	9,306
Trichovirus	−	ひも状	1	640−760 × 12	92−100		1	6,496−7,555
Allexivirus	−	ひも状	1	800 × 12	170	1.33	1	8,108−8,832
Vitisvirus	−	ひも状	1	725−825 × 12	92		1	7,600
Mandarivirus	−	ひも状	1	650 × 13			1	7,500
− *Sobemovirus*	−	球状	1	30	115	1.36	1	4,138
Idaeovirus	−	球状	1	33	115	1.37	3	1,000 2,231 5,449
Sadwavirus	−	球状	3	26	119 129	1.43 1.46	2	4,600−5,400 7,000
Cheravirus	−	球状	3	25−30	56 96 120	1.40−1.45	2	3,300 7,000
Umbravirus	+	球状	1	50−70	270	1.15	1 (2)	4,019−4,253
Tobamovirus	−	桿状	1	300 × 18	194	1.33	1	6,304−6,609

構造蛋白質					生物的性状	
種類	分子量(kDa)	ら旋ピッチ(nm)	キャプソメア数	寄主範囲	主な伝染	細胞内所在など
1	25			広	種子，花粉（アザミウマ）	細胞質
1	20		32	狭	接触（ハムシ）	核（顆粒状封入体），細胞質
1	20			狭		細胞質
1	20		32	狭	ハムシ（半永続的）	細胞質（葉緑体表面小胞）
1 (2)	22-27 (21,24)			中-広	ヨコバイ（虫体内増殖）	細胞質
1	28			狭	接木	細胞質（小胞）（篩部）
1	28.5-33	3.4		狭	菌類（土壌伝染）	細胞質（細胞質・膜状封入体）
1	32-36	3.4		狭-広	アブラムシ（非永続的）（種子，栄養繁殖）	細胞質（細胞質封入体）
1	38			狭	コナジラミ（永続的）	細胞質（細胞質封入体）
1	32			狭	フシダニ（半永続的）	細胞質（細胞質封入体）
1	33-34	3.4		狭	フシダニ（半永続的）	細胞質（細胞質封入体）
1	33-34			狭	アブラムシ（非永続的）	細胞質（細胞質封入体）
1	23-46	3.4-3.8		狭	アブラムシ（半永続的）	細胞質（小胞），（核）（篩部）
1	28-33	3.4-3.8		狭	コナジラミ（半永続的）	細胞質（小胞）（篩部）
1	35-46			狭	コナカイガラムシ（半永続的）	細胞質（篩部）
1	31-34	3.4		狭	接触	細胞質（針状封入体）
1	31-34			狭	アブラムシ（非永続的）コナジラミ（非永続的）	細胞質
1	24-27	3.4-3.5		狭	接木，種子	細胞質
1	28-44			狭	接木（栄養繁殖）	細胞質
1	22	3.3-3.5		狭	接木（栄養繁殖）	細胞質
1	28-36			狭	フシダニ（半永続的）	細胞質
1	21.5	3.3-3.5		狭	コナカイガラムシ（半保存的）（カイガラムシ，アブラムシ）	細胞質
1	34			狭	接木	細胞質
1	26-30		32	狭	ハムシ（半保存的）	細胞質，核
1	30			狭	種子，花粉	細胞質
2	21-29 40-45			狭	接木，栄養繁殖（土壌、線虫、アブラムシ）	細胞質（膜状封入体）
3	20 22-24 24-25			狭	線虫（土壌伝染），種子	細胞質
				狭	アブラムシ（永続的）（伝搬は *Luteoviridae* に依存）	細胞質（トノプラスト）
1	17-18	2.3		狭	農作業，接触，土壌	細胞質（核）（結晶・顆粒状封入体）

科・属	ウイルス粒子						ゲノム核酸	
	被膜	形態	成分	サイズ (nm)	沈降定数 (S)	浮遊密度 (g/cm^3)	分節数	サイズ (bp あるいは nt)
Tobravirus	−	桿状	2	46−114 215 × 20−23	155−245 286−306	1.31−1.32	2	3,261 6,790
Hordeivirus	−	桿状	3	112 130 150 × 20−25	178 185 200		3	3,164 3,289 3,768
Furovirus	−	桿状	2	140−160 260−300 × 20	170−225 220−230		2	3,593 7,099
Benyvirus	−	桿状	3 (4)	60−105 270 390 × 20	4 (5)			1,347 1,465 1,744 4,609 6,746
Pomovirus	−	桿状	3	65−80 150−160 290−310 × 18−20	125 170 230	1.32	3	2,315 2,962 6,500
Pecluvirus	−	桿状	2	190 245 × 21	183 224	1.32	2	4,504 5,897

構造蛋白質					生物的性状	
種類	分子量 (kDa)	ら旋ピッチ (nm)	キャプソメア数	寄主範囲	主な伝染	細胞内所在など
1	22	3.3−3.5		狭	線虫，種子	細胞質
1	22	2.5−2.6		狭	種子	細胞質，核
1	20	2.6		狭	菌類（土壌伝染）	細胞質（膜状封入体）
1	21	2.6		狭	菌類（土壌伝染）	細胞質（膜状封入体）
1	18.5−20	2.4−2.5		狭	菌類（土壌伝染）	細胞質（膜状封入体）
1	39	2.6		狭	菌類（土壌伝染）	細胞質（膜状封入体）

表Ⅰ-5 植物ウイルスの分類属と所属種

ゲノム	科	属	所属ウイルス
DNA 2本鎖（ds）（RT）	*Caulimoviridae*	*Caulimovirus*	Aquilegia necrotic mosaic（オダマキえそモザイク），*Carnation etched ring*（カーネーションエッチドリング），*Cauliflower mosaic*（カリフラワーモザイク）*，Cestrum yellow leaf curling, Dahlia mosaic（ダリアモザイク），*Figwort mosaic virus, Horseradish latent, Mirabilis mosaic*, Plantago virus 4, Sonchus mottle, *Strawberry vein banding*（イチゴベインバンディング），*Thistle mottle*
		Cavemovirus	*Cassava vein mosaic**, Tobacco vein clearing*
		Petuvirus	*Petunia vein clearing virus*（ペチュニア葉脈透化）*
		Soymovirus	*Blueberry red ringspot, Peanut chlorotic streak, Soybean chlorotic mottle*（ダイズ退緑斑紋）*
		Badnavirus	*Aglaonema bacilliform*, Aucuba ringspot（アオキ輪紋），*Banana streak GF, Banana streak Mysore*, Bougainvillea chlorotic spot, *Cacao swollen shoot, Canna yellow mottle*（カンナ黄色斑紋），*Citrus mosaic, Commelina yellow mottle**, *Dioscorea bacilliform*, Epiphyllum bacilliform（クジャクサボン桿菌状），*Gooseberry vein banding associated, Kalanchoe top-spotting*, Mimosa bacilliform, Pineapple bacilliform, *Piper yellow mottle, Rubus yellow net, Scheffleraringspot, Spiraea yellow leaf spot, Sugarcane bacilliform IM, Sugarcane bacilliform Mor, Stilbocarpa mosaic bacilliform*, Taro bacilliform, Yucca bacilliform
		Tungrovirus	*Rice tungro bacilliform**
1本鎖（ss）	*Geminiviridae*	*Mastrevirus*	Bajra streak,, Bromus striate mosaic, *Chloris striate mosaic*, Chickpea chlorotic dwarf, *Digitaria streak, Digitaria striate mosaic, Maize streak**, Millet streak, *Miscanthus streak*（オギ条斑），Paspalum striate mosaic, *Sugarcane streak, Tobacco yellow dwarf, Wheat dwarf*
		Curtovirus	*Beet curly top**, *Beet mild curly top, Beet severe curly top, Horseradish curly top*, Tomato leaf roll
		Topocuvirus	*Tomato pseudo-curly top**
		Begomovirus	*Abutilon mosaic*（アブチロンモザイク），*Acalypha mosaic, African cassava mosaic, Ageratum enation, Ageratum yellow vein, ,Bean calico mosaic, Bean dwarf mosaic, Bean golden mosaic, Bean golden yellow mosaic**, *Bhendi yellow vein mosaic, Cabbage leaf curl, Chayote yellow mosaic, Chilli leaf curl, Chino del tomate, Cotton leaf curl, Cotton leaf crumple*, Cotton yellow mosaic, *Cowpea golden mosaic, Croton yellow vein mosaic, Cucurbis yellow vein, Dolichos yellow mosaic, East African cassava mosaic*, Eclipa yellow vein, Eggplant yellow mosaic, *Eupatorium yellow vein, Euforbia mosaic, Hollyhock leaf crumple, Honeysuckle yellow vein mosaic*（スイカズラ葉脈黄化）、*Honeysuckle yellow vein*, Horsegram yellow mosaic, *Indian cassava mosaic, India tomato leaf curl, Ipomoea yellow vein*, Jatropha mosaic, Leonunus mosaic,

ゲノム	科	属	所属ウイルス
		Begomovirus	Limabean golden mosaic, Lupin leaf curl, Macroptitium golden mosaic, *Macroptilium yellow mosaic*, Macrotyloma mosaic, Malaceous chlorosis, Melon leaf curl, *Mungbean yellow mosaic*, Okura leaf curl, *Papaya leaf curl, Pepper golden mosaic, Pepper haustecoyellow vein, Pepper leaf curl*, Pepper mild tigre, *Potato yellow mosaic*, Pseuderanthemum yellow vein, *Rhynochosia golden mosaic, Sida golden mosaic, Sida golden yellow vein, Sida mottle, Sida vein, Sinalon tomato leaf golden*, Solanum apical leaf curl, *Solanum yellow leaf curl, South African cassava mosaic , Soybean crinkle leaf, Squash leaf curl, Squash leaf curl, Squash mild leaf curl, Squash yellow mild mottle, Stachytarpheta leaf curl, Sweet potato leaf curl*（サツマイモ葉巻），*Tobacco curly shoot, Tobacco leaf curl*（タバコ葉巻），*Tomato chlorotic mottle, Tomato curly stunt, Tomato golden mosaic, Tomato leaf curl, Tomato mottle, Tomato severe rugose, Tomato yellow leaf curl*（トマトイエローリーフカール），*Tomato yellow mosaic, Tomato yellow mottle, Watermelon chlorotic stunt, Watermelon curly mottle, Watermelon golden mosaic*, Wissadula golden mosaic, Zinnia leaf curl
	Nanoviridae	*Nanovirus*	*Faba bean necrotic yellows, Milk vetch dwarf*（レンゲ萎縮），*Subterranean clover stunt**
RNA 2本鎖（ds）	*Reoviridae*	*Fijivirus*	*Cereal tillering disease, Fiji disease*, Garlic dwarf, Maize rough dwarf, Oat sterile dwarf, Pangola stunt, Rice black-streaked dwarf*（イネ黒条萎縮）
		Phytoreovirus	*Rice dwarf*（イネ萎縮），*Rice gall dwarf, Wound tumor**
		Oryzavirus	*Echinochlora ragged stunt, Rice ragged stunt*（イネラギッドスタント）*
	Partitiviridae	*Alphacryptovirus*	*Alfalfa cryptic 1, 2*（アルファルファ潜伏 *1, 2*），*Beet cryptic 1, 2, 3*（ビート潜伏 *1, 2, 3*），*Carnation cryptic 1, Carrot temperate 1, 3, 4*（ニンジン潜伏 *1, 3, 4*），Garland chrysanthemum temperate（シュンギク潜伏），*Hop trefoil cryptic 1, 3*, Mibuna temperate（ミブナ潜伏），*Radish yellow edge*（ダイコン葉縁黄化），Rhubarb temperate（ダイオウ潜伏），*Ryegrass cryptic, Santousai temperate*（サントウサイ潜伏），*Spinach temperate*（ホウレンソウ潜伏），*Vicia cryptic*（ソラマメ潜伏），*White clover cryptic 1, 3*（シロクローバ潜伏 *1*, 3*）
		Betacryptovirus	*Alfalfa cryptic, Carrot temperate 2*（ニンジン潜伏 2），*Hop trefoil cryptic 2, Red clover cryptic 2, White clover cryptic 2*（シロクローバ潜伏 2）*
	―	*Varicosavirus*	*Freezia leaf necrosis, Lettuce big vein*（レタスビッグベイン）*，Tobacco stunt（タバコわい化）
	―	*Endornavirus*	*Oryza rufipogon endorna, Oryza sativa endorna, Phaseolus vulgaris endorna, Vicia faba endorna**

ゲノム	科	属	所属ウイルス
1本鎖(ss) 逆転写(RT)	*Pseudoviridae*	*Pseudovirus*	*Pseudovirus Arabidoppsis thaliana Ta 1, Brassica oleracea Melmoth, Cajuan Panzee, Glycine max Tgmr, Hordeum vulgare BARE-1, Nicotinana tabacum Tnt 1, N. tabacum Tto 1, Oryza australiensis, O. longistaminata , (Saccharomyce cerevisiae Ty1*), Solanum tuberosum Tst 1, Triticum aestivum WIS-2, Zea mays , Hopscotch, Z. mays Sto-3*
		Sirevirus	*Arabidopsis thanliana Endovir, Glycine max SIRE 1*, Lycopersicon esculentum ToRTL 1, Zea mays Opie-2, Z. mays Prem-2*
	Metaviridae	*Metavirus*	*Arabidopsis thaliana Athila, A. thaliana Tat4, Lilium henryi dell*（*Sacchromyces cerevisiae Ty3**）
(－)	*Rhabdoviridae*	*Cytorhabdovirus*	*Barley yellow stripe mosaic, Broad bean yellow vein*（ソラマメ葉脈黄化），*Broccoli necrotic yellows, Burdock rhabdo*（ゴボウラブド），*Festuca leaf streak, Lettuce necrotic yellows*, Northern cereal mosaic*（ムギ類北地モザイク），*Sonchus, Strawberry crinkle*（イチゴクリンクル）、*Wheat American striate mosaic*
		Nucleorhabdovirus	*Carrot latent*（ニンジン潜在），*Butterber rhabdo*（フキラブド），Carrot latent（ニンジン潜在），*Datura yellow vein, Eggplant mottled dwarf, Elder vein clearing*（ニワトコ葉脈透明），Euonymus mosaic（マサキモザイク），*Gerbera symptomless*（ガーベラ潜在），*Gloriosa fleck*（グロリオーサ白斑），Lotus streak（ハス条斑），*Maize mosaic, Potato yellow dwarf*, Rice transitory yellowing*（イネ黄葉），*Sonchus yellow net, Sowsistle yellow vein,* Tomato vein clearing（トマト葉脈透化）
	Bunyaviridae	*Tospovirus*	Capsicum chlorosis, Chrysanthemum stem necrosis, *Grounnut bud necrosis, Groundnut ringspot, Groundnut yellow spot, Impatients necrotic spot*（インパチエンスネクロテック），Iris yellow spot, Melon yellow spot (*Melon spotted wilt*)（メロン黄化えそ），Tphysalis severe mottle, *Tomato chlorotic spot, Tomato spotted wilt*（トマト黄化えそ）*，*Waternelon siver mottle*（スイカ灰白色斑紋），Watermelon bud necrosis, *Zucchini lethal chlorosis*
	——	*Tenuivirus*	Brazilian wheat spike, *Echinochloa hoja blanca,* European wheat striate mosaic, Iranian wheat stripe, *Maize stripe, Rice grassy stunt*（イネグラッシースタント），*Rice hoja blanca, Rice stripe*（イネ縞葉枯）*, Rice wilted stripe, *Urochloa hoja blanca,Winter wheat mosaic*
	——	*Ophiovirus*	*Citrus psorosis*, Citrus ringspot, Lettuce ring necrosis, Mirafiori lettuce, Ranunchulau white mottle, Tulip mild mottle mosaic*（チューリップ微斑モザイク），Freezia ohio
(＋)	*Sequiviridae*	*Waikavirus*	*Anthriscus yellows, Maize chlorotic,Rice tungro spherical*（Rice waika, イネわい化)*

ゲノム	科	属	所属ウイルス
		Sequiviurs	*Dandelion yellowmosaic, Parsnip yellow fleck**
	Comoviridae	*Comovirus*	*Andean potato mottle, Bean pod mottle, Bean rugose mosaic, Broad bean stain, Broad bean true mosaic, Cowpea mosaic* , Cowpea sever mosaic, Glycine mosaic, Pea green mottle, Pea mild mosaic, Quil pea mosaic, Radish mosaic*（ダイコンひだ葉），*Red clover mottle, Squash mosaic*（スカッシュモザイク），*Ullucus C*
		Fabavirus	*Broad bean wilt 1*（ソラマメウイルト *1*)*，*Broad bean wilt 2*（ソラマメウイルト 2）*Lamium mild mosaic*
		Nepovirus	
		Subgroup A	*Arabis mosaic*（アラビスモザイク），*Arraccha A, Artichoke Aegern ringspot, Cassava Americanlatent, Grapevine fanleaf*（ブドウファンリーフ），*Potato black ringspot, Tobacco ringspot*（タバコ輪点）*
		Subgroup B	*Artichoke Italian latent, Beet ringspot, Cacao necrosis, Crimson clover latent, Cycas necrotic stunt*（ソテツえそ萎縮），*Grapevine chrome mosaic, Mulberry ringspot*（クワ輪紋），*Olive latent ringspot, Tomato black ring*（トマト黒色輪点）
		Subgroup C	*Apricot latent ringspot, Artichoke yellow ringspot, Blackcurrant reversion, Blueberry leaf mottle, Cassava green mottle, Cherry leaf roll, Chicory yellow mottle, GrapevineBulgarian latent, Grapevine ringspot, Hibiscus latent ringspot, Lucerne Australian latent, Myrobalan latent ringspot, Peach rosette mosaic, Potato U, Tomato ringspot*（トマト輪点）
	Luteoviridae	*Enamovirus*	*Pea enation mosaic 1**
		Luteovirus	*Barley yellow dwarf-MAV, Barley yellow dwarf-PAS, Barley yellow dwarf-PAV*（オオムギ黄萎 *–PAV*)*，*Bean leafroll, Soybean dwarf*（ダイズわい化）
		Polerovirus	*Beet chlorosis, Beet mild yellowing, Beet western yellows*（ビート西部萎黄），*Cereal yellow dwarf-RPV, Cucurbit aphid-borne yellows,* Leek yellows（リーキ黄化），Melon vein yellowing（メロン葉脈黄化），Pepper vein yellows（トウガラシ葉脈透化），*Potato leafroll*（ジャガイモ葉巻）*，*Sugarcane yellow leaf, Turnip yellows*
	Tombusviridae	*Carmovirus*	*Ahlum waterborne, Bean mild mosaic, Cardamine chlorotic fleck, Carnation mottle*（カーネーション斑紋）*，*Cowpea mosaic, Cymbidium mild mosaic*（シンビジウム微斑モザイク），*Galinsoga mosaic, Hibiscus chlorotic ringspot*（ハイビスカス退緑斑），*Japanese iris necrotic ring*（ハナショウブえそ輪紋），*Melon necrotic spot*（メロンえそ斑点），*Pea stem necrosis*（エンドウ茎えそ），*Pelagonium flower break, Suguaro cactus, Turnip crinckle, Weddel waterborne*

ゲノム	科	属	所属ウイルス
		Necrovirus	*Beet black scorch, Chenopodium necrosis, Leek white stripe, Lisianthus necrosis*（トルコギキョウえそ），*Olive latent 1, Tobacc necrosis A*（タバコネクローシスA）*，*Tobacco necrosis D*
		Tombusvirus	*Artichoke mottled crinkle, Carnation Italian ringspot, Cucumber Bulgarian latent, Cucumber necrosis, Cymbidium ringspot, Eggplant mottled crinkle, Grapevine Algerian latent*（ブドウアルジェリア潜在），*Lato river, Morrocan pepper, Neckar river, Pear latent, Pelagonium leaf curl, Petunia asteroid, Sikte waterborne, Tomato bushy stunt*（トマトブッシースタント）*
		Aureusvirus	*Cucumber leaf spot, Pothos latent**
		Avenavirus	*Oat chlorotic stunt**
		Dianthovirus	*Carnation ringspot*, Red clover necrotic mosaic, Sweet potato necrotic mosaic*
		Machlomavirus	*Maize chlorotic mottle**
		Panicovirus	*Panicum mosaic**
	Bromoviridae	*Alfamovirus*	*Alfalfa mosaic*（アルファルファモザイク）*
		Bromovirus	*Broad bean mottle, Brome mosaic* , Cassia yellow blotch, Chowpea chlorotic mottle, Melandrium yellow fleck, Spring beauty latent*
		Cucumovirus	*Cucumber mosaic*（キュウリモザイク）*，*Penut stunt*（ラッカセイ斑紋），*Tomato aspermy*（トマトアスパーミィ）
		Ilarvirus	
		Subgroup 1	*Parietaria mottle, Tobacco streak*（タバコ条斑）*
		Subgroup 2	*Asparagus 2*（アスパラガス 2），*Citrus leaf rugose*（カンキツリーフルゴース），*Citrus variegation, Elm mottle, Spinach latent, Tulare apple mosaic*
		Subgroup 3	*Apple mosaic*（リンゴモザイク），*Blueberry shock, Humulus japonicus latent, Prunus necrotic ringspot*（プルナスネクロティクリングスポット）
		Subgroup 4	*Prune dwarf*（プルンドワーフ）
		Subgroup 5	*American plum line pattern*
		Subgroup 6	*Fragaria chiloensis latent, Lilac ring mottle*
		Oleavirus	*Olive latent 2**
	Tymoviridae	*Tymovirus*	*Andean potato latent, Belladonna mottle, Cacao yellow mosaic, Calopogonium yellow vein, Chayote mosaic, Clitoria yellow vein, Desmodium yellow mottle, Dulcamara mottle, Eggplant mosaic, Erysimum latent, Kennedya yellow mosaic, Melon rugose mosaic, Okura mosaic, Ononis yellow mosaic, Passionfruit yellow mosaic, Peanut yellow mosaic, Petunia vein banding, Physalis mottle, Plantago mottle, Scrophularia mottle, Turnip yellow mosaic*（カブ黄化モザイク）*，*Voandzeia necrotic mosaic, Wild cucumber mosaic*

ゲノム	科	属	所属ウイルス
		Maculavirus	*Grapevine fleck*（ブドウフレック）*
		Marafivirus	*Bermuda grass etched-line, Mayze rayado fino*, Oat blue dwarf*
	Potyviridae	*Bymovirus*	*Barley mild mosaic*（オオムギマイルドモザイク），*Barley yellow mosaic*（オオムギ縞萎縮）*, *Oat mosaic, Rice necrosis mosaic*（イネえそモザイク），*Wheat spindle streak mosaic, Wheat yellow mosaic*（コムギ縞萎縮）
		Potyvirus	*Alpinia mosaic, Alstroemeria mosaic*（アルストロメリアモザイク），*Amaranthus leaf mottle,* Amazon lily mosaic（アマゾンユリモザイク），*Apinus Y, Araujia mosaic, Artichoke latent, Asparagus 1*（アスパラガス *1*），*Banana bract mosaic, Bean common mosaic necrosis, Bean common mosaic*（インゲンマメモザイク），*Bean yellow mosaic*（インゲンマメ黄斑モザイク），*Beet mosaic*（ビートモザイク），*Biden mottle*（センダングサ斑紋），*Calanthe mild mosaic*（エビネ微斑モザイク），*Carnation vein mottle*（カーネーションベインモットル），*Carrot thin leaf, Carrot Y, Celery mosaic*（セルリーモザイク），*Ceratobium mosaic, Chilli veinal mottle, Clitoria Y, Clover yellow vein*（クローバ葉脈黄化）, *Cocksfoot streak, Colombian datura, Commelina mosaic, Cowpea-aphid-borne mosaic, Cowpea green vein banding, Cypripedium Y, Dasheen mosaic*（サトイモモザイク），*Dendrobium severe mosaic*（デンドロビウムシビアモザイク）*Diuris Y, Endive necrotic mosaic, Freesia mosaic, Gloriosa stripe mosaic*（グロリオーサ条斑モザイク），*Groundnut eyespot, Guinea grass mosaic, Habenaria mosaic*（サギソウモザイク），*Helenium Y, Henbane mosaic, Hibbertia Y, Hipprastrum mosaic*（アマリリスモザイク），*Hyacinth mosaic, Iris fulva mosaic, Iris mild mosaic*（アイリス微斑モザイク），*Iris severe mosaic, Japanese yam mosaic*（ヤマノイモモザイク），*Johnsongrass mosaic, Kalanchoe mosaic, Konjac mosaic*（コンニャクモザイク），*Leek yellow stripe*（リーキイエローストライプ），*Lettuce mosaic*（レタスモザイク），*Lily mottle*（ユリ微斑），*Lycoris mild mottle, Maize dwarf mosaic*（トウモロコシ萎縮モザイク），*Morocan watermelon mosaic, Narcissusdegeneration, Narcissus late season yellows, Narcissus yellow stripe*（スイセン黄色条斑），*Nerine yellow stripe, Nothoscordum mosaic, Onion yellow mosaic*（ネギ萎縮），*Ornithogalum mosaic*（オーソニガラムモザイク），*Ornithogalum 2, Ornithogalum 3, Papaya leaf distortion mosaic*（パパイヤ奇形葉モザイク），*Papaya ringspot*（パパイヤ輪点），*Parsnip mosaic, Passion fruit woodiness*（パッションフルーツウッディネス），*Pea seed-borne mosaic*（エンドウ種子伝染モザイク），*Peanut mottle*（ラッカセイ斑紋），*Pepper mottle*（トウガラシ斑紋），*Pepper veinal mottle, Pepper yellow mosaic, Pleioblastus mosaic*（アズマネザサモザイク），*Perilla mottle*（シソ斑紋），*Peru tomato mosaic, Pleione Y, Plum pox*（プラムポックス），*Pokeweed mosaic, Potato A*（ジャガイモ *A*），*Potato V, Potato Y*（ジャガイモ *Y*）*, *Rhopalanthe Y, SarcochilusY, Scallion mosaic,*

ゲノム	科	属	所属ウイルス
			Shallot yellow stripe（シャロット黄色条斑）, *Sorghum mosaic*（ソルガムモザイク）, *Soybean mosaic*（ダイズモザイク）, *Sugarcane mosaic*（サトウキビモザイク）, *Sunflower mosaic, Sweet potato feathery mottle*（サツマイモ斑紋モザイク）, *Sweet potato latent*（サツマイモ潜在）, *Sweet potato mild speckling, Sweet potato G, Telfairia mosaic, Tobacco vein banding mosaic*（タバコ脈緑モザイク）, *Tobacco vein mottling, Tropaeolum mosaic, Tuberose mild mosaic, Tulip breaking*（チューリップモザイク）, *Tulip mosaic, Turnip mosaic*（カブモザイク）, *Watermelon leaf mottle, Watermelon mosaic*（カボチャモザイク）, *Wild potato mosaic, Wisteria vein mosaic, Yam mild mosaic*（ヤマノイモマイルドモザイク）, *Yam mosaic, Zantedeschia mosaic, Zea mosaic, Zoysia mosaic*（シバモザイク）, *Zuchini yellow fleck, Zuchini yellow mosaic*（ズッキーニ黄斑モザイク）
		Rymovirus	*Agropyron mosaic, Hordeum mosaic, Ryegrass mosaic*（ライグラスモザイク）*
		Ipomovirus	*Cassava brown streak, Cucumber vein yellowing, Sweet potato mild mottle**
		Macluravirus	*Cardamom mosaic, Chinese yam necrotic mosaic*（ヤマノイモえそモザイク）, *Maclura mosaic*, Narcissus latent*（スイセン潜在）
		Tritimovirus	*Brome streak mosaic, Oat necrotic mottle, Wheat streak mosaic**
	Closteroviridae	*Closterovirus*	*Beet yellows*（ビート萎黄）*, *Beet yellow stunt, Burdock yellows*（ゴボウ黄化）, *Carnation necrotic fleck*（カーネーションえそ斑）, *Carrot yellow leaf*（ニンジン黄葉）, *Citrus tristeza, Clover yellows*（クローバ黄化）, *Grapevine leafroll-associated 2*（ブドウ葉巻随伴2）, *Wheat yellow leaf*（コムギ黄葉）
		Crinivirus	*Abutilon yellows, Beet pseudo yellows*, Cucumber yellows*（キュウリ黄化）, *Cucurbit yellow stunting disorder, Lettuce chlorosis, Lettuce infectious yellows, Sweetpotato chlorotic stunt, Tomato chlorosis, Tomato infectious chlorosis*
		Ampelovirus	*Grapevine leafroll-associate 1, 3*（ブドウ葉巻随伴 *1,3**）, *Grapevineleafroll-associate 5, Little cherry 2*（リトルチェリー2）, *Pineapple mealybug wilt-associated 1, Pineapple mealybug wilt-associated 2*
	Flexiviridae	*Potexvirus*	*Aconitium latent, Alternanthera mosaic, Asparagus 3*（アスパラガス3）, *Bamboo mosaic, Cactus X*（サボテンX）, *Cassava common mosaic, Cassava X, Cawpee mild mottle, Clover yellow mosaic, Commelina virus X, Cymbidium mosaic*（シンビジウムモザイク）, *Daphne X, Foxtail mosaic, Hosta X*（ギボウシX）, *Hydrangea ringspot*（アジサイ輪紋）, *Lily X*（ユリX）, *Narcissus common latent, Narcissus mosaic*（スイセンモザイク）, *Nerine X, Papaya mosaic, Pepino mosaic, Plantago asiatica mosaic*（オオバコモザイク）, *Plantago severe mottle, Plantain X, Poplar mosaic, Potato aucuba mosaic*（ジャガイモ黄斑モザイク）, *Potato X*（ジャガイモX）*,

ゲノム	科	属	所属ウイルス
	Flexiviridae	*Potexvirus*	*Rehmannia X*（ジオウX），*Scallion X, Strawberry mild yellow edge*（イチゴマイルドイエローエッジ），*Tamus red mosaic, Tulip X*（チューリップX），*Verbena latent, White clover mosaic*（シロクローバモザイク）
		Carlavirus	*Aconitum latent*（トリカブト潜在），*American hop latent,* Blueberry scorch, Butterbur mosaic（フキモザイク），*Cactus 2, Caper latent, Carnation latent*（カーネーション潜在）*，*Chrysanthumum B*（キクB），*Cole latent, Dandelion latent, Daphne S*（ジンチョウゲS），*Elderberry symptomless, Calanthe mosaic*（エビネモザイク），Elder ring mosaic（ニワトコ輪紋モザイク），*Fig S*（イチジクS），*Garlic common latent, Helenium S, Honeysuckle latent, Hop latent*（ホップ潜在），*Hop mosaic*（ホップモザイク），*Hydrangea latent, Kalanchoe latent, Lilac mottle,* Lilac ringspot（ライラック輪紋），*Lily symptomless*（ユリ潜在），*Mulberry latent*（クワ潜在），*Muskmelon vein necrosis,* Narcissus mild mosaic（スイセン微斑モザイク），*Nerine latent, Passiflora latent*（トケイソウ潜在），*Pea streak, Potato latent, Potato M*（ジャガイモM），*Potato S*（ジャガイモS），*Red clover vein mosaic, Shallot latent*（シャロット潜在），*Sint-Jan's onion latent, Southern potato latent*（ジャガイモ南部潜在），*Strawberry pseudo mild yellow edge*（イチゴシュイドマイルドイエローエッヂ），Wasabi latent（ワサビ潜在）
		Capillovirus	*Apple stem grooving*（リンゴステムグルービング）*，*Cherry A*（チェリーA），*Lilac chlorotic leafspot*
		Allexivirus	*Galic mite-borne mosaic*（ニンニクダニ伝染），*Galic A, B, C, D*（ニンニクA，B，C，D）*Galic E, X, Shallot X*（シャロットX）*
		Foveavirus	*Apple stem pitting*（リンゴステムピッティング）*，*Apricot latent, Rupestris stem pitting-associated*（ルペストリスステムピッティング随伴）
		Vitisvirus	*Grapevine A, B*（ブドウA*，B），*Grapvine D, Heracleum latent*
		Trichovirus	*Apple chlorotic leaf spot*（リンゴクロロテックリーフスポット）*，*Cherry mottle leaf, Grapevine berry inner necrosis*（ブドウえそ果），*Peach mosaic*
		Mandarivirus	*Indian citrus ringspot**
	——	*Hordeivirus*	*Anthoxanthum latent blanching, Barley stripe mosaic*（ムギ斑葉モザイク）*，*Lynchnis ringspot, Poa semilatent*
	——	*Tobamovirus*	*Cucumber fruit mottle mosaic, Cucumber green mottle mosaic*（スイカ緑斑モザイク），*Fangipani mosaic, Hibiscus latent Fort Pierce, Hibiscus latent Syngapore, Hibiscus yellow mosaic*（ハイビスカス黄斑），*Kyuri green mottle mosaic*（キュウリ緑斑モザイク），

ゲノム	科	属	所属ウイルス
	——	*Tobamovirus*	*Obuda pepper, Odontoglosum ringspot*（オドントグロッサムリングスポット），*Paprika mild mottle, Pepper mild mottle*（トウガラシマイルドモットル），*Ribgrass mosaic*（オオバコモザイク），*Sammons' Opuntia*（サーモンズオプンチア），*Sunn-hemp mosaic, Tobacco latent, Tobacco mild green mosaic, Tobacco mosaic*（タバコモザイク）*，*Tomato mosaic*（トマトモザイク），*Turnip vein-clearing, Ullucus mild mottle, Wasabi mottle, Youcai mosaic*
	——	*Tobravirus*	*Pea early-browning, Pepper ringspot, Tobacco rattle*（タバコ茎えそ）*
	——	*Benyvirus*	*Beet necrotic yellow vein*（ビートえそ性葉脈黄化）*, *Beet soil-borne mosaic*
	——	*Furovirus*	*Chinese wheat mosaic, Oat golden stripe, Soil-borne cereal mosaic, Soil-borne wheat mosaic*（ムギ類萎縮）*，*Sorghum chlorotic spot*
	——	*Pomovirus*	*Beet soil-borne, Beet Q, Broad bean necrosis*（ソラマメえそモザイク），*Potato mop-top*（ジャガイモモップトップ）*
	——	*Pecluvirus*	*Indian peanut clump, Peanut clump**
	——	*Sobemovirus*	*Bluberry shoestring, Cocksfoot mottle*（コックスフットモザイク），*Lucerne transient streak, Rice yellow mottle, Ryegrass mottle*（ライグラスモットル），*Sesbania mosaic, Solanum nodiflorum,Southern bean mosaic*（インゲンマメ南部モザイク）*，*Sowbane mosaic*（アカザモザイク），*Turnip rosette, Velvet tabacco mottle*
	——	*Sadwavirus*	*Satsuma dwarf*（温州萎縮）*，*Strawberry latent ringspot, Strawberry mottle*
		Cheravirus	*Apple latent spherical, Cherry rasp leaf**
	——	*Idaevirus*	*Raspberry bushy dwarf*
	——	*Umbravirus*	*Carrot mottle mimic, Carrot mottle*, Groundnut rosette, Lettuce speckles mottle, Pea enation mosaic-2, Tobacco bushy top, Tobacco mottle*
	——	*Oumiavirus*	*Cassava C, Epirus cherry, Ourmia melon**

*：タイプ（代表）ウイルス。
本邦に存在するウイルスについては和名を付した。分類上、所属の承認されたウイルス種はイタリック、未定種はローマン体（立体）で示した。本邦産として、性状未詳のウイルスについては、ここでは省いた。

表Ⅰ-6　ウイルスの主な同定・分類基準

ウイルス粒子	
ウイルス粒子：	形状（皮膜の有無、形態・構造、サイズ）、理化学的性状（粒子性、分子量、沈降定数、浮遊密度、物理性、有機溶媒耐性、等電点など）
組成：	
ゲノム核酸	RNA/DNA、1本鎖（ss）／2本鎖（ds）、線状／環状、＋鎖／－鎖／±鎖、含量、分節性、分子量、塩基組成、塩基配列、高次構造、末端構造、遺伝子構造・配列など
蛋白質	ら旋ピッチ、キャプソメア、サブユニット、分子量、アミノ酸組成、アミノ酸配列、高次構造、末端構造など
糖蛋白質（被膜）	含量、種類など
その他	ポリアミンなど
抗原性	血清学的性状、抗原性、エピトープ（抗原決定基）など
ウイルスの増殖・複製	
生体内増殖：	個体／器官／組織／細胞分布、細胞内所在・増殖様式、内部病変など
分子生物的性状：	分子レベルでの複製、転写、翻訳、制御様式など
ウイルスの生物的性状	
病原性：	寄生性、病徴など
伝染：	伝染・伝搬様式、生態など

第II編

病原ウイルス

植物ウイルスに関する全般的なことは第Ⅰ編で示した。本編では植物ウイルスの病原学的見地から、主に本邦に存在する科および属・種を対象に性状を紹介する。第Ⅰ編において、本邦に存在する主なウイルスについては和名を付し（表Ⅰ-5、52頁）、また、一部のゲノム構造（図Ⅰ-2、35頁）を示した。なお、近年に報告されたもの、性状や同定が未詳なものについては一部除いた。関連の病徴はカラー口絵、電顕像は本編中に示した。通常、電顕像は倍率あるいはスケールを示すべきであるが、ここでは割愛した。ウイルス粒子のサイズより推測されたい。

1．2本鎖（逆転写）DNA ウイルス

2本鎖（ds）DNA ウイルスは植物では *Caulimoviridae* が1科で、球状4属、桿菌状2属があり、いずれも逆転写を行う。本邦では、現在、前者では3属、後者では1属が知られている。これらに対し、以前には亜科として *Caulimovirinae* と *Badnavirinae* が提案されたこともあった。

（1）カウリモウイルス科 *Caulimoviridae*

科名の Caulimo- は dsDNA ウイルスとして古くから知られるカリフラワーモザイクウイルス（*Cauliflower mosaic virus* の短縮語（sigla））に由来する。

【所属群】

カウリモウイルス属 *Caulimovirus*（タイプ種：カリフラワーモザイクウイルス、*Cauliflower mosaic virus*, CaMV）

ペチュウイルス属 *Petuvirus*（タイプ種：ペチュニア葉脈透化ウイルス、*Petunia vein clearing virus*, PVCV）

ソイモウイルス属 *Soymovirus*（タイプ種：ダイズ退緑斑紋ウイルス、*Soybean chlorotic mottle virus*, SbCMV）

カベモウイルス属 *Cavemovirus*（タイプ種：*Cassava vein mosaic virus*, CVMV）

バドナウイルス属 *Badnavirus*（タイプ種：*Commelina yellow mottle virus*, CoYMV）

ツングロウイルス属 *Tungrovirus*（タイプ種：*Rice tungro bacilliform virus*, RTBV）

【ウイルス粒子】

大型球状（径 45 ~ 50 nm、1成分）または桿菌状（110 ~ 400 × 30 ~ 35 nm、1成分）、被膜なし。沈降定数 200 ~ 220 S、浮遊密度 1.31 ~ 1.37 g/ ㎤。構造蛋白質 1 ~ 3種（32 ~ 57 kDa）。

【ゲノム】

環状 dsDNA、1種（7.2 ~ 8.3 kbp）、ORF ＝ 2 ~ 8個（図 I –2）、片鎖に1ヵ所、他鎖に1 ~ 3ヵ所の不連続部位（切れ目）。

【増殖】

ウイルスゲノム DNA は宿主の DNA 依存 RNA ポリメラーゼにより全長に対応する ssRNA を合成し、これを鋳型にウイルスゲノムでコードした逆転写酵素（RT）に

より1本鎖（ss）DNAを合成後2本鎖（ds）となり、子DNAが複製される。これらの様式は動物の*Hepadnaviridae*（B型肝炎ウイルスなど）に酷似する。*Petuvirus*、*Badnavirus*の一部は宿主植物のゲノムに組込まれ、プロウイルスになるとされる。感染植物では、*Tungrovirus*は篩部局在、そのほかは非局在。球状の4属はすべて、細胞質にウイルス粒子の会合に関与するバイロプラズム（viroplasm, VP）の封入体を誘導する（本編AqNMV=66頁b、CaMV=67頁b、PVCV=69頁b、SyCMV=70頁b）。一部では、膜状構造の増生がみられる。

【生物的性状】

CaMVはアブラナ科植物に広く発生するが、そのほかのウイルスは狭い。*Caulimovirus*、*Soymovirus*、*Cavemovirus*の一部は汁液接種可能。*Caulimovirus*はアブラムシ類、*Badnavirus*はコナカイガラムシ類、*Tungrovirus*はヨコバイ類により半永続的に伝搬。PVCVは種子伝染の可能性がある。

〈参考文献〉Francki, R. I. B. *et al.* (1985). Caulimovirus group. *In* Atlas of Plant Viruses. Vol. 1. 17. CRC Press；Hull, R. (1984). CMI/AAB Descr. Pl. Viruses , No. 295；Hull, R. *et al.* (2005). *Caulimoviridae*. *In* Virus Taxnomy 8th ICTV Reports (Fauquet, C. M. *et al.* eds.). 385. Academic Press；ICTVdB Descr. (2006). 00.015. *Caulimoviridae*.

① カウリモウイルス属　*Caulimovirus*

本科の代表的な属で、属名のCaulimo-はタイプ種のカリフラワーモザイクウイルス（*Cauliflower mosaic virus*, CaMV）の短縮語に由来する。日本では4種が知られる。CaMVはほぼ世界各国に分布すると思われ、アブラナ科植物（*Brassicaceae*）に発生する。確定種6、暫定種4。

オダマキえそモザイクウイルス
Aquilegia necrotic mosaic virus, AqNMV

東京都町田市で記載（李ら、1983）。オダマキ（*Aquilegia* sp.）の葉にモザイク、えそ、萎縮を伴う（口絵3）。ウイルス粒子（本項a、b）は径約50 nmの球状（正20面体）で、比較的に粒子量が多い。宿主植物では非局在性で、各種細胞の細胞質にVPを生じ、この領域でウイルス粒子が産生（会合）されると推定された。ウイルス粒子は細胞質とともに核内にもしばしば散在・集塊。これらは後述のCERVと似る。機械的（汁液）接種は成功していない。媒介者は不明。

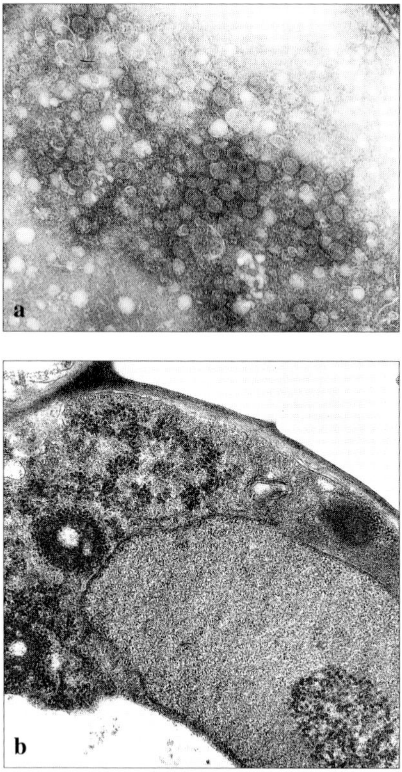

〈参考文献〉Brunt, A. A., *et al.* eds. (1996). *In* Viruses of Plants. 111. CAB International；ICTVdB Descr. (2006). 00.015.0.81.001. Aquilegia necrotic mosaic virus；李　準璋ら（1983）日植病報 49: 83.

カーネーションエッチドリングウイルス
Carnation etched ring virus, CERV

世界各地に存在。カーネーション（*Dianthus caryophyllus*）にえそ性の斑点や輪点。無病徴感染も多い。ウイルス粒子は径約 50 nm の球状（正 20 面体）、沈降定数約 206 S、耐熱性 80 ~ 85 ℃、耐希釈性 $10^{-3\sim4}$、耐保存性 4 ヵ月。ゲノム（7,932 bp）は環状。dsDNA は鎖内に不連続部位を有し、スーパーコイル化する。各種細胞の細胞質にウイルス粒子の産生（会合）に関与する VP の封入体を生じる。ウイルス粒子は細胞質とともに核内に散在・集塊して観察。プラズモデスマータ内でも認められている。ウイルスは機械的接種可能で、モモアカアブラムシ（*Myzus percicae*）で半永続的に伝搬される。

〈参考文献〉土居養二（1983）植物ウイルス事典（輿良　清ら編）. 251. 朝倉書店. 東京；Fujisawa, I. *et al.* (1971). Phytopathology 61: 181；Fujisawa, I. *et al.* (1972). Phytopathology 62: 810； ICTVdB Descr. (2006). 00.015.0.01.003. *Carnation etched ring virus*；Lawson, R. H. *et al.* (1977). CMI/AAB Descr. Pl. Viruses. No. 182；Lawson, R. H. and Civerolo, E. L. (1978). Phytopathology 68: 181；Lawson, R. H. and Hearon, S. S. (1973). J. Ultrastruct. Res. 48: 201.

カリフラワーモザイクウイルス
Cauliflower mosaic virus, CaMV

本邦では、カリフラワー、ブロッコリー、キャベツ、ダイコン、ワサビダイコンで知られている。通常、斑紋や葉

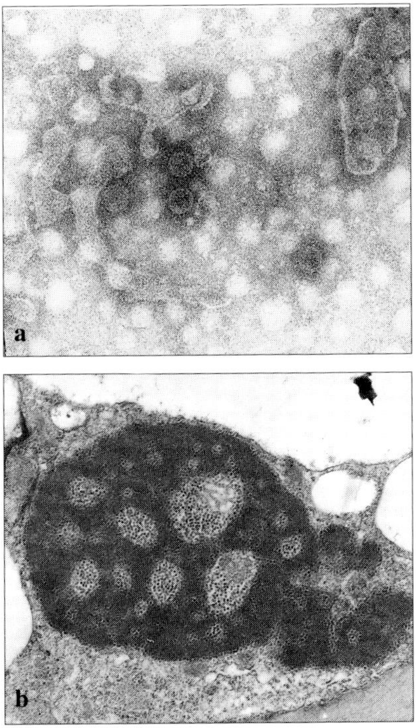

a

b

脈緑帯を生じ、病徴は穏やかである（口絵1）。ウイルス粒子（本項a、b）は径約50 nmの球状（正20面体）、キャプソメア＝72個、沈降定数約208 S、浮遊密度約1.37 g/㎤、耐熱性75～80 ℃、耐希釈性約10^{-3}、耐保存性5～7日。ゲノム＝8,024 bp、ORF＝7。DaMVおよびCERVと血清的類縁。ウイルスは非局在で各種細胞の細胞質にVPの封入体を生じ、この領域でウイルス粒子が産生（会合）されると推定される。封入体は球～楕円形で光顕でも検出でき、診断に役立つ。ウイルスは機械的接種が可能で、各種のアブラムシ類で半永続的に伝搬される。ゲノムの38 Sプロモーターは、今日の植物遺伝子工学における遺伝子の導入ために広く利用されている。

〈参考文献〉土居養二（1983）植物ウイルス事典（輿良　清ら編）. 269. 朝倉書店. 東京；ICTVdB Descr. (2006). 00.015. 0.01. *Caulimovirus*；Shepherd, R. J. (1981). CMI/AAB Descr. Pl. Viruses. No. 243；Shepherd, R. J. (1976). Adv.Virus Res. 20: 305；Shepherd, R. J. and Lawson, R. H. (1981). *In* Handbook of Plant Virus Infections (Kurstak, E. ed). 847. Elsevier/North-Holland Biomedical Press, Amsterdam；栃原比呂志（1967）日植病報33: 195.

ダリアモザイクウイルス

***Dahlia mosaic virus*, DMV**

世界各地に存在。ダリア（*Dahlia pinnata*）（外国ではヒャクニチソウ（*Zinnea elegans*）にも発生）に葉脈退色、線状斑、斑紋（口絵2）。ウイルス粒子は径約50 nmの球状（20面体）、沈降定数約254 S、耐熱性75～80 ℃、耐希釈性$10^{-3\sim4}$、耐保存性2～4日（18 ℃）。CaMVおよびCERVと血清的類縁。ゲノム（7,932bp）は環状dsDNAで、鎖内に不連続部位を有し、構造蛋白質は1種。機械的接種可能で、モモアカアブラムシなど数種アブラムシで半永続的に伝搬される。ダリアでは種子伝染の報告あり。

ウイルスは非局在で各種細胞の細胞質にVPの封入体を生じ、この領域でウイルス粒子が産生（会合）されると思われる。

〈参考文献〉Brunt, A. A. (1971). CMI/AAB Descr. Pl. Viruses. No. 51；ICTVdB Descr. (2006). 00.015.0.0.1.005. *Dahlia mosaic virus*；土居養二（1983）植物ウイルス事典（輿良　清ら編）. 312. 朝倉書店. 東京.

イチゴベインバンディングウイルス
***Strawberry vein banding virus*, SVBV**

イチゴ（*Fragaria* spp.）で記載。葉の葉脈緑帯、条斑、斑点、下葉の捻れなど。ウイルス粒子は径43～50 nmの球状。沈降定数約200S。ゲノムはdsDNA = 7,876 nt。細胞質にウイルス粒子を伴う封入体（VP）誘導。株分け、接木のほか、アブラムシ類（イチゴクギケナガアブラムシ、*Chaetosiphon minor*、イチゴケナガアブラムシ、*C. fragaefolii*、*C. jacobi*、ワタアブラムシ、*Aphis gossypii* など）で半永続的伝搬。

〈参考文献〉ICTVdB Descr. (2006). 00.015. 0.01,011. *Strawberry vein banding virus*；奥田誠一（1983）植物ウイルス事典（輿良　清ら編）. 497. 朝倉書店. 東京.

②ペチュウイルス属　*Petuvirus*

本属は1属1種で、属名のPetu-はタイプ種のペチュニア葉脈透化ウイルス（*Petunia vein clearing virus*）に由来。1属1種。

ペチュニア葉脈透化ウイルス
***Petunia vein clearing virus* , PVCV**

ドイツ（Lesemann *et al.*, 1973）で見いだされ、次いで本邦で確認された。今日、世界各国に分布すると推定される。ペチュニア（*Petunia hybrida*）で葉脈の透化～黄化、縮葉、萎縮（口絵4）。ウイルス粒子（本項a、b）は径約50 nmの球状（正20面体）、被膜は有しない。浮遊密度約1.37 g/㎤、沈降定数200～220S。ゲノムは単一環状dsDNAで1種（7,205bp）、ORF = 2。両鎖に1～2ヵ所の不連続部位があり、スーパーコイル化する。構造蛋白質は1種（50～55 kDa）。ウイルスゲノムは宿主染色体ゲノムにも挿入されてプロウイルス化するとされる。ウイルスゲノム全長に対応するmRNAを生じると推定される。宿主植物では非局在性で、各種細胞の細胞質内に誘導されたVP封入体でウイルス粒子を産生する。ウイルス粒子はVPの内部、表面に付随して認められる。核内のウイルス粒

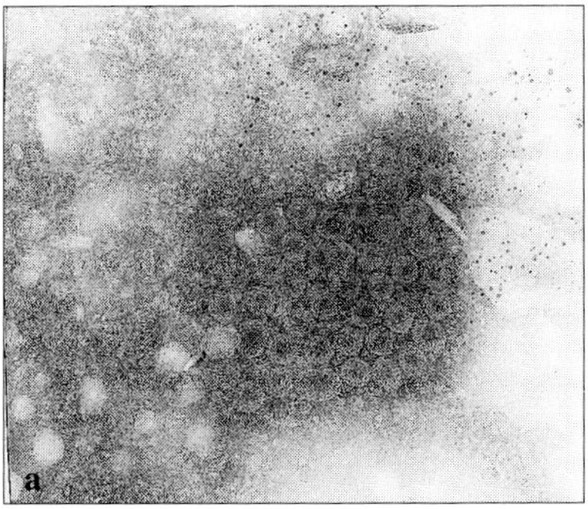

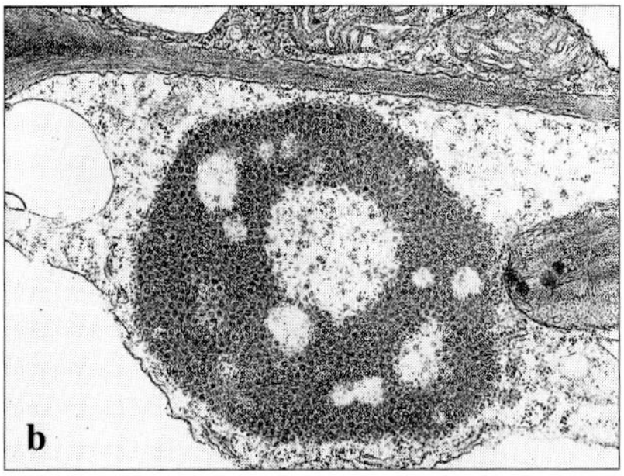

子は未詳。発生はペチュニアのみで、機械的接種は成功していない。通常、栄養繁殖で伝染し、種子伝染の可能性あり。媒介生物は知られていない。

〈参考文献〉Harper, G. *et al*. (2002). Annu. Rev. Phytopathol. 40: 119；Hull, R. *et al*. (2005). *In* Virus Taxonomy 8th ICTV Reports (Fauquet, C. M. *et al*. eds.). 389. Academic Press；ICTVdB Descr. (2006). 00.015.0.06.001. *Petunia vein clearing virus*；加納　健ら（1980）日植病報 46: 413；Lesemann, D. and Casper, R. (1973). Phytopathology 63: 1118.；山下修一（1983）植物ウイルス事典（與良　清ら編）. 418. 朝倉書店. 東京 .

③ソイモウイルス属　*Soymovirus*

本邦のダイズ退緑斑紋ウイルス（*Soybean chlorotic mottle virus*）をタイプ種とし、属名の Soymo- はその短縮語に由来。確定種 3。

ダイズ退緑斑紋ウイルス

***Soybean chlorotic mottle virus*, SyCMV**

本邦の愛知県のダイズ（*Glicine max*）で記載（亀谷ら、1982）。発生は日本のみで、ダイズで葉に斑紋を生じる。インドの *Peanut chlorotic mottle virus* は同属。ウイルス粒子（本項 a、b）は球状（径 45 ~ 50 nm）。被膜は有しない。ゲノムは単一環状 dsDNA、1 種（8,178 bp）、ORF = 8。両鎖に 1 ~ 2 ヵ所の不連続部位を有する。翻訳はゲノム全長に対応する mRNA よりポリシストロニックに行われると推定されている。宿主植物では非局在性で各種細胞の細胞質内に VP 封入体を誘導し、ここでウイルス粒子の産生が推定。寄主範囲は狭い。機械的接種は可能。媒介生物は知られていない。

〈参考文献〉Hibi, T. and Kameya-Iwaki,

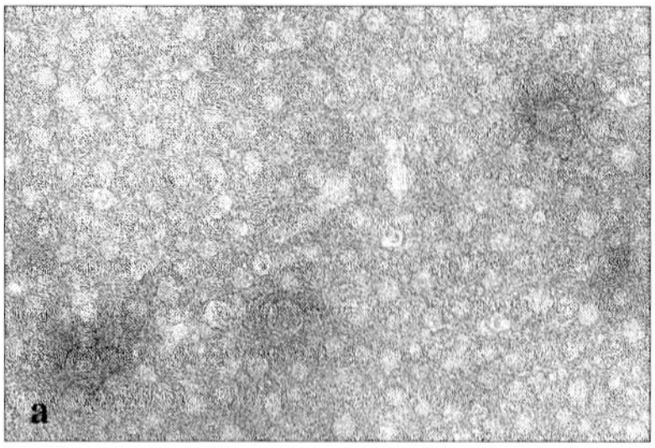

a

M. (1988). CMI/AAB Descr. Pl. Viruses. No. 331；Hull, R. *et al*. (2005). *In* Virus Taxonomy 8th ICTV Reports (Fauquet, C. M. *et al*. eds.). 389. Academic Press；ICTVdB Descr. (2006).00.015.0.0.2.001. *Soybean chlorotic mottle virus*；岩木満朗（1983）

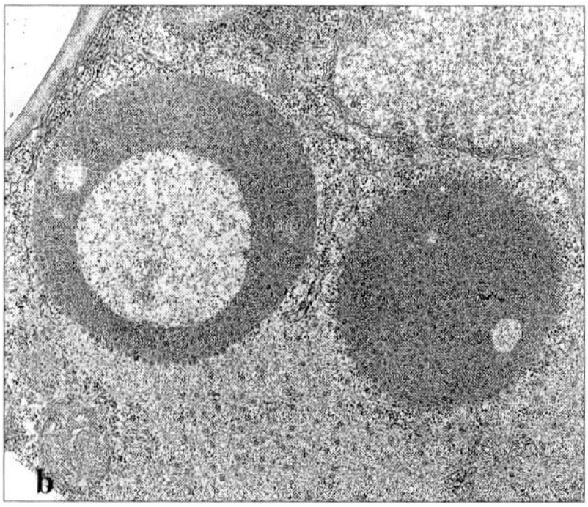

b

植物ウイルス事典（與良 清ら編）．481. 朝倉書店．東京；Iwaki, M. *et al*. (1984). Plant Disease 68: 1009.

④バドナウイルス属　*Badnavirus*

属名の Badna- は dsDNA をゲノムとする桿菌状ウイルス（*Bacilliform DNA viruses*）に由来し、*Commelina yellow mottle virus* を代表とする。本邦では 3 種が知られる。確定種 18、暫定種 6。

アオキ輪紋ウイルス

Aucuba ringspot virus, ARSV

アオキ（*Aucuba japonica*）に明瞭な輪紋〜モザイク（口絵 5）を生じ、本邦

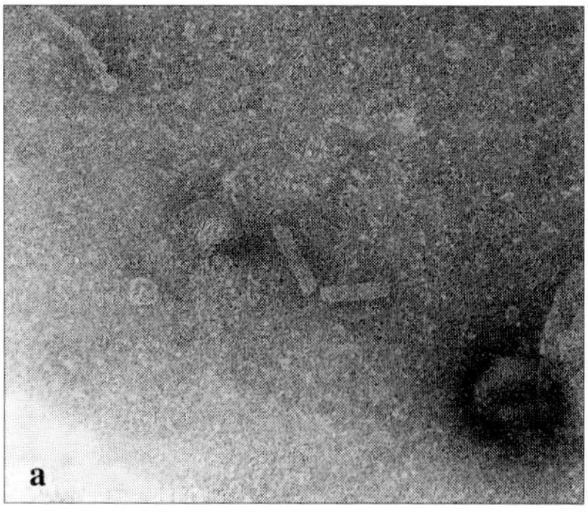

a

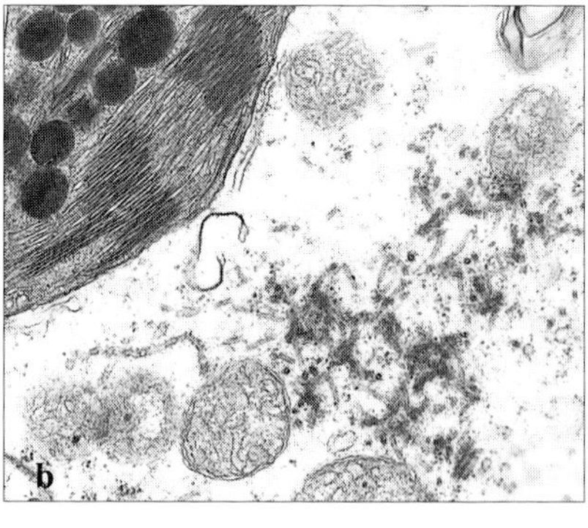

b

のみで知られる。ウイルス粒子（本項a、b）は約 180 × 30 nm で両端に丸みを有する桿菌状。被膜は有せず、ヌクレオキャプシドのらせん構造は未詳である。ウイルス粒子は各種細胞の細胞質に散在あるいは集塊。時に、細胞質に膜状構造の増生がみられる。機械的接種は成功しておらず、媒介生物は知られていない。通常、栄養繁殖で垂直伝染する。

〈参考文献〉楠木　学（1980）日植病報 46: 414；山下修一（1983）植物ウイルス事典（與良　清ら編）. 204. 朝倉書店. 東京；ICTVdB Descr. (2006). 00.015. 0.85.001. *Aucuba bacilliform virus*.

カンナ黄色斑紋ウイルス

***Canna yellow mottle virus*, CYMV**

本邦の茨城県のカンナ（*Canna* sp.）で記載（山下ら、1991）。東京でも確認。近年、北米、ヨーロッパでも知られる。カンナに黄色、斑紋を生じるが、葉脈の黄化が顕著である（口絵6）。ウイルス粒子（本項a、b）は桿菌状（約 120 ~ 130 × 28 nm）で、被膜は有しない。ゲノムは単一環状で dsDNA1 種（3ORF）、全塩基配列決定。ウイルス粒子は各種細胞の細胞質内に散在・集塊。時に細胞質内に膜状構造の増生がみられる。宿主範囲は狭い。機械的接種は成功していない。媒介生物は知られていない。通常、栄養繁殖で垂直伝染する。

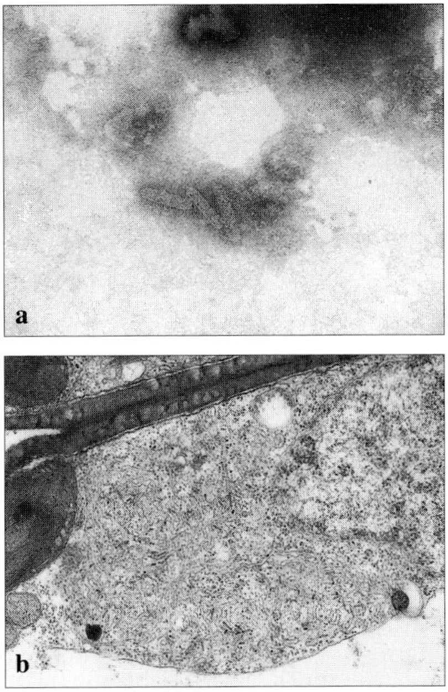

〈参考文献〉ICTVdB Descr. (2006). 00.015. 0.05.004. *Canna yellow mottle virus*；Lockhart, B. E. L. (1988). Acta Hort. 234: 69；Momol, M. T. *et al.* (2004). Pl. Manag. Net.work . 2004；山下修一（1983）植物ウイルス事典（與良　清ら編）. 249. 朝倉書店. 東京. ；山下修一ら（1979）日植病報 45: 85；山下修一ら（1985）日植病報 51: 642

サボテン桿菌状ウイルス

Epiphyllum bacilliform virus, EpBV

本邦のクジャクサボテン（*Epiphyllum* sp.）で記載（山下ら、1979）。発生は日本のみ。同サボテンでは斑紋～潜在。ウイ

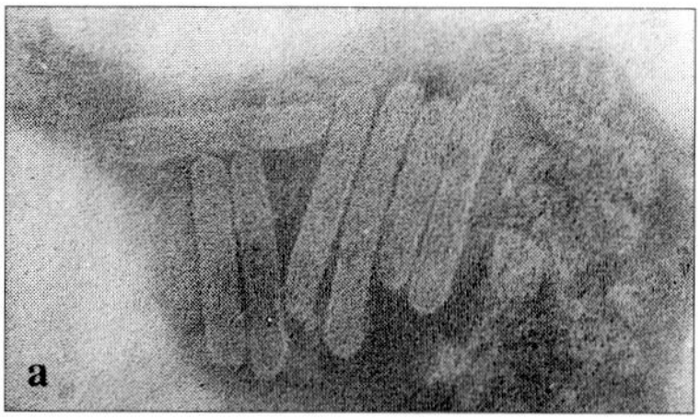

ルス粒子（本項 a、b）は桿菌状（約 135 × 150 nm）で、被膜は有しない。各種細胞の細胞質に散在・集塊。宿主範囲は狭い。汁液接種は成功していない。媒介生物は知られていない。通常、繁殖で垂直伝染。

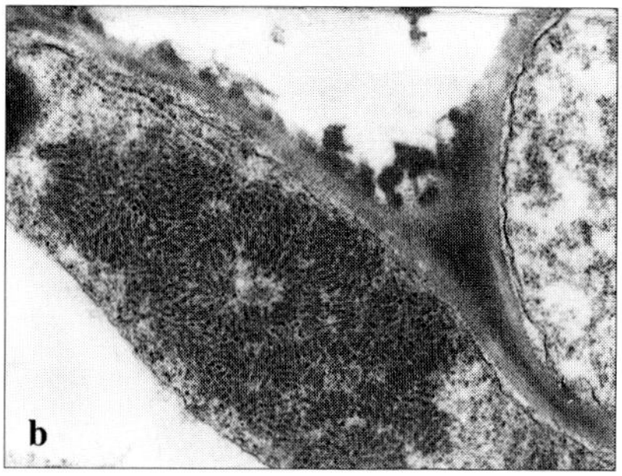

〈参考文献〉山下修一ら（1991）日植病報 57: 73；山下修一ら（1993）日植病報 59: 727.

2．1本鎖DNAウイルス

植物では *Geminiviridae* と *Nanoviridae* の2科が存在する。ほかに、細菌では *Microviridae*、*Inoviridae*、動物（脊椎、無脊椎動物）では *Circoviridae*、*Parvoviridae*、*Anellovirus* が知られる。

（1）ジェミニウイルス科　*Geminiviridae*

科名のGemini-はラテン語で「双子」、「対」の意で、小球状粒子が2個会合した粒子形状にもとづく。

【所属群】

マスツレウイルス属　*Mastrevirus*（タイプ種：*Maize streak virus*, MSV）
ベゴモウイルス属　*Begomovirus*（タイプ種：*Bean golden yellow mosaic virus*, BGYMV）
カルトウイルス属　*Curtovirus*（タイプ種：*Beet curly top virus*, BCTV）
トポクウイルス属　*Topocuvirus*（タイプ種：*Tomato pseudo-curly top virus*, TPCTV）

【ウイルス粒子】

小球状粒子が2個会合した双球状（約30 × 18 nm）。キャプソメアは22個（T = 1）。沈降定数約70S、浮遊密度約1.35 g/㎤、構造蛋白質1種（28 ~ 34 kDa）。

【ゲノム】

ゲノムは環状の1本鎖（ss）DNAで、1または2（A・BあるいはI・IIとも称す）種。ゲノムサイズは2.5 ~ 5.2 knt（図I - 2、35頁）。

【増殖】

ウイルスゲノムはプラス（+）鎖。感染植物体内では相補鎖な−鎖を生じ、+（viral）鎖、−（complementary）鎖と称される両鎖が遺伝情報を有し、両鎖ともローリングサークル型で複製される。ORF（遺伝子）は属で異なるが、1例を前編で示した。本科のウイルスは各種細胞に存在する非局在性（*Mastrevirus*、*Begomovirus*）と篩部局在性（*Curtovirus*、*Topocuvirus*）とに分けられる。これらはすべて核内に観察されることから、核内増殖型と推定されている。一部のウイルスでは細胞質、液胞内でも観察されている。

【生物的性状】

宿主域は広狭、様々であるが、一般に狭い。非局在性ウイルスは通常、明瞭なモザイクを生じる。篩部局在性は葉脈黄化、葉巻、萎縮を生じる。コナジラミ類やヨコバイ類で伝搬される。

〈参考文献〉ICTVdB Descr. (2006). 00.029. *Geminiviridae*；ICTVdB Descr. (2006). 00.029.0.01. *Mastrevirus*；ICTVdB Descr. (2006). 00.029. 0.02. *Curtovirus*；ICTVdB Descr. (2006). 00.029.0.03. *Begomovirus*；ICTVdB Descr. (2006). 00.029.0.04. *Topocuvirus*；Palmer, K. E. and Rybicki, E. P. (1998). Adv. Virus Res. 50: 183；Stanley, J. (1985). Adv.Virus Res. 30: 139；Stanley, J. *et al*. (2005). *In* Virus Taxonomy 8th ICTV Reports (Fauquet, C. M. *et al*. eds.). 301. Academic Press.

① マスツレウイルス属　*Mastrevirus*

属名の Mastre- はタイプ種の *Maize streak virus*（MSV）に由来する。MSV はアフリカ、インド洋沿岸国などに発生し、ヨコバイ類で永続的伝搬（循環型）する。本邦では 1 種が知られる。既報のウイルスはほとんどイネ科植物に発生し、条斑、モザイクを生じる。確定種 11、暫定種 6。

オギ条斑ウイルス

***Miscanthus streak virus*, MiSV**

本邦の千葉県のオギ（*Miscanthus sacchariflorus*）で記載され（山下ら、1979）、東京都、埼玉県でも確認。本邦では唯一の *Mastrevirus*。罹病植物は白色条斑、モザイクが見られる（口絵 7）。ウイルス粒子（本項 a、b、c）は双球状 1 種（約 30 × 18 nm）。T ＝ 1（22 個のキャプソメア）。沈降定数約 75 S、浮遊密度約 1.35 g/ cm³、構造蛋白質 1 種（28 kDa）。ゲノムは環状（＋）ssDNA1 種（2,672nt）。ウイルス鎖（V）に V1（MP：移行タンパク質）、V2（構造蛋白質）。相補鎖（－）に C1（Rep A）、C2（Rep B）。Rep は複製酵素。C1 と C2 は一部重複。罹病植物では通常、各種細胞の核内に散在・集塊、結晶。細胞質や液胞内にも時に散在・集塊して観察される。*Geminiviridae* で核外ウイルスが確認されたのは MiSV が最初。機械的接種は困難で、媒介昆虫としてヨコバイが推定されるが、未詳。通常、株分けの栄養繁殖で伝染。

〈参考文献〉Bock, K. (1974). CMI/AAB Descr. Pl. Viruses No 133；ICTVdB Descr. (2006). 00.029.0.01.007. *Miscanthus streak virus*；Ikegami, M. *et al*. (1989).

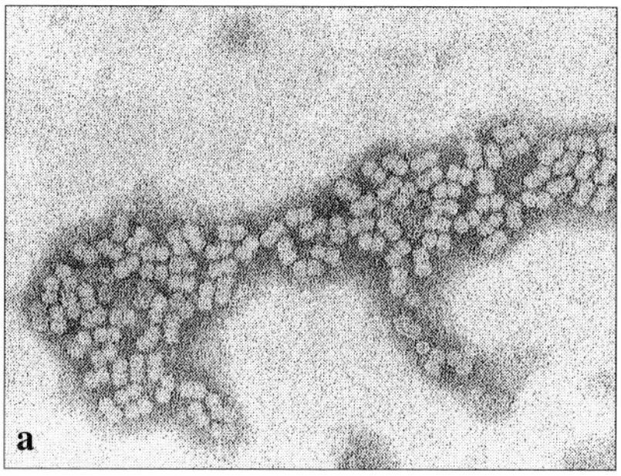

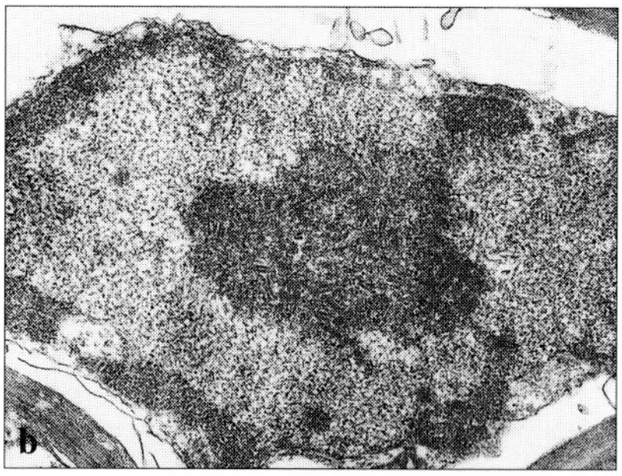

Intervirology 30: 340；野仲信行ら（1985）日植病報 51: 58；山下修一（1983）植物ウイルス事典（與良　清ら編）. 372. 朝倉書店. 東京；Yamashita, S. (2004). *In* Viruses and Virus Diseases of *Poaceae* (*Gramineae*) (Lapierre. H. and Signoret, P. A. eds.). 773. Academic Press. INRA；Yamashita, S. and Doi, Y. (1989). CMI/AAB Descr. Pl.Viruses. No. 348；山下修一ら（1979）日植病報 45:128；山下修一ら（1985）日植病報 51: 582.

②ベゴモウイルス属　*Begomovirus*

属名の Begomo- はタイプ種の *Bean golden mosaic virus*（BGMV）に由来する。多くがコナジラミ（*Bemisia tabaci*）で非永続的～半永続的～永続的伝搬（循環型）される。病徴にモザイクタイプと葉巻タイプがある。通常、前者は罹病植物では非局在性で各種細胞に存在し、汁液接種が可能である。後者は篩部局在性が多く、汁液接種は困難である。両タイプとも熱帯－温帯地域で被害が大きい。本属には多種知られるが、本邦では前者が 1 種、後者が 3 種知られている。ウイルス粒子は 25～30 × 15～20 nm の双球状。キャプソメア＝ 22 個。沈降定数約 70 S、浮遊密度約 1.35 g/ ㎤。ゲノムは 2 分節（DNA-A: 2,588～2,781 nt、DNA-B: 2,508～2,725 nt）。主な遺伝子は DNA-A に V1（構造蛋白質）、C1（複製酵素）、C2（転写活性蛋白質）、C3（複製エンハンサー）、DNA-B に V1（核シャトル蛋白質）、C1（移行蛋白質）が存在する。構造蛋白質は

1種（27~30 kDa）。属内のウイルスは血清的に類縁のものがある。宿主域は広～狭。ウイルス粒子はすべて核内に散在あるいは集塊して観察。細胞内でも双球状として存在し、リング状構造体が誘導される。機械的接種はモザイクタイプでは可能、葉巻・萎縮タイプでは不可能と思われる。感染植物体では、前者は非局在、後者は篩部局在性が高い。多くが、タバココナジラミ（*Bemisia tabaci*）で永続的伝搬（循環型）する。確定種107種、暫定種54。

〈参考文献〉Goodman, R. M. and Bird, J. (1978). CMI/AAB Descr. Pl. Viruses No. 192；ICTVdB Descr. (2006). 00.0.29.0.03. *Begomovirus*；ICTVdB Descr. (2006). 00.0.29.0.03.001. *Bean golden yellow mosaic virus.*

アブチロンモザイクウイルス

***Abutilon mosaic virus*, AbMV**

世界各地に分布。アブチロン（*Malvus parviflora*）などの *Malva* sp., インゲンマメにモザイク、*Abutilon* spp.、*Sida* spp.、*Hibiscus* spp.、*Gossypium hirsutum* などに黄斑モザイクを生ず（口絵12）。病株は観賞性が高まり、珍重。ウイルス粒子は29~33 × 20 nmの双球状、沈降定数約90S、浮遊密度約1.30 g/㎤、耐熱性45~55 ℃、耐希釈性1~2倍、耐保存性0.25~2日。核酸含量18 %。ゲノムは環状で2分節（DNA1 = 2,663 nt、DNA-2 = 2,636 nt）。ウイルスは各種細胞の核、細胞質、液胞に観察される。核内には封入 体。*Bean golden mosaic virus*、*African cassava mosaic virus*、*Mung bean yellow mosaic virus* と血清的に近縁。タバココナジラミで永続的伝搬（循環型）。機械的接種可能。寄主範囲は比較的広い。

〈参考文献〉大貫正俊・花田　薫（1998）日植病報 : 116；ICTVdB Descr. (2006). 00.029.0.03.002. *Abutilon mosaic virus.*

タバコ葉巻ウイルス

***Tobacco leaf curl virus*, TLCV**

主に、熱帯、亜熱帯で発生。本邦ではタバコ（*Nicotiana tabacum*）、トマト（*Lycopersicon esculentum*）などのナス科植物、スイカズラ（*Lonicera japonica*）、ヒヨドリバナ（*Eupatorium chinensis*）で自然発生。タバコ、トマトでは葉巻、スイカズラとヒヨドリバナでは明瞭な葉脈黄化（口絵8、9（a、b））。ヒヨドリバナは世界で最初に本邦の『万葉集』に記載されたウイルス病（Ⅰ編参照）。スイカズラではスイカズラ葉脈黄化ウイルス（*Honeysuckle yellow vein mosaic virus*）とされることもある。スイカズラでは葉脈黄化を示さず、葉巻、葉裏の葉脈にひだ葉を生じる株があり、系統の存在が推定される。ウイルス粒子（本項a、b）は約

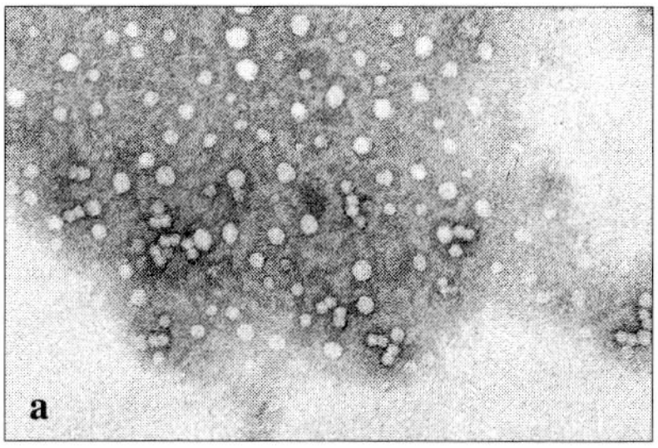

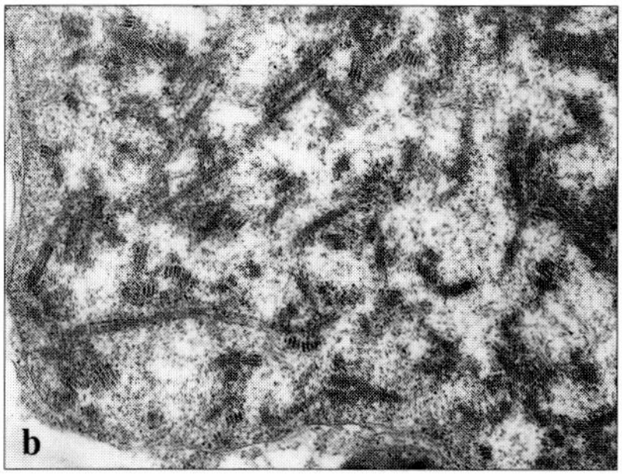

30 × 20 nm の双球状。キャプソメア＝22 個。ゲノムは 2 分節（双方とも約 2.7 knt）。ウイルスは篩部細胞に局在し、核内に散在あるいは集塊。タバココナジラミで永続的伝搬（循環型）。機械的接種は困難。

〈参考文献〉ICTVdB Descr. (2006). 00.0.29.0.03.037. *Tobacco leaf curl virus*；尾崎武司（1983）植物ウイルス事典（與良 清ら編）. 505. 朝倉書店. 東京；尾崎武司、井上忠男（1978）日植病報 44:167；Osaki, T. and Inouye, T. (1981). CMI/AAB Descr. Pl. Viruses No. 232；尾崎武司ら（1976）植物防疫 30: 458；尾崎武司ら（1979）日植病報 45: 62；Sharman, A, *et al*. (1997) 日植病報 63: 298；ICTVdB Descr. (2006). 00.0.29.0.03.037. *Tobacco leaf curl virus*.

トマト黄化葉巻ウイルス

***Tomato yellow leaf curl virus*, TYLCV**

温帯地方の各国に存在。本邦では 1996 年に静岡県と愛知県のトマト（*Lycopersicon esculentum*）で発生。その後、各地の施設、露地トマトで被害。病名はトマト黄化葉巻病と称す。外国ではタバコ、トウガラシ、インゲンマメ、トルコギキョウなどに発生。通常、上位葉が内側に巻き、著しく萎縮（口絵 10）。タバココナジラミ（バイオタイプ B、シルバーリーフコナジラミ）で永続的伝

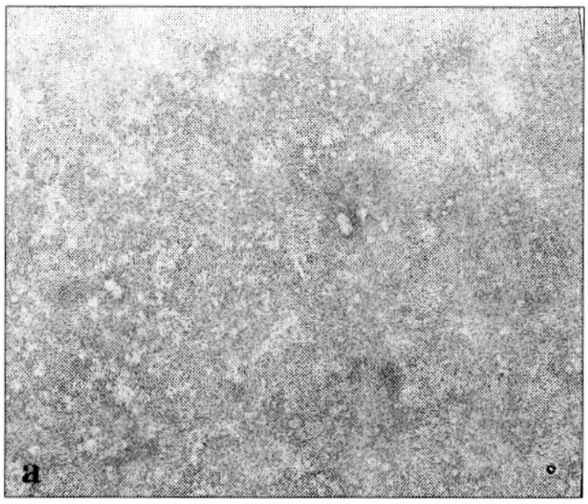

搬（循環型）。汁液接種は困難。ウイルス粒子（本項 a）は約 30 × 20 nm の双球状。ゲノムは 2 分節（双方とも約 2.7~2.8knt）。TLCV と血清的類縁。ウイルスは篩部細胞の核内に観察。

〈参考文献〉大貫正俊ら（1997）日植病報 63: 482；Onuki, M. (1998). Ann. Phytopathol. Soc. Japan 64: 470；Kato, K. *et al*. (1998).

Ann.Phytopathol.Soc.Japan 64: 552；ICTVdB Descr. (2006). 00.0.29.0.03.0.43. *Tomato yellow leaf curl virus*.

サツマイモ葉巻ウイルス

***Sweet potato leaf curl virus*, SPLCV**

本邦で発見（深海ら、1978）。自然発生はサツマイモ（*Ipomoea batatas*）で、苗床での萌芽期に内側に葉巻（口絵11）。生育が進むとマスキングする（温度が関係？）。タバココナジラミで永続的伝搬（循環型）。実験的にはアサガオ類、ルコウソウなどにも感染。汁液接種は困難。ウイルス粒子（本項a、b）は約30 × 20 nmの双球状。ウイルスは篩部局在で核内に散在・集塊。細胞質には時に高電子密度の特異的構造が認められるが、性状は未詳。

〈参考文献〉大貫正俊・花田　薫（1998）日植病報64:39；大貫正俊ら（2002）日植病報68: 230；新海　昭（1983）植物ウイルス事典（與良　清ら編）. 503. 朝倉書店. 東京；山下修一ら（1984）日植病報50: 438；ICTVdB Descr. (2006). 00.0.29.0.05.001. *Sweet potato leaf curl virus*；山下修一ら（1979）日植病報45:128；山下修一ら（1985）日植病報51:582.

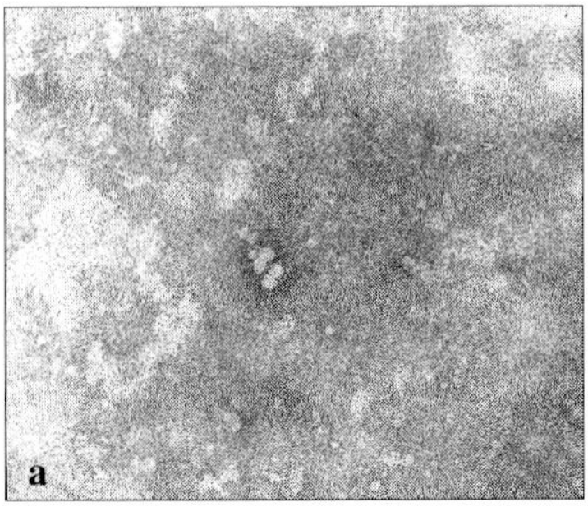
a

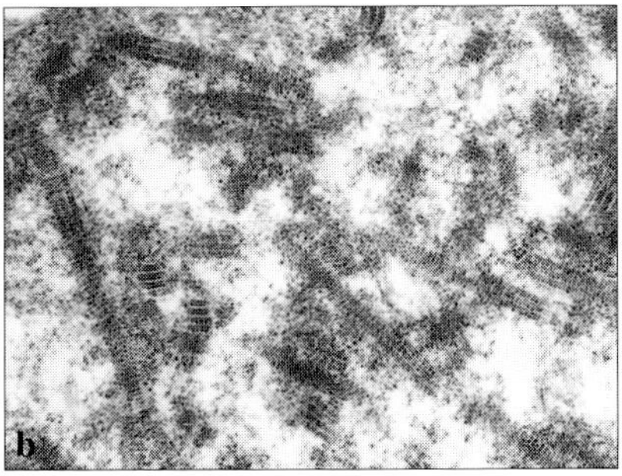
b

③カルトウイルス属　*Curtovirus*

属名はタイプ種の*Beet curly top virus*（BCTV）に由来する。BCTVはヨコバイで半永続～永続的伝搬（循環型）し、44科300種以上の植物に感染して宿主域が広い。通常、葉巻を生じ、アメリカではビート（*Beta vulgaris*）を中心に被害が大きい。本属は本邦では知られていない。ウイルス粒子は約30 × 18 nm、キャプソメア＝22個。浮遊密度約1.34 g/㎤。耐熱性約80 ℃、耐保存性8日、耐希釈性3倍。ゲノムは環状の1本鎖（ss）DNAで1種（2,845～3,080 nt）。機械的接種は困難。確定種4、暫定種1。

〈参考文献〉ICTVdB Descr. (2006). 00.029.0.02. *Curtovirus*；ICTVdB Descr. (2006). 00.029.0.02. 0001. *Beet curly top virus*；Thomas, P. E. and Mink, G. I. (1979). CMI/AAB Descr. Pl. Viruses No . 210.

④トポクウイルス属　*Topocuvirus*

属名の Topocu- はタイプ種の *Tomato pseudo-curly top virus*（TPCTV）に由来する。1属1種。トマト（*Lycopercicon esculentum*）では葉巻、葉脈の肥大、奇形葉を生じる。ツノゼミ（*Micrutalis malleifera*）で半永続～永続的伝搬（循環型）。米国（フロリダ）に発生。本邦では知られていない。TPCTV は粒子は約 30 × 18 nm の双球状。キャプソメア＝22 個。構造蛋白質1種（26.9 kDa）。7 蛋白質をコード。ゲノムは環状の ssDNA1 種（2,861 nt）。ウイルス鎖（V）に V1（27～30 kDa、移行蛋白質）、V2（11～15 kDa、構造蛋白質）。相補鎖（C）（－）に C1（39～44 kDa、Rep A）、C2（16～20 kDa、RepB）、C3（16 kDa、複製エンハンサーに類似）、C4（9～13 kDa）、細胞分裂、病徴発現に関与）。血清学的に BCTV と類縁。感染細胞では核内と細胞質内に封入体を生じる細胞質の封入体はバイロプラズム（viroplasm, VP）と思われる。核内の封入体はリング状で、成熟粒子が存在。機械的接種は困難。1属1種。本邦には存在しない。

〈参考参考〉Briddon, R. (2003). Tomato pseudo-curly top virus. Descr. Pl. Viruses. No. 395；ICTVdB Descr. (2006). 00.029.0.04. 0.001. *Tomato pseudo-curly top virus*；McDaniel, L. L. and Tsai, J. H. (1990). Plant Dis. 74: 17.

（2）ナノウイルス科　*Nanoviridae*

科名のNano- はギリシア語で「萎縮・わい化」、ウイルス粒子・ゲノムが小さいことを意味する。近年、ウイルス粒子やゲノムが分析され、2属に分類されている。本邦では両属で1種ずつ知られる。

【所属群】

ナノウイルス属　*Nanovirus*（タイプ種：*Subterranean clover stunt virus*, SCSV）

バブウイルス属　*Babuvirus*（タイプ種：*Banana bunchy top virus*, BBTV）

【ウイルス粒子】

小球状（径約17～20 nm）で多成分。形状は角張っている（T ＝ 1）。被膜なし。粒子量約 1.6×10^6、沈降定数約46 S、浮遊密度1.34 g/㎤。構造蛋白質1種（19～20 kDa）。

【ゲノム】

環状ssDNA。6～8種以上の塩基配列の異なる分子（遺伝子と推定、977～1,111 nt）（図I-2、35頁）。形状の類似する粒子に分節して存在（図Ⅰ-2）。

【増殖】

ウイルス（+）鎖に遺伝子。核内で複製中間型のdsDNAを形成。感染植物体内での所在様式は未定。黄化、萎縮性病徴を誘起するために篩部局在性と推定される。

【生物的性状】

アブラムシ類で半永続－永続的伝搬（循環型）。機械的接種は困難。ウンカ伝搬（永続的）で南太平洋に存在する *Coconut foliar decay virus* も類縁であるが、本ウイルスは未分類。

〈参考文献〉Vetten, H. J. *et. al*. (2002). ICTV dB Descr. (2006). 00.093. *Nanoviridae*；ICTVdB Descr. (2006). 00.093.0.01. *Nanovirus*；ICTVdB Descr. (2006). 00.093.0.02. *Babuvirus*；ICTVdB Descr. (2006). 00.093.0.00.006. Coconut foliar decay virus；Vetten, H. J. *et al*. (2005). *Nanoviridae*. *In* Virus Taxonomy 8th ICTV Reports (Fauquet, C. M. *et al*. eds.). 343. Academic Press.

① ナノウイルス属　*Nanovirus*

本科の主たる属で、属名のNano- はギリシア語で「小さい」の意で、ウイルス粒子とゲノムが小さく、宿主に萎縮を生じる。オーストラリアのSCSVをタイプ種とし、本邦のレンゲ萎縮ウイルス（MDV）、ヨーロッパの *Faba bean necrotic yellows virus*（FBNYV）などが所属する。いずれも、主にマメ科植物に発生。MDV と FBNYV は血清的に類縁。確定種 3。

レンゲ萎縮ウイルス

***Milkvetch dwarf virus*, MDV**

本邦で記載（松浦、1953）。レンゲ、ソラマメ、エンドウ、ダイズなどで萎縮、黄化、縮葉（口絵 13）。マメ・ジャガイモ・ワタ・エンドウヒゲナガアブラムシなどで永続伝搬（循環型）。実験的にはマメ科のほか、ナス科、アカザ科植物などにも感染。機械的接種は困難。ウイルスの微細構造、細胞内所在は未詳。ゲノム核酸は少なくとも、977～1,022 nt の環状 ssDNA の分節（C1～C10 あるいは R、S、M、C、N、U1、U2、U4 などと称す）。これらは遺伝子と推定。C1、2、3、10 は複製開始蛋白質（Rep）、C4、5、6、7、8 は 12.6～19.6 kDa 蛋白質（112～172 アミノ酸）をコード。MDV、FBNYV、SCSV 間で、ゲノムによっては相同性が高い。

〈参考文献〉日野稔彦ら（1967）農学研究 52: 1；井上忠男ら（1968）日植病報 34: 28；松浦　義（1953）日植病報 17: 65；Shirasawa, N. *et al.* (2005). Pl. Cell Rep. 24: 155；Shirasawa, N. *et al.* (2005). J. Gen. Virol. 86: 1851；佐野義隆ら（2003）北陸病害虫研報 52: 23；ICTVdB Descr. (2006). 00.093.0.01.001. *Subterranean clover stunt virus*；ICTVdB Descr. (2006). 00.093.0.01.003. *Faba bean necrotic yellows virus.*

② バブウイルス属　*Babuvirus*

属名の Babu- はタイプ種の *Banana bunchy top virus* の短縮語に由来する。1 属 1 種。

〈参考文献〉ICTVdB Descr. (2006). 00.093.0.02.001. *Babuvirus.*

バナナバンチィトップウイルス

***Banana bunchy top virus*, BBTV**

バナナ（*Musa* spp.）の生産国では広く発生。本邦では沖縄で記載（野村、1968）。病株はわい化、葉緑黄化（口絵 14）、組織えそなどを生じる。ウイルス粒子は径約 20 nm の小球状。少なくとも 6 種の遺伝子（R（1）、S（3）mM（4）、C（5）、N（6）、U3（2））が分離されている。ウイルスは篩部に存在するとされる。アブラムシ（*Pentalonia nigronervosa*）で永続伝搬（循環型）。宿主域は狭い。汁液接種は困難。

〈参考文献〉河野伸二・蘇　鴻基（1993）日植病報 59: 53；ICTVdB Descr. (2006). 00.093.0.02.001. *Banana bunchy top virus*.

3．2本鎖 RNA ウイルス

生物には、2 本鎖（ds）RNA ウイルスとして多数の科が存在する。植物ではヨコバイ・ウンカ伝搬の *Reoviridae*、高率に種子伝染する *Partitiviridae*、菌類伝搬の *Varicosavirus*、粒子伝染の *Endornavirus* の 4 群がある。

（1）レオウイルス科　*Reoviridae*

Reoviridae は動植物菌類で共通の科で 12 属が知られる。科名の Reo- は Respiratory（呼吸器）、enteric（腸）、orphan（孤児、由来未詳）に由来し、これらより dsRNA ゲノムを有する大型の球形ウイルスを一括する。ゲノムは 10 または 12 分節ゲノム（遺伝子）である。植物では下記の 3 属に分類され、ヨコバイまたはウンカで永続的伝搬（虫体内増殖）される。

【所属群】

フィジーウイルス属　*Fijivirus*（タイプ種：*Fiji disease virus*, FDV）

ファイトレオウイルス属　*Phytoreovirus*（タイプ種：*Wound tumor virus*, WTV）

オリザウイルス属　*Oryzavirus*（タイプ種：*Rice ragged stunt virus*, RRSV）

【ウイルス粒子】

大型の球状（正 20 面体）（径 60 ~ 80 nm）。内殻と外殻の 2 層から成る。被膜なし。浮遊密度 1.36 ~ 1.39 g/ ㎤。構造蛋白質は 3 ~ 6 種以上。

【ゲノム】

核酸含量 15 ~ 20 %。10 ~ 12 個の線状の分節ゲノム（0.2 ~ 3.0 kbp ／分節、合計 12 ~ 20 kb）。各々は遺伝子と推定（図 I - 2、35 頁）。分節ゲノムウイルスは遺伝子交雑を起こしやすい。

【増殖】

細胞内に進入したウイルス粒子は内殻粒子（コアあるいは亜粒子）内で、あらかじめ粒子に含まれる RNA 依存 RNA ポリメラーゼ（転写酵素、transcriptase）で 2 本鎖の（−）鎖を鋳型に 5' 末端にキャップ構造、3' 末端にポリ A 構造を持たない（+）鎖を合成し、これは粒子外に出て mRNA となる。mRNA は新たに生じた内殻粒子に取り込まれ、子 dsRNA を複製し、必要な構造蛋白質等と会合して子ウイルス粒子となるとされる。感染植物では、ウイルス粒子の産生は細胞質に生じた好酸性のバイロプラズム（VP）の封入体で起こると推定される。

【生物的性状】

宿主域は広くない。ウイルス属によって症状は異なる。植物ウイルスではヨコバイ類、ウンカ類で永続伝搬（虫体内増殖）する。機械的接種は困難。

〈参考文献〉Boccardo, G. and Milne, R. G. (1984). CMI/AAB Descr. Pl. Viruses. No. 294；Francki, R. I. B. and Boccard, G. (1983). The Plant Reoviridae. *In* Reoviridae (Joklilik, W. K. ed.). 505. Plenum Press；ICTVdB Descr. (2006). 00.060. Reoviridae；ICTVdB Descr. (2006). 00.060.0.08. *Phytoreovirus*；ICTVdB Descr. (2006). 00.060.0.07. *Fijivirus*；ICTVdB Descr. (2006). 00.060.0.09. *Oryzavirus*；Mertens, P.P.C. *et al*. (2005). *Reoviridae*. *In* Virus Taxonomy 8th ICTV Reports (Fauquet, C. M. *et al*. eds.). 447. Academic Press；Milne, R. G. *et al*. (2005). *Fijivirus*. *In* Virus Taxonomy 8th ICTV Reports (Fauquet, C. M. *et al*. eds.). 534. Academic Press；Omura, T. and Mertens, P. P. C. (2005). *Phytoreovirus*. *In* Virus Taxonomy 8th ICTV Reports (Fauquet, C. M. *et al*. eds.). 543. Academic Press；Shikata, E. (1977). Plant reovirus group. *In* The Atlas of Insect and Plant Viruses (Maramorosch, K. ed.). 377. Academic Press.；Upadhyaya, N. M. and Mertens, P. C. (2005). *Oryzavirus*. *In* Virus Taxonomy 8th ICTV Reports (Fauquet, C. M. *et al*. eds.). 550. Academic Press.

①フィジーウイルス属　*Fijivirus*

属名の Fiji- はタイプ種の FDV が存在する南太平洋のフィジー（Fiji）諸島に由来する。本邦のイネ黒条萎縮ウイルス（*Rice black-streaked dwarf virus*, RBSDV）や、地中海沿岸諸国に広く存在する *Maize rough dwarf virus*（MRDV）などが所属する。ウイルス粒子は径 65~70 nm の大型の多面体で、内殻と外殻の 2 層構造からなり、12 の頂点に外殻では A スパイク、内殻では B スパイクの突起が配置する。外殻は不安定で、表面がなめらかな約 55 nm のコア粒子（亜粒子）を生じやすい。10 種の線状分節ゲノムを有す。FDV では Seg 1（4,532 bp）=171 kDa（Pol.）；Seg 2（3,820bp）=137 kDa；Seg 3（3,623 bp）=135 kDa；Seg 4（3,568 bp）；Seg 5（3,150 bp）=11.5 kDa；Seg 6（2,831 bp）=96.8 kDa；Seg 7（2,194 bp）=41.7（a）、36.7（b）kDa；Seg 8（1,959 bp）=68.9 kDa；Seg 9（1,843 bp）=38.6（a）、23.8（b）kDa；Seg 10（1,819 bp）=63 kDa。沈降係数約 400 S、耐熱性約 60 ℃、耐保存性 6~7 日、耐希釈性 $10^{-5\sim6}$。属内種間で血清学的類縁あるものがある。ウンカ類（*Delphacodes Diranotropis*

Javesella Laodelphax Perkinsiella Ribautodelphax Sogata Toya Unkunos など）で永続的伝搬（虫体内増殖）。機械的接種は困難。既報のウイルスはすべてイネ科植物のみ。宿主域はイネ科のみ。本属にはわが国で発見された昆虫のトビイロウンカレオウイルス（*Nilaparvata lugens reovirus*, Noda *et al.*, 1991）も含まれる。確定種 8。

〈参考文献〉ICTVdB Descr. (2006). 00.060.0.07. *Fijivirus*；Milne, R. G. *et al.* (2005). *Fijivirus*. *In* Virus Taxonomy 8th ICTV Reports (Fauquet, C. M. *et al.* eds.). 534. Academic Press；Noda, H. *et al.* (1991). J. Gen. Virol. 72: 2425.

イネ黒条萎縮ウイルス

***Rice black-streaked dwarf virus*, RBSDV**

本邦で記載（栗林・深海、1952）。日本、韓国、中国に存在。イネ、トウモロコシ、オオムギ、コムギ、エンバク、ライムギなどに発生（稈中肋・葉脈にろう白色～褐色の条状隆起・腫瘍、萎縮）（口絵 15、16（a、b））。ウイルス粒子（本項 a、b、c）は径 75～80 nm の正 20 面体で 2 層構造をとる。外殻に A スパイク（径 11 nm、高さ 9～16 nm）、内殻に B スパイク（径 14 nm、高さ 8 nm）を 12 の頂点（ペンターマー）に有す。外殻が容易に壊れ、表面平滑な粒子（コア粒子、径 60 nm）になりやすい。単粒子に 10 個の分節ゲノムを有す。Seg 1（4,501 bp）=168.8 kDa（Pol）；Seg 2（3,812 bp）=141.5 kDa（コア？）；Seg 3（3,572bp）=132.0 kDa（コア？）；Seg 4（3,617 bp）=135.6 kDa（B スパイク？）；Seg 5（3,164 bp）=107.1 kDa；Seg 6（2,645 bp）=89.9 kDa；Seg 7（2,193 bp）=41.2、36.4 kDa（NS）；Seg 8（1,927 bp）=68.1 kDa（コア）；Seg 9（1,900 bp）=39.9（NS、VP）、

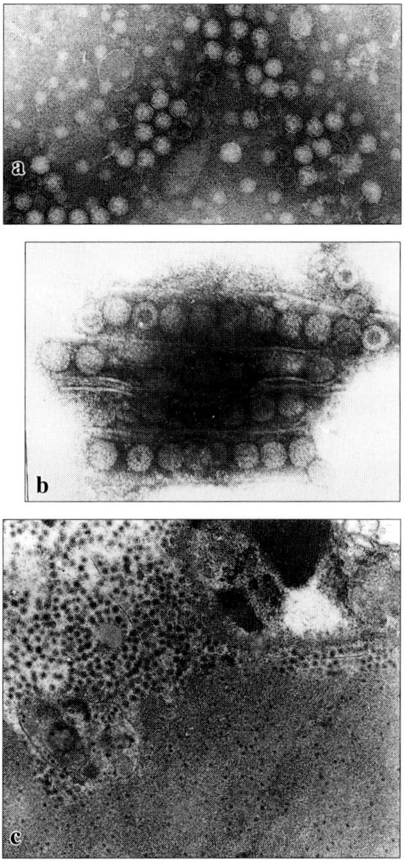

24.2（NS）kDa；Seg 10（1,801 bp）=63.3 kDa（外殻の主蛋白質）。耐熱性 50 ~ 60 ℃、耐希釈性 $10^{-4\sim5}$（葉汁液）、耐保存性 5 ~ 6 日（葉汁液）。ウイルスはヒメトビウンカ（*Laodelphax striatella*）、シロオビウンカ（*Unkanodes albifascis*）、サッポロトビウンカ（*U. sapporona*）などで永続的伝搬（虫体内増殖）。写真 d は、媒介ヒメトビウンカ体内像を示す。虫体内注射で保毒化。機械的接種は困難。ウイルスは上記作物のほか、アワ、キビ、モロコシ、メヒシバ、スズメノテッポウなど、イネ科植物 25 種以上に感染。宿主域はイネ科植物に限定。ウイルスは篩部局在。篩部組織が肥大した腫瘍細胞の細胞質に生じたバイロプラズム（VP）で粒子産生され、散在あるいは集塊、時に鞘状構造体内部に存在。径 50 ~ 55、75 ~ 80 nm の 2 種の粒子が切片でも観察される。遊離した核酸様繊維の網状構造も存在。

〈参考文献〉ICTVdB Descr. (2006). 00.060.0.07. *Fijivirus*；ICTVdB Descr. (2006). 00.060.0.07.007. *Rice black-streaked dwarf virus*；栗林数衛、深海　昭（1952）日植病報 16: 41；Milne, R. G. *et al.* (2005). *Fijivirus*. *In* Virus Taxonomy 8th ICTV Reports (Fauquet, C. M. *et al.* eds.). 534. Academic Press；Shikata, E. (1974). CMI/AAB Descr. Pl. Viruses. No.135；Shikata, E. (1974). CMI/AAB Desc. Pl. Viruses No.135；山下修一（1983）植物ウイルス事典（與良　清ら編）. 455. 朝倉書店. 東京.

②ファイトレオウイルス属　*Phytoreovirus*

属名の Phyto- はギリシア語で「植物」を意味し、reo- は科名の由来と同じ。米国で発見された *Clover wound tumor virus*（WTV）をタイプ種とする。本邦のイネ萎縮ウイルス（*Rice dwarf virus*, RDV）で詳しく研究されている。確定種 3。

イネ萎縮ウイルス
***Rice dwarf virus*, RDV**

本邦で記載（高田、1895）。日本、韓国、中国、ネパールで発生。イネ（*Oryza sativa*）（カスリ模様のモザイク、萎縮、濃緑化）に発生（口絵 17）。ウイルス粒子（本項a、b）は径約70 nmの正20面体。キャプソメア＝92個、構造単位180。沈降定数約510 S、浮遊密度1.38~1.46 g/㎤。耐熱性45~50 ℃、耐保存性約60日、耐希釈性3~4倍。単粒子に12分節ゲノムを有す。Seg 1（4,423 bp）=164 kDa（P1、Pol）；Seg 2（3,512 bp）=123 kDa（P2）；Seg 3（3,195 bp）=114 kDa（P3）；Seg 4（2,468 bp）=79.8 kDa（Pns4）；Seg 5（2,570 bp）=90.5 kDa（P5、Cap）；Seg 6（1,699 bp）=57.4 kDa（Pns6）；Seg 7（1,696 bp）=55.3 kDa（P7）；Seg 8（1,427 bp）=46.5 kDa（P8（T13）；Seg 9（1,305 bp）=38.9 kDa（Pns9）；Seg 10（1,321 bp）=39.2 kDa（Pns10）；Seg 11（1,067 bp）=20.7 kDa（Pns11a）、20 kDa（Pns11b）；Seg 12（1,066 bp）=33 kDa（Pns12）、Pns12Pa、12Pns12P0。構造蛋白質6種、非構造蛋白質＝6種、P1はRNAポリメラーゼ（Pol、ウイルス粒子に内含）。この酵素で転写された（＋）鎖をもとに、転写、複製される。ウイルスは各種細胞に存在し、細胞質に生じた顆粒状～繊維状のバイロプラズム（VP）で増殖すると推定され、ウイルス粒子は細胞質に散在・集塊、時に結晶。鞘状構造体に包まれることもある。ツマグロ・クロスジツマグロ・イナズマヨコバイなどで永続的伝搬し、虫体内増殖し、虫体内注射で保毒化する。媒介虫の雌虫では経卵伝染する

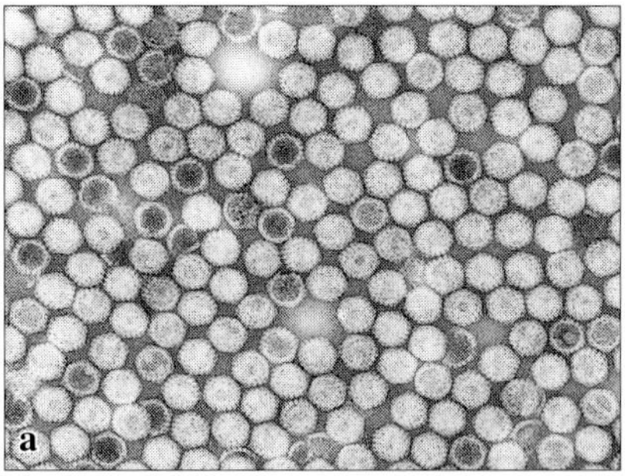
a

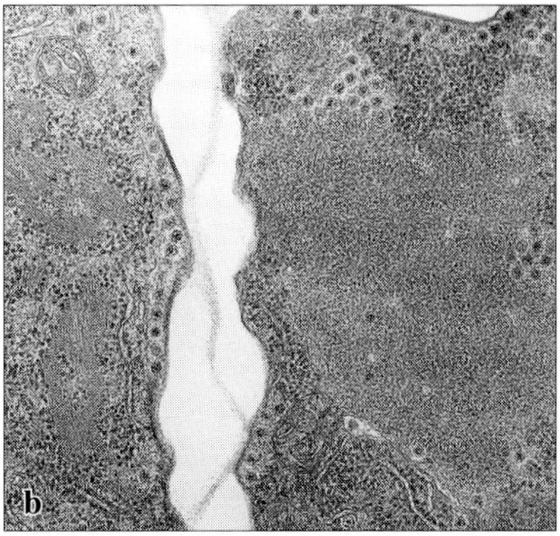
b

（福士、1933）。媒介虫体内（脂肪体、消化管、マルピギー管、気管、筋肉、マイセトーム、唾液腺、血液、卵巣など）でもウイルス粒子が確認。寄主範囲は狭いが、実験的には20種以上のイネ科植物に感染。ヒエでも記載がある。機械的接種は困難。

〈参考文献〉Fukushi, T. (1933). Proc. Imp. Acad. 9:457；ICTVdB Descr. (2006). 00.060.0.08.001 *Rice dwaf virus*；Iida, T. T. *et al.* (1972). CMI/AAB Descr. Pl. Viruses No. 102；Milne, R. G. *et al.* (2005). *Fijivirus*. *In* Virus Taxonomy 8th ICTV Reports (Fauquet,

C. M. *et al.* eds.). 534. Academic Press；Omura, T. and Mertens, P. P. C. (2005). *Phytoreovirus. In* Virus Taxonomy 8th ICTV Reports (Fauquet, C. M. *et al.* eds.). 543. Academic Press；高田鑑三（1895）．大日本農学会報 171:1. 山下修一（1983）植物ウイルス事典（與良　清ら編）．458．朝倉書店．東京．

③ オリザウイルス属　*Oryzavirus*

属名の Oryza- はタイプ種の RRSV の宿主（イネ、*Oryza sativa*）に由来する。本属では、ほかにノビエの *Echinochloa ragged stunt virus* が知られるが、本邦では RRSV が知られている。ウンカ類で永続的伝搬され、虫体内増殖する。確定種 2。

〈参考文献〉ICTVdB Descr. (2006). 00.060.0.09. *Oryzavirus*；ICTVdB Descr. (2006). 00.060.0.09. 003. *Rice ragged stunt virus*；Upadhya, N. M. (2005). *Oryzavirus. In* Virus Taxonomy 8th ICTV Reports (Fauquet, C. M. *et al.* eds.). 550. Academic Press.

イネラギッドスタントウイルス
Rice ragged stunt virus, RRSV

インドネアシア、フィリピンで記載（Hibino *et al.*, 1977）。本邦では鹿児島県で確認（新海ら、1980）。発生は東南アジア諸国、日本、中国。イネに萎縮、腫瘍、葉縁の切れ込みを生ず。ウイルス粒子は径約 65 nm の多面体。2 層構造。内層に 12 個の頂点に B スパイク（長さ 8 ~ 12 nm）。コア粒子は径約 50 nm。被膜は有しない。ゲノムは 10 分節の線状 ds RNA。Seg 1（3,849 bp）=138 kDa（P1）；Seg 2（3,808 bp）=133 kDa（P2）；Seg 3（3,699 bp）=131 kDa（P3）；Seg 4（3,823 bp）=141 kDa（P4A、Pol）、36.9 kDa（P4B）；Seg 5（2,682 bp）=91.4 kDa（P5、Cap）；Seg 6（2,157 bp）=65.6 kDa（P6）；Seg 7（938 bp）=68 kDa（NS7）；Seg 8（1,814 bp）=26.3 kDa（P8、Spike）、47 ~ 44 kDa（P8B、主要な構造蛋白質）；Seg 9（1,132bp）=38.6 kDa（P9）；Seg 10（1,162 bp）=32.3 kDa（NS10）。耐熱性約 60 ℃、耐希釈性約 10 ~ 5。篩部細胞の細胞質に封入体のバイロプラズム（VP）を誘導。トビイロウンカで永続的伝搬（虫体内増殖）。経卵伝染はない。自然発生は *Oryza* のみ。実験的にはイネ、オオムギ、ライムギ、トウモロコシのに感染。機械的接種は困難。複数の *Fijivirus* とは血清的類縁は認められていない。

〈参考文献〉Hibino, H. *et. al.* (1977). Conttr. Centr. Res. Inst. Agric. Bogor. 35:1；ICTVdB Descr. (2006). 00.060.0.09.001. *Rice ragged stunt virus*；Milne, R. G. *et al.* (1982). *Rice ragged stunt virus*；CMI/AAB Descr. Pl. Viruses No. 248；Milne, R. G. *et al.* (2005). *Oryzavirus*. *In* Virus Taxonomy 8th ICTV Reports（Fauquet, C. M. *et al.* eds.). 534. Academic Press；斎藤康夫（1983）植物ウイルス事典（輿良　清ら編）. 464. 朝倉書店. 東京；新海　昭ら（1980）日植病報 46: 411；Upadhyaya, N. M. and Mertens, P. C. (2005). *Oryzavirus*. *In* Virus Taxonomy 8th ICTV Reports (Fauquet, C. M. *et al.* eds.). 550.Academic Press.

（2）パルチチウイルス科　*Partitiviridae*

科名の Partiti- はラテン語でゲノムの分節（divided）の意。菌類、植物共通の科で、小球状。植物ウイルスでは 2 属に類別され、高率（ほぼ、100 %）で種子伝染し、通常、発病せず、潜伏（潜在）感染する。

【所属群】

アルファクリプトウイルス属　*Alphacryptovirus*（タイプ種：シロクローバ潜伏ウイルス 1、*White clover cryptic virus 1*, WCCV-1）

ベータクリプトウイルス属　*Betacryptovirus*（タイプ種：シロクローバ潜伏ウイルス 2、*White clover cryptic virus 2*, WCCV-2）

【ウイルス粒子】

球状（径 30 ~ 35 nm、多成分）、1 層のキャプシド。被膜なし。12 キャプソメア。浮遊密度 1.34 ~ 1.39 g/ ㎤、核酸含量約 9 %。構造蛋白質 1 種。

【ゲノム】

ゲノムは線状で 2 分節（RNA ポリメラーゼと構造蛋白質をコード）で、複数の粒子に分布。

【増殖】

粒子に含まれる RNA 依存 RNA ポリメラーゼ（転写酵素（transcriptase））で 2 本鎖の（－）鎖を鋳型に 5' 末端をキャップ構造、3' 末端をポリ A 構造として（＋）鎖が合成し、粒子外に出て mRNA となる。ゲノムの複製はウイルス粒子内で ss → ds RNA 化あるいは ssRNA が粒子外に出て必要な構造蛋白質等と会合し ds RNA 化する。ゲノム複製は半保存的と推定。細胞内所在様式はほとんど未詳。RYEV では篩部局在（？）。

【生物的性状】

媒介者は存在せず、機械的接種は困難。種子伝染と株分け（栄養繁殖）で垂直伝染。

〈参考文献〉Ghabrial, S. A. *et al*. (2005). *In* Virus Taxonomy 8th ICTV Reports (Fauquet, C. M. *et al*. eds.). 581. Academic Press；ICTVdB Descr. (2006). 00.049. *Partitiviridae*.

①アルファクリプトウイルス属 *Alphacryptovirus*

属名の Alpha- はギリシア文字 α（alpha）、cryptic- はギリシア語で「潜んだ」、「潜伏」の意を有する。通常、無病徴感染と推定されるが、不良条件下では葉緑黄化、わい化などを生ずる可能性がある。著者らの関与したウイルスは temperate、外国で記載されたウイルスは cryptic と称され、約 30 種知られている。本邦では以下の十余種が知られる。粒子は小球状（径約 30 nm）、浮遊密度約 1.392 g/ cm³、沈降定数 118 ~ 120 S。ゲノムは 2 分節（1.7 kbp = 構造蛋白質、2.0 kbp = RNA ポリメラーゼ）で 2 粒子に分布。構造蛋白質 = 55 kDa、RNA ポリメラーゼはウイルス粒子内に存在。媒介者は存在せず、機械的および接木接種は困難。種子、株分けによる垂直伝染のみ。寄主範囲はきわめて狭い。機械的接種は困難。所属ウイルスの基本的性状は類似する。確定種 16、暫定種 10。

〈参考文献〉Ghabrial, S. A. *et al.* (2005). *In* Virus Taxonomy 8th ICTV Reports (Fauquet, C. M. *et*

アルファルファ潜伏ウイルス 1

***Alfalfa cryptic virus 1*, ACV-1**

アルファルファ（*Medicago sativa*）で記載（Natsuaki *et al.*, 1984）。たぶん、世界各国に分布。無病徴感染。径約 30 nm の小球状。浮遊密度 1.34 ~ 1.35 g/ cm³。ゲノムは 2 分節の dsRNA（1.27、1.17 kbp）。構造蛋白質 = 5.4 kDa。ウイルス粒子内に RNA ポリメラーゼを含む。*Hop trefoil virus* と血清的類縁。数種の *Alphacryptovirus* とは血清学的関係は認められないという。機械的接種は困難で、高率で種子伝染。

〈参考文献〉ICTVdB Descr. (2006). 00.049.0.03.002. *Alfalfa cryptic virus 1*；Natsuaki, T. K. *et al.*（1984）. J. agric. Science, Tokyo Nogyo Daigaku 29:49；Natsuakt, T. *et al.* (1986). Intervirology 25:69.

ニンジン潜伏ウイルス 1, 3, 4

Carrot temperate virus, 1, 3, 4

本邦で記載（夏秋知英ら、1979）。各種品種（時なし五寸、鮮紅三寸、ひとくち、ピックル、国分鮮紅大長など）で検出。無病徴感染（悪環境下で下葉の穏やかな黄化？）。径約 30 nm の小球状。浮遊密度 1.29 g/ cm³。高率に種子伝染。機械的接種は困難。

〈参考文献〉夏秋知英ら（1979）日植病報 45:84,129；ICTVdB Descr. (2002). 00.049.0.03.007. *Carrot temperate virus 1*；ICTVdB Descr. (2006). 00.049.0.03.008. *Carrot temperate virus 3*； ICTVdB Descr. (2006). 00.049.0.03.009. *Carrot temperate virus 4*.

ダイコン葉縁黄化ウイルス

***Radish yellow edge virus*, RYEV**

本邦で記載（夏秋知英ら、1978）。各種品種（みの早生、宮重など）で検出。通常、無病徴感染と思われるが、移植による植痛みや悪環境下で下葉の葉縁黄化、軽い葉巻に関与？（口絵18）径約 30 nm の小球状（本項a（夏秋知英原図）、b）。株によって衛星（satellite）様の小粒子（径約 20 nm）を伴うこともある。沈降定数約 118 S、浮遊密度約 1.37 g/ cm³。ウイルス粒子は篩部細胞に局在するとされ、その細胞質にバイロプラズム（VP）の封入体（II-6-2b、c）を形成する。なお、ダイコンでは非局在性のウイルス様小球状粒子が葉の核内に認められることがある。これらと RYEV との関連は未詳。種子で高率で伝染。なお、種子を 60 ℃、10 日間乾熱しても無毒化できない。

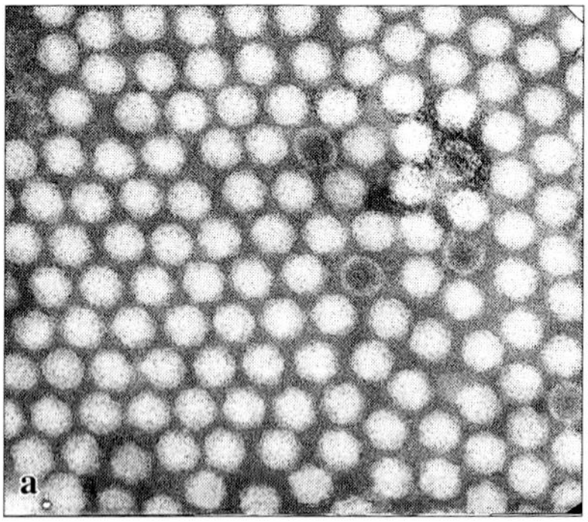

a

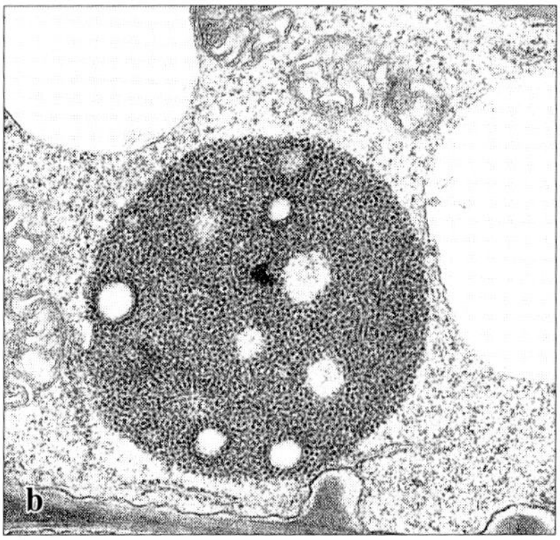

b

〈参考文献〉ICTVdB Descr. (2006). 00.049. 0.03.0.12. *Radish yellow edge virus*；夏秋知英ら（1978）日植病報 44: 384；夏秋知英ら（1979）日植病報 45: 313；夏秋知英ら（1981）日植病報 47: 94

ホウレンソウ潜伏ウイルス

***Spinach temperate virus*, STV**

本邦で発見（夏秋知ら、1978）。各種品種（日本大葉、西洋大葉など）で検出。無病徴感染あるいは悪環境化で下葉黄化・生育不良？　径約 30 nm の小球状（本項a）。ゲノムは分節で、1.31、1.25、1.10 kbp が分析されている。

〈参考文献〉夏秋知英ら（1978）日植病報 44: 384

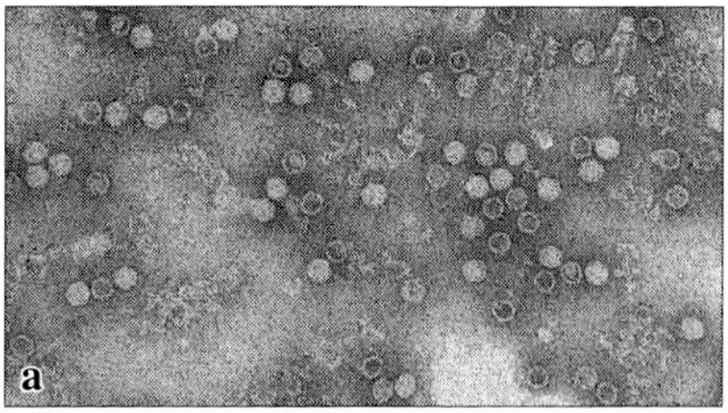

a

ソラマメ潜伏ウイルス

***Vicia cryptic virus*, VCV**

イギリスで記載（Kenten *et al*., 1978）、たぶん各国に分布。無病徴感染。径約 30 nm の小球状。ウイルス量はきわめて少ない。浮遊密度約 1.38、1.39 g/ cm^3。ゲノムは線状の 2 分節 ds RNA（RNA ポリメラーゼ＝ 2,012 bp、構造蛋白質（CP）＝ 1,779 bp）。機械的接種では伝染せず、高率に種子伝染。

〈参考文献〉ICTVdB Descr. (2006). 00.049. 0.03.015. *Vicia cryptic virus*；Kenten R.H. *et. al*. (1978). Rep. Rothamsted Exp. Stn. 1977. 222；夏秋知英ら（1981）日植病報 47:94.

シロクローバ潜伏ウイルス 1, 3

***White clover cryptic virus 1, 3*, WCCV-1, 3**

シロクローバ（*Trifolium repens*）では類似の潜伏ウイルスが本邦などで 3 種知られ（Natsuaki, K. T. *et al*., 1984）、これらは、たぶん、各国に分布。これらのうち、WCCV-1 が本属のタイプ種になっている。径約 30 nm の小球状。ゲノムは線状の 2 分節 dsRNA（RNA ポリメラーゼ ＝ 1,955 bp、構造蛋白質（CP） ＝ 1,708 bp）。機械的接種は困難で、高率に種子伝染。

〈参考文献〉Boccardo, G. *et al*. (1985). Virology 147:29；Ghabrial, S. A. *et al*. (2005). *In* Virus Taxonomy 8th ICTV Reports (Fauquet, C. M. *et al*. eds.). 581. Academic Press；ICTVdB Descr. (2006). 00.049.0.03.001. *White clover cryptic virus 1*；Natsuaki, K. T. *et al*. (1984). J. agric. Sci. Tokyo Nogyo Daigaku 29:49；Natsuaki, T. *et al*. (1986). Intervirology 25:69.

② ベータクリプトウイルス属　*Betacryptovirus*

属名の Beta- はギリシア文字 β（beta）、cryptic はギリシア語で「潜んだ」、「潜伏」の意を有する。通常、無病徴感染。球状（径 30 ~ 38 nm）、浮遊密度約 1.375 g/ cm^3。核酸含量約 24 %、2 分節ゲノム（2,050 ~ 2,550 bp）。汁液・接木接種は不可能。種子・花粉で伝染。宿主植物では非局在で、細胞質に観察されるというが、詳細は未詳。確定種 4、暫定種 1。

〈参考文献〉ICTVdB Decr. (2006). 00.0.49.0.04. *Beta cryptovirus*.

ニンジン潜伏ウイルス 2

***Carrot temperate virus 2*, CTV-2**

本邦のニンジン（*Daucus carota*）で記載（夏秋知英ら、1980）。たぶん各国に分布。無病徴感染。径約 30 nm の球状。ゲノムは 2 分節 dsRNA（2,550、2,400 bp）で、

2粒子に存在（bipartite）。ゲノム核酸は *Alphacryptovirus* の CTV-1、-3、-4との重複感染は電気泳動で識別可。機械的・接木接種では伝染せず、種子のみで伝染。寄生性はきわめて狭い。

〈参考文献〉ICTVdB Descr. (2006). 00.0.49. 0.04.002. *Carrot temperate virus 2*；夏秋知英ら（1990）日植病報 56:354.

シロクローバ潜伏ウイルス 2

***White clover cryptic virus 2*, WCCV-2**

本属のタイプ種。シロクローバ（*Trifolium repens*）でイタリアで記載（Boccardo *et al*., 1985）、たぶん各国に分布。無病徴感染。径約 38 nm の球状。浮遊密度約 1.375 g/㎤。ゲノムは線状の2分節 dsRNA（2,238、2,072 bp）。*Betacryptovirus* の *Red clover 1, Hop trefoil 2 virus* と血清学的関係あり。機械的・接木接種では伝染せず、種子のみで伝染。寄生性はきわめて狭い。

〈参考文献〉Boccardo, G. *et al.* (1985). Virology 147: 29；ICTVdB Descr. (2006). 00.049.0.04. *Betacryptovirus*；ICTVdB Descr. (2006). 00.049.0.04.001. *White clover cryptic virus 2*.

（3）科未定

ds RNA ウイルスでは、科未定の群が 2 属存在する。

①バリコサウイルス属　*Varicosavirus*

属名の Varicosa- はラテン語で葉脈の変形、肥大を意し、タイプ種の LBVV の病徴に由来する。本群のウイルス粒子は本邦の TSV で最初に発見され、本属の設立には密度約 1.27 g/ cm³。ゲノムは 2 分節の dsRNA（RNA- 1=6,350 ~ 7,000 bp、RNA-2=5,630 ~ 6,500 bp。構造蛋白質 1 種（48 kDa）。藻菌類の *Olpidium brassicae* の遊走子で土壌伝搬。汚染土壌は長期に保毒し、難防除病害となる。汁液接種は容易でないが、可能。接触、種子伝染はない。耐熱性 40 ~ 50 ℃、耐保存性約 1 日、耐希釈性 10^{-14}。寄主植物では非局在で、細胞質に散在・集塊。寄主範囲は狭い。本邦のツバキ斑葉ウイルス（*Camellia yellow mottle virus*）、外国の *Freezia leaf necrosis virus* も本属と推定されたが、詳細は未定。

〈参考文献〉Brunt, A. A. (2005). *et al*. (2005). *In* Virus Taxonomy 8th ICTV Reports (Fauquet, C. M. *et al*. eds.). 669. Academic Press；ICTVdB Descr. (2006). 00.092.0.01. *Varicosavirus*；Mayo, M.A. (2000). *Varicosavirus*. *In* Virus Taxonomy 7th ICTV Reports (van Regenmortel, M.H.V. *et al*. eds.). 521. Academic Press.

レタスビッグベインウイルス

***Lettuce big-vein virus*, LBVV**

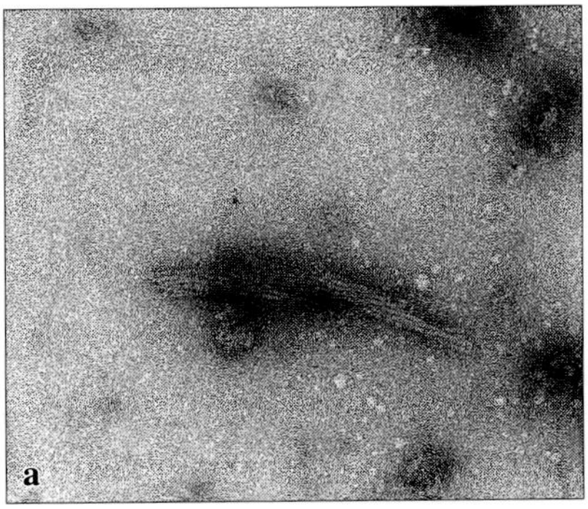

米国カリフォルニアで記載（Jagger and Chandler, 1938）。分布は米国、日本、ヨーロッパ各国、ニュージーランド、オーストラリアなど。本邦では、当初、和歌山、長野、静岡で知られたが、今日、多くのレタス産地で難防除病害となる。レタスでは葉脈が肥大して、透化～退緑を生じ、結球不良となる（口絵 19）。オニノゲシでも葉脈透化。症状は低温（18 ~ 20 ℃）以下で生じ、高温になると潜在（マスキング）する。したがって、春季

に顕著となる。ウイルス粒子は長年、不明であったが、本邦（桑田ら、1983）で見出された。ウイルス粒子（本項a）は桿状、320～350 × 18 nm、ら旋対称構造（ピッチ＝約5 nm）。浮遊密度約1.27 g/cm³。ゲノムは2分節のdsRNA（7、6.5 kbp）。構造蛋白質は1種（4.8 kDa）。本ウイルスはTSVと血清的類縁。ウイルス粒子は各種細胞の細胞質に散在・集塊。ウイルスは*Olpidium brassicae*の遊走子で土壌伝搬し、汚染土壌は長期（8年以上）にわたって保毒し、防除は容易でない。これは媒介菌の休眠胞子に取こまれるためと思われる。汁液接種は容易でないが可能。わが国では*Ophiovirus*の*Mirafoli lettuce virus*と重複感染する例も多い。接触・種子伝染はない。

〈参考文献〉ICTVdB Descr. (2006). 00. 092.0.01.001. *Lettuce big-vein virus*；Campbell, R. N. (1985). Can. J. Bot. 63: 2288；Campbell, R. N. and Fry, P. R. (1966). Virology 29:222；Huibers, N. *et al*. (1990). Ann. Appl. Biol.116:463；家村浩海・中野昭信（1978）植物防疫 33:249；岩木満朗ら（1978）日植病報 44:578； Kuwata, S. *et al*. (1983). Ann. Phytopathol. Soc. Japan 49:246 ；Tomlinson, J. A. and Faithfull, E. M. (1979). Ann.appl.Biol.93:13；Vetten, H. J. *et al*. (1987). J. Phytopathol. 120:53；Walsh, J. A. (1994). J. Hort. Sci. 69:21；桑田茂ら（1983）日植病報 49:82；山下修一（1983）植物ウイルス事典（與良　清ら編）. 356. 朝倉書店 . 東京 .

タバコわい化ウイルス

***Tobacco stunt virus*, TSV**

わが国で記載（日高、1950）され、発生は本邦のみ。タバコに葉の黄色、え死輪紋、わい化、奇形、地際部のえそなどを比較的低温（17～20 ℃）下で発症する（口絵20）。高温になると潜在（マスキング）する。したがって、通常、春季に症状は顕著となる。ウイルス粒子（本項a）は桿状で2粒子（100～150、300～350 × 18 nm）。不安定で崩壊しやすい。ら旋対称（ピッチ＝約5 nm）。浮遊密度約1.27 g/cm³。耐熱性75～80 ℃、耐希釈性$10^{-2 \sim 3}$。耐保存性60～84時間。ゲノムは2分節のdsRNA（11,980、6,350 bp）。構造蛋白質は1種。*Olpidium brassicae*の遊走子で土壌伝搬し、汚染土壌は長期（休眠胞子内に取込まれると推定）にわたり保毒する。汚染土における苗床・育

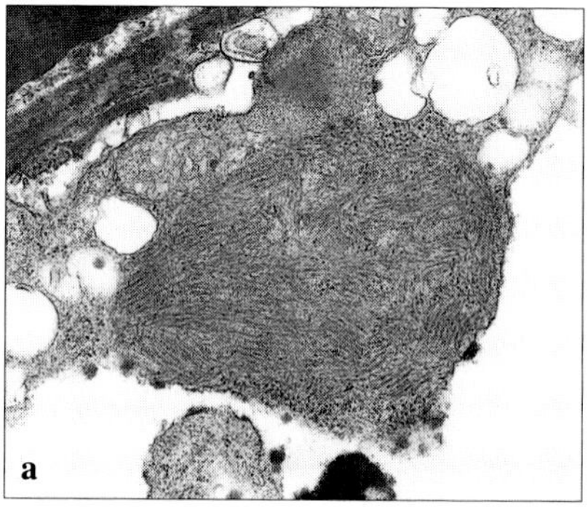

苗は避ける。

〈参考文献〉日高　醇（1950）日植病報 15:40；日高　醇ら（1956）秦野たばこ試報 40:1；Hiruki, T. (1975). Can. J. Bot. 53:2425；Kuwata, S. and Kubo, S. (1986). AAB Descr. Pl. Viruses. No.313；ICTVdB Descr. (2006). 00.092.0.81.005. *Tobacco stunt virus*；桑田　茂（1983）植物ウイルス事典（與良清ら編）. 522. 朝倉書店. 東京；桑田　茂・久保　進（1981）日植病報 47:264.

②エンドルナウイルス属　*Endornavirus*

属名の Endo- は ギリシア語で「内部」、rna は RNA を意味する。通常のウイルス様粒子（virion）は観察されない。ds RNA はプラスミド様で、近年、ウイルスとして位置付けされた。ゲノムは dsRNA で 1 分子（1.4 ~ 1.8 kbp= RNA ポリメラーゼ）。本遺伝子の特徴より、本属は "Alph-like super group" の欠陥 ssRNA ウイルスから進化した可能性がある。構造蛋白質は生じず、通常、細胞質の小胞に付着して存在する。外国では *Vicia faba endornavirus*（ソラマメ）が知られ、垂直伝染する。確定種 4。

〈参考文献〉Gibbs, M. *et al*. (2005). *Endornavirus*. *In* Virus Taxonomy 8th ICTV Reports (Fauquet, C. M. *et al*. eds.). 603. Academic Press；ICTVdB Descr. (2006). 00.108. 0.01. *Endornavirus*.

イネエンドルナウイルス
Oryza sativa endornavirus

イネ（*Oryza sativa*）で記載（Wang *et al*., 1989）。本邦ではジャポニカで検出。ゲノム ds RNA は各組織、全生育期で検出。約 20 コピー／細胞。ds RNA= 13,936 bp。ORF（13,716 bp=4,572 aa）には RNA ポリメラーゼ（Pol）とヘリカーゼ（Hel）のモチーフを有す。ポリメラーゼ活性は膜（マイクロゾーム）分画に存在し、レプリコンと推定。*O. rufipogon* の ds RNA とハイブリッドするが、同一ではない。病徴は生じず、接種は困難。

〈参考文献〉Fukuhara, T. *et al*. (1993). Plant Mol.Biol. 21:1121；Fukuhara, T. *et al*. (1995). J. Biol. Chem. 270:18147；Horiuchi, H. *et al*. (2001). Plant Cell Physiol. 42:197；Moriyama, H. *et al*. (1999). J. Biol. Chem 274:6882；Wang, Z. Y. *et al*. (1989). Plant Sci. 61:227.

4．1本鎖 RNA ウイルス

植物では多数の1本鎖（ss）RNA ウイルスが存在する。これらは前編の遺伝情報の発現様式の項（図1-3）で示したが、ウイルスは逆転写（RT）、マイナス（－）鎖（±含む）、プラス（＋）鎖の各ウイルス群に分けられる。

A. 逆転写（RT）ウイルス

（1）シュイドウイルス科　*Pseudoviridae*

科名の Pseudo- はギリシア語で「偽」の意で、真のウイルスかどうかの意を含む。従来、Ty1-copia 群と称され、可動遺伝因子のレトロトランスポゾン（retorotransposon）の一種。ssRNA ゲノムを有し、複製過程で逆転写し、ウイルス様粒子を生じる。3属が存在し、植物では2属が存在するが、本邦では未詳。

【所属群】

シュイドウイルス属　*Pseudovirus*（タイプ種：*Saccharomyces cerevisiae Ty1 virus*, SceTy1V）

シレウイルス属　*Sirevirus*（タイプ種：*Glycine max SIRE1 virus*, GmaSIRV）

ヘミウイルス属　*Hemivirus*（タイプ種：*Drosophila melanogaster copia virus*, DmeCopV）

【ウイルス粒子】

生活史で球状ウイルス様の正20面体構造（径30～50 nm、T = 3および4）を生ず。被膜なし。脂質含まず。

【ゲノム】

ゲノムは線状の＋鎖の ssRNA。1分子（4,200～9,700 nt、全配列決定）。末端に長い反復配列（LTR（long terminal repeat））を有す。ゲノムに逆転写酵素遺伝子（pol）を有す。SceTy1V は ORF = 2（gag、PR-IN-RT（pol））、DmeCopV は ORF = 1（PR-IN-RT（gag-pol））。

【増殖】

ゲノムから逆転写後に ds DNA し、通常、宿主染色体に転移。ゲノムは宿主の DNA 依存 RNA ポリメラーゼで転写・翻訳。ウイルスの細胞内所在様式は未詳。生物的性状菌類、無脊椎動物、植物に存在。細胞分裂で伝染。感染性・病原性はない。

〈参考文献〉Boeke, J. D. *et al.* (2005). *Pseudovirus*. *In* Virus Taxonomy 8th ICTV Reports (Fauquet, M. A. *et al.* eds.). 399. Academic Press；ICTVdB Descr. 00.097. (2006). *Pseudoviridae*；ICTVdB Descr. (2006) 00.097.0.01. *Pseudovirus*；ICTVdB Descr. (2006). 00.097. 0.02. *Hemivirus*；ICTVdB Descr. (2006). 00.097.0.03. *Sirevirus*.

①シュイドウイルス属 *Pseudovirus*

属名は科名と同じ。ウイルス粒子は正 20 面体（径 20～30 nm）。T ＝ 3（gag タンパク質の C' 末端の 1-381、アミノ酸欠損粒子は T ＝ 4）。被膜なし。粒子量約 14 × 10^6。沈降係数 200～300 S。外被蛋白質＝ 1 種（50 kDa）。脂質は含まない。ゲノムは線状（＋）鎖の ssRNA（5,918 nt（SecTy1V））。粒子内に宿主由来の $tRNA^{iMet}$ プライマーを内含。ORF ＝ 2。5' と 3' 末端に 335 塩基の長い末端反復配列（LTR; U3-R-u5 の配列）を有す。ゲノム ssRNA は逆転写酵素（RT）により相補的な全長の（－）ss DNA を生じ、宿主 DNA ポリメラーゼで ds DNA となり、インテグラーゼ（IN）の作用で宿主染色体に挿入され、プロウイルス化する挿入ゲノムは宿主の DNA 依存 RNA ポリメラーゼでレトロトランスポゾン ssRNA を転写、複製する。Gag、Pol はモノあるいはポリプロテインとして翻訳され、後者は PR でプロセシングされ、成熟する。細胞内所在として、SceTy1V ではイースト細胞の細胞質内に集塊して観察。ほかは未詳。宿主域は狭く、たぶん、同一種のみ。病徴はなし。伝染は垂直伝染のみ（機械的接種は不可能、媒介生物は存在しないと思われる）。従来、レトロトランスポゾン（RNA 転移因子）と称されていたが、生活史においてウイルス様粒子を形成することから近年、ウイルスとして掌握されるようになった。本属として、植物では *Arabidopsis thaliana Ta1 virus AthTa1V*、*Hordeum vulgare BARE-1 virus HvyBar1V*、*Nicotinana tabacum Tnt1 virus NtaTnt1V*、*N. tabacum Tto1 virus NtaTto1V*、*Solanum tuberosum Tst1 virus StuTst1V*、*Triticum aestivum WIS-2 virus* などがある。確定種 20。本邦では未詳。

〈参考文献〉Adams, S. E. *et al.* (1987). Cell 49: 111；Boeke, J. D. *et al.* (2005). *Pseudovirus*. *In* Virus Taxonomy 8th ICTV Reports (Fauquet, M. A. *et al.* eds.). 399. Academic Press；Garfinkel, D. J. *et al.* (1985). Cell 42: 507；ICTVdB Descr. (2006). 00.097.0.01. *Pseudovirus*；Meller, J. *et al.* (1985). Nature 318: 583；Palmer, K. J. *et al.* (1997). J. Virol. 71: 6863.

② シレウイルス属　*Sirevirus*

属名の Sire- はタイプ種のダイズ（*Glycine max*）*SIRE1 virus* に由来。本属は植物のみ。ウイルス粒子は正 20 面体（径約 50 nm）（T ＝ 3 および T ＝ 4）。被膜なし。脂質は含まない。ゲノムは線状（＋）鎖の ssRNA（4,200 ~ 9,700 nt）で、末端に長い反復配列（LTR）。ORF ＝ 1 ~ 3（*gag-pol*、*gag-pol/env* like、*gag/pol*、*gag/pol/env* like）。*pol* は PR、IN、RT を含む。植物では、ほかに、*Arabidopsis thanliana Endovir*、*Lycopersicon esulentum ToRTL 1*、*Zea mays Opie-2*、*Z. mays. Prem-2* などがある。確定種 5。本邦では未詳。

〈参考文献〉ICTVdB Descr. (2006). 00.097.0.03. *Sirevirus*.

（2）メタウイルス科　*Metaviridae*

科名の Meta- はギリシア語で「転移」を意味し、真のウイルスかどうかの意も含む。複製過程でウイルス様の形状を経ることから、近年、ウイルスとして対象となった。主に、菌類と無脊椎動物に分布。レトロトランスポゾンの一種で、ショウジョウバエの Gypsy が中心。3 属に類別されるが、植物では *Metavirus* が存在。本邦では未詳。

【所属群】

メタウイルス属　*Metavirus*（タイプ種：*Saccharomyces cerevisiae Ty3 virus,* SceTy3V）

エランチウイルス属　*Errantivirus*（タイプ種：*Drosophila melanogaster Gypsy virus,* DmeGypV）

セモチウイルス属　*Semotivirus*（タイプ種：*Acaris lumbricoides Tas virus,* AluTasV）

【ウイルス粒子】

粒子については未詳であるが、コアと被膜を有する楕円体状の径 50 ~ 100 nm のウイルス様粒子（VLP）を生ず。被膜を有しないもの（*Metavirus*）、有するもの（*Errativirus*、*Semotivirus*）あり。理化学的性状の詳細は未定。下記のゲノムのほか、構造蛋白質として内殻蛋白質（Gag；CA・NC）のほか、*Errativirus*、*Semotivirus* ではさらに外膜タンパク質（Env； TM、SU）を有す。*Errativirus*、*Semotivirus* は脂質を有す。

【ゲノム】

ゲノムは線状（＋）鎖の ssRNA（4.9 ~ 7.5 kb）。*Metavirus* ＝ ORF1 ~ 2、*Errativirus* ＝ ORF2、*Semotivirus* ＝ ORF1 ~ 2。線状（＋）ssRNA ゲノム。5' と 3' 末端に長い末端重複配列（LTR；U3-R-U5 の配列）を有す。遺伝子として、SceTy3V；5' LTR-ORF1（*gag*）- ORF2（*pol*（PR-RT・RT-IN））– LTR3'DomeGypV； 5' LTR-ORF1（*gag*）- ORF（*pol*（PR-RT・RT-IN））。

【増殖】

ゲノム ssRNA は逆転写酵素（RT）により相補的な全長の ss DNA を生じ、宿主 DNA ポリメラーゼで ds DNA となり、インテグラーゼ（IN）の作用で染色体に挿入され、プロウイルス化する。挿入ゲノムは宿主の RNA ポリメラーゼでレトロトランスポゾン ssRNA を転写・複製する。Gag、Pol、Env は、モノあるいはポリプロテインとして翻訳され、後者は PR でプロセシングされて成熟する。細胞内所在はイーストのウイルスでは細胞質内に集塊するとされるが、ほかは未詳である。プロウイルス化時には宿主染色体に挿入されると推定される。

【生物的性状】

宿主域は狭い（たぶん、同一種のみ）。無病徴。伝染は垂直伝染のみ（機械的接種は不可能、媒介生物は存在しないと思われる）。従来、レトロトランスポゾン（RNA 転移因子）と称されていたが、生活史においてのウイルス様粒子の形状を経ることから近年、ウイルスとして扱われることになった。これは、ウイルスの起源、変異、進化とも関連する判断といえる。複製、翻訳様式が動物の *Retorovirus* に酷似する。ただ、現在のところ、感染性や発病は知られていない。

〈参考文献〉Eickbush, T. *et al*. (2005). *Metaviridae*. *In* Taxonomy 8th ICTV Reports (Fauquet, M. A. *et al*. eds.). 409. Academic Press；Felder, H. *et al*. (1994). Gene 149: 219；Hansen, L. J. *et al*. (1992). J. Virol. 66: 1414；ICTVdB Descr. (2006). 00.098. *Metaviridae*；Kumar, A. and Bennetzen, L. J. (1999). Annu. Rev. Genet. 33: 479；Kuznetsov, Y. G. *et al*. (2005). J. Virol. 79: 8032；Pelisson, A. *et al*. (1994). EMBO J. 8: 4401；Zolotova, L. I. *et al*. (1996). Genetika 32:1326.

① メタウイルス属　*Metavirus*

属の特徴は科の特徴とほぼ同じ。植物では *Arabidopsis thaliana Athila virus*（AthAthV）、A. *thaliana Tat4 virus*（AthTat4V）、*Lilium henryi Del1 virus*（LheDel1V）などがあるが、本属についてはわが国では未詳。ウイルス粒子は球状 1 種（径約 50 nm）で被膜なし。沈降係数約 156 S。粒子内に宿主由来の $tRNA^{iMet}$ プライマーを含む。構造蛋白質（*Gag*）2 種（CA = 26 kDa、NC = 5 kDa）。脂質は含まない。ゲノムは線状（+）ssRNA で、ORF2（1 フレームでオーバーラップ）。5' と 3' 末端に長い末端重複配列（LTR）を有す。遺伝子は LTR- ORF1（*gag*）- ORF1（*pol*（PR-RT・RT-IN））– LTR。分子レベルでの複製はゲノム ssRNA が逆転写酵素（RT）により相補的な ss DNA を生じ、宿主 DNA ポリメラーゼで dsDNA となり、インテグラーゼ（IN）の作用で、宿主染色翻訳では Gag、Gag-Pol ポリタンパク質として翻訳され、PR でプロセシングされる。細胞内所在として、SceTy2V ではイースト細胞の細胞質内に集塊して観察されている。プロウイルス化時には宿主染色体に組み込まれると推定されるが、詳細は未明。宿主域狭く（たぶん、同一種のみ）、無病徴。伝染は垂直伝染のみ（機械的接種は不可能、媒介生物は存在しないと思われる）。従来、レトロトランスポゾン（RNA 転移因子）と称されていたが、生活史においてウイルス様の形状を経ることから、ウイルスの対象となった。感染性、病徴はないと推定される。菌類、昆虫、植物などで確定種 21。

〈参考文献〉ICTVdB Descr. (2006). 00.098. *Metaviridae*；ICTVdB Descr. (2006). 00.098. 0.10. *Metavirus*；ICTVdB Descr. (2006). 00.098.0.0.2. *Errantivirus*；ICTVdB Descr. (2006). 00.098.0.03. *Semotivirus*.；Eickbush, T. *et al*. (2005). *Metaviridae*. *In* Virus Taxonomy 8th ICTV Reports (Fauquet, M.A. *et al*. eds.). 409. Academic Press.

B. マイナス（−）鎖ウイルス

遺伝蛋白質の翻訳にかかわる mRNA をプラス（＋）鎖とし、これに相補する核酸を RNA、DNA ともマイナス（−）鎖とする。全生物のウイルスはこの mRNA 合成様式で 7 群に類別される（Baltimore 式という）。多くの植物 RNA ウイルスは、ウイルスゲノム自身に m RNA 活性を有する（プラス鎖ウイルスという）（図Ⅰ-3、38 頁）が、ウイルスによってはウイルスゲノムに mRNA 能はなく、ウイルスゲノムより反転された相補 RNA が m RNA として機能するものがあり、これらをマイナス鎖ウイルスという。また、一部のウイルスは同一ゲノムにマイナス鎖とプラス鎖を有するものがあり、これらを両意（±）鎖（ambisense）ウイルスと称するが、通常、これらのウイルスもマイナス鎖ウイルスとして扱われる。

（1）ラブドウイルス科　*Rhabdoviridae*

科名の Rhabdo- はギリシア語で「桿状」の意で、ウイルス粒子が桿菌状という形状による。動植物共通の科で、6 属（*Vesiculovirus*、*Lyssavirus*、*Ephemerovirus*、*Novirhabdovirus*、*Cytorhabdovirus*、*Nucleorhabdovirus*）が知られ、植物ウイルスでは細胞内増殖様式で、下記の核増殖型、細胞質増殖型の 2 属に分類される。

【所属群】

ヌクレオラブドウイルス属　*Nucleorhabdovirus*（タイプ種：*Lettuce necrotic yellows virus*, LNYV）

サイトラブドウイルス属　*Cytorhabdovirus*（タイプ種：*Potato yellow dwarf virus*, PYDV）

【ウイルス粒子】

ら旋対称型のヌクレオキャプシド（ピッチ 4 ~ 4.5 nm）の外部に被膜（envelope）を有する長さ 100 ~ 430 nm、幅 45 ~ 100 の弾丸状～桿菌状粒子。被膜には 5 ~ 10 nm の突起を有す。粒子中央部は中空。粒子は不安定で、崩壊しやすい。植物ウイルスでは大型で比較的複雑な構造。粒子量 300 ~ 1,000 × 10^6。沈降定数 550 ~ 1,045 S、浮遊密度 1.19 ~ 1.20 g/ cm³、耐熱性 56 ℃。構造蛋白質 = 5（L ＝ 2.2 ~ 2.4 kDa（RNA transcriptase（RdRp）のサブユニット）、G ＝ 65 ~ 70 kDa（被膜のスパイクに存在する糖蛋白質。赤血球凝集に関与）、N ＝ 47 ~ 62 kDa（ヌクレオキャプシドの主要蛋白質）、P ＝ 20

~30 kDa（RdRp）のサブユニット）、M ＝ 20~30 kDa（内部蛋白質の主成分。成熟（budding）に関係）。ウイルス粒子には被膜に 5~25 % の脂質（宿主細胞の生体膜由来で、この 35~40 % は糖脂質）。糖はウイルス全体の約 3 %。一般に、ウイルス粒子は不安定で、通常の電顕観察では崩壊するものが多い。電顕観察には、あらかじめグルタールアルデヒド、オスミック酸、ホルマリンなどで前固定することが望ましい。ウイルスの精製も不安定性を留意する必要がある。

【ゲノム】

11,000~15,000 nt の線状の非分節 ssRNA。遺伝子配列は、3'-N-P-M-G-L-5' と推定されるが、植物ウイルスでは未詳（図 1 - 2）。

【増殖】

ウイルスゲノムは mRNA 活性はない（マイナス鎖という）。ウイルス粒子は RNA ポリメラーゼを内含。そこで、本酵素でウイルスゲノム鎖を鋳型にしてモノシストニックに転写された相補的 RNA（プラス）鎖が蛋白質を翻訳する。子ゲノムの複製には親ゲノムから合成されてフルサイズのプラス鎖 RNA より相補的な子マイナス鎖を複製し、N + L + P でら旋型ヌクレオキャプシドを合成する。ヌクレオキャプシドが膜系で出芽する際に G + M を獲得して成熟する。本科は細胞内所在様式より核内増殖型と細胞質増殖型に類別され、いずれも核または細胞質にウイルス増殖に関与するバイロプラズム（VP）の封入体を生じ、ここで産生されたヌクレオキャプシドは前者では核膜内膜、後者では小胞体（ER）、ゴルジ体等の膜系で出芽様式により被膜を獲得して成熟し、膜内に散在・集積する。この際、膜表面にはウイルスゲノムでコードされた糖蛋白質（ウイルス特異的突起）が結合し、特異的抗原となる。動物では細胞表面に植物にみられる細胞壁はないので、細胞膜でも成熟し、細胞外に出現する。本来、核膜、小胞、細胞膜などは連結する膜トンネルであり、ウイルス粒子はこれを通じて細胞内を移行する。多くが非局在であるが、篩部局在があるかもしれない。

【生物的性状】

ウイルスの宿主域は狭い。伝染は栄養繁殖とともに、アブラムシ、ウンカ、ヨコバイなどの昆虫類で伝搬されるものが多い。昆虫伝搬性ウイルスの多くは永続的伝搬し、虫体内増殖する。経卵伝染するものはない。機械的接種が困難なものが多いが、可能なものもある。そのほか属未定種も多い。

〈参考文献〉ICTVdB Descr. (2006). 01.062. *Rhabdoviridae*；Jackson, A. O. *et. al*. (2005). Annu. Rev. Phytopathol. 43: 623；Martelli, G. P. and Russo, M. (1977). Adv. Virus Res. 21: 175；

Martelli, G. P. and Russo, M. (1977). *In* The Atlas of Insect and Plant Viruses (Maramorosch, K. ed.). 181. Academic Press. New York；Tordo, N. *et al*. (2005). *Rhabdoviridae*. *In* Virus Taxonomy 8th ICTV Reports (Fauquet, C. M. *et al*. eds.). 645. Academic Press.

① ヌクレオラブドウイルス属 *Nucleorhabdovirus*

属名の Nucleo- は核の意で、核内増殖型のラブドウイルスのグループである。本邦では、10 種が知られる。症状は比較的、穏やかなものが多い。確定種 7。

フキラブドウイルス
***Butterbur rhabdovirus*, ButRV**

本邦で記載（山下ら、1982）。自然発生はフキ（*Petasites officinalis*）。病徴は未詳だが、斑紋～潜在。著者は関東各地（東京、千葉、埼玉、茨城など）で検出しており、たぶん広く分布。ウイルス粒子は被膜を有する桿菌状（約 230 ~ 250 × 80 nm）で、ら旋型対称構造を示すヌクレオキャプシドには、ピッチ約 4.5 nm のら旋ヌクレオキャプシドが観察される。細胞内では核内に封入体（viroplasm）を生じ、ここで生じたヌクレオキャプシドは核膜内膜を被って成熟し、核膜とこれに通ずる ER 膜内に移行して散在・集塊する。媒介生物は不明で、通常は地下茎の栄養繁殖で伝染。機械的接種は成功していない。

〈参考文献〉Brunt, A. A. *et al*. eds. (1996). *In* Viruses of Plants . 276. CAB International；Yamashita, S. (1998). *In* Plant Viruses in Asia (Murayama, D. *et al*. eds.). 476. Gadjah Made Univ. Press；山下修一（1983）植物ウイルス事典（輿良　清ら編）. 244. 朝倉書店. 東京；山下修一ら（1982）日植病報 48:395.

ニンジン潜在ウイルス
***Carrot latent virus*, CLV**

本邦で記載（Ohki *et al.*, 1978）。自然感染はニンジン（*Daucus carota*）で、通常、無病徴感染。ウイルス粒子は被膜を有する桿菌状で、約 240 × 75 nm。粒子内部には径約 40 nm のヌクレオキャプシドが観察される。細胞では核内で産生されたヌクレオキャプシドは核膜内膜をおおって出芽様式で成熟し、核膜とこれに連なる ER 内にウイルス粒子が集積する。ニンジンアブラムシ（*Brachycaudus heraclei*）で永続伝搬し、ミツバ、セルリーが全身感染するという。機械的接種は不可。

〈参考文献〉ICTVdB Descr. (2006). 01.062. 0.85.005. *Carrot latent virus*；大木理（1983）

植物ウイルス事典（與良　清ら編）. 261. 朝倉書店. 東京；Ohki, S. T. *et al*. (1978). Ann. Phytopathol. Soc. Japan 44: 202.

ニワトコ葉脈透明ウイルス

***Elder vein clearing virus*, EVCV**

本邦（関東各地）で記載（楠木ら、1977）。自然感染はニワトコ（*Sambucus sieboldiana*）のみ。葉脈透化～無病徴感染。ウイルス粒子は被膜を有する桿菌状で、約 275 × 80 nm。ら旋対称構造を示すヌクレオキャプシド（径約 40 nm）には約 5.0 nm のピッチが観察される。各種細胞の核内に誘導された封入体（viroplasm）で産生されたヌクレオキャプシドは核膜内膜をおおって出芽様式で成熟し、核膜とこれに連なる ER 内にウイルス粒子が集積する。機械的接種は成功していない。媒介生物は未詳。通常、株分け、挿木などの栄養繁殖で伝染する。

〈参考文献〉楠木　学（1983）植物ウイルス事典（與良　清ら編）. 322. 朝倉書店. 東京；楠木　学ら（1977）日植病報 43: 125.

マサキモザイクウイルス

Euonymus mosaic virus, EuMV

本邦のマサキ（*Euonymus japonica*）で記載（吉井・徳重、1953）。本邦では各地に分布。類似したラブドウイルスはヨーロッパでも報告あり。マサキの各

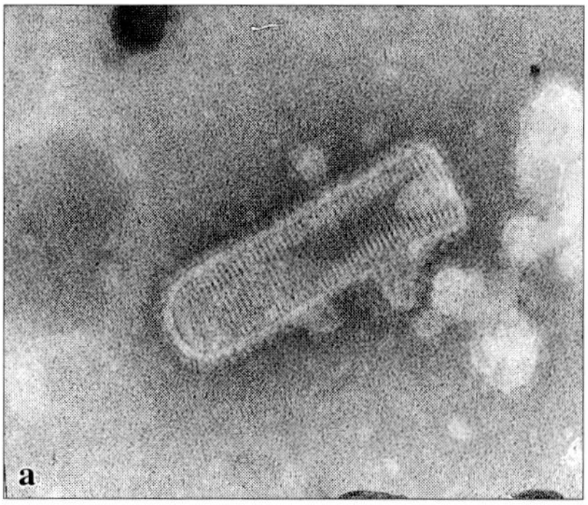

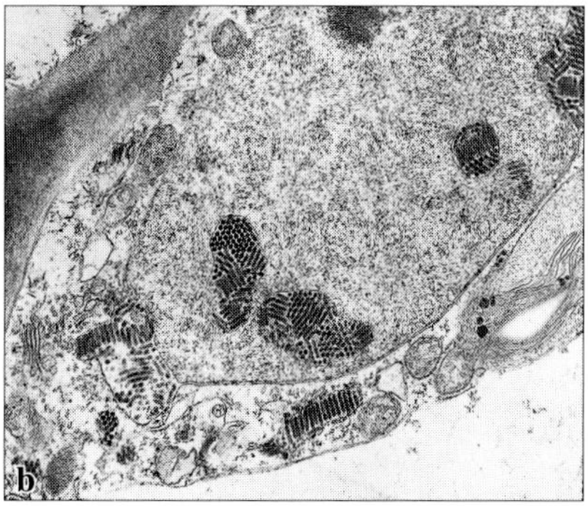

品種で葉脈透化、斑紋（口絵 21）。ヨーロッパでは茎（幹）の帯化がみられるという。ウイルス粒子（本項 a（土居原図）、b）は被膜を有する弾丸状～桿菌状で、約 230 × 70 nm。ら旋対称ヌクレオキャプシドは径約 50 nm、ピッチ 4.5～5.0 nm、被膜約 10 nm、表面のスパイク約 6 nm。各種細胞の核内にバイロプラズム（viroplasm）の封入体を生じ、ここで生じたヌクレオキャプシドは核膜内膜をかぶって成熟し、核膜とこれに通ずる ER 膜内に成熟粒子が散在・集塊。機械的接種は成功していない。媒介生物は不

明。通常、挿木による栄養繁殖で垂直伝染する。

〈参考文献〉Codaccioni, M. and Cossarrd, C. (1975). C. R. Acad. Sc. Paris 280:1497；土居養二（1983）植物ウイルス事典（與良　清ら編）. 324. 朝倉書店. 東京；土居養二ら（1969）日植病報 35: 388；Jonsson, G. (1974). Rev. Gen. Bot. 81: 135；吉井　甫・徳重陽山（1953）日植病報 17: 173.

ガーベラ潜在ウイルス

***Gerbera latent virus*, GeLV**

本邦で記載（張ら、1976）により発見。自然発生はガーベラ（*Gerbera* spp.）のみ。通常、無病徴感染。*Gerbera symptomles virus* とも称される。ウイルス粒子は被膜を有する弾丸状～桿菌状で、約 150～300 × 60～70 nm。ら旋対称ヌクレオキャプシドのピッチ 4.5～5.0 nm。各種細胞に観察され、核内増殖型と推定されるが、細胞質で ER 内に集塊をなすことが多いとされる。機械的接種は成功していない。媒介生物も未詳。通常、株分け、挿木などの栄養繁殖で伝染。

〈参考文献〉張　茂雄（1983）植物ウイルス事典（與　良清ら編）. 328. 朝倉書店. 東京：張 茂雄ら（1976）日植病報 42；ICTVdB Descr. (2006). 01.062.0.85.019. *Gerbera symptomless virus*.

グロリオーサ白斑ウイルス

Gloriosa fleck virus, GlFV

本邦（千葉）で記載（荒城ら、1980）。自然発生はグロリオーサ（*Gloriosa rothschildiana*）で、葉に白色斑、斑紋（口絵 22）。ウイルス粒子（本項 a）は桿菌状～弾丸状（約 316 × 69 nm）で、被膜を有する。ヌクレオキャプシドのら旋ピッチは約 4.5 nm。細胞内では各種細胞の核内にバイロプラズム（viroplasm）の封入体を生じ、ここで生じたヌクレオキャプシドは核膜内膜をかぶって成熟し、核膜とこれに通ずる ER 膜内に成熟粒子が散在・集塊。機械的接種は成功していない。媒介生物は不明。通常、株分けによる栄養繁殖で垂直伝染するが、ムカゴによる伝染は未確認。

〈参考文献〉荒城雅昭ら（1980）日植病報 46: 59；荒城雅昭ら（1985）日植病報 51: 632；山下修一（1983）植物ウイルス事典（輿良　清ら編）. 334. 朝倉書店. 東京；山下修一ら（1982）日植病報 48: 395.

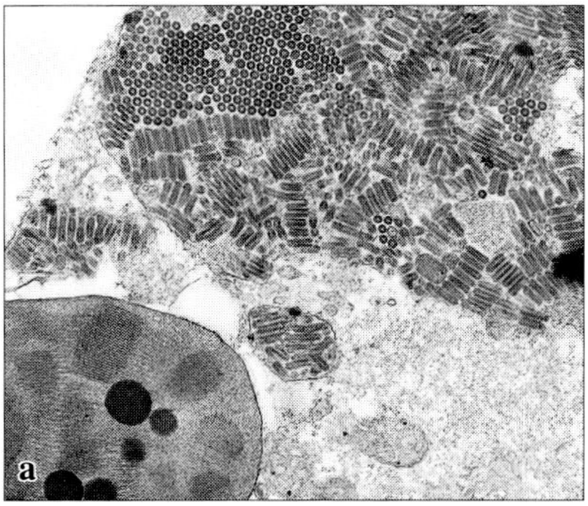

ハス条斑ウイルス

***Lotus streak virus*, LSV**

本邦（岡山）で記載（山下ら、1978）。自然発生はハス（*Nelumbo nucifera*）で塊茎（レンコン）にえそ条斑（口絵23）することから問題となった。葉の症状は未詳だが退色斑～えそ斑を生じると推定。スイレン科植物では唯一のウイルス。ウイルス粒子（本項a、b）は桿菌状～弾丸状（約300～340 × 340 nm）で、被膜を有する。ヌクレオキャプシドのら旋ピッチは約4.5 nm。細胞内では各種細胞の核内に封入体（viroplasm）を生じ、ここで生じたヌクレオキャプシドは核膜内膜をかぶって成熟し、核膜とこれに通ずるER膜内に成熟粒子が散在・集積する。機械的接種は成功していない。ハスクビレアブラムシ（*Rhodalosiphum nymphaeae*）で永続的伝搬。通常、栄養繁殖で垂直伝染。

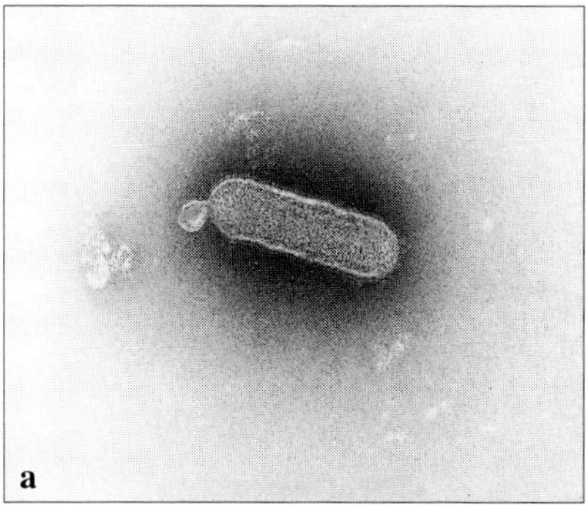

a

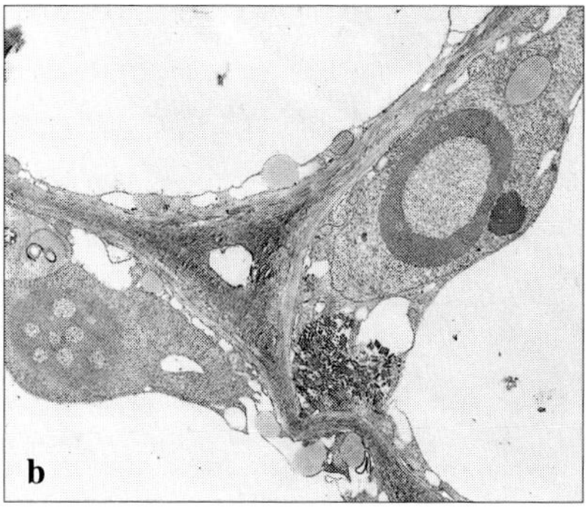

b

〈参考文献〉Brunt, A. A. *et al*. eds. (1996). *In* Viruses of Plants. p.736；CAB International；山下修一（1983）植物ウイルス事典（輿良　清ら編）. 366. 朝倉書店. 東京；山下修一ら（1978）日植病報44: 61；山下修一ら（1982）日植病報48:395.

イネ黄葉ウイルス

***Rice transitory yellowing virus*, RTYV**

Chiu *et al*.（1965）により台湾で記載。発生は台湾、中国、タイ、日本（沖縄）。自然発生はイネ（*Oryzasativa*）で、萎縮、葉黄化。ウイルス粒子は弾丸状（NS試料で約120～140 × 96 nm、切片で約180～210 × 96 nm）で、被膜を有する。耐熱性55.5～57.5 ℃、耐保存性46～48時間、耐希釈性$10^{-4\sim5}$。罹病植物では篩部細胞に局在するとされ、その核内に生じたヌクレオキャプシドが核膜内膜で成熟し、集積する。*Rice yellow stunt virus*（RYSV）と近縁と推定される。RYSVの塩基は14,042 ntとされる。クロスジツマグロヨコバイ、ツマグロヨコバイ、タイワンツマグロヨコバイで永続伝搬される。経卵伝染はない。機械的接種可能で、*Nicotiana rusutica* に局所斑を生じるといわれる。

〈参考文献〉Chiu, R. J., *et al.* (1965). Bot. Bull. Acad. Ainca, Taipei 6:18；ICTVdB Descr. (2006). 01.062.0.05.0.08.00.347；*Rice transitory yellowing virus*；ICTVdB Descr. (2006). 01.062.0.05.0.08. *Rice yellow stunt virus*；斎藤康夫（1983）植物ウイルス事典（興良　清ら編）. 468. 朝倉書店. 東京；斎藤康夫ら（1978）日植病報 44: 666；Shikata, E. (1972). CMI/AAB Descr. No. 100.

イチゴ潜在Cウイルス

Strawberry latent C virus, SLCV

無症状のイチゴ（*Fragaria* spp.）より本邦で記載（Yoshikawa *et al.*, 1986）。ウイルス粒子は約 190～380 × 68 nm の桿菌状。被膜を有す。細胞内では核膜間隙に存在。イチゴケナガアブラムシ（*Chaetosiphon fragaefolii*）で永続的伝搬（増殖型）。機械的接種困難。

〈参考文献〉ICTVdB Descr. (2006). 01.062.0.90.309；*Strawberry latent C virus*；Yoshikawa, N. *et al.* (1986). Ann. Phytopath. Soc. Japan 52: 437.

トマト葉脈透化ウイルス

Tomato vein clearing virus, TVCV

本邦で記載（加納ら、1981）。海外でもトマトでは数種のラブドウイルスが報告されているが、相互関係は未詳。自然発生はトマト（*Solanum lycopersicum*）のみで、これに明瞭な葉脈透化～葉脈黄化、縮葉～萎縮（口絵 24）。ウイルス粒子（本項 a、b）は被膜を有する桿菌状（約 240～250 × 86～88 nm）で、内部のら旋ピッチは約 4.5 nm のヌクレオキャプシドを有する。沈降定数約 1,040 S。罹病植物では非局在性で各種細胞に分布し、それらの細胞核内に生じた封入体で生じたヌクレオキャプシドが核膜内膜をかぶって成熟し、核膜とこれに通ずる ER

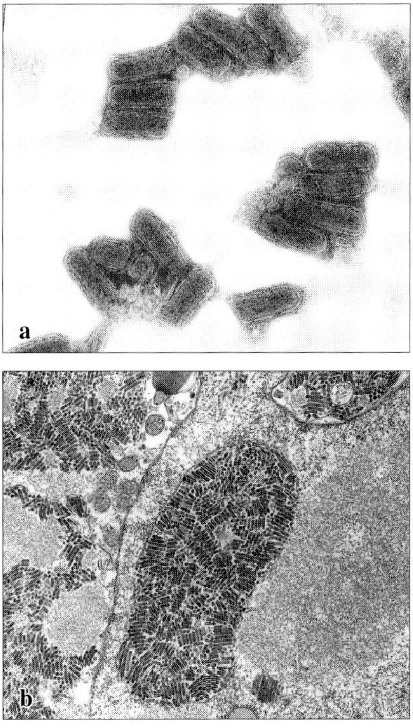

膜内に成熟粒子が散在・集積する。媒介生物の存在が推定されるが、未詳。機械的接種は容易でないが可能。

〈参考文献〉加納　健ら（1981）日植病報 47:138；加納　健ら（1981）日植病報 47: 411；山下修一（1983）植物ウイルス事典（輿良　清ら編）. 532. 朝倉書店 . 東京；山下修一ら（1982）日植病報 48: 395.

ワサビヌクレオラブドウイルス

***Wasabi nucleorhabdo virus*、WRV**

本邦（伊豆）で記載（岸良ら、1990）。自然発生はワサビ（*Wasabi japonica*）で、斑紋～萎縮。ウイルス粒子は桿菌状～弾丸状（230 ~ 250 × 85 ~ 90 nm）で被膜を有する。内部に含まれるヌクレオキャプシドのら旋構造で、そのピッチは約 4.5 nm。各種細胞の核内に封入体

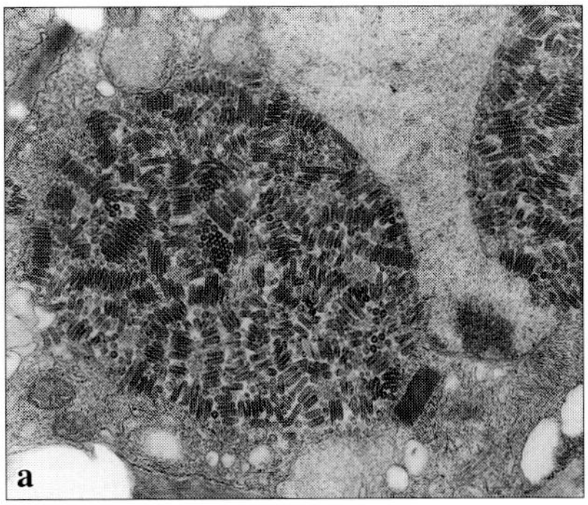
a

（viroplasm）を誘導し、ここで生じたヌクレオキャプシドは核膜内膜をかぶって成熟し、核膜とこれに通ずる ER 膜内に散在・集塊（本項 a）。媒介者は不明で、機械的接種は困難。通常、株分けの栄養繁殖で伝染。

〈参考文献〉岸良日出男ら（1989）日植病報 56: 100.

②サイトラブドウイルス属　*Cytorhabdovirus*

属名の Cyto- は細胞質の意で、細胞質増殖型のラブドウイルスのグループである。本邦では 5 種が知られる。確定種 6。

ソラマメ葉脈黄化ウイルス

Broad bean yellow vein virus, BBYVV

本邦（千葉）で記載（夏秋啓ら、1981）。自然発生はソラマメ（*Vicia faba*）で、葉脈透化～黄化（口絵 25）。ウイルス粒子（本項 a）は被膜を有する桿菌状で 230 ~ 250 × 110 ~ 130 nm（切片）の桿菌状。感染細胞では各種細胞の細胞質にバイロプラズム（viroplasm）の封入体を生じ、ここで産生されたヌクレオキャプシドが周囲に増生した ER 膜内に出芽・成熟し、集積する。機械的接種は困難。媒介者の存在が推定されるが、未詳。

〈参考文献〉ICTVdB Descr. (2006). 01.062.

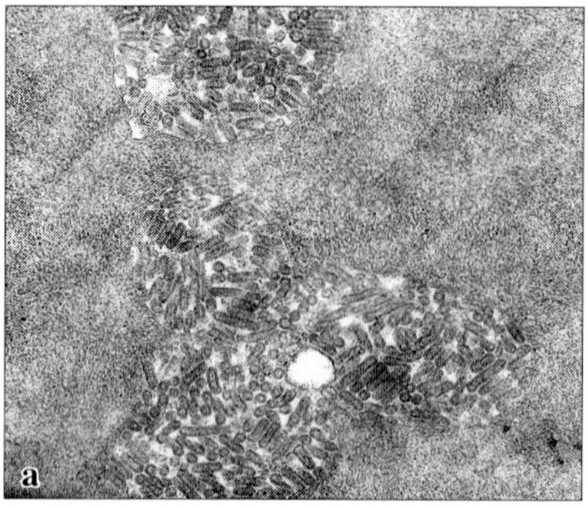

0.64.001. Broad bean yellow vein virus； 夏秋啓子ら（1981）日植病報 47: 410；夏秋啓子（1983）植物ウイルス事典（輿良清ら編）.236. 朝倉書店. 東京.

ゴボウラブドウイルス

***Burdock rhabdovirus,* Burd RV**

本邦（千葉）で記載（柏崎ら、1983）。ゴボウ（*Arctium lappa*）で潜在～斑紋。ウイルス粒子は少なく、ネガティブ染色像は得られていない。感染細胞では細胞質内の ER 内部に散在・集塊。核内には観察されず、封入体も認められていないので、細胞質増殖型と推定。機械的接種困難で媒介生物も未詳。

〈参考文献〉柏崎　哲ら（1983）日植病報 49: 132.

ムギ類北地モザイクウイルス

***Northern cereal mosaic virus*, NCMV**

本邦で記載（伊藤・福士、1944）。発生は日本（北地）、韓国、中国で、自然感染はオオムギ、コムギ、エンバク、スズメノカタビラ、イタリアンライグラス、アキメヒシバなどにモザイク、条斑、萎縮、叢生を生じる（口絵 26）。ウイルス粒子（本項 a（土居原図）、b）は被膜を有する桿菌状（約 330 ~ 380 × 68 nm）で、内部に含まれるら旋型対称ヌクレオキャプシドのピッチは 5.2 ~ 5.5 nm。ゲノムは線状の ssRNA で、約 10,500 nt。構造蛋白質として、63（G）、47（N）、19（M）、88 kDa が分析。被膜にはリン脂質とステロールを含む。耐熱性 50 ~ 55 ℃、耐保存性約 4 日（4 ℃）、耐希釈

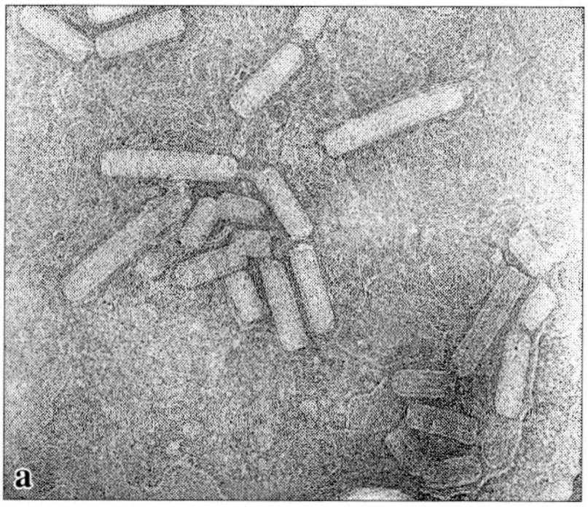

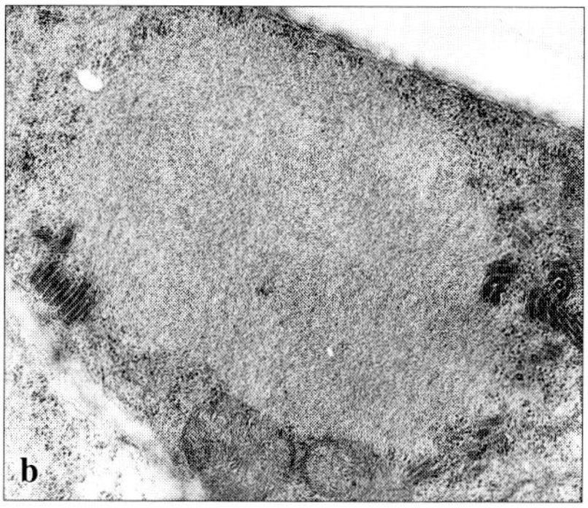

性 $10^{-2\sim-3}$。血清的に Wheat rosette stunt virus、Barley yellow stripe virus と類縁とされる。非局在性で、各種細胞の細胞質に viroplasm の封入体を誘導し、ここで生じたヌクレオキャプシドは周囲に増生した膜系（ER 膜）で出芽様式して成熟し、膜内に集塊する。機械的接種は困難とされ、各種のウンカ類（ヒメトビウンカ（*Laodelphax striatellus*）、シロオビウンカ（*Unkanodes albifascia*）、サッポロウンカ（*U. sapporona*）、ナカノウンカ（*Mullerianella extrusa*））などで永続的伝搬され、虫体内増殖する。

〈参考文献〉ICTVdB Descr. (2006). 01.062.0.04.006. *Northern cereal mosaic virus*；伊藤誠哉・福士貞吉（1944）札幌農林学会報 36: 62, 65；鳥山重光（1972）ウイルス 22:114；鳥山重光（1983）植物ウイルス事典（輿良　清ら編）. 386. 朝倉書店．東京；Toriyama, S. (1986). CMI/AAB Descr. No. 322.

イチゴクリンクルウイルス

Strawbery crinkle virus, SCV

米国で記載（Zeller *et al.*, 1932）。本邦を含め、各国に分布すると推定。オランダイチゴ属のイチゴ類（*Fragaria* spp.）に無病徴～退緑斑点、漣葉など。病徴の異なる系統が存在。他ウイルスとの重複感染で萎縮、生育不良を生ずることがある。ウイルス粒子は被膜を有する桿菌状（約 190 ~ 380 × 80 nm）で、内部にら旋ピッチ約 5 nm のヌクレオキャプシドを有する。ゲノムは ssRNA で一部遺伝子の塩基配列が決定。耐保存性 0.1 ~ 0.2 日。罹病植物では非局在性で表皮・柔組織細胞の細胞質内に膜系に包まれて散在・集塊。系統（SLAV）では核内の膜系や核表面にも観察されるという。イチゴケナガアブラムシ（*Chaetosiphon fragaefolii*）、*C. Jacobi* で永続的伝搬し、虫体内増殖。保毒アブラムシは凍結（－ 54 ℃）で 2 ヵ年間感染性を有す。感染株は高温処理（38 ℃または 36 ／ 40 ℃、変温、数ヵ月）で無毒化可能。

〈参考文献〉阿部定夫・山川邦夫（1959）農及園 34:1505；Frazier, N. W. and Mellor, F. C. (1970). *In* Virus Diseases of Small Fruits and Grapevines (Fraizer, N. W. ed.)；ICTVdB Descr. (2006). 01.062.0.04.008. *Strawberry crinkle virus*；要　司ら（1975）日植病報 41: 283；奥田誠一（1983）植物ウイルス事典（輿良　清ら編）. 492. 朝倉書店．東京；Rychardson, J. *et al.* (1972). Phytopathology 62: 491；Sylvester, E. S. *et al.* (1976). CMI/AAB Descr. No. 163；Zeller, S. M. and Vaughan, E. K. (1932). Phytopathology 22: 709.

ニンジンラブドウイルス

Carrot rhabdovirus, CRV

本邦（房総）で記載（山下ら、1982）。

自然発生はニンジン（*Daucus carota*）で、通常、萎縮（口絵27）。ウイルス粒子（本項a）は桿菌状～弾丸状（300 ~ 320 × 100 ~ 110 nm）で、被膜を有する。主に篩部細胞の細胞質内でER膜に包まれて散在あるいは集塊。ウイルス粒子量は少ない。細胞質にはバイロプラズム（VP）の封入体を誘導。

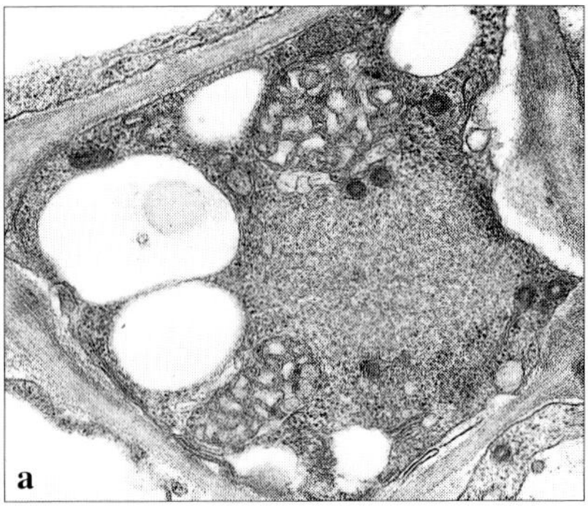

〈参考文献〉山下修一ら（1982）日植病報 48: 395；山下修一（1983）植物ウイルス事典（輿良　清ら編）. 264. 朝倉書店. 東京；Yamashita, S. (1998). *In* Plant Viruses in Asia (Murayama, D. *et al*. eds.). 651. Gadjah Made Univ. Press.

（2）ブニヤウイルス科　*Bunyaviridae*

動植物で共通のウイルス群で、5属（*Orthobunyavirus*、*Hantavirus*、*Nairobivirus*、*Phlebovirus*、*Tospovirus*）が類別され、いずれも節足動物で伝搬され、媒介動物で体内増殖する。科名のBunya-はウガンダの地名で、ここに発生するBunyawera virusに由来する。植物では下記のトスポウイルス属（*Tospovirus*）が知られる。

【所属群】

オルトブニヤウイルス属　*Orthobunyavirus*（以前はブンヤウイルス属 *Bunyavirus*）（タイプ種：*Bunyamwera virus*）

ハンタウイルス属　*Hantavirus*（タイプ種：*Hantanvirus*）

ナイロビウイルス属　*Nairobivirus*（タイプ種：*Dugbe virus*）

フレボウイルス属　*Phlebovirus*（タイプ種：*Rift Valley fever virus*）

トスポウイルス属　*Tospovirus*（タイプ種：トマト黄化えそウイルス、*Tomato spotted wilt virus*, TSWV）

【ウイルス粒子】

径約100（80～120）nmの球形～楕円形。厚さ約5 nmの被膜を有し、その表面には高さ5～10 nmのスパイクを持つ。スパイクには2種の糖蛋白質Gn（G1）、Gc（G2）を有す。ヌクレオキャプシドは環状で、径2～2.5 nm、長さ200～3,000 nmのら旋型対称構造。粒子量300～400 × 10^6、浮遊密度1.21～2.0 g/㎤、沈降定数350～500 S。被膜には糖脂質（20～30 %）。糖は構造蛋白質は4種（L（RNA polymerase）＝240～330 kDa、Gn＝35～70 kDa、N（ヌクレオキャプシド＝20～50 nm））。

【ゲノム】

3分節のssRNA（RNA－L（large）、－M（medium）、－S（small））。ゲノムの全塩基は11～19 kb（L:6,300～12,000 nt、M: 3,500～6,000 nt、S: 1,000～2,200 nt）。3' と 5' 末端の相補的塩基配列で環状化。ゲノム構造・配列は属によって多少異なる。Lは5属ともマイナス（－）鎖でL蛋白質（RNA polymerase）、Mは植物の*Tospovirus*は両意（±）鎖、動物ウイルス4属はマイナスでGn、Gc（一部、Nsm）、Sは*Tospovirus*、*Phlebovirus*は両意鎖でN、Nss、ほかの動物ウイルス3属はマイナス（－）鎖でN（一部、Nss）をコード。

【増殖】

複製は細胞質と推定。ウイルスは被膜の糖蛋白質と細胞表面の受容体で吸着し、食法作用で細胞内に取り込まれ、脱殻され、ウイルス粒子に含まれる転写酵素と宿主因子を用いて相補的な RNA を反転合成する。親ゲノムのマイナス鎖より転写された mRNA はプラス（+）鎖として働き、蛋白質をコードする。一方、両意鎖の遺伝子はウイルスゲノムより反転された全長の RNA より該当領域を再度転写した mRNA が蛋白質をコードする。動物ウイルスでは細胞小器官で被膜を被って成熟すると推定。

【生物的性状】

伝搬は *Orthobunyavirus* はカ、*Nairobivirus* はダニ、*Phlebovirus* はサシチョウバエ（カ、ダニ）、*Hantaanvirus* はゲッ歯類の排泄物を介してヒトなどが感染。植物の *Tospovirus* はアザミウマ。節足動物伝搬の 4 属ウイルスは媒介者の体内でも増殖。*Tospovirus* の宿主域はきわめて広い。

〈参考文献〉Goldbach, R. and Peters, D. (1996) . *In* The *Bunyaviridae* (Elliot, R. M. ed.). Pleum Press. New York；ICTVdB Descr. (2006). 00.011. *Bunyaviridae*；Nichol,S.T. *et al*. (2005). *In* Virus Taxonomy 8th ICTV Reports (Fauquet, C. M. *et al*. eds.). 695. Academic Press.

①トスポウイルス属　*Tospovirus*

属名の Tospo- は代表ウイルスの *Tomato spotted wilt virus*（TSWV）の短縮語に由来し、植物のウイルスが本属に相当する。以前は、TSWV が 1 属 1 種であったが、血清試験、ゲノム核酸、生物的性状などの究明で該当種が拡大した。本属のウイルスはきわめて寄主範囲が広く、ウイルスによっては草本～木本植物に感染し、病徴も似る。また、異種ウイルスが同一植物に複数発生することもあり、複雑である。本邦では 5 種が知られる。ウイルスの類別は RT-PCR による特定核酸領域の塩基配列、媒介虫の種類などで同定されている。ウイルス粒子は被膜を有する径 80 ~ 100 nm の球状～多形。ウイルス粒子に含まれるヌクレオキャプシドは環状のら旋対称構造を示し、ゲノムは 3 分節（RNA- L、M、S と称す。主なウイルスでは全塩基配列決定）。RNA-L はマイナス鎖、RNA-M、S は両意性（ambisense）で 1 ゲノムにプラスとマイナス部が存在する（図 1 - 2）。翻訳蛋白質は L（8,897 nt）は 330 ~ 332 kDa（RNA ポリメラーゼ）、M（4,821 nt）は 72 ~ 78 kDa（G1）、52 ~ 58 kDa（G2）（G1、G2 は被膜に結合）、34 kDa（NSm）（非構造蛋白質）、S（2,916 nt）は 52 kDa（N）（主な構造蛋白質）、29 kDa（NSs）（非構造蛋白質）とされる。ウイルス粒子は不安定で、電顕観察には通常、前固定（GA、OsO4 など）が必要で、精製にもこれに留意のこと。感染細胞では細胞質に特異的な封入体のバイロプラズム（VP）を誘導し、ここで生じたヌクレオキャプシドは、周囲に増生した ER などの膜系で出芽様式で被膜を獲得して成熟し、ER 膜内に散在・集塊する。本属ウイルスはアザミウマ（スリップ、thrips）（*Thrips*、*Frankliniella* spp.）で永続伝搬される。この伝搬には幼虫期にウイルスを獲得し、虫体内増殖することで成虫期に伝搬される。機械的接種は可能であるが、接種源に還元剤の添加が望まれる。ウイルス対策として、無病苗の利用、発病株を抜き取る。なお、わが国では下記の 5 種のほか、ピーマン退緑斑紋（Capsicum chlorotic virus、高知、茨城）、キク茎えそ（*Chrysanthenum stem necrosis virus*、広島）なるウイルス名称が提案されたことがある。同一植物に複数の *Tospovirus* 属ウイルスの発生がみられ、複雑である。本属ウイルスの防除には無病苗の利用、病株や伝染源植物の除去、アザミウマの防除、施設では防虫ネットや媒介虫の粘着トラップによる防除などが挙げられる。確定種 8、暫定種 6。

〈参考文献〉Goldbach, R. and Peters, D. (1996). *In* The *Bunyaviridae* (Elliot, R. M. ed.). Pleum Press. New York；ICTVdB Descr. (2006). 00.011.0.05. *Tospovirus*. Nichol, S. T. *et al*. (2005) . *In* Virus Taxonomy 8th ICTV Reports (Fauquet, C. M. *et al*. eds.). 712. Academic Press.

インパチェンスえそ斑点ウイルス

***Impatiens necrotic spot virus*, INSV**

1990 年に米国のインパチェンス（*Impatiens* sp.）で記載（Law and Moyer)。本邦では、シネラリア、インパチェンス、ニューギニアインパチェンス、ベゴニア、トルコギキョウ、エキザカム、シクラメン、キク、ガーベラ、リンドウ、ストロメリア、スターチス、アネモネ、クリスマスローズ、バーベナ、トマト、トウガラシ（ピーマン)、ペチュニア、タマネギなどに自然発生し、えそ斑点～輪紋、黄化えそ、萎縮などを生じるものが多い。高温（27 ℃以上）でマスキングすることがある。ウイルス粒子は径 85 ~ 120 nm の球形～多形で、被膜を有する。被膜は細胞由来の生体膜で、幅約 5 nm、スパイクを有する。ヌクレオキャプシドはら旋型対称で、ひも状で環状。ゲノムは 3 分節 ssRNA で、RNA-L: 8,776 nt、M: 4,972 nt、S: 2,992 nt。細胞内所見は未詳。ミカンキイロアザミウマ（*F. occidentalis*)、ヒラズハナザミウマ（*F. intonsa*）で永続的伝搬する。機械的接種可能。寄主範囲は広く、34 科以上の植物に感染するという。

〈参考文献〉後藤知昭ら（2001）関東東山研報 48: 97；ICTVdB Descr. (2006). 00.011.0.05.002. *Impatients necrotic spot virus*；Law, M. D. and Moyer, J. W. (1990). J. Gen. Virol. 71: 933；Sakurai,T. *et al.* (2004). Appl. Entomol. Zool. 39: 71；谷名光治ら（2000）日植病報 66: 147.

アイリスイエロースポットウイルス

***Iris yellow spot virus*, IYSV**

オランダのアイリス（*Iris hollandica*）で記載（Cates *et al.*, 1998）。今日では、ヨーロッパ、アジア、アフリカ、南北アメリカ、オーストラリア、ニュージーランドなどで知られ、世界各国に分布すると推定される。本邦では、トルコギキョウ、アルストロメリア、タマネギ、ニラなどに黄化、えそ斑点～輪紋、萎縮を生じる。ゲノムは 3 分節 ssRNA。RNA-L ＝ 8.9 nt（N protein）、RNA-M ＝ 4,821 nt（Nsm（34.7 kDa）、RNA-S ＝ 3,105 nt。ウイルス粒子は径 60 ~ 100 nm の球状で、被膜を有する。細胞内所見は未詳。ネギアザミウマ（*T. tabaci*）で永続伝搬する。経卵伝染はない。機械的接種可能で、寄主範囲はきわめて広い。

〈参考文献〉Bag, S. *et al.* (2009). Arch.Virol. 154: 715；Cortes, I. *et al.* (1998). Phytopathology 88: 1276；土井　誠ら（2003）日植病報 69: 181；福田　充ら（2007）日植病報 73: 311；Pappu, H. R. *et al.* (2006). Arch. Virol. 151: 1015.

メロン黄化えそウイルス

***Melon yellow spot virus*, MYSV（=*Melon spotted wilt virus*, MSWV）**

本邦で記載（加藤ら、1994）。発生は日本、台湾。メロン（*Cucumis melo*）、キュウリ（*C. sativus*）などに黄化、えそを生ず。当初、Melon spotted wilt virus として報告された。メロン、キュウリとも病名を黄化えそ病と称す。ウイルス粒子は約 142 nm とされ、同属の一般ウイルスより大きいとされる。ゲノムは 3 分節 ssRNA で、RNA-L ＝ 8,918 nt、RNA- M ＝ 4,815 nt（Nsm）、RNA-S ＝ 3,232 nt（Nss）。耐熱 40 ~ 45 ℃、耐希釈性 $10^{-3 \sim 4}$、耐保存性 2 ~ 3 時間（20 ℃）。感染細胞では非局在。各種細胞の細胞質に高電子密度の顆粒状のバイロプラズム（VP）を産生し、周囲に増生した膜系で出芽して成熟すると推定。ただ、細胞内のウイルス粒子、VP はタイプ種の TSWV よりきわめて少ない。ミナミキイロアザミウマで永続伝搬される。機械的接種は可能で、寄主範囲は広い。RT-PCR プライマーで検診できる。

〈参考文献〉加藤公彦ら（1994）日植病報 60: 397；Kato, K. *et al.* (1999). Ann. Phytopathol. Soc. J apan 65: 624；Kato, K. *et al.* (2000). Phytopathology 90: 422；奥田　充ら（2009）植物防疫 63:279；竹内繁治ら

(2000) 日植病報67:46；Yamashita, S. *et al*. (2008). Jpn. J. Phytopathol. 74: 97.

トマト黄化えそウイルス

***Tomato spotted wilt virus*, TSWV**

オーストラリアのトマト（*Lycopersicon esculentum*）で記載（Samuel *et al*., 1930）。本邦でも確認。自然発生はトマト、ピーマン、タバコなどのナス科、ダリア、オニタビラコ、ノゲシなどのキク科ほか、多くの植物に発生。これらの植物では通常、黄化、えそ（口絵28、29）を生じ、被害は大きい。ウイルス粒子（本項a、b）は径約85 nm、粒子量約1.1 × 108[6]、沈降定数520～530 S、浮遊密度1.271 g/ cm³、耐熱性40～46 ℃、耐希釈性2 × 10$^{-2～3}$、耐保存性2～5時間。ゲノムは3分節（RNA-L: 8,897 nt、M: 4,821 nt、S: 2,916 nt）。ウイルスはアザミウマ（*Thrips* spp. で永続伝搬）。幼虫期にウイルスを獲得すると虫体内増殖することで、成虫でウイルス伝搬が可能となる。ウイルスは汁液接種可能だが、酸化防止剤（亜硫酸ナトリウムなど）はウイルス活性保持に効果がある。機械的接種可能で、寄主範囲は広い（650種以上）。本邦の主要なアザミウマ類（ネギアザミウマ：*Thrips*. *Tabaci*、ミカンキイロアザミウマ：*Thrios palmi*、ヒラズハナアザミウマ：*Frabkliniella intosa*、チャノキイロアザミウマ：*Scritotjrips dorsalis*）のほか、ダイズウスイロアザミウマ（*Thripus setosus*）、チャノキイロアザミウマ（*Scirtothrips dorsalis*）などで永続伝搬し、媒介アザミウマの幼虫では虫体内増殖すると思われる。本邦での自然発生は多くの植物で認められ、わが国では〈ナス科〉：トマト、ピーマン、トウガラシ、ナス、タバコ、シシトウ、ペチュニア、ジャガイモ、イヌホウズキ。〈キク科〉：レタス、シュンギク、フキ、キク、ダリア、アスター、ガーベラ、マリーゴルド、スターチス、シネラリア、マー

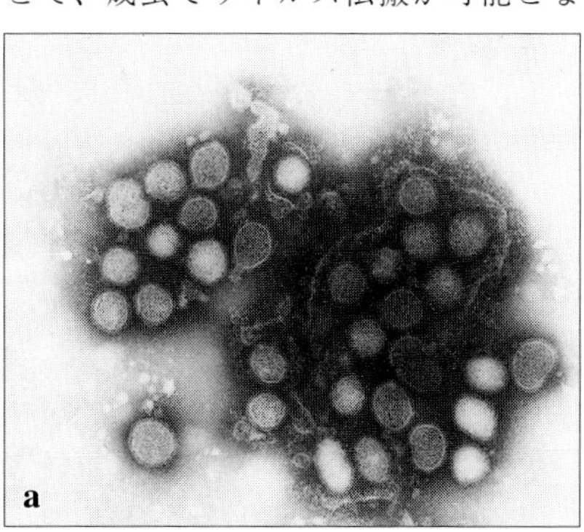
a

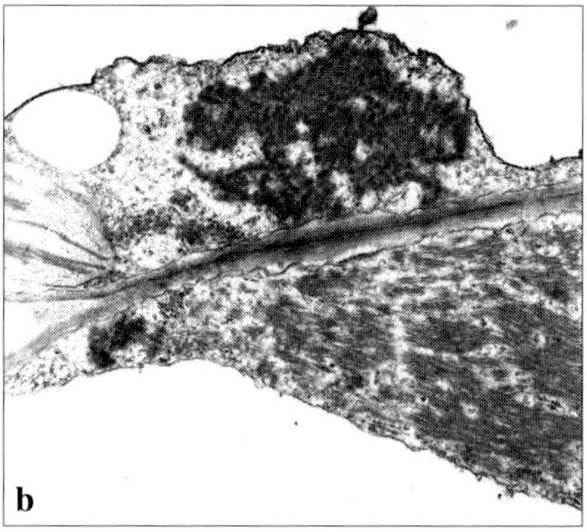
b

ガレット、キンセンカ、ヒャクニチソウ。〈ユリ科〉：ネギ、タマネギ、ヒオウギ。〈マメ科〉：アズキ、ササゲ、ソラマメ、ラッカセイ。〈アカザ科〉：ホウレンソウ。〈ゴマ科〉：ゴマ、〈ツリフネソウ科〉：ニューギニアインパチェンス、インパチェンス。〈キョウチクトウ科〉：ニチニチソウ。〈リンドウ科〉：トルコギキョウ。〈サクラソウ科〉：シクラメン。〈シソ科〉：サルビア。〈アストロメリア科〉：アルストロメリア。〈ヒユ科〉：センニチコウ。〈アジサイ科〉：アジサイなどで報告され、それぞれ病名が付されている。

〈参考文献〉荒城雅昭ら（1980）日植病報 46: 414；ICTVdB Descr. (2006). 00.011.0.05.001. *Tomato spotted wilt virus*；Ie, T. S (1970). Tomato spotted wiet virus.CMI / AAB Desc. Pl Viruses No.39；井上忠男・井上成信（1970）日植病報 36: 357；井上忠男・井上成信（1972）農学研究 54: 79；小畠博文（1973）日植病報 39: 217；小畠博文ら（1976）日植病報 42: 287；尾崎武司（1983）植物ウイルス事典（輿良　清ら編）. 530. 朝倉書店. 東京；都丸敬一ら（1976）日植病報 42: 382；都丸敬一ら（1976）日植病報 48: 336；米山伸吾（1980）日植病報 34: 151.

スイカ灰白色斑紋ウイルス

***Watermelon silver mottle virus*, WSMV**

本邦でスイカ（*Citrullus lanatus*）で記載（Iwaki *et al*., 1984）。発生は日本、台湾、インド、（ブラジル）。スイカでは葉に灰白色、斑紋、果実に退緑斑紋、えそ、奇形。海外では萎縮、節間短縮、若葉の先端えそ、枯死などが記載。キュウリ、ニガウリ（ツルレイシ）、タバコ、メロンなどにも発生。病名は、スイカでは灰白色斑紋病、ニガウリではモザイク病。ウイルス粒子は径 75 ~ 105 nm の大型球状で被膜を有す。TSWV-W とも称され、Peanut necrosis、watermelon bud necrosis、TSWV などと血清学的に近縁。ウイルス粒子のゲノムは 3 分節の ssRNA（L、M、S）　で、L = 8,917 nt（RNA polymerase、L protein）、M = 4,880 nt（Nsp）、S = 3,534 nt（Nss）。細胞質に膜に包まれて存在。機械的接種可能で、寄主範囲は広く 9 科 37 種以上。ミナミキイロアザミウマ（*T. palmi*）で永続伝搬し、幼虫で虫体内増殖。RT-PCR プライマーで検診できる。

〈参考文献〉Chen, C. C. *et al*. (2005). Plant Disease 89: 440；Chen, C. C. *et al*. (2006). Phytopathology 96: 1296 ；Green, S. K. *et al*. (1996). Plant Disase 80:824；Iwaki, M. *et al*. (1984). Plant Diease 68: 1006；Jain, R. K. *et al*. (1998). Arch. Virol. 143:1637；Nichol, S. T. *et al*. (2005). *In* Virus Taxonomy 8th ICTV Reports (Fauquet, C. M. *et al*. eds.). 695. Academic Press；外間数男・渡嘉敷

唯助（1987）九州病虫研報 33: 39；外間数男・Mondel, S. N.（1988）九州病虫研報 34: 21；渡嘉敷唯助（1991）植物防疫 45: 128；Tsuda, S. *et al* . (1997). Acta Horticulture 431:176；Yeh, S, D. *et al*. (1992). Plant Disease 76: 835；Yeh, S. D. *et al*. (1997). Acta Horticulture 431: 244；与那覇哲義ら（1983）日植病報 49:406.

（3）科未定

① テヌイウイルス属　*Tenuivirus*

属名の Tenui- はラテン語で「薄い」、「細かい」、「弱い」の意で、ウイルス粒子は細くて弱いひも状。本属は植物のみで存在し、存在はこれまでのところイネ科植物のみで、わが国のイネ縞葉枯ウイルス（*Rice stripe virus*, RSV）がタイプ種。科名は未定。リボヌクレオキャプシドはら旋構造を有する糸状（幅 3 ~ 10 nm）。粒子はねじれて、枝分かれ状、環状化。被膜はない。リボヌクレオキャプシドはブニヤウイルス科の *Phlebovirus* 属に似るとされる。粒子は 4 ~ 5 の多成分。浮遊密度 1.282 ~ 1.288 g/ ㎤。構造蛋白質は 1 種（N ＝ 34 ~ 35 kDa）。純化標品には約 230 kDa のマイナー蛋白質が存在するが、これは粒子に付随した RNA ポリメラーゼと推定。糖、脂質は含まない。ゲノムは両意（±）鎖と推定。多分節（4 ~ 6）の 1 本鎖 RNA ゲノム。ゲノムはマイナス（−）鎖と両意（±）鎖（図 I - 2）。RNA は 5' と 3' の末端相補的塩基対で環状化。RNA-1: ~ 9 kb（−）（pC1 ＝ RNA polymerase）、RNA-2: 3.3 ~ 3.6 kb（±）、RNA-3: 2.2 ~ 2.5 kb（±）（pC3 ＝ N）、RNA-4: 1.9 ~ 2.2 kb（±）（p4 ＝非構造蛋白質（NCP）。*Maize stripe virus*（MSpV）では RNA-5: 1.3 kb（−）、*Rice grassy stunt virus*（RGSV）では RNA-5: 2.7 kb（±）、RNA-6: 2.6 kb（±）を有する。RGSV の RNA-3（3.1 kb）、-4（2.9 kb）の塩基配列は属内でもユニークとされる。ウイルスゲノムはウイルス粒子に付随すると思われる RNA ポリメラーゼ（転写酵素）と宿主因子を用いて相補的な RNA を反転合成する。マイナス鎖より転写された mRNA はプラス（＋）鎖となり、一部の蛋白質をコードする。一方、両意鎖の遺伝子はウイルスゲノムより全長の RNA を反転し、これより該当領域が再度転写された mRNA より蛋白質をコードする。RSV、RGSV ではウイルス粒子に RNA ポリメラーゼを有し、これにより転写、複製されると推定され。それらの様式は前述のブニヤウイルス科に似るとされる。ウイルスの細胞内所在様式については RSV で詳細に検討されている。本属のウイルスはイネ科植物に限られ、ウンカ類（planthoppers）で永続的に伝搬され、虫体内増殖する。一部のウイルスは保毒雌虫で経卵伝染する。機械的接種は不可。本属には RSV のほか、*Echinochloa hoja blanca virus*、*Maize stripe virus*、*Rice grassy stunt virus*、*Rice hoja blanca virus*、*Urochloa hoja blanca virus* があり、*European wheat striate mosaic virus*、

Indian wheat stripe virus、*Oat pseudo rosette virus*、*Rice wilted stunt virus*、*Winter wheat mosaic virus* も本属と推定されている。近年、構造蛋白質や核酸塩基配列より RSV と RGSV は別群との意見もある。確定種 6、暫定種 1。

〈参考文献〉Goldbach, R. and Peters, D. (1996) *In* The *Bunyaviridae* (Elliot, R. M. ed.). Pleum Press. New York；ICTVdB Descr. (2006) 00.069.0.01. *Tenuivirus*；Haenni, A. L. *et al*. (2005) *Tenuivirus*. *In* Virus Taxonomy 8th ICTV Reports (Fauquet, C. M. *et al*. eds.) 717. Academic Press.

イネ縞葉枯ウイルス

***Rice stripe virus*, RSV**

本邦で発見（上田、1917・栗林、1931）。分布は日本、韓国、中国、ロシア。本邦ではイネの最大のウイルス病を生じ、イネ、トウモロコシ、エンバク、コムギ、アワなどに自然発生し、モザイク～条斑、萎縮、葉巻、えそ、枯死などを生じる（口絵 30、31）。ウイルス粒子（本項 a、b）は径約 8 nm の分枝糸状。これには環状の細い径約 3 nm のヌクレオキャプシドがねじれた構造と推定される。ヌクレオキャプシドは細い環状で、切断あるいは解離して、線状化しやすい。耐熱性 50～55 ℃、耐希釈性 $10^{-2\sim-3}$、耐保存性 4 日（保毒虫磨砕液、4 ℃）、8～12 ヵ月（－ 20 ℃で凍結した保毒虫および罹病植物磨砕液）。粒子はコントラストが低いが、固定しなくても観察可。粒子は遠心分離で大きく 3 成分（T、M、B）に分けられ、沈降定数 T ＝ 40 S、M ＝ 72 S、B ＝ 80 S。核酸含量＝ 12 %。ゲノムは 4 分節の 1 本鎖 RNA（RNA-1 ＝ 8,970 nt（RNA polymerase））、RNA-2 ＝ 3,514 nt、RNA-3 ＝ 2,504 nt、（構造蛋白質＝ 32 kDa）RNA-4 ＝ 2,157 nt。ゲノムの複製は属の項を参照。RSV は米国の MStV と血清的に類縁。宿主植物では非局在で、各種細胞の細胞質、液胞あるいは時に核内に集塊、散在して存在。集塊粒子は砂状～顆粒状。ウイルス粒子は多産され、

a

b

これは従来、光顕で観察された封入体に符合するとされる。感染細胞では特異的結晶蛋白質（MV = 21,000 Da、等電点 = pH5.4）を生じる。ウイルスはウンカ類（ヒメトビウンカ *Laodelphax striatella*、シロオビウンカ *Unkanodes albifascis*、サッポロトビウンカ *U. sapporona*）で永続伝搬し、虫体内増殖する。雌虫で高率（30～100 %）で経卵伝染する。媒介虫は虫体内注射で保毒する。機械的接種は不可。

〈参考文献〉Gingery, R. E. *et al.* (1983). J. Gen.Virol. 64: 1765；Goldbach, R. and Peters, D. (1996). *In* The *Bunyaviridae* (Elliot, R. M. ed.). Pleum Press. New York；ICTVdB Descr. (2006). 00.069.0.01.001. *Rice stripe virus*；木谷清美・木曽晧（1968）四国農試報 18: 101, 117；Koganezawa, H. (1977). Trop. Agr. Res. Ser. 10: 151；Koganezawa, H. *et al*. (1975). Ann. Phytopathol. Jpn. 41: 148；栗林数衛（1931）病虫雑 18: 565, 636；新海　昭（1962）農技研報 C-14:1；Toriyama, S. (1982). J. Gen. Virol. 61: 187；Toriyama, S. *et al.* (1994). J. Gen. Virol. 75: 3569；Toriyama, S. *et al.* (1997). J. Gen. Virol. 78: 2355；Toriyama, S. *et al.* (1998). J. Gen. Virol. 79: 2051；山下修一（1983）植物ウイルス事典（與良　清ら編）. 465. 朝倉書店. 東京；Yamashita, S. *et al.*(1985). Ann. Phytopathol. Soc. Japan 51: 637.

イネグラッシースタントウイルス

***Rice grassy stunt virus*, RGSV**

フィリピンで発見（Ribera, 1966）。本邦では鹿児島で確認（岩崎・新海、1979）。分布は東南アジア諸国、台湾、中国、日本。Rice rosette virus はシノニム。イネでわい化、黄化、叢生（口絵 32）。ウイルス粒子はら旋構造を有する細い（径 4～6 nm）ひも状あるいは環状。多成分（3 成分以上）と推定。被膜は有しない。耐保存性 0.5 日。耐希釈性 2 倍。ゲノムは 6 分節で、特徴は属を参考。RNA-1（約 9.8 kb）は p1、pC1。RNA-2（約 4.1 kb）は p2、pC2。RNA-3（約 3.1 kb）は p3、pC3。RNA-4（約 2.9 kb）は p4、pC4。RNA-5（約 2.7 kb）は p5、pC5（N）。RNA-6（約 2.6 kb）は p6（NCP）、pC6 をコードする。構造蛋白質（N）=31 kDa。血清的には TSV とは一部、類縁であるが、MSpV や *Rice hoja blanca virus* とは関係ないとされる。宿主植物では主に篩部細胞の細胞質に散在あるいは集塊し、細胞質と核内に繊維状構造がみれるとされる。トビイロウンカで永続的伝搬、虫体内増殖が確認され、虫体内増殖し、脂肪体、気管で観察。経卵伝染は認められていない。機械的接種は不可。

〈参考文献〉Chomchan, P. *et al.* (2003). J. Virol. 77: 769；日比野啓行ら（1982）日植病報 48: 388；Hibino, K. *et al.* (1985). Phytopathology 75: 894；ICTVdB Descr. (2006). 00.069.0.01.003. *Rice grassy stunt virus*；岩

崎真人・新海　昭（1979）日植病報 45: 741；Pellegrini, S. and Bassi, M. (1978). Phytopath. Z. 92: 247；Revera, C. T. *et al.* (1966). Plant Disease 50: 300；仙北俊弘・四方英四郎（1980）日植病報 46:487；Shikata, E. *et al.* (1982). Proc. Japan Acad. B-56: 89

②オフィオウイルス属　*Ophiovirus*

属名の Ophi- はギリシア語で「ヘビ状」の意で、ウイルス粒子は細いひも状でその形状に由来。本属は植物のみに存在し、*Citrus psorosis virus*（CPsV）をタイプ種とする。科名は未定。ウイルス粒子は幅約 3 nm でら旋型のヌクレオキャプシドがねじれて（幅 9～10 nm）、環状化。少なくとも長さの異なる 2 成分。被膜なし。*Mirafiori lettuce virus*（MiLV）と *Ranunculus white mottle virus*（RWMV）は浮遊密度約 1.22 g/ ㎤（CsCl）。耐熱性約 50 ℃。pH 6-8 で安定。ゲノムは 3～4 分節（11.3～12.5 kb）。粒子は環状とみられるが、ゲノム末端の 5'、3' は CpsV や MiLV ではゲノム末端には相補的配列はなく、その構造はウイルス種間で異なる。RNA-1（RNA polymerase、他 1 種）は CPsV ＝ 8.2 kb、RWMV ＝ 7.5 kb、MiLB ＝ 7.8 kb、*Lettuce ring necrosis virus*（LRNV）＝ 7.6 kb。RNA-2 は 2ORF で RWMV、MiLV、LRNV ＝ 1.8 kb、CPsV ＝ 1.6 kb。RNA-3（構造蛋白質 = 43～48.5 kDa）は 1. 5 kb、RNA-4 2ORF で MiLV ＝ 1.4 kb。RNA-1、-3 はマイナス（－）鎖、RNA-2、-4 は両意（±）鎖。複製・翻訳の詳細は未定だが、一般のマイナス（－）鎖あるいは両意（±）鎖ウイルスと類似すると推定されている。細胞内所在は未詳だが、ウイルス抗原は細胞質に存在といわれる。構造蛋白質の抗原性は弱い。RWMV、TMMMV、MiLV、LRNV の 4 者は血清的に弱い類縁だが、CPsV とは異なる。CPsV は土壌伝染。TMMMV、MiLV、LRNV は菌類の *Olpidium brassicae* の遊走子で土壌伝染、RWMV では媒介者不明。機械的接種は容易でないが可能。RT-PCR 用の *Ophiovirus* 特異的プライマー開発されている。確定種 5、暫定種 1。

〈参考文献〉ICTVd Descr. (2006). 00.094.0.01. *Ophiovirus*；ICTVdB Descr. (2006). 00.094. 0.01.001. *Citrus psorosis virus*；Vaira, A. M. *et al.* (2005). *Ophiovirus*. *In* Virus Taxonomy 8th ICTV Reports (Fauquet, C. M. *et al.* eds.). 673. Academic Press.

チューリップ微斑モザイクウイルス

Tulip mild mottle mosaic virus, TMMMV

本邦で記載（守川ら、1995）。葉、花弁に微斑なモザイクを生じる（口絵33）ウイルス粒子は幅4～8 nmの屈曲したひも状粒子。少なくとも長さの異なる2成分（長さ約760、1,500～2,500 nm）。耐熱性40～45 ℃、耐保存性1～2時間（20 ℃）・12～24時間（4 ℃）、耐希釈性1/100～1/500。ゲノムは1本鎖RNAで3分節、環状。末端に相補鎖があり、パンハンドル化。複製中間形と思われる2本鎖RNAも存在。1,100～1,200 nt（塩基の配列決定）。構造蛋白質は1種で、約47 kDa。球根による栄養繁殖と土壌で伝搬。媒介者は当初、下等菌類とされる *Olpidium brassicae* が媒介者とされたが、その後、*O. virulentus*（*O. brassicae* の非アブラナ科系統）と訂正された。本菌の遊走子で土壌伝染される。機械的接種可能。本ウイルス対策には無病球根の選別とともに、汚染土壌対策が肝要。

〈参考文献〉ICTVd Descr. (2006). 00.094. 0.01.003. *Tulip mild mottle mosaic virus*；Morikawa, T. *et al*. (1995). Ann. Phytopathol. Soc. Jpn 61: 578；守川利幸・多賀由美子（2004）土と微生物 58: 43；守川俊幸ら（2007）北陸病虫研報 56:37.

ミラフォリレタスウイルス

Mirafiori lettuce virus, MLV

Roggerroらが、*Lettuce big-vein virus*（LBVV）と重複感染してレタスで記載（Roggerro *et al*., 2000）され、当初、*Lettuce big-vein associated virus* として報告。イタリア、米国、ブラジル、チリ、日本などで報告、たぶんLBVV発生地に広く分布し、重複感染が多いと思われる。当初、レタスの葉脈肥大はLBVVによると推定されたが、MiLVがビッグベイン症状を生じ、LBVVは葉の凹凸に関係と推定される。通常、両ウイルスは重複感染していることが多い。高温（27 ℃）下では無病徴感染するが、低温（18 ℃）下で明瞭なビッグベイン症状を誘起。ウイルス粒子は細い *Ophiovirus* 様の屈曲した幅4～8 nmのひも状粒子。ゲノムの（3～）4分節（7.8、1.7、1.5、1.4 kb）。ゲノムの5'と3'末端は相補的伝染、7 ORFを有す。ORF 1はRNA polymerase, RNA 3は構造蛋白質（43 kDa）。*Tulip mild mottle mosaic virus* と弱い血清的関係がある。*O. brassicae*（現在では、非アブラナ科系統の *O. virulentus* とも推定）で土壌伝染。機械的接種は未詳。TSVと重複感染多い。

〈参考文献〉Kawazu, Y. *et al*. (2003). J. Gen. Pl. Pathol. 69: 55；Lot, H. *et al*. (2002). Phytopathology 92: 288；Lot, 前川和正ら（2004）日植病報 70:420；夏秋啓子ら（2002）日植病報 68:309；Roggero, P. *et al*. (2000). Arch. Virol. 145:2629；Sasaya, T. and Koganezawa, H. (2006). J. Gen. Plant Pathol. 72: 15.

C. プラス（+）鎖ウイルス

プラス（+）鎖はウイルスゲノム自身が mRNA 活性を有する。植物では多数のウイルスが存在する。細菌、無脊椎動物、脊椎動物にも多く知られる。植物では 54 属に類別されるが、一部は科名は決まっていない。

（1）セクイウイルス科 *Sequiviridae*

科名の Sequi- はラテン語で「付随」、「伴う」、「付添」するの意で、媒介虫で伝搬される際、ほかのウイルスが存在しないと伝搬されないとされる。したがって、通常、野外では 2 種のウイルスが重複感染している場合に伝搬される。

【所属群】

ワイカウイルス属　*Waikavirus*（タイプ種：*Rice tungro spherical virus*, RTSV）
（イネわい化ウイルス、Rice waika virus, RWV）

セクイウイルス属　*Sequivirus*（タイプ種：*Parsnip yellow fleck virus*, PYFV）

【ウイルス粒子】

小球状 1 種（径 25～30 nm）。被膜なし。PYFV は沈降定数約 150 S、浮遊密度 1.49～1.52 g/ cm³、核酸含量約 40 %。RTSV は沈降係数 180～190 S、浮遊密度約 1.5 g/ cm³。核酸含量約 40 %。核酸は（+）鎖 ssRNA1 種（9～12 kb）。5' は Vpg（?）。外被蛋白質 3 種（約 32、26、23 kDa）。

【ゲノム】

単一（+）ssRNA（ORF=1）。遺伝子は RTSV で 5'VPg?-CP1-CP2-CP3-Hel-VPg?-Pol-(ORF2?）-poly A、PYFV で 5'VPg?-CP1-CP2-Cp3-Hel-Vpg?-Pro-Pol-3'、RTSV で 5'VPg?-CP1-CP2-CP3-Hel-VPg?-Pol-(ORF2?)-poly A と推定。

【増殖】

複製は植物の picorna-like ウイルスに類似すると推定。発現蛋白質はポリシストニックにポリプロテインとして翻訳され、Pro によるプロセシングで成熟すると思われる。*Waikavirus* は篩部組織局在で、細胞質内にバイロプラズム（viroplasm, VP）の封入体と核酸様繊維を含む小胞を誘導する。小胞でウイルスゲノムの複製、VP（ウイルス蛋白質）でウイルス粒子産生（会合）と推定される。*Sequivirus* は葉肉細胞の細胞質に出現。膜状封入体を誘導する。

【生物的性状】

宿主域は狭い。RTSV はイネ科、PYFV はセリ科植物に感染し、黄化、えそ、黄斑、萎縮を生じる。*Sequivirus* は機械的接種可能で、アブラムシ類（*Cavariella* spp.）で半永続的に伝搬されるが、この伝搬にはヘルパーウイルスの介在を必要とする。*Waikavirus* は機械的接種は困難で、ヨコバイ類（*Nephotettix* spp.）で半永続的伝搬される。*Badnavirus*（ds DNA ゲノムウイルス）の *Rice tungro bacilliform virus*（RTBV）は RTSV の存在下でのみヨコバイ類で伝搬される。しかし、現在では RTSV は単独でもヨコバイ伝搬が確認されている。

〈参考文献〉ICTVdB Descr. (2006). 00.065. *Sequiviridae*；Le Gall, O. *et al.* (2005). *Sequiviridae*. *In* Virus Taxonomy 8th ICTV Reports (Fauquet, M.A. *et al.* eds.). 793. Academic Press.

①ワイカウイルス属　*Waikavirus*

属名の Waika- は、わが国のイネわい化ウイルス（*Rice waika virus*, RWV）をもとに設立された。本ウイルスはその後、東南アジアでイネの最重要ウイルス病の Rice tungro 病（当時は球状と桿菌状ウイルスの重複感染病と推定）の球状ウイルス（その後、*Rice tungro spherical virus*, RTSV と称された）と近縁であることが知られた。タイプ種はイネわい化ウイルス（*Rice tungro spherical virus*, RTSV）。ほかに、*Anthriscus yellows virus*（AYV）、*Maize chlorotic dwarf virus*（MCDV）がある。ウイルス粒子は径約 30 nm の球状で、沈降係数 80 ~ 190 S、浮遊密度約 1.5 g / cm³、核酸含量約 40 %。核酸は 1 本鎖 RNA のプラス（+）鎖（約 12 kb）。5' は VPg(?)、3' は（poly）A。構造蛋白質は 3 種（33 ~ 34、22 ~ 24、22 ~ 25 kDa）。ゲノムは ORF 1 ~（2?）。遺伝子は 5' VPg-ORF1(CP1-CP3-CP3-Hel-VPg?-Pro-Pol-(ORF2?)-poly A3' と推定。複製はゲノムから全長に相当する（－）ssRNA が転写され、これを鋳型に（+）ssRNA ゲノムが合成される。翻訳は全長の（+）mRNA よりポリプロテインを生じ、これよりプロセシングで切断されて成熟すると推定される。細胞内所在は篩部組織に局在。細胞質にバイロプラズム（VP）と思われる封入体と、核酸様繊維を含む小胞を誘導することを特徴とする。VP でウイルス粒子の会合が生じると推定。小球状ウイルスでの VP は最初の発見。篩部え死の内部病変が顕著。自然発生は RTSV（RWV）はイネ（*Oryza sativa*）、MCDV はトウモロコシ（*Zea mays*）、AYV はセリ科の *Anthriscus sylvestris*。宿主域は狭く、RTSV、MCDV はイネ科植物、AYV はセリ科植物に限定。

いずれも、篩部局在性ウイルスのために、黄化、わい化を生じる。機械的接種は成功していない。いずれも、イネ科植物ウイルスはヨコバイ類で伝搬され、RTSVは *Nephtettix* spp.、MCDVは *Graminella* spp.、AYVは *Cavariella* spp. のアブラムシ類で、半永続的に伝搬される。

〈参考文献〉Galvez, G. E. (1971). *Rice tungro virus*. CMI/AAB Descr. Pl. Viruses No. 67；Gingery, R. E. (1984). *Maize chlorotic dwarf waikavirus*. Plant Viruses Online Database. Gingery, R.E. *et al.* (1978). *Maize chlorotic dwarf virus*. CMI/AAB Descr. Pl. Viruses No.194；ICTVdB Descr. (2006). 00.065.0.2.0.004. *Rice tungro spherical virus*；Le Gall, O. *et al.* (2005). *Sequiviridae*. *In* Virus Taxonomy 8th ICTV. Reports (Fauquet, M.A. *et al.* eds.). 793. Academic Press.

イネわい化ウイルス

Rice tungro spherical virus, RTSV（Rice waika virus, RWV）

1971～73年、九州有明沿岸のイネ（*Oryza sativa*）にこつ然として未定のヨコバイ伝搬性ウイルスが発生し、イネわい化ウイルス（*Rice waika virus*, RWV）とされた（西、1973）。イネのウイルス病は東南アジアではtungroが最重要とされるが、本病は当初、球状ウイルス（Gàlvez, 1968）によるとされていたが、その後、球状ウイルスと桿菌状ウイルスの重複感染によることが知られ、前者は *Rice tungro spherical virus*（RTSV）とされ、RWVと近縁なことが知られた。ウイルス粒子（本項a、b）は径約30 nmの小球状。沈降定数約180 S、浮遊密度約1.551 gm^3。核酸はssRNA1種（約12 kb）、核酸含量約40 %。外被蛋白質3種（33～34、22～24、22～25 kDa）。ゲノムは単一の（＋）ssRNAゲノム（12,171 nt）で、ORF 2個。5'-Vpg、3'-poly(A)。遺伝子は5'-Cap-ORF1（CP1,2,3/Hel/VPg(?)/Pro/Pol）-ORF 2 ?（機能不明）。ウイルス粒子は篩部組織に局在し、細胞質内に小球状ウイルスでは珍しいバイロプラズム（viroplasm, VP）と思われる封入体を誘導し、これに近接して核酸様繊維を含む小胞（vesicle）を多数生じる。後者はウイルスゲノムの複製部位と推定されている。小球状ウイルスでのVPは本ウイルスで最初の発見。VPで生じたウイルス蛋白質と、小胞で生じた複製ゲノムが会合すると推定される。写真cは、同一細胞にイネ萎縮ウイルス（RDV）と重複感染したもの。自然宿主はイネに限られ、わい化、黄化（口絵34）。実験的にはギョウギシバ *Echinochloracolonum* も感染。機械的接種は成功していない。ヨコバイ類

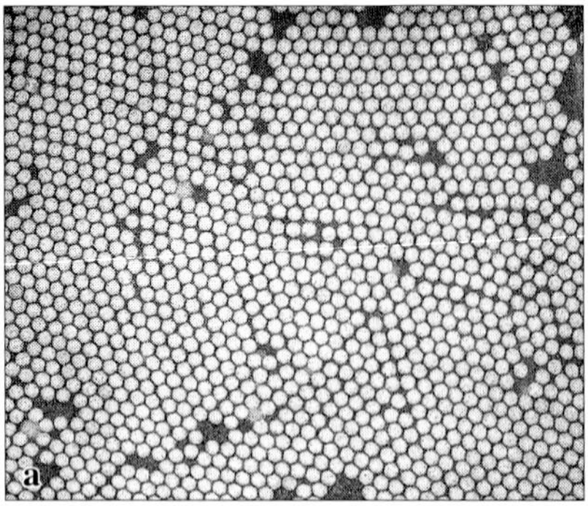
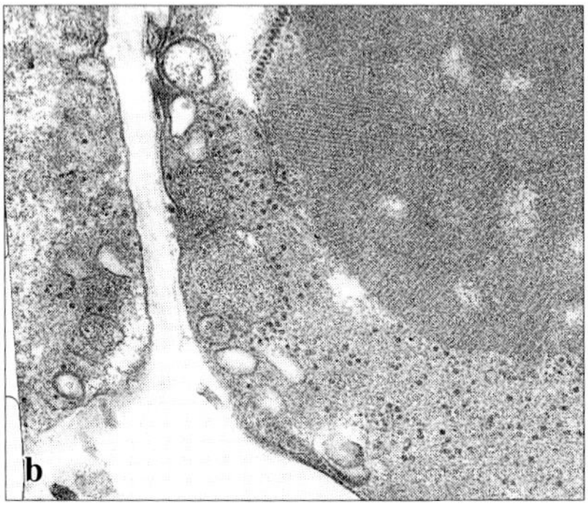
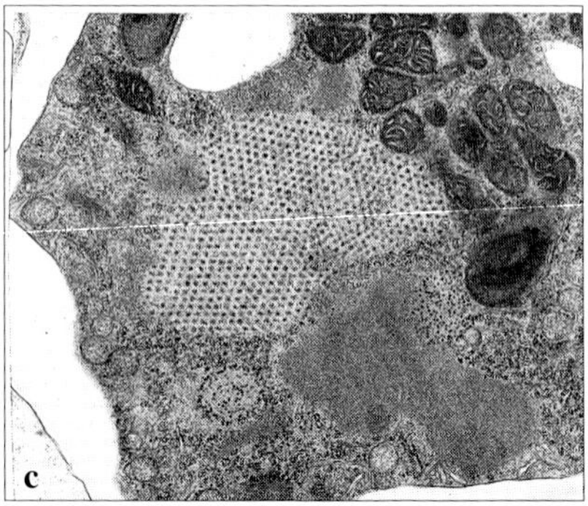

（*Nephotettix virescens*、*N. cincticeps*、*N. nigropicus*、*N. malayamanus*、*N. parvus*、*Recelia dorsalis*）で半永続的伝搬。系統の存在が推定されるが未詳。発生は東南アジア，日本，中国。確定種 3。

〈参考文献〉Brunt, A. A. *et al*. eds. (1996). *In* Viruses of Plants. 1104. CAB International；土居養二ら（1975）日植病報 41: 228；Favali, M. A. *et al*. (1975). Virology 66: 502；Galvez, G. E. (1968). Virology 35: 418；Galvez, G. E. (1971). *Rice tungro virus*. CMI/AAB Descr. Pl. Viruses 67；ICTVdB Descr. (2006). 00.065.0.0.2.004 *Rice tungro spherical virus*；西　泰道（1973）植物防疫 27: 282；西　泰道ら（1974）日植病報 40: 209；西　泰道ら（1975）日植病報 41: 223；山下修一（1983）植物ウイルス事典（與良　清ら編）. 469. 朝倉書店. 東京；Yamashita, S. *et al*. (1977). Ann. Phytopath. Soc Japan 43: 278；横山佐汰正・酒井久夫（1974）日植病報 40: 209.

② セクイウイルス属 *Sequivirus*

属名の Sequi- は科名と同じ。タイプ種は *Parsnip yellow fleck virus*（PYFV）で、本属種として *Dandelion yellow mosaic virus*（DaYMV）、*Parsnip yellow fleck virus*（PYFV）、暫定種として *Lettuce mottle virus* が存在するが、本邦では未発生。ウイルス粒子は径約 30 nm の小球状 1 種で、被膜なし。沈降定数約 150 S、浮遊密度 1.49～1.52 g/㎤。

核酸は ssRNA1 種（約 10 kb）、核酸含量約 40 %。外被蛋白質 3 種（約 32、26、23 kDa）。ゲノムは単一の線状（+）ssRNA、ORF1 個（5' 側にゲノム結合蛋白質（VPg）を有すると推定。遺伝子は 5'-ORF1 (CP1,CP2,CP3-Hel-VPg ?-Pro-Pol) -3'。複製様式はゲノムから全長に相当する（−）ssRNA が転写され、これを鋳型に（+）ssRNA ゲノムを合成。翻訳は全長の（+）mRNA よりポリプロテイン（3,000 ~ 3,500 アミノ酸）を生じ、これよりプロセシングで切断されて成熟。感染植物では各種細胞の細胞質に誘導された膜状～鞘状封入体に付随してウイルス粒子が存在する。自然宿主は PYFV でパースニップ（*Pastinaca sativa*）、チャービル（*Anthriscus cerefolium*）などのセリ科植物に葉脈黄化、黄斑、モザイクを生ず。DaYMV でセイヨウタンポポ（*Teraxacum officinale*）、レタス（*Lactuca sativa*）などのキク科植物に退色斑、脈間えそ、奇形、わい化などを生ず。宿主域は広くない（セリ科、ナス科、アカザ科、ウリ科、ヒユ科など 4 ~ 9 科植物）。機械的接種可能。アブラムシで半永続的に伝搬（PYFV；*Cavariella* spp., DaYMV ; *Aulacorthum solani, Myzus* spp.）。アブラムシ伝搬には、ほかのウイルスの介在（ヘルパーウイルス）が必要（PYFV では *Waikavirus* の *Anthriscus yellow fleck virus* が介在）。確定種 2。本邦では知られていない。

〈参考文献〉ICTVdB Descr. (2006). 00.065.0.01.002. *Dandelion yellow mosaic virus*；ICTVdB Descr. (2006). 00.065.0.01.0.00. *Parsnip yellow fleck virus*；Le Gall, O. *et al*. (2005). *Sequivirus*. *In* Virus Taxonomy 8th ICTV Reports (Fauquet, M. A. *et al*. eds.). 794. Academic Press；Murant, A. F. (1974). *Parsnip yellow fleck virus*；CMI/AAB Descr. Pl. Viruses No.129；Murant, A. F. (2003). *Parsnip yellow fleck virus*；CMI/AAB Descr. Pl. Viruses No. 394；Murant, A. F. and Goold. R. A. (1968). Ann. appl. Biol. 62: 123；Tunbull-Ross, A. D. *et al*. (1993). J. Gen. Virol. 74: 555.

（2）コモウイルス科　*Comoviridae*

科名の Como- は本科の代表的属の *Comovirus* に由来。

【所属群】

コモウイルス属　*Comovirus*（タイプ種：*Cowpea mosaic virus*, CoMV）

ファバウイルス属　*Fabavirus*（タイプ種：ソラマメウイルトウイルス 1、*Broad bean wilt virus 1*,BBWV-1）

ネポウイルス属　*Nepovirus*（タイプ種：タバコ輪点ウイルス、*Tobacco ringspot virus*, TRSV）

【ウイルス粒子】

径 28～30 nm の小球状 2 成分（B、M）、ほかに、中空粒子（T）。32 キャプソメア（ペンタマー 12、トリマー 20）。被膜なし。沈降定数 B ＝ 111～128 S、M ＝ 84～128 S、T ＝ 49～63 S、浮遊密度（CsCl）B ＝ 1.44～1.53、M=1.41～1.48、T ＝ 1.23～1.30、耐保存性 60 ℃。核酸は 2 分節（RNA-1 ＝ 6～8 kb、RNA-2 ＝ 4～7 kb）。5' 末端には Vpg（ゲノム結合蛋白質）、3' 末端はポリ A 構造。構造蛋白質 2 種（40～45 kDa、21～27 kDa）。糖・脂質は含まない。

【ゲノム】

プラス（＋）の ssRNA の 2 分節。RNA-1（B 成分）：(Pol, Protease) は B 成分、RNA-2（CP）は M 成分に分布、T 成分は核酸は含まない。遺伝子は RNA-1: 5'Vpg-32K-58K(Hel)-Vpg-24K(Pro)-87K(Pol)-An3'OH、RNA-2: 5'Vpg-58K/48K(MP)-VP37(CPL)-VP23(CPS)-AN3'OH で、蛋白質はポリプロテインとして翻訳され、Pro でプロセシングされて成熟する。

【増殖】

感染植物体内では非局在で、細胞質に凝集あるいは結晶。細胞質ではゲノムの複製を示唆する膜状と高電子密度からなる不定形の封入体を誘導。細胞壁にはウイルスの細胞間移行に関与すると思われる鞘状構造がみられる。

【生物的性状】

宿主域は狭～広（ウイルス属でさまざま）。ハムシ、アブラムシ、線虫などで伝搬。一部は種子伝染。機械的接種可能。

〈参考文献〉Eggen, R. and van Kammen, A. (1988). *In* RNA Genetics Vol.1 (Domingo, E. *et al.*

eds.). 499, CRC Press；Francki, R. I. B. *et al.* (1985). *In* Atlas of Plant Viruses, Vol. II. 1. CRC Press；Gergerich, R. C. and Scott, H. A. (1996). *In* The Plant Viruses (Harrison, B. D. and Murant, A. F. eds). 77. Plenum Press；Goldbach, R. and van Kammen, A. (1985). *In* Molecular Plant Virology. Vol II. (Davies, J. W. ed.)；Goldbach, R. and Mwellink, J. (1996). *In* The Plant Viruses. (Harrison, B. D. and Murant, A. F. eds.). 35. Plenum Press；Harrison, B. D. and Murant, A. F. (1996). *In* The Plant Viruses. (Harrison, B. D. and Murant, A. F. eds.). 211. Plenum Press；ICTVdB Descr. (2006). 00.018. *Comoviridae*；ICTVdB Index. (2002). 00.018. *Comoviridae*. Le Gall, O. *et al.* (2005). *Comoviridae*. *In* Virus Taxonomy 8th ICTV Reports (Fauquet, C. M. *et al.* eds.). 807. Academic Press；Lisa, V. and Boccardo, G. (1996). *In* The Plant Viruses. (Harrison B. D. and Murant, A. F. eds). 229. Plenum Press；Murant, A. F. *et al.* (1996). *In* The Plant Viruses. (Harrison B. D. and Murant, A. F. eds.). 99. Plenum Press；Valverde, R. A. and Fulton, J. P. (1996). *In* The Plant Viruses. (Harrison, B. D. and Murant, A. F. eds.). 17. Plenum Press.

①コモウイルス属　*Comovirus*

属名の Como- は科名と同じ。本属のタイプ種の *Cowpea mosaic virus* の短縮語に由来。ウイルス粒子は約 28 nm の小球状の多成分（B、M、T）。T は中空。32 キャプソメア（ペンタマー 12、トリマー 20）。浮遊密度 1.44～1.46 ㎤（B）、1.41 ㎤（M）、沈降定数約 118S（B）、98S（M）、57S（T）。耐熱性 65～70 ℃、耐保存性 14～21 日。核酸はプラス（＋）ssRNA の 2 分節（RNA-1,-2）で、2 成分に分かれて分布（図 1-2）。RNA-1（5,889 nt）：5'Vpg-32K-58K(Hel)-Vpg-24K(Pro)-87K(Pol)-An3'OH、RNA-2（3,481 nt）： 5'Vpg-58K/48K(MP)-VP37(CPL)-VP23(CPS)-An3'OH。蛋白質はポリプロティンとして翻訳され、Pro でプロセシングされて成熟。構造蛋白質は 2 種（CPL、CPS）。ハムシ類で非～半永続伝搬。一部は種子伝染。機械的接種可能。確定種 15。本邦では 2 種。

〈参考文献〉Bruening, G. (1978). Comovirus group. CMI/AAB Descr. Pl. Viruses. No. 199; Gergerich, R. C. and Scott, H. A. (1996). *In* The Plant Viruses. (Harrison, B. D. and Murant, A. F. eds.). 77. Plenum Press；ICTVdB Descr. (2006). 00.018.0.01. *Comovirus*；Le Gall, O. *et. al.* (2005). *In* Virus Taxonomy 8th ICTV Reports (Fauquet, C. M. *et al.* eds.). 810. Academic Press；Valverde, R. A. and Fulton, J. P. (1996). *In* The Plant Viruses. (Harrison, B. D. and Murant, A. F. eds.). 17. Plenum Press.

ダイコンひだ葉ウイルス

***Radish mosaic virus*, RaMV**

北米で発見（Tompkins, 1939）。本邦で記載されたダイコンひだ葉ウイルス（栃原、1968）はその後、RaMV に改称。ダイコン、カブにモザイク、退緑～え死、輪紋、萎縮、葉巻などを生ず。ダイコンではひだ葉（enation）を伴うことがある。ウイルス粒子は径約 30 nm の小球状の 2 成分（B、M）。ほかに、中空の T 成分。核酸含量は B ＝約 35 %、M ＝約 26 %。沈降定数約 116 S（B）、97 S（M）、57 S（T）。耐熱性 65 ~ 70 ℃、耐保存性 14 ~ 21 日、耐希釈性 1.5 × 10^{-4}。感染植物では各種細胞の細胞質、液胞内に散在・集塊あるいは結晶。トノプラスト面で多く観察される。ウイルス粒子を含む鞘状構造、ミトコンドリア変形も見られる。細胞質では光顕レベルの封入体を誘導。各種のハムシ類（*Phyllotreta* spp. キスジノハムシなど）、*Epitrix hirtipennis*、*Diabrotica undecimpunctata* で伝搬。機械的接種可能。自然発生はダイコン、カブ。宿主域はアブラナ科、アカザ科、ナス科植物。

〈参考文献〉Campbell, R. N. (1973). CMI/AAB Descr. Pl. Viruses. No. 121；Campbell, R. N. (1988). Plant Viruses Online Database. Radish mosaic *comovirus*；ICTVdB Descr. (2006). 00.018.0.01.013. *Radish mosaic virus*；Le Gall, O. *et al*. (2005). *Comovirus*. *In* Virus Taxonomy 8th ICTV Reports (Fauquet, C. M. *et al*. eds.). 810. Academic Press；Tompkins, V. M. (1939). J. agric. Res. 58:119. 栃原比呂志（1968）日植病報 34：129.

スカッシュモザイクウイルス

***Squash mosaic virus*, SqMV**

米国のカボチャ（*Cucurbita pepo*）で記載（Fritag, 1941）。本邦ではメロン（*Cucumis melo*）で確認（根本ら、1974）。キュウリ（*Cucumis sativus*）、スイカ（*Citrullus lanatus*）などにも発生するという。モザイク、葉脈緑帯、輪点、奇形などを生ず。ウイルス粒子は径約 25 nm の小球状の 2 粒子性。沈降定数約 118 S（B）、95 S（M）、57 S（T）。耐熱性 70 ~ 80 ℃、耐保存性約 30 日、耐希釈性 $10^{-4 \sim 6}$。核酸含量は B ＝ 35 %、M ＝ 27 %、T ＝ 0 %。RNA-1 ＝ 5,865 nt、RNA-2 ＝ 3,354 nt。構造蛋白質は 3 種（Large ＝ 42 kDa、Middle ＝ 22 kDa、Small ＝ 5.0 kDa）。核酸はプラス（＋）ssRNA の 2 分節（RNA-1,-2）に分かれ 2 粒子に分布。ウイルス粒子は各種細胞の細胞質、液胞内に散在・集塊。細胞質には鞘状封入体を誘導。ハムシ類（*Acalymma*、*Diabrotica*、*Epilachna* spp.）で非永続的伝搬。種子伝染。機械的接種可能。

〈参考文献〉Campbell, R. N. (1971).

CMI/AAB Descr. Pl. Viruses. No. 43；ICTVdB Descr. (2006). 00.018.0.01.015. *Squash mosaic virus*；根本正康ら（1974）日植病報 40: 117；土崎常男（1983）植物ウイルス事典（輿良　清ら編）. 490. 朝倉書店. 東京.

②ファバウイルス属　*Fabavirus*

属名の Faba- は ラテン語の Faba（インゲンマメ）、*Vicia faba*（ソラマメ）に由来。ソラマメウイルトウイルス（*Broad bean wilt virus 1*, BBWV 1）をタイプ種とする。通常、モザイク、斑紋、輪紋、奇形、萎ちょう、頂部え死などを生ず。ウイルス粒子は径約 30 nm の小球状の 2 成分。浮遊密度 1.39～1.55 g/ cm³、沈降定数約 126S（B）、81.5S（M）、63S（T）。耐熱性約 57.5 ℃、耐保存性約 3.5 日、耐希釈性 4～5 倍。RNA-1 ＝ 5,900 nt、RNA-2 ＝ 3,100～4,500 nt。構造蛋白質は 2 種（Large ＝ 44 kDa、Small ＝ 22 kDa）。核酸含量は B ＝ 35 %、M ＝ 25 %。核酸はプラス（＋）ssRNA の 2 分節（RNA-1,-2）。BBWV はウイルス感染植物では細胞質に膜状の封入体を誘導する。宿主域はきわめて広く、被害は大きい。アブラムシ類（aphids）で非永続的伝搬。機械的接種可能。確定種 3。

〈参考文献〉Brunt, A. A. *et al.* (2002). Pl. Viruses Online Database. Fabaviruses: *Comoviridae*；ICTV；ICTVdB Descr. (2006). 00.018.0.02. *Fabavirus*；Le Gall, O. *et al.* (2005). *Fabavirus*. *In* Virus Taxonomy 8th ICTV Reports (Fauquet, C. M. *et al.* eds.). 812. Academic Press；Lisa, V. and Boccardo, G. (1996). *Fabaviruses*. *In* The Plant Viruses (Harrison, B. D. and Murant, A. F. eds.). 229. Plenum Press.

ソラマメウイルトウイルス 1
Broad bean wilt virus 1, BBWV-1

BBWV はオーストラリアのソラマメで記載（Stubbs, 947）、本邦ではエンドウで確認（井上忠・井上成、1963）。径約 30 nm の本ウイルスは、その後、血清学的に BBWV1 と BBWV 2 に分けられることが知られた。本邦の多くの BBWV は下記の BBWV 2 と推定されている。両者は RNA-2 のコート蛋白質領域のプライマーでも識別される。ウイルスは 28～30 nm の小球状の 2 成分で、2 分節ゲノム（RNA-1,-2）を有す。ゲノムはプラス鎖 ssRNA で、2 種の構造蛋白質（Large、Small）を有す。

〈参考文献〉Goldbach, R. *et al.* (1995). *In* Virus Taxonomy 8th ICTV Reports (Murphy. F.A. *et al.* eds.). 344. Springer-Verlag；

ICTVdB Descr. (2006). 00.018.0.02. 001. *Brad bean wilt virus* 1；ICTVdB Descr. (2006). 00.018.0.02. 002. *Broad bean wilt virus 1 and 2*；井上忠男・井上成信（1963）文部省科研総合 23；小林有紀ら（2004）関東東山病虫害研報 51: 43；Tayler, R. H. (1972). CMI/AAB Descr. Pl. Viruses. No. 81.

ソラマメウイルトウイルス２

***Broad bean wilt virus 2*, BBWV-2**

以前の BBWV の多くが BBWV2 で、本邦でも同じと推定。ウイルス粒子（本項 a、b）は径約 30 nm の小球状で 2 分節ゲノムの 2 成分。遺伝子は RNA-1（5,951 nt）： 5'Vpg?-Hel ?-Vpg ?–Pro-Pol-An3'OH、RNA-2（3,607 nt）： 5'Vpg?-52K（MP?）-CPL55K-CPS22K-An3'OH。RNA-1,-2 ともポリプロティンとして翻訳され、Pro でプロセシングされて成熟。RNA-1、-2 の 5'、3' の非翻訳領域は類似。感染植物では細胞質に光顕レベルに発達する膜状の封入体を誘導する。封入体はゲノム核酸の複製と関連すると推定される。原形質連絡糸内にも観察される。宿主域はきわめて広く、双子葉、単子葉植物に発生。本邦では以前にホウレンソウで大きな被害。ソラマメ、エンドウ、ダイコン、ハクサイ、ナスなどでは常発（口絵 35（a、b））。イノコズチは伝染源となりやすい。各種のアブラナ類で非永続的伝搬。機械的接種可能。従来の

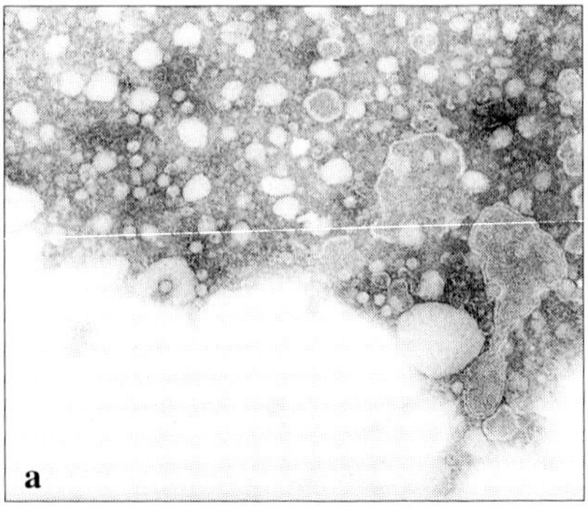

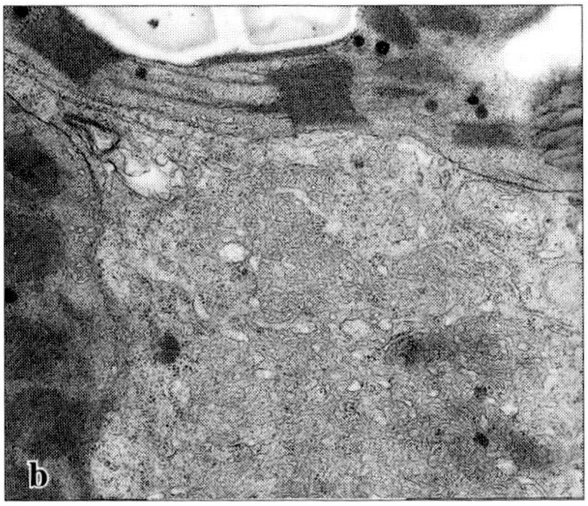

Nasturtium ringspot virus、Parseley virus 3、*Patchouri mild mosaic virus*（PMMV）、Petunia ringspot virus、*Pogostermon cablin virus* は RNA-1 ＝ 5,957 nt（210 kDa）、RNA-2 ＝ 3,591 nt（118 kDa）で、遺伝子、翻訳様式は BBWV 2 に類似すると推定。

〈参考文献〉土居養二（1983）植物ウイルス事典（輿良　清ら編）. 232. 朝倉書店. 東京；土居養二ら（1969）日植病報 35:123；Le Gall, O. *et al*. (2005). *Fabavirus*. *In* Virus Taxonomy 8th ICTV Reports (Fauquet, C. M. *et al*. eds.). 812 Academic

Press；Ikegami, M. *et al.* (2002). Intervirology 44: 355；Ikegami, M. *et al.* (1998). Arch. Virol. 143: 2431；小林有紀ら（2004）関東東山病虫害研報 51: 43；Natsuaki, K. T. *et al.* (1994). Plant Dis. 78: 1094；Tayler, R. H. (1972). CMI/AAB Descr. Pl. Viruses. No. 81；Uemoto, J. K. and Providenti, R. (1974). Phytopathology 64: 1547.

③ネポウイルス属　*Nepovirus*

属名の Nepo- は線虫伝染性多面体ウイルス（*nematode-borne polyhedral virus*）に由来。線形動物門の線虫（nematides）で土壌伝染される。タイプ種はタバコ輪点ウイルス（*Tobacco ringsot virus*, TRSV）。ウイルス粒子は径約 28 nm の小球状で、2 成分。浮遊密度 1.51 ~ 1.53 g/ ㎤（B）、1.43 ~ 1.48 g/ ㎤（M）、沈降定数 115 ~ 134S（B）、86 ~ 128S（M）。耐熱性 50 ~ 75 ℃、耐保存性 1 ~ 100 日。核酸含量 B ＝ 42 ~ 46 %、M ＝ 27 ~ 40 %。ゲノムは 2 分節（RNA-1,-2）で、2 成分に分布。ゲノムはプラス ssRNA で、遺伝子は RNA-1（7,200 ~ 8,400 nt）: 5'Vpg-P1A(X1, X2)-Hel-Vpg-Pro-Pol-An3'OH、RNA-2（3,700 ~ 7,300 nt): 5'Vpg-P2A(X3, X4）-MP-CP-An3'OH。構造蛋白質（CP）は RNA-2 由来で 1 種（52 ~ 60 kDa）。RNA-2 の構造、塩基配列、血清的性状から本属を subgroup A、B、C に類別する案がある。ウイルスによっては線状あるいは環状のサテライト ssRNA を含むものもある。蛋白質はポリプロティンとして翻訳され、Pro でプロセシングされて成熟。宿主域は中～広。3 属の線虫（*Xiphinema*、*Longidorus*、*Paradongidorus* spp.）で土壌伝染する。植物の根を吸汁する口針にウイルスが付着して、獲得・接種すると推定。一部は種子伝染。機械的接種可能。確定種 32 種。

〈参考文献〉ICTVdB Descr. (2006). 00.018.0.03. *Nepovirus*；Le Gall, O. *et al.* (2005). *Comovirus*. *In* Virus Taxonomy 8th ICTV Reports (Fauquet, C. M. *et al.* eds.). 813. Academic Press.

アラビスモザイクウイルス
Arabis mosaic virus, ArMV

カナダのルバーブで記載（Smith, K. and Markham, R, 1944）。本邦ではスイセンで確認（岩木・小室、1974）。キイチゴ、イチゴ、レタス、セルリー、スイセン、フキなどに自然発生し、モザイク、黄化萎縮、萎縮などを生ず。ウイルス粒子は径 25 ~ 27 nm の小球状で 2 成分。被膜なし。浮遊密度 1.50 ~ 1.51 g/ ㎤（B）、1.43 g/ ㎤（M）、沈降定数 126 S（B）、93 S（M）、53 S（T、中空）。耐熱性 55～61 ℃、耐保存性 7～14 日、耐希釈性 $10^{-3～5}$。核酸含量 B ＝ 46 %、M ＝ 22 %、T ＝ 0 %。ゲノムはプラス ssRNA で 2 成分に 2 分節（RNA-1: 7,334 nt、RNA-2: 3,820 nt）。感染植物では、非局在で細胞質に膜状封入体を生じ、ウイルス粒子が同心円状に配列することもある。宿主域は広い。バラ科、キク科、ヒガンバナ科、ウリ科、ナス科植物など。線虫（*X. diversicaudatum*）で土壌伝染する。機械的接種は容易。分類群として Subgroup A。

〈参考文献〉Harrison, B. D. and Murant, A. F. (1977). CMI/AAB Descr. Pl. Viruses No. 185；ICTVdB Descr. (2006). 00.918.0.03.002. *Arabis mosaic virus*；岩木満朗（1983）植物ウイルス事典（與良　清ら編）. 198. 朝倉書店. 東京；岩木満朗・小室康雄（1974）日植病報 40: 344. Murant, A. F. (1970). CMI/AAB Descr. Pl. Viruses No.16.

ソテツえそ萎縮ウイルス

***Cycas necrotic stunt virus*, CyNSV**

新葉のねじれ、黄化、成葉の黄変、え死斑（口絵 36）を示す千葉県のソテツ（*Cycas revoluta*）で記載（楠木ら、1975）。発生は本邦のみ。裸子植物で唯一のウイルス。ほかに、ネギ、ダイズ、グラジオラス、アオキなどで自然発生。ウイルス粒子（本項 a、b、c）は径約 28 nm の小球状で 2 成分。浮遊密度 1.472 g/㎤（B）、

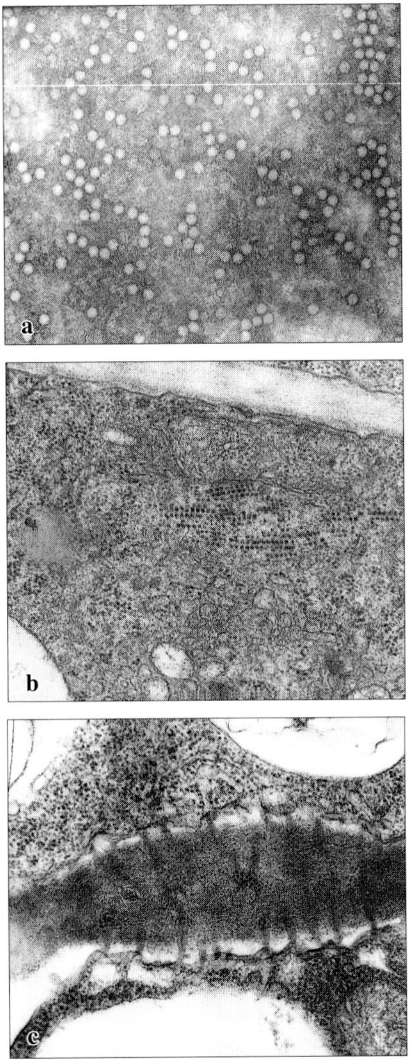

1.404 g/㎤（M）、沈降定数 112 S（B）、85 S（M）。耐熱性 60～65 ℃、耐保存性 18～24 日、耐希釈性 1～5 × 10^{-3}。ゲノムはプラス ssRNA で 2 成分に 2 分節

(RNA-1: 7,471 nt、P1AHel-Vpg-Pro-Pol。RNA-2: 4,667 nt、2A-MP-CP)。蛋白質はポリプロティンとして翻訳され、Proでプロセシングされて成熟すると推定。感染植物では、細胞質に散在あるいは結晶。細胞質や原形質連絡糸内（写真c）およびこれに生じた鞘状構造内にも連鎖配列。膜状封入体を誘導。RNA-2の構造、塩基配列、血清的性状あるいはPol、CPの系統樹からSubgroup Bに類別。宿主域は比較的広い。アカザ科、ソテツ科、ツルナ科、ヒユ科、ナス科、マメ科、ユリ科、アヤメ科植物など。線虫による土壌伝染と思われるが、媒介線虫は未定。機械的接種可能。一部の植物では種子伝染。ネギ、アオキから分離されたウイルスは本ウイルスに近縁。ダイズ微斑モザイクウイルス（Soybean mild mosaic virus, SoyMMV）も近縁。Subgroup B。

〈参考文献〉Hanada, K. *et al*. (2006) J. Gen. Pl. Oathol. 72: 383；花田　薫ら（2008）日植病報 74: 223；Han, S. S. *et al*. (2002) Arch. Virol. 147: 2207；ICTVdB Descr. (2006). 00.018.0.03.013. *Cycas necrotic stunt virus*；楠木　学（1983）植物ウイルス事典（與良　清ら編）. 306. 朝倉書店. 東京；楠木　学ら（1975）日植病報 41: 285；楠木　学ら（1986）日植病報 52: 302.

ブドウファンリーフウイルス
***Grapevine fanleaf virus*, GFLV**

オーストリアで記載（Tathay, 1883）、本邦でも記載（Tanaka and Kugoh, 1978）。ブドウ（*Vitis vinifera*、*V. rupestris* ほかの *Vitis* spp.）に緑黄色のモザイク、輪紋、線状斑、フレック、扇状葉、節間の変形など。ウイルス粒子は径約 30 nm の小球状。浮遊密度約 1.49 g/ ㎤（B）、1.41 g/ ㎤（M）、1.31 g/ ㎤（T、中空）。沈降定数約 120 S（B）、86 S（M）、50 S（T）。耐熱性 60～65 ℃、耐保存性 15～30 日。耐希釈性 $10^{-3\sim-4}$。核酸含量約 42 %（B）、30 %（M）、0 %（T）。ゲノムは 2 分節（RNA-1,-2）で、2 成分に分布。ゲノムはプラス ssRNA で、RNA-1（7,342 nt）、RNA-2（3,774 nt）。構造蛋白質（CP）は RNA-2 由来で 1 種（54 kDa）。非局在性で、各種細胞に存在。細胞質には膜状封入体を生ずるとされる。線虫（*Xiphinema index*、*X. italiae*）で土壌伝染。多年性果樹の植栽では土壌伝染については注意を要し、本ウイルスについては各国で配慮されている。検定植物の一部では種子伝染。機械的接種可能。Subgroup A。

〈参考文献〉Hewitt, W. B. *et al*. (1970). CMI/AAB Descr. Pl. Viruses No. 28；ICTVdB Descr. (2006). 00.018.0.03.01. *Grapevine fanleafvirus*；難波成任（1983）植物ウイルス事典（與良　清ら編）. 339. 朝倉書店. 東京；Tanaka, H. and Kugoh, T. (1978). Proc. 6th. Conf. Virus and Virus Diseases Grapevine:

69.

クワ輪紋ウイルス

***Mulberry ringspot virus*, MRSV**

本邦のモザイク、輪紋、ひだ葉を生じたクワ（*Morus* spp.）で発見（土崎ら、1971）。ウイルス粒子は径 22～25 nm の小球状で 2 成分。浮遊密度 1.497～1.504 g/ cm³（B）、沈降定数 122S（B）、93S(M)。耐熱性 50～60 ℃、耐保存性 3～5 日、耐希釈性 $10^{-3 \sim 4}$。核酸含量 B ＝ 40.1～41 %、M ＝ 29.5 %、T ＝ 0 %。感染植物では、細胞質に生じた鞘状構造内に連鎖配列。原形質連絡糸内にも存在。細胞質では膜状封入体を誘導。寄主域はあまり広くない。クワ科、マメ科、アカザ科植物など。線虫（*Longidorus martini*）で土壌伝染。一部の植物では種子伝染。機械的接種可能。Subgroup B。

〈参考文献〉Hibino, H. *et al.* (1977). Ann. Phytopath. Soc. Japan 43: 255；ICTVdB Descr. (2006). 00.018.0.03.020. *Murberry ringspot virus*；Tsuchizaki, T. (1975). CMI/AAB Descr. Pl. Viruses No.142；土崎常男（1983）植物ウイルス事典（輿良清ら編）. 376. 朝倉書店. 東京；八木田秀幸・小室康雄（1972）日植病報 38: 275.

タバコ輪点ウイルス

***Tobacco ringspot virus*, TRSV**

本属のタイプ種で世界各国に分布。米国で記載（Fromme, F. D. *et al.*, 1927）。本邦では最初にグラジオラスで確認（福本ら、1976）。タバコ、キュウリ、ダイズなどに自然発生し、モザイク、斑紋、輪紋、え死などを生ず（口絵 37）。線虫（*X. americanum*、*X. coxi*）で土壌伝染する。アブラムシ、アザミウマ、ダニでも伝搬されるとの報告もあるが、未定。機械的接種は容易。ウイルス粒子（本項 a、b（土居原図））は径約 28 nm の小球状で 2 成分。被膜なし。浮遊密度約 1.51～1.52 g/ cm³（B）、1.42 g/ cm³（M）、沈降定数約 126 S（B）、91 S（M）、53 S（T、

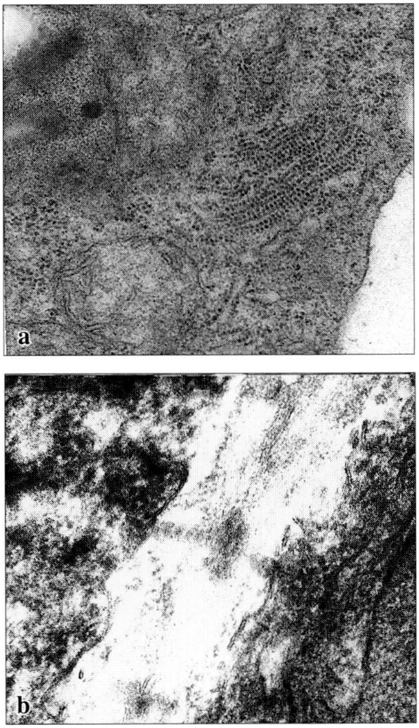

中空)。耐熱性 55 ~ 65 ℃、耐保存性約22日、耐希釈性約 10^{-4}。核酸含量 B = 約 40 %、M = 約 28 %、T = 0 %。ゲノムはプラス ssRNA で2成分に2分節(RNA-1: 7,514 nt、RNA-2: 3,929 nt)。線状の細胞の細胞質に散在・集塊する。原形質連絡糸内(写真b)にも観察。寄生性、血清的に異なる系統が存在。宿主域は広い。ナス科、ウリ科、マメ科、バラ科植物など。Subgroup A。

〈参考文献〉Fromme, F. D. *et al.* (1927). Phytopathology17: 321；福本文良ら(1976)日植病報 42:383；Francki, R. I. B. and Hatta, T. (1977). *In* Atlas of Insect and Plant Viruses (Maramorosch,K. ed.). 221. Academic Press；ICTVdB Descr. (2006). 00.018.0.03.001. *Tobacco ringspot virus*；Salazar, L. F. and Harrison, B. D. (1979). CMI/AAB Descr. Pl. Viruses No.206；Stace-Smith, R. (1970). CMI/AAB Descr. Pl. Viruses No.17；栃原比呂志(1983)植物ウイルス事典(輿良 清ら編). 232. 朝倉書店. 東京.

トマト黒色輪点ウイルス

***Tomato black ring virus*, TBRV**

イギリスのトマトで記載(Smith, 1946)。本邦では最初にスイセン(*Narcissus* spp.)で確認(岩木・小室、1973)。トマト、ビート、レタス、イチゴ、セルリー、ジャガイモなどで自然発生し、モザイクや輪紋などを生ず。ウイルス粒子は径 26 ~ 30 nm の小球状の2成分。浮遊密度約 1.50 g/ cm³(B)、1.44 g/ cm³(M)、1.285 g/ cm³(T、中空)、沈降定数約 121 S(B)、97 S(M)、55 S(T)。耐熱性 60 ~ 65 ℃、耐保存性 14 ~ 21 日、耐希釈性 $10^{-3 \sim 4}$。核酸含量 B = 約 44 %、M = 約 33 %、T = 0 %。ゲノムはプラス ssRNA で2成分に2分節(RNA-1: 7,358 nt、RNA-2: 4,633 nt)。両鎖とも 5' は Vpg、3' はポリ A。構造蛋白質は2~1(5.9 kDa)種。蛋白質はポリプロティンとして翻訳されると推定。サテライト RNA(RNA-3)を有する系統が存在。宿主域は広い。アカザ科、ツルナ科、マメ科、ナス科、ウリ科植物など。線虫(*Longidorus elongatus*、*L. attenuatus*)で土壌伝染する。一部の植物では種子・花粉伝染。機械的接種可能。Subgroup B。

〈参考文献〉Harrison, B. D. and Murant, A. F. (1977). CMI/AAB Descr. Pl. Viruses No. 185；ICTVdB Descr. (2006). 00.018.0.03.028. *Tomato black ring virus*；岩木満朗(1983)植物ウイルス事典(輿良 清ら編). 526. 朝倉書店. 東京；岩木満朗・小室康雄(1973)日植病報 39: 279；Murant, A. F. (1970). CMI/AAB Descr. Pl. Viruses No.38；Smith, K. F. (1946). Parasitology 37: 126.

トマト輪点ウイルス

***Tomato ringspot virus*, ToRSV**

米国のトマトで記載（Price, 1936）。本邦では最初にスイセン（*Narcissus* spp.）で確認（岩木・小室、1971）。トマト、タバコ、キイチゴ、ブドウ、モモなどに輪点、モザイクを生ず。ウイルス粒子は径 25 ~ 28 nm の小球状の 2 成分。浮遊密度 1.49 ~ 1.50 g/ ㎤、沈降定数約 127S（B）、119 S（M）、53 S（T、中空）。耐熱性約 58 ℃、耐保存性約 2 日、耐希釈性約 10^{-3}。核酸含量 B ＝約 44 %、M ＝約 41 %、T ＝ 0 %。ゲノムはプラス ssRNA で 2 成分に 2 分節（RNA-1: 8,214 nt、RNA-2: 7,271 nt）。蛋白質はポリプロテインとして翻訳されると推定。感染植物では、各種細胞の細胞質に散在あるいは結晶。細胞質には鞘状構造や原形質連絡糸内に鎖状配列した像が知られている。宿主域は広い。アカザ科、ナス科、ウリ科、ツルナ科、マメ科植物など。線虫（*Xiphinema americana*）で土壌伝染。一部の植物では種子伝染。機械的接種可能。Subgroup C。

〈参考文献〉ICTVdB Descr. (2006). 00.018. 0.03.029. *Tomato ringspot virus*；岩木満朗（1983）植物ウイルス事典（與良 清ら編）. 528. 朝倉書店. 東京；岩木満朗・小室康雄（1971）日植病報 37: 108；Stace-Smith, R. (1970). CMI/AAB Descr. Pl. Viruses No. 18；Stace-Smith, R. (1984). CMI/AAB Descr. Pl. Viruses No. 290.

（3）ルテオウイルス科　*Luteoviridae*

科名のLuteo-はラテン語で「黄化」を意し、ウイルスは篩部局在性のために黄化症状を生じるとの病徴に由来。植物独自の群。

【所属群】

ルテオウイルス属　*Luteovirus*（タイプ種：オオムギ黄萎ウイルス、*Barley yellow dwarf virus*, BYDV）

ポレロウイルス属　*Polerovirus*（タイプ種：ジャガイモ葉巻ウイルス、*Potato leaf roll virus*, PLRV）

エナモウイルス属　*Enamovirus*（タイプ種：*Pea enation mosaic virus*, PEMV）

【ウイルス粒子】

ウイルス粒子は径25～30 nmの小球状で1成分。32キャプソメア（T = 3）。被膜なし。*Luteovirus*と*Polerovirus*は粒子量約6×10^6、浮遊密度約1.40 g/㎤、沈降定数106～127 S。Enamovirusは粒子量約5.6×10^6、浮遊密度約1.42 g/㎤、沈降定数107～122 S。核酸含量28～37 %。ゲノムは5.6～6.9 kdで、5' 末端にはVpg。構造蛋白質1種（21～23 kDa）。糖・脂質は含まない。

【ゲノム】

プラス（+）のssRNA。5～6 ORF（4～84 kDa）。

【増殖】

*Luteovirus*と*Polerovirus*は篩部局在し、篩部え死を生じる。篩部え死すると同化でん粉が転流阻害され、また葉肉細胞の葉緑体ででん粉が堆積して崩壊することで、罹病植物は黄化、赤化する。これらの症状は篩部局在性ウイルスに共通する。*Enamovirus*は非局在。

【生物的性状】

宿主域は狭～広（属・種でさまざま）。アブラムシで永続的伝搬。機械的接種可能。

〈参考文献〉Arcy, C. J. and Domier, L. L. (2005). *Luteoviridae*. *In* Virus Taxonomy 8th ICTV Reports (Fauquet, C. M. *et al*. eds.).891. Academic Press；ICTVdB Descr. (2006). 00.039. *Luteoviridae*.

①ルテオウイルス属　*Luteovirus*

属名の Luteo- は科名と同じ由来で、本科の主たる属。罹病植物に黄化、赤化、葉巻、萎縮などを生ず。オオムギ黄萎ウイルス（*Barley yellow dwarf virus*（BYDV）-PAV）ウイルス粒子は径 25 ~ 30 nm の小球状で 1 成分。浮遊密度 1.39 ~ 1.40 g/ ㎤、沈降定数 106 ~ 118 S、核酸含量 28 ~ 37.8 %。ゲノムはプラス（＋）の ssRNA（5.3 ~ 5.7 kd）で、5' 末端には Vpg。構造蛋白質 1 種（22 kDa）。ORF 6（ORF 1 ＝ 39 ~ 42 kDa（Hel）、ORF 2 ＝ 60 ~ 62 kDa（Pol）、ORF 3 ＝ 22 kDa（CP）、ORF 4 ＝ 16 ~ 21 kDa（MP）、ORF 5 ＝ 43 ~ 59 kDa（アブラムシ伝搬、ウイルス粒子安定に関与）、ORF 6 ＝ 4 ~ 7 kDa〔機能不明〕。3' 側に存在する ORF 3、4、5、6 はサブゲノムとして翻訳。篩部局在で、篩部え死を誘導。アブラムシ類で永続的伝搬（循環型）。機械的接種は不可能。確定種 9。

〈参考文献〉Arcy, C. J. and Domier, L. L. (2005). *In* Virus Taxonomy 8th ICTV Reports (Fauquet, C. M. *et al.* eds.). 891. Academic Press；ICTVdB Descr. (2006). 00.039.0.01. *Luteovirus*.

オオムギ黄萎ウイルス
***Barley yellow dwarf virus*, BYDV**

従来、BYDV は 1 種とされ、伝搬されるアブラムシ種に特異性が知られ、それらは系統として類別されていた。すなわち、PAV：ムギクビレアブラムシ（*Rhopalosiphum padi*）とムギヒゲナガアブラムシ（*Macrosiphum*（*Sitobion*）*anenae*）、MAV：ムギヒゲナガアブラムシ（*Macrosiphum Sitobion anenae*）、SGV：ムギミドリアブラムシ（*Schizaphis graminum*）、RMV：トウモロコシアブラムシ（*Rhopalosiphum maidis*）、RPV：ムギクビレアブラムシ（*Rhopalosiphum padi*）などがある。今日、BYDV-PAV がタイプ種となった。本邦にも存在。BYDV-PAV は *Rice giallume virus* はシノニムとされる。BYDV の発生はイネ科植物に限られ、オオムギ、コムギ、エンバク、ライムギ、トウモロコシ、テオシント、アワなどの穀物類、野草などに下葉の葉先から黄化、萎縮を生ず（口絵 38、39）。エンバクでは明瞭なレッドリーフ症状を示す。被害は大きい。ウイルス粒子（本項 a、b、c、d）は径 25

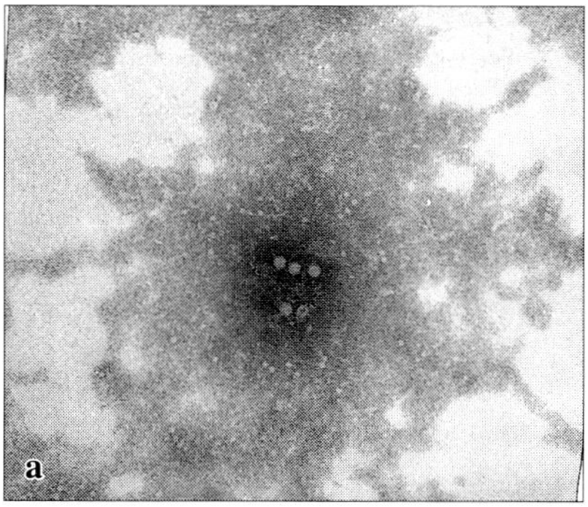

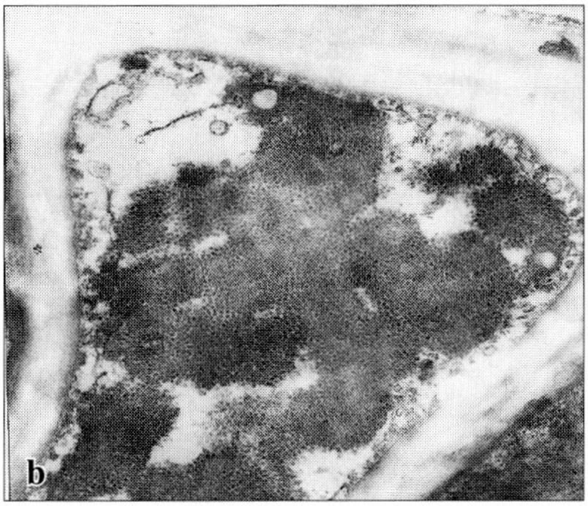

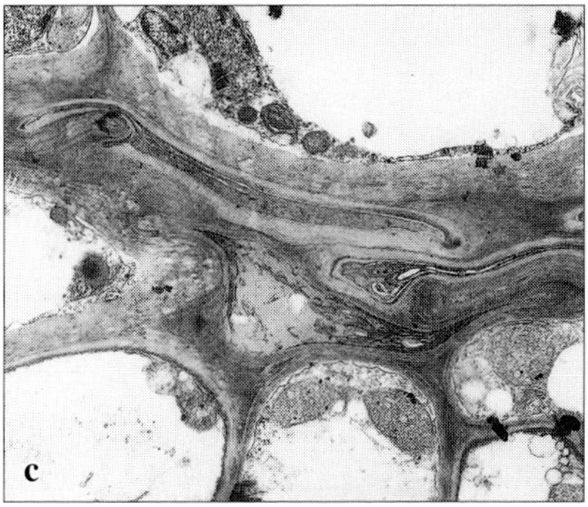

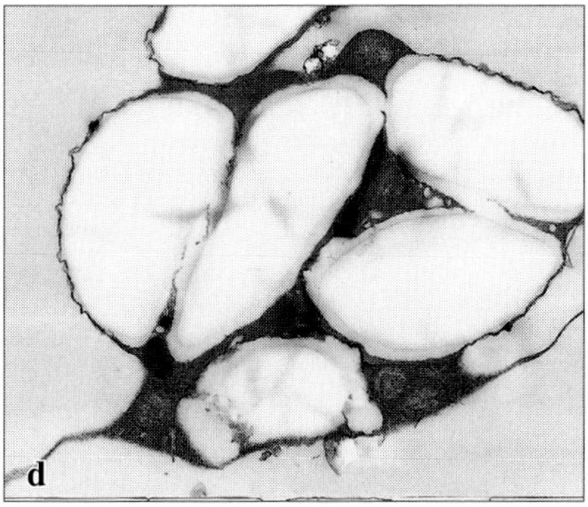

~30 nm の小球状の 1 成分。32 キャプソメア。核酸含量約 28 %。ゲノムはプラスの線状 ssRNA1 分子（5.5 ~ 6.0 kd）。BYDV-PAV の RNA は 5,677 nt。5' には Vpg（17 kDa）。遺伝子については属を参照。篩部局在で、篩部え死を誘導。細胞質、液胞、え死細胞に散在・集塊。細胞質には核酸様繊維を含む小胞を生ず。宿主域はイネ科植物で比較的広い。機械的接種は困難。

〈参考文献〉范　永堅ら（1994）日植病報 60: 725；ICTVdB Descr. (2006). 00.039.0.01.001. *Barley yellow dwarf virus-PAV*；ICTVdB Descr. (2006). 00.039.0.01.002. *Barley yellow dwarf virus-MAV*；Oswald, J. W. and Houston, B. R. (1951). Phytopathology 43: 128；Rochow, W. F. (1970). CMI/AAB Descr. Pl. Viruses No. 32；佐野義孝ら（1997）新潟大農研報 49: 129；鳥山重光ら（1968）日植病報 34:374

ダイズわい化ウイルス

***Soybean dwarf virus*, SDV**

本邦のダイズ（*Glycinbe max*）で記載（玉田ら、1968）。ダイズ、インゲンマメ、エンドウ、クローバなどに黄化、萎縮を生じる。発生は本邦のみ。径 25 ~ 27 nm の 1 成分の小球状。沈降定数約 114 S、耐熱性 45 ~ 50 ℃、耐保存性 14 日以上、耐希釈性 $10^{-2 \sim 3}$。ゲノムはプラスの線状 ssRNA1 分子（5,853 nt）。構造蛋白質は 2 種（2.4 kDa、5.5 kDa）。篩部局在で篩部え死を生じ、それらに集塊、結晶。ジャガイモヒゲナガアブラムシ（*Aulacorthum solani*）で永続的伝搬（循環型）。宿主域はマメ科に限定。ダイズの病徴でわい化（DS）、黄化（Y）系統に類別。一部の *Luteovirus* と血清的類縁あり。機械的接種は困難。

〈参考文献〉土居養二（1983）植物ウイルス事典（與良 清ら編）. 483. 朝倉書店. 東京；土居養二ら（1968）日植病報 34: 375；ICTVdB Descr. (2006). 00.039.0.01.015. *Soybean dwarf virus*. Johnstone, R. R. *et al*. (1989). Plant Virus Online Databese. Soybean dwarf *luteovirus*；玉田哲男（1973）日植病報 39: 27；玉田哲男ら（1968）日植病報 34: 368；Tamada, T. and Kojima, M. (1977). CMI/AAB Descr. Pl.Viruses No. 32.

② ポレロウイルス属　*Polerovirus*

属名の Polero- は本属のタイプ種のジャガイモ葉巻ウイルス（*Potato leaf roll virus*, PLRV）の短縮語に由来。栄養繁殖で自植するジャガイモでは最重要ウイルスのひとつ。ウイルス粒子は径 26～30 nm の小球状で、T = 3（180 サブユニット）。浮遊密度 1.38～1.42 g/ ㎤、沈降定数 115～127 S、耐熱性 70～80 %、耐希釈性約 10^{-4}、核酸含量約 30 %。構造蛋白質 2 種との報告あり。ゲノムはプラス（+）の ssRNA（5.3～5.7 kd）で、5' 末端には Vpg。ORF 0 = 28～30 kDa（膜結合複製関与因子）、ORF = 66～72 kDa（Pro、Vpg）、ORF 2 = 65～72 kDa（Pol）、ORF 3 = 22～23 kDa（CP）、ORF 4 = 17～21 kDa（MP?）、ORF 5 = 43～59 kDa（アブラムシ伝搬、ウイルス粒子安定に関与）、ORF 6 = 4～7 kDa（機能未詳）。宿主域は広くない。本属では 9 種が記載。各種アブラムシ類で永続的伝搬（循環型）。機械的接種は困難。

〈参考文献〉Arcy, C. J. and Domier, L. L. (2005). *Luteoviridae*. *In* Virus Taxonomy 8th ICTV Reports (Fauquet, C. M. *et al*. eds.). 896. Academic Press；ICTVdB Descr. (2006). 00.039.0.02. *Polerovirus*.

ビート西部萎黄ウイルス
***Beet western yellows virus*, BWYV**

米国の黄化したビートで記載（Duffs, 1960）。本邦でも最初にビートで確認（讃井・村山、1969）。宿主域は広い。23 科 150 種以上の植物に自然発生。本邦では、ホウレンソウ、各種アブラナ科植物などに発生。下葉の葉緑黄化、萎縮（口絵 40）。ウイルス粒子（本項 a、b）は径約 26 nm の小球状。浮遊密度約 1.42 g/ ㎤、沈降定数約 116 S。耐熱性約 65 ℃、耐保存性 16 日以上。核酸含量約 30 %。ゲノムはプラスの線状 ssRNA1 分子（5,641 nt）。以前には 2 分節の報告あり。

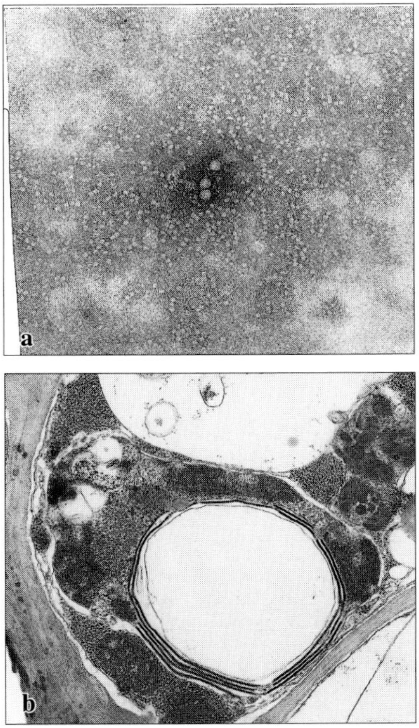

Polerovirus の数種ウイルスと血清的類縁。篩部細胞の細胞質、液胞に散在・集塊。篩部え死、葉肉細胞の葉緑体にでん粉堆積が顕著。各種アブラムシ類で永続的伝搬（循環型）されるが、機械的接種は困難。

〈参考文献〉Duffus, J. E. (1960) Phytopathology 50: 389；Duffus, J. E. (1972). CMI/AAB Descr. Pl. Viruses No. 89；ICTVdB Descr. (2006). 00.039.0.02.003. *Beet western yellows virus*；讃井　蕃・村山大記（1969）日植病報 35:125.

リーキ黄化ウイルス

***Leek yellows virus*, LYV**

本邦（千葉）で記載（荒城ら、1981）。ウイルス粒子は径約 30 nm の小球状 1 種。感染植物では篩部組織に局在。細胞質内に集塊し、核酸様繊維を含む小胞を増生。篩部え死顕著。自然宿主はリーキ（*Allium ampeloprasum*）、ラッキョウ（*A. chinense*）で、下葉の葉先の黄化。宿主域は狭く、ユリ科植物。機械的接種は成功していない。媒介生物は不明。発生は日本のみ。

〈参考文献〉荒城雅昭ら（1981）日植病報 47:138；山下修一（1983）植物ウイルス事典（與良　清ら編）. 356. 朝倉書店. 東京 .

メロン葉脈黄化ウイルス

Melon vein yellowing virus, MVYV

本邦（静岡）で記載（山下ら、1980）。ウイルス粒子（本項 a、b）は径約 26 nm の小球状 1 種。ウイルスは篩部組織に局在し、細胞質内に集塊。核酸様繊維を含む小胞を増生。篩部え死顕著。自然宿主はメロン（*Cucumis melo*）で、葉脈の黄化、株のわい化（口絵 41）。宿主域狭く、ウリ科植物。機械的接種は成功していない。ワタアブラムシ（*Aphis gossypii*）で半永続的伝搬。海外の *Cucurbit aphid-borne yellows virus* との関係は未詳。

〈参考文献〉山下修一ら（1981）日植病報

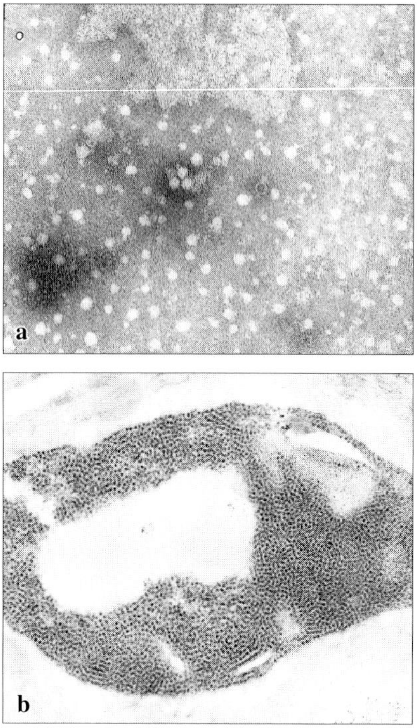

47: 93.

トウガラシ葉脈黄化ウイルス

Pepper vein yellows virus, PVYV

葉脈黄化を示す沖縄のピーマン（*Capsicum annuum*）で記載（Yonaha *et al*., 1995）。発生は本邦のみ。径約 25 nm の小球状。篩部局在。本邦の 4 種 *Luteovirus* とは血清的類縁は認められていない。モモアカアブラムシ（*Myzus persicae*）、ワタアブラムシで永続的伝搬。宿主域は狭い。機械的接種は困難。

〈参考文献〉与那覇哲義ら（1988）日植病報 54: 85；Yonaha, T. *et al*. (1995). Ann. Phytopath. Soc. Japan 61: 178.

ジャガイモ葉巻ウイルス

***Potato leafroll virus*, PLRV**

葉巻、萎縮を示すジャガイモ（*Solanum tuberosum*）で記載（Quanjer, *et al*., 1916)。各国に分布するジャガイモの重要なウイルス。19 世紀に問題となった欧州でのジャガイモ衰弱病の病因のひとつ。本邦でも早期に発見（笠井、1921）。ウイルス粒子（本項 a、b（土居原図））は径約 25 nm の小球状。T = 3。浮遊密度 1.39 ~ 1.42 g/ cm³、沈降定数 115 ~ 127 S。耐熱性 70 ~ 80 ℃、耐保存性 5 ~ 10 日以上、耐希釈性 10^{-4}。核酸含量約 30 %。構造蛋白質は 2 種（CP = 2.6 kDa、Vpg = 0.7 kDa）。ゲノムはプラスの線状 ssRNA1 分子（5,987 nt）。*Polerovirus* の数種ウ

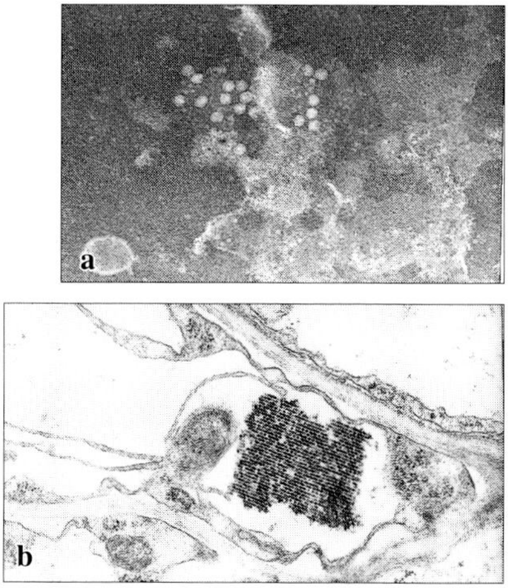

イルスと血清的類縁。篩部細胞の細胞質、液胞に散在・集塊。篩部え死、葉肉細胞の葉緑体にでん粉堆積が顕著。アブラムシ類（モモアカアブラムシ *Myzus persicae*、ジャガイモヒゲナガアブラムシ *Acyrthosiphon solani* など）で永続的伝搬（循環型）されるが、機械的接種は困難。

〈参考文献〉荒井　啓（1983）植物ウイルス事典（興良　清ら編）. 426. 朝倉書店. 東京；荒井　啓ら（1969）日植病報 35:1；ICTVdB Descr. (2006). 00.039.0.02.006. *Potato leaf roll virus*; 笠井幹生（1921）. Ber. Ohara Inst. Landw. Forsch. 2: 47；Kojima, M *et al*. (1969).Virology 39: 162；Oshima, K. *et al*. (1993). Ann. Phytopathol. Soc. Japan 59: 204；Peters, D. (1970). CMI/AAB Descr. Pl. Viruses No. 36；Quanjer, H. M. *et al*. (1916). Meded. Landb.Wageningen 6:41.

③ *Enamovirus* 属

属名の Enamo- はタイプ種の *Pea enation mosaic virus 1*（PEMV 1）の短縮語に由来し、1 属 1 種。ソラマメ、エンドウなどに発生。本邦では未発生。ウイルス粒子は径 25 ~ 28 nm の小球状。T ＝ 3。粒子量約 5.6 × 10^6、浮遊密度約 1.42 g/ ㎤、沈降定数 107 ~ 122 S。耐熱性 55 ~ 65 ℃、耐保存性約 4 日、耐希釈性約 10^{-4}。核酸含量約 28 %。ゲノム は ssRNA（5,705 nt）で 5 ORF（ORF 0（34 kDa）: 膜結合複製因子 ?、ORF 1（84 kDa）: Hel, ORF 2（67 kDa）: Pol, ORF 3（21 kDa）: CP, ORF 5（29 kDa）: アブラムシ伝搬、粒子安定化に関与）。ORF 3、5 はサブゲノムとして翻訳。5' 末端に Vpg。構造蛋白質（CP）1 種。ウイルスは非局在で各種細胞の細胞質、核、液胞に存在。細胞質、核には不定形、膜状封入体を生ず。宿主域は中程度。アブラムシ（*Acyrthosiphon pisum*、*Myzus persicae*）で永続的伝搬するが、この伝搬には *Umbravirus* の PEMV 2 の存在が必要。機械的接種可能。確定種 11。本邦では認められていない。

〈参考文献〉Arcy, C. J. and Domier, L. L. (2005). *Luteoviridae*. *In* Virus Taxonomy 8th ICTV Reports (Fauquet, C. M. *et al*. eds.). 897. Academic Press；ICTVdB Descr. (2006). 00.039.0.03. *Enamovirus*；ICTVdB Descr. (2006). 00.039.0.03.001. *Pea enation mosaic virus 1*；Peters, D. (1982). CMI/AAB Descr. Pl. Viruses No. 257；Shepherd, R. J. (1970). CMI/AAB Descr. Pl. Viruses No. 25.

④ 属未定

ニンジン黄化ウイルス

Carrot red leaf virus, CRLV

黄化、赤変、萎縮を示すニンジン *Daucus carota* でイギリスで記載（Watson *et al.*, 1964）され、本邦でも確認（岩木ら、1967）。パセリー、セルリーなどにも発生。ウイルス粒子は径約 25 nm の小球状。浮遊密度約 1.403 g/ ㎤、沈降定数約 107 S。核酸含量約 28 %。ゲノムは ssRNA（5,723 nt）。構造蛋白質（CP）1 種（25 kDa）。ウイルス粒子は篩部局在で、細胞質に散在・集塊し、小胞を多産し、篩部え死が顕著。ニンジンアブラムシ（*Semiaphis heraclei*）、ニンジンフタオアブラムシ（*Cavariella aegopodii*）で永続的伝搬（循環型）。機械的接種は困難。*Carrot mottle virus*（CMotV）（*Umbravirus*）と重複感染して、carrot motley dwarf disease を生じるとされる。CMotV はアブラムシ伝搬には CRLV の存在を必要とする dependent virus で、野外では常に CRLV と混合感染して存在するが、本邦では CMotV の発生は未詳。

〈参考文献〉ICTVdB Descr. (2006). 00. 039.0.00. 009. *Carrot red leaf virus*；ICTVdB Descr. (2006). 00.078. 0.01.001. *Carrot mottle virus*；岩木満朗・小室康雄（1967）日植病報 33: 317. 大木　理（1983）植物ウイルス事典（輿良　清ら編）. 262. 朝倉書店. 東京；Murant, A. F. (1974). CMI/AAB Descr. Pl. Viruses No. 137；Waterhouse, P. M. and Murant, A. F. (1982). CMI/AAB Descr. Pl. Viruses No. 249；Watson, M. *et al.* (1964). Ann. appl. Biol. 54:153.

タバコえそ萎縮ウイルス

Tobacco necrotic dwarf virus, TNDV

葉脈退色～えそ、黄化、萎縮を示すタバコ（*Nicotiana tabacum*）より本邦で記載（久保ら、1976）。ホウレンソウ、ナズナでも自然発生。ウイルス粒子は径約 25 nm の小球状。沈降定数約 115 S。耐熱性約 80 ℃、耐保存性 6 ヵ月以上。核酸含量約 30 %。構造蛋白質は 1 種（24 kDa）。ゲノムはプラスの線状 ssRNA1 分子。篩部局在でその細胞質、核、液胞内に散在・集塊。篩部え死し、葉肉細胞の葉緑体にでん粉堆積が顕著。プロトプラストでは葉肉細胞でも感染。モモアカアブラムシ（*Myzus persicae*）で永続的伝搬（循環型）。機械的接種は困難。

〈参考文献〉ICTVdB Descr. (2006). 00.

039.0.00. 018. *Tobacco necrotic dwarf virus*；Kubo, S. (1981). CMI/AAB Descr. Pl. Viruses No. 234；久保　進（1983）植物ウイルス事典（與良　清ら編）. 426. 朝倉書店. 東京；久保　進ら（1976）葉たばこ研究 73: 49.

（4）トムブスウイルス科　*Tombusviridae*

科名の Tombus- は本科の代表的属の *Tombusvirus* に由来。

【所属群】

カルモウイルス属　*Carmovirus*（タイプ種：カーネーション斑紋ウイルス、*Carnation mottle virus*, CarMV）

ネクロウイルス属　*Necrovirus*（タイプ種：タバコネクローシスウイルス、*Tobacco necrosis virus*, TNV）

トムブスウイルス属　*Tombusvirus*（タイプ種：トマトブッシースタントウイルス、*Tomato bushy stunt virus*, TBSV）

Aureusvirus（タイプ種：*Pothos latent virus*, PoLV）

Avenavirus（タイプ種：*Oat chlorotic stunt virus*, OCSV）

Dianthovirus（タイプ種：*Carnation ringspot virus*, CarRSV）

Machlomavirus（タイプ種：*Maize chlorotic mottle virus*, MCMV）

Panicovirus（タイプ種：*Panicum mosaic virus*, PaMV）

【ウイルス粒子】

ウイルス粒子は径 28～35 nm の小球状で 1 成分。T ＝ 3（32 キャプソメア、180 サブユニット）。被膜なし。粒子量 8.2～8.9 × 10^6、浮遊密度 1.18～1.36 g/㎤、沈降定数 130～140 S。耐熱性 75～90 ℃、耐保存性 21～300 日、耐希釈性 $10^{-4～-7}$。核酸含量 14～18 %。ゲノムは 3.7～4.8 kd の ssRNA。ウイルスによってはほかに、サブゲミック ssRNA、欠損 ssRNA、サテライト ssRNA、宿主 ssRNA を含むことがある。構造蛋白質 1 種で、CP の大きさで 2 群に大別（37～48 kDa 群（径 32～35 nm 粒子）：*Aureusvirus*、*Avenavirus*、*Carmovirus*、*Dianthovirus Tombusvirus*、25～29 kDa 群（径 30～32 nm 粒子）：*Machlomovirus*、*Necrovirus*、*Panicovirus*）。糖・脂質は含まない。

【ゲノム】

プラス（＋）の ssRNA で ORF ＝ 3～5（図 1 - 2）。ゲノム構造はウイルス属で異なるが、5' 側に位置する ORF 1 はリードスルーで ORF 1-RT（Pol）、3' 側の ORF 2～4 は部分的に重複するものが多く、また、CP や MP がより保存された属がある。CP、Pol の塩基配列による系統樹の検討・比較もなされている。

【増殖】

ゲノム複製、蛋白質翻訳は各属、類似すると推定される。3' 側はサブゲノムで転写・翻訳されるものが多い。ウイルスは非局在性で、各種細胞の細胞質、核、液胞などに観察される。ウイルスによっては封入体を誘導。

【生物的性状】

寄主域は広～狭。野外での伝染は媒介者が存在しないで土壌伝染するもの、菌類で土壌伝染するもの、種子伝染するもの、接ぎ木・栄養繁殖で伝染するものなど、さまざまである。そのほか 本属は 8 群に分類されるが、ここでは本邦で未記載の *Aureusvirus*、*Avenavirus*、*Dianthovirus*、*Machlomavirus*、*Panicovirus* 属については割愛する。

〈参考文献〉ICTVdB Descr. (2006). 00.074. *Tombusviridae*；Lommel, S. A. *et al.* (2005). *Tombusviridae*. *In* Virus Taxonomy 8th ICTV Reports (Fauquet, C. M. *et al.* eds.). 907. Academic Press；Russo, M. *et al.* (1994). Adv. Virus Res. 44: 381.

①カルモウイルス属　*Carmovirus*

属名の Carmo- はタイプ種のカーネーション斑紋ウイルス（*Carnation mottle virus*, CarMV）の短縮語に由来。ウイルス粒子は径 32～35 nm（T ＝ 3）、32 キャプソメア（180 サブユニット）。粒子量約 8.2×10^6、浮遊密度 1.33～1.36 g/㎤、沈降定数 118～130 S。耐熱性約 95 ℃、耐保存性約 495 日、耐希釈性約 10^{-6}。核酸含量約 14 %。構造蛋白質は 1 種（CP ＝ 38 kDa）。ゲノムはプラスの ssRNA（約 4.0 kb）で 4 ORF。5' 側の ORF 1 ＝ 28 kDa、ORF 1 のリードスルー（ORF 1RT） ＝ 88 kDa（Pol）、ORF 2 ＝ 7～8 kDa、ORF 3 ＝ 8～9 kDa、ORF 4 ＝ 38 kDa（CP）。ORF 2、3 はサブゲノム 1（1.7 kb）、ORF 4 はサブゲノム 2（1.45 kb）より生ず。ウイルス粒子は細胞質、核、液胞内に散在・集塊。宿主域は広くない。ウイルスによって伝染は接触、種子、土壌（菌類の *Olpidium borovanus*）、ハムシ（半永続的）。機械的接種は容易。これまでに、確定種 14、暫定種 8。

〈参考文献〉ICTVdB Descr. (2006). 00.074. 0.02. *Carmovirus*. Lommel, S. A. *et al.* (2005). *Tombusviridae*. *In* Virus Taxonomy 8th ICTV Reports (Fauquet, C. M. *et al.* eds.). 922. Academic Press；Russo, M. *et al.* (1994). Adv. Virus Res. 44: 381.

カーネーション斑紋ウイルス
Carnation mottle virus, CarMV

イギリスのカーネーション（*Dianthus* spp.）で発見（Kassanis, 1955）。本邦で種細胞の細胞質、液胞で散在・集塊。導管内にも観察（写真b）。宿主域はやや広い。接触、挿木で伝染。以前には大多数の株が汚染されていたが、今日、茎頂培養の普及でほとんどウイルスフリーとなっている。機械的接種容易。

〈参考文献〉Hollings, M. and Stone, O. M. (1970). CMI/AAB Descr. Pl. Viruses No. 7；ICTVdB Descr. (2006). 00.074. 0.02.001. *Carnation mottle virus*；Kassanis, B. (1955). Ann. apple. Biol. 43:103； 栃原比呂志 (1983) 植物ウイルス事典（與良 清ら編）. 255. 朝倉書店. 東京；Tremaine, J. H. and Moran, J. R. (1985). Plant Viruses Online Database. Carnation mottle *carmovirus*.

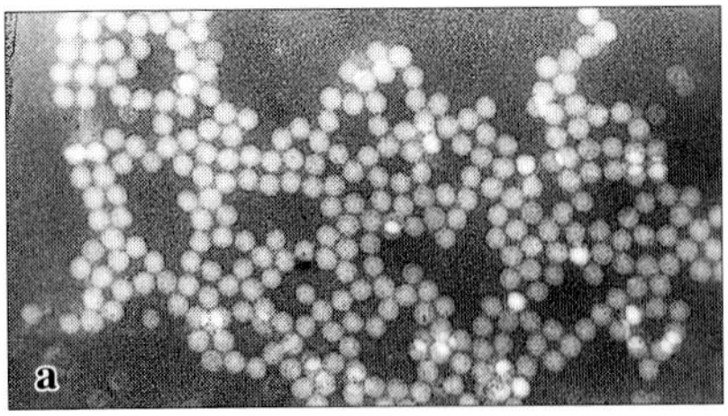

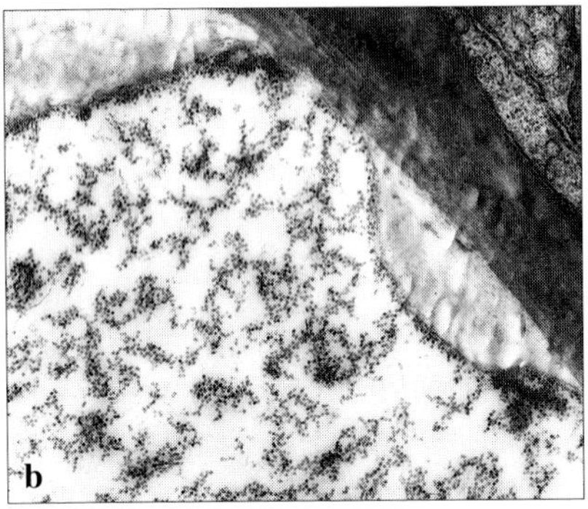

は輿良ら（1965）。世界各国に存在すると推定。カーネーションに斑紋～潜在（口絵42）。ウイルス粒子（本項a、b（土居原図））は32～35 nmの小球状。T＝3（180サブユニット）。粒子量約7.5×10^6、沈降定数約122 S。耐熱性約90 ℃、耐保存性約70日、耐希釈性約10^{-5}。核酸含量約20 %。構造蛋白質は1種。ゲノムはプラスのssRNA（4,003 nt）。5'側のORF 1 ＝ 28 kDa、ORF 1のリードスルー（ORF 1RT） ＝ 88 k Da（Pol）、3'側のORF 2、3、4はサブゲノムとして翻訳される。サブゲノム1（1.7 kb）はORF 2 ＝ 8 kDa、ORF 3 ＝ 7 kDa、サブゲノム2（1.45 kb）はORF 4 ＝ 38 kDa（CP）をコードする。ウイルス粒子は各

ハイビスカス退緑斑ウイルス

***Hibiscus chlorotic ringspot virus*, HCRSV**

米国のハイビスカス（*Hibiscus rosa-sinensis*）で記載（Waterworth, 1976）。本邦では退緑斑、輪紋、葉脈緑帯を生じた株で記載（柏崎ら、1982）。たぶん各国に分布。ウイルス粒子は径約28 nmの小球状。浮遊密度約1.35 g/㎤、沈降定数約118 S。耐熱性約72 ℃、耐保存性約30日、耐希釈性約10^{-8}。核酸含量約14 %。構造蛋白質は1種。ゲノムはプラスのssRNA（3,911 nt）。各種細胞の細胞質、液胞内に散在・集塊。宿主域はあまり広くない。媒介者の記載はなく、通常、挿ぎ木で垂直伝染。機械的接種可能。

〈参考文献〉柏崎　哲（1982）日植病報 48: 395；ICTVdB Descr. (2006). 00.074. 0.02. 008.*Hibiscus chlorotic spotvirus*；Waterworth, H. E. (1980). CMI/AAB Descr. Pl. Viruses No. 227；Waterworth, H. E. *et al*. (1976). Phytopathology 66: 570；山下修一（1983）植物ウイルス事典（輿良　清ら編）. 346. 朝倉書店. 東京.

ハナショウブえそ輪紋ウイルス

***Japanese iris necrotic ring virus*, JINRV**

本邦のハナショウブ（*Iris* spp.）で記載（安川ら、1981）。えそ、輪紋を生ず（口絵 43）。記載は本邦のみ。ウイルス粒子（本項 a）は径約 35 nm の小球状。浮遊密度約 1.353 g/㎤、沈降定数約 118S。核酸含量約 20 %。構造蛋白質は 1 種（CP = 38 kDa）。ゲノムはプラスの ssRNA（4,014 nt）。5' 側の ORF 1 = 26 kDa、ORF 1 のリードスルー（ORF 1RT） = 85 kDa（Pol）で翻訳される。ORF 2 = 8 kDa（MP）、ORF 3 = 12 kDa、ORF 4 = 12 kDa（CP）、ORF 5 = 38 kDa（CP）をコード。各種細胞の細胞質、液胞内に散在・集塊。宿主域はやや広い（13 科 40 種以上）。媒介生物は知られていない。通常、株分けで垂直伝染。機械的接種可能。

〈参考文献〉ICTVdB Descr. (2006). 00.074. 0.02. 022. *Japanese iris necrotic ring virus*；Osaki,T. *et al*. (1992). Ann. Phytopath. Soc. Japan 58:23；Takemoto, Y. *et al*. (2000). Arch.Virol. 145: 651；安川　浩ら（1982）日植病報 48:113.

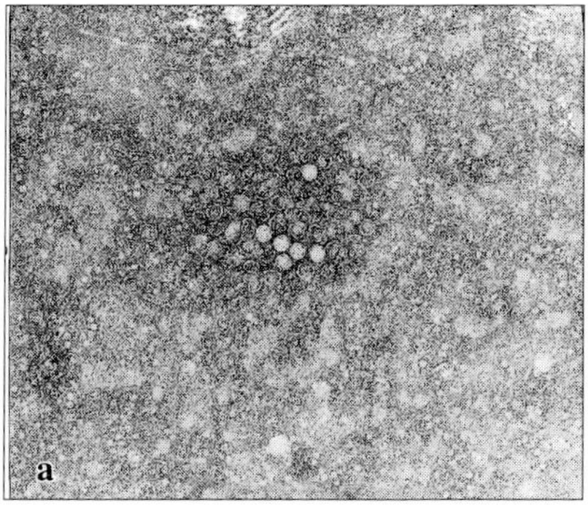

a

メロンえそ斑点ウイルス

***Melon necrotic spot virus*, MNSV**

えそ斑、茎えそを示す本邦のメロン（*Cucumis melo*）で記載（岸、1966）（口絵 44）。今日、米国、欧州でも記載。ウイルス粒子（本項 a）は径約 30 nm の小球状。浮遊密度約 1.33～1.34 g/㎤、沈降定数約 134 S。耐熱性約 60 ℃、耐保存性約 9～32 日、耐希釈性 $10^{-4 \sim 5}$。核酸含

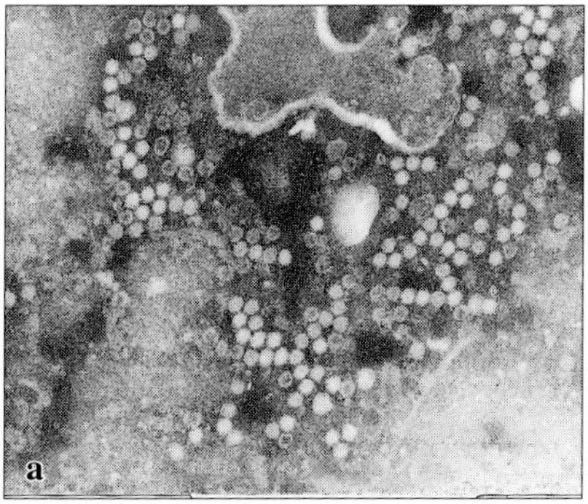

a

量約 17.8 %。構造蛋白質は 1 種。ゲノムはプラスの ssRNA（4,266 nt）。各種細胞の細胞質、液胞内に散在・集塊。宿主域はやや広い。菌類（*Olpidium radicola*）（*O. cucurbitacearum*）で土壌伝染。メロンでは種子伝染（10～40 %）。機械的接種可能。

〈参考文献〉日比忠明（1983）植物ウイルス事典（與良　清ら編）. 368. 朝倉書店. 東京；Hibi, T. and Furuki, I. (1985). CMI/AAB Descr. Pl. Viruses No. 302；ICTVdB Descr. (2006). 00.074. 0.02. 009. *Melon necrotic spot virus*；岸國平（1966）日植病報 32:138.

エンドウ茎えそウイルス

***Pea stem necrosis virus*, PSNV**

茎葉のえそ、黄化を示す本邦の和歌山のエンドウ（*Pisum sativum*）で記載（中野ら、1976）（口絵 45）。発生は日本のみ。ウイルス粒子（本項 a、b）は径約 34 nm の小球状。沈降定数約 118 S。耐熱性 70～75 ℃、耐保存性約 2 日。核酸含量約 15 %。構造蛋白質は 1 種（CP = 35 kDa）。ゲノムはプラスの ssRNA（4,048 nt）。各種細胞の細胞質、液胞内に散在、集塊、結晶。ミトコンドリアの表面には核酸様繊維を含む小胞が特異的に誘導（写真 b）。宿主域はやや広い。菌類（*Olpidium* sp.）で土壌伝染。種子伝染の可能性ある。機械的接種可能。

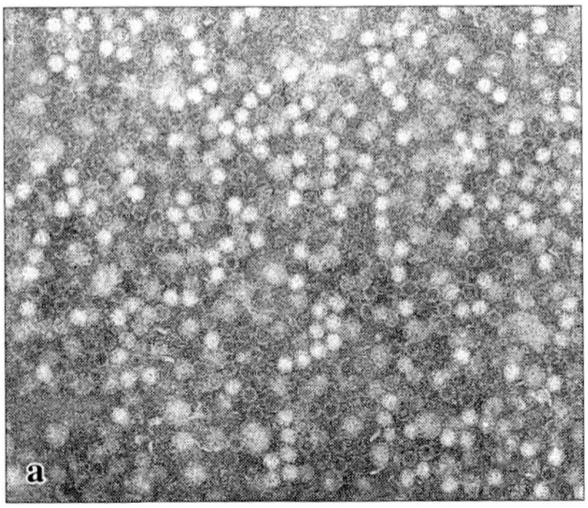

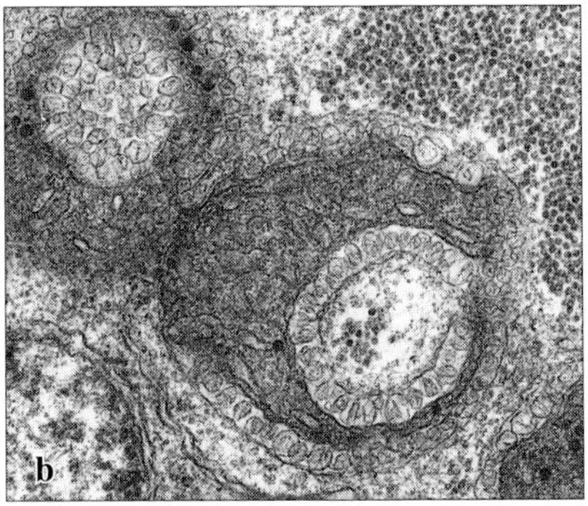

〈参考文献〉ICTVdB Descr. (2006). 00.074. 0.82.023.00.001. *Pea stem necrosis virus*；井上忠男（1983）植物ウイルス事典（與良　清ら編）. 399. 朝倉書店. 東京；中野昭信ら（1976）日植病報 42:82；尾崎武司・井上忠男（1988）日植病報 54: 204；Osaki, T. *et al*. (1988). Ann. Phytopath. Soc. Japan 54: 210.

②ネクロウイルス属　*Necrovirus*

属名の Necro- はタイプ種のタバコネクローシスウイルス A（*Tobacco necrosis virus A*, TNV-A）に由来。ウイルス粒子は径約 28 nm、T ＝ 3（32 キャプソメア、180 サブユニット）。粒子量 7.6 × 10^6、浮遊密度 1.40 g/㎤、沈降定数 118 S。耐熱性約 85～95 ℃、耐保存性 7～63 日、耐希釈性約 $10^{-4\sim10}$。核酸含量約 18～19 %。構造蛋白質は 1 種（CP ＝ 29～30 kDa）。ゲノムはプラスの ssRNA（3,644～3,762 nt）で 5 ORF。タイプ種の TNV-A のゲノムは下記。ウイルス粒子は細胞質、核、液胞内に散在・集塊。細胞質と核内には成熟ウイルス粒子を含む封入体を生じ、細胞質封入体は結晶状、核封入体は繊維状。宿主域は広～中。ウイルスは菌類の *Olpidium* spp. で土壌伝染。機械的接種は容易。これまでに、確定種 6、暫定種 2。

〈参考文献〉ICTVdB Descr. (2006). 00.074.0.03. *Necrovirus* ；Lommel, S. A. *et al.* (2005). *Tombusviridae*. *In* Virus Taxonomy 8th ICTV Reports (Fauquet, C. M. *et al.* eds.). 926. Academic Press.

トルコギキョウえそウイルス
***Lisianthus necrosis virus*, LNV**

本邦のトルコギキョウ（*Eustoma russellianum*）（岩木ら、1985）で記載。同植物にえそ斑、輪紋、頂部え死、花びらの斑入りなどを生ず。ウイルス粒子は径約 30 nm の小球状。浮遊密度は B ＝ 1.333 g/㎤、沈降定数 136 S。耐熱性約 90 ℃、耐保存性約 9 週間、耐希釈性 10^{-9}。構造蛋白質 1 種（3.55 kDa）。ゲノムは＋鎖 ssRNA（1.67 kb）（4,185 nt）で非分節。べん毛菌類の *Olpidium* sp. で土壌伝染。機械的接種容易。

〈参考文献〉ICTVdB Descr. (2006). 00.074.0.83.005. Lisianthus necrosis virus；岩木満朗ら（1985）日植病報 52:355；Iwaki, M. *et al.*(1987). Phytopathology 77: 867.

タバコネクローシスウイルス
***Tobacco necrosis virus*, TNV**

イギリスのタバコ（*Nicotiana tabacum*）で発見（Smith and Bald, 1935）。本邦では土居ら（1969）。タバコでは生育不良、チューリップでは茎葉にえそ（口絵 46、47）、イチゴでは通常、無病徴。ウイルス粒子（本項 a、b、c（土居原図））は径約 28 nm の小球状。32 キャプソメア（T ＝ 3）。分離株によっては径約 17 nm の衛星（satellite virus）を伴う（写真 a)。粒子量約 7.6 × 10^6、浮遊密度約 1.399 g/㎤、沈降定数約 118 S。耐熱性 85～95 ℃、耐保存性 7～28 日、耐希釈性約

a

c

10^{-4}。核酸含量約 19 %。構造蛋白質は 1 種（CP= 約 30 kDa）。ゲノムはプラスの ssRNA（3,684 nt）。5 種 の ORF（23、82、7.9、6.2、30 kDa）を有し、2 種のサブゲノム（1.6、1.3 kb）を生ず。各種細胞の細胞質、液胞内に散在・集塊、結晶。宿主域はかなり広い（37 科 88 種以上）。ウイルスはべん毛菌類の *Olpidium brassicae* で土壌伝染。体内外に存在して伝搬（写真 c）。機械的接種容易。野外では潜在感染も多いと推定され、無症状の植物の根部から高率に分離されるという。近年、TNV は血清的性状より A、D に類別され、TNV-A がタイプ種となった。衛星ウイルスは CP の遺伝子のみを有し、複製は TNV の Pol を利用する。

〈参考文献〉土居養二ら（1969）日植病報 35: 359；ICTVdB Descr. (2006). 00.074.0.03.0001. *Tobacco necrosis virus A*；Kassanis, B. (1970). CMI/AAB Descr. Pl. Viruses No. 14；都丸敬一（1983）植物ウイルス事典（與良　清ら編）. 510. 朝倉書店. 東京 .

③トムブスウイルス属　*Tombusvirus*

属名の Tombus- はタイプ種のトマトブッシースタントウイルス（*Tomato bushy stunt virus*, TBSV）の短縮語に由来。ウイルス粒子は径 32 ~ 35 nm の小球状、T = 3（32 キャプソメア、180 サブユニット）。粒子量約 8.9×10^6、浮遊密度 1.28 ~ 1.36

g/ cm³、沈降定数 132～140 S。耐熱性 75～90 ℃、耐保存性 21～100 日、耐希釈性約 $10^{-4\sim-7}$。核酸含量約 17 %。構造蛋白質は 1 種（CP = 41 kDa）。ゲノムはプラスの ssRNA（4,576～4,789 nt）で 4 ORF。ORF 1 = 32～36 kDa、およびこのリードスルーによる ORF 1-RT = 92～95 kDa（Pol）、ORF 2 = 41 kDa（CP）、ORF 3 = 19 kDa、ORF 4 = 22 kDa（MP と推定）。2 種のサブゲノムを生じ、ORF 2 はサブゲノム 1（2.2 nt）、ORF 3、4 はサブゲノム 2（0.9 nt）よりコード。ウイルス粒子は細胞質、核、液胞、核膜、ミトコンドリア、葉緑体内に存在するものがあるという。細胞質と核内には成熟ウイルス粒子を含む封入体を生じる 細胞質封入体は結晶状、膜状、核封入体は結晶状。宿主域は広～狭。生物的媒介者は存在せずに土壌伝染するもの、菌類の *Olpidium bornovanus* で土壌伝染するもの、種子伝染するものあり。機械的接種は容易。これまでに、確定種 15、暫定種 1。

〈参考文献〉ICTVdB Descr. (2006). 00.074.0.01. *Tombusvirus*；Martelli, G. P. *et al*. (191). CMI/AAB Descr. Pl. Viruses No. 69；Lommel, S. A. *et al*. (2005). *Tombusviridae*. *In* Virus Taxonomy 8th ICTV Reports (Fauquet, C. M. *et al*. eds.). 914. Academic Press；Martelli, G. P. *et al*. (1971). CMI/AAB Descr. Pl. Viruses No. 69；Martelli, G. P. *et al*. (1989). CMI/AAB Descr. Pl. Viruses No. 352.

トマトブッシースタントウイルス
Tomato bushy stunt virus, TBSV

イギリスで叢生、輪紋、線状斑、果実の退緑斑を示すトマト（*Lycopersicon esculentum*）で記載（Smith, 1935）。本邦ではモザイク、萎縮を示すツノナス（*Solanum mammosum*）が最初（藤澤ら、1995）で、その後、トルコギキョウからも分離。ウイルス粒子（本項 a、b）は径約 34～35 nm の小球状。T = 3（32 キャプソメア、180 サブユニット）。浮遊密度約 1.35 g/ cm³、沈降定数約 130 S。耐熱性 80～90 ℃、耐保存性 130～150 日、耐希釈性約 10^{-6}。核酸含量約 17 %。構造蛋白質は 1 種（CP =約 41 kDa）。ゲノムはプラスの ssRNA（4,776 nt）。4 種の ORF。各種細胞の細胞質、液胞内に散在・集塊。宿主域は広い。媒介生物は知られていない。接ぎ木、種子伝染が認められる。機械的接種容易。

〈参考文献〉藤永真史ら（2006）日植病報 72: 109；藤澤一郎ら（1995）日植病報 61: 602；ICTVdB Descr. (2006). 00.074.0.01.001. *Tomato bushy stunt virus*；Martelli, G. P. *et al*. (1971). CMI/AAB Descr. Pl. Viruses No. 69；Martelli, G. P. *et al*. (1989). CMI/AAB Descr. Pl. Viruses No. 352；Ohki, T. *et al*. (2005). J. Gen. Plant Pathol. 71:74；Smith, K. M.

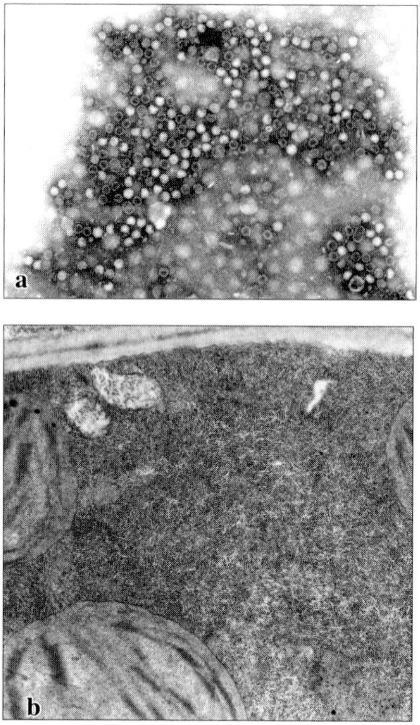

(1935). Ann.appl. Biol. 22:235.

ブドウアルジェリア潜在ウイルス

Grapevine Algerian latent virus, GALV

アルジェリアで無病徴のブドウ（*Vitis vinifera*）で記載（Gallitelli, 1989）。本邦ではモザイク、萎縮を示すツノナス（*Solanum mammosum*）で確認（藤澤ら、1994）。ウイルス粒子は径 33 nm の小球状。T = 3（32 キャプソメア、180 サブユニット）。耐熱性 90 ~ 95 ℃、耐保存性 130 ~ 140 日。構造蛋白質は 1 種。ゲノムはプラスの ssRNA（4,731 nt）。4 種の ORF。ウイルス粒子は葉肉細胞の細胞質に観察される。パーオキシゾームの周囲に膜状構造を誘導。細胞質や葉緑体、ミトコンドリア内に鞘状構造を生じることがある。宿主域は狭い。媒介者は知られていない。ドイツ、イタリアでは河川、湖沼水でも検出。

〈参考文献〉藤澤一郎ら（1994）日植病報 60: 396；Gallitelli, D. *et al.* (1989). Phytoparasitica 17: 61；ICTVdB Descr. (2006). 00.074.0.01.007. *Grapevine Algerian latent virus*；Ohki, T. *et al.* (2005). J. Gen. Plant Pathool. 72:119

（5）ブロモウイルス科　*Bromoviridae*

科名の Bromo- は本科の代表的属の Bromovirus に由来。

【所属群】

アルファモウイルス属　*Alfamovirus*（タイプ種：アルファルファモザイクウイルス、*Alfalfa mosaic virus*, AlMV）

ククモウイルス属　*Cucumovirus*（タイプ種：キュウリモザイクウイルス、*Cucumber mosaic virus*, CMV）

イラルウイルス属　*Ilarvirus*（タイプ種：タバコ条斑ウイルス、*Tobacco streak virus*, TSV）

Bromovirus（タイプ種：*Brome mosaic virus*, BMV）

Oleavirus（タイプ種：*Olive latent virus 2*, OlLV-2）

【ウイルス粒子】

径 26～35 nm の小球状（T ＝ 3、*Bromovirus*、*Cucumovirus*、*Ilarvirus*）または径 18～26、長さ 30～85 nm の両端丸味を有する桿菌状で、多（3）成分。被膜なし。粒子量 3.5～6.9 × 10^6。浮遊密度 1.35～1.37 g/㎤、沈降定数 63～99 S。耐熱性約 60 ℃、ウイルス RNA は中性 pH 付近で RNase の影響を受けやすい。核酸含量 14～25 %。構造蛋白質は 1 種（CP ＝ 24～26 kDa）。

【ゲノム】

プラス（＋）ssRNA。ゲノム全体は 7,900～8910 nt で、分節ゲノムは RNA-1 ＝ 3,200～3,644 nt（ORF 1a ＝ 110 K）、RNA-2 ＝ 2,600～3,050 nt（ORF 2a ＝ 92 K、ORF 2b ＝ 11 K（サブゲノムで生ず）、RNA-3 ＝ 2,100～2,216 nt（ORF 3a ＝ 32 K（MP）、RNA-4 ＝ 800～1,000 nt（ORF CP ＝ 24 K）、サブゲノムで RNA-3 から生ず）。ウイルスゲノムは細胞質の膜系でマイナス（－）鎖からプラス（＋）鎖を複製と推定。

【増殖】

ウイルス粒子は細胞質や液胞内に散在・集塊、結晶。

【生物的性状】

宿主域は極広～狭。昆虫伝搬（非永続的）のものがあるが、媒介者不在のものもある。機械的接種可能。

【その他】

本属は4属に分類されるが、本邦で未記載の *Bromovirus*、*Oleavirus* の属についての説明は割愛する。

〈参考文献〉ICTVdB Descr. (2006). 00.010. *Bromoviridae*；ICTVdB Descr. (2006). 00.010.0.01. *Alfamovirus*；ICTVdB Descr. (2006). 00.010.0.04. *Cucumovirus*；ICTVdB Descr. (2006). 00.010.0.03. *Bromovirus*；ICTVdB Descr. (2006). 00.010.0.02. *Ilaruvirus*；ICTVdB Descr. (2006). 00.010.0.05. *Oleavirus*；Roossinck, M. J. *et al.* (2005). *Bromoviridae*. *In* Virus Taxonomy 8th ICTV Reports (Fauquet, C. M. *et al.* eds.). 1049. Academic Press.

① アルファモウイルス属　*Alfamovirus*

属名はタイプ種のアルファルファモザイクウイルス（*Alfalfa mosaic virus*, AlMV）の短縮語に由来。ウイルス粒子は径 18 nm、長さ 56 nm（B）、43 nm（M）、35 nm（Tb）、30 nm（Ta）の桿菌状～球状。粒子量 3.5 ~ 6.9 × 10^6。浮遊密度 1.381 ~ 1.385 g/ cm^3、沈降定数 240 S（B）、186 S（M）、150 S（Tb）、132 S（Ta）。耐熱性 60 ~ 65 ℃、耐保存性 1 ~ 4 日、耐希釈性 $10^{-3 \sim 4}$。核酸含量 16 %。3 成分ウイルス。ゲノムは + ssRNA の 3 分節。RNA-1 ＝ 3,644 nt、RNA-2 ＝ 2,593 nt、RNA-3 ＝ 2,037 nt、RNA-4 ＝ 881 nt（RNA-3（CP）よりサブゲノムで生ず）。各 RNA の 3' 末端の 145 塩基は類似し、ポリ A や tRNA 構造はなく、5' 側はキャップ構造。構造蛋白質は 1 種（24,250 Da）。ウイルス粒子は細胞質、核、液胞内に散在・集塊。宿主域は広。アブラムシ類で非永続的伝搬。種子伝染、花粉伝染するものがある。機械的接種は容易。1 属 1 種。

〈参考文献〉ICTVdB Descr. (2006). 00.010.0.01. *Alfamovirus*；Roossinck, M. J. *et al.* (2005). *Alfamovirus*. *In* Virus Taxonomy 8th ICTV Reports (Fauquet, C. M. *et al.* eds.).1049. Academic Press.

アルファルファモザイクウイルス
Alfalfa mosaic virus, AlMV

米国のアルファルファ（*Medicago sativa*）で発見（Weimer, 1931）。宿主域が広く（51 科 430 種以上）、本邦ではアルファルファ、シロクローバ、アズキ、ダイズ、ソラマメ、クズ、ジャガイモ、ト

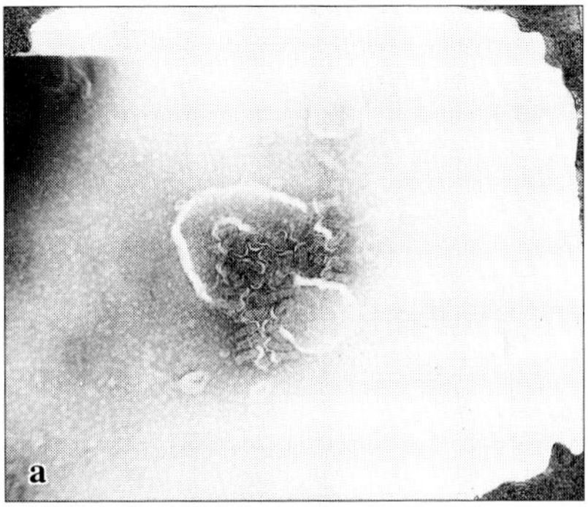
a

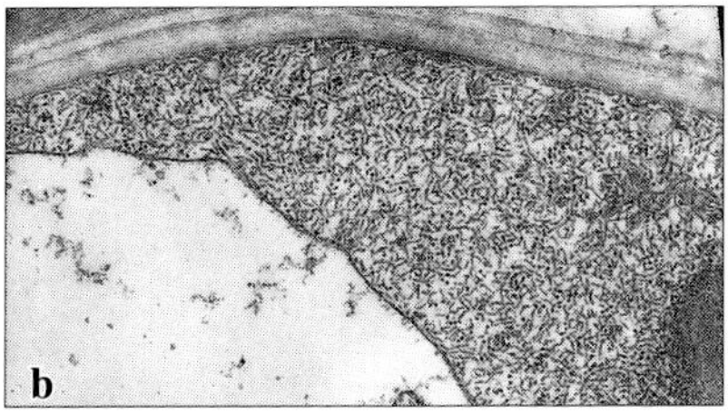

ウガラシ、トマト、タバコ、フキ他で確認。ウイルスの特性は属を参考（口絵48、本項a、b）。

〈参考文献〉Bos, L. and Jaspars, E. M. J. (1971). CMI/AAB Descr. Pl. Viruses No. 46；ICTVdB Descr. (2006). 00.010.0.01.001. *Alfalfa mosaic virus*；Jaspars, E. M. J. and Bos, L. (1980). CMI/AAB Descr. Pl. Viruses No. 229；Weimer, J. L. (1931). Phytppathology 21: 122；都丸敬一（1983）植物ウイルス事典（輿良　清ら編）. 187. 朝倉書店. 東京.

② ククモウイルス属　*Cucumovirus*

属名の Cucumo- はタイプ種のキュウリモザイクウイルス（*Cucumber mosaic virus*, CMV）の短縮語に由来。ウイルス粒子は 29～30 nm の小球状。T ＝ 3。浮遊密度 357～1.367 g/cm^3、沈降定数 152～98 S（ほかに、135～37S）。耐熱性 50～70 ℃、耐保存性 1～10 日、耐希釈性 $10^{-3\sim6}$。核酸含量 16～21.2 %。ゲノムは＋鎖 ssRNA で、3 粒子に分節して存在。RNA-1 ＝ 3,355～3,410 nt、RNA-2 ＝ 2,946～3,074 nt、RNA-3 ＝ 2,186～2,214 nt、RNA-4 ＝約 1,000 nt（RNA-3（CP）よりサブゲノムで生ず）。ウイルスによっては、約 300 nt の RNA-5 のサテライト（CARNA5）を有するものもある。3' 末端配列は各 RNA で類似（約 200 nt）し、tRNA 様構造（チロシン結合能）を有する。5' 末端は各 RNA ともキャップ構造。構造蛋白質は 1 種（約 2.4 kDa）。ウイルス粒子は細胞質、核、液胞内に散在・集塊。宿主域は広。アブラムシ類で非永続的伝搬。種子伝染、花粉伝染するものがある。機械的接種は容易。確定種 3。

〈参考文献〉ICTVdB Descr. (2006). 00.010.0.04. *Cucumovirus*；Roossinck, M. J. *et al.* (2005). *Cucumovirus*. *In* Virus Taxonomy 8th ICTV Reports (Fauquet, C. M. *et al.* eds.). 1053. Academic Press.

キュウリモザイクウイルス
Cucumber mosaic virus, CMV

1916 年に記載（Doolittle, Jagger）され、本邦では 1923 年に確認（笠井）。双子葉・単子葉植物、草本・木本植物などを含め宿主域はきわめて広く（85 科

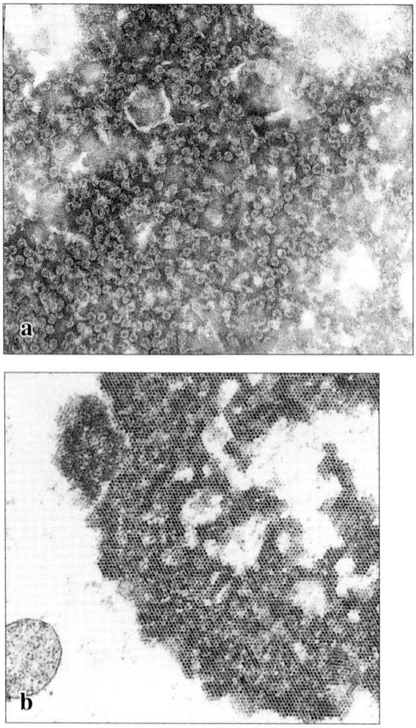

1,000種以上)、植物ウイルスでは最大である。世界各国に発生し、被害は大きい。本邦では、トウモロコシ、ジャガイモ、インゲンマメ、エンドウ、ソラマメ、ダイズ、コンニャク、タバコ、ビート、クローバ類、キュウリ、メロン、カボチャ、スイカ、ゴボウ、サトイモ、ダイコン、ハクサイ、キャベツ、トマト、ナス、ニンジン、ホウレンソウ、フキ、レタスなど有用植物110種以上に自然発生。1958年に大きな被害をもたらしたタバコモザイク病はCMVが関与。通常、モザイク、奇形、条斑、えそなどを生じる(口絵49(a、b)、50、51)。ウイルス粒子は径約29 nmの小球状(本項a、b)。T = 3。浮遊密度1,367 g/㎤、沈降定数99 S(ほかに、135~37 S)。耐熱性55~70 ℃、耐保存性1~10日、耐希釈性$10^{-3\sim-6}$。核酸含量18 %。ゲノムは+鎖ssRNAで、3粒子に分節。RNA-1 = 3,357 nt、RNA-2 = 3,050 nt、RNA-3 = 2,216 nt、RNA-4はRNA-3(CP)よりサブゲノムで生ず。ゲノム、増殖様式は属の特性を参考。各種細胞の細胞質、液胞内に存在。細胞質では結晶することもある。多数のアブラムシ類(70種以上)で非永続的伝搬。機械的接種は容易。

〈参考文献〉Doolittle, S. P. (1916). Phytopathology 6: 145;Francki, R. I. B., *et al*. (1979). CMI/AAB Descr. Pl. Viruses No. 213;Gibbs, A. J. and Harrison, B. D. (1970). CMI/AAB Descr. Pl. Viruses No. 1;ICTVdB Descr. (2006). 00.010.0.04.001. *Cucumber mosaic virus*;Jagger, I. C. (1916). Phytopathology 6: 146;Kaper, J. M. and Waterworth, H. E. (1981). *In* Handbook of Plant Virus Infection (Kurstak, E. ed.). Elsevier / North-Holland Biomedical Press, 257. Amsterdam;笠井幹夫(1923)農家の友 279:10;久保　進(1983)植物ウイルス事典(與良　清ら編). 302. 朝倉書店. 東京.

ラッカセイわい化ウイルス

***Peanut stunt virus*, PSV**

モザイク、斑紋、萎縮を示すラッカセイ（*Arachis hypogaea*）で記載（Trontma, 1966、Silbernagal ら、1966）され、本邦でも記載（土崎、1973）。ウイルス粒子は 29～30 nm の小球状。T = 3。浮遊密度 1.357～1.367 g/㎤、沈降定数 152～98S（ほかに、135～37S）。耐熱性 50～70 ℃、耐保存性 1～10 日、耐希釈性 $10^{-3 \sim 4}$。核酸含量 16～21.2 %。構造蛋白質は一種。ゲノムは + 鎖 ssRNA で、3 粒子に分節。RNA 1 = 3,357 nt、RNA 2 = 2,947 nt、RNA 3 = 2,188 nt。RNA-4 は RNA-3（CP）よりサブゲノムで生ず。分離株によってはサテライト RNA（197～620 nt）を有するものがある。ゲノム、増殖様式は属の特性を参考。各種細胞の細胞質、液胞内に存在。細胞質では結晶することもある。宿主域は比較的広く、アブラムシ類で非永続的伝搬。種子伝染するものあり。機械的接種は容易。

〈参考文献〉ICTVdB Descr. (2006). 00.010.0.04.002. *Peanut stunt virus*；Mink,G.I. (1972). CMI/AAB Descr. Pl. Viruses No. 92；Schmelzer, K. (1971). CMI/AAB Descr. Pl. Viruses No. 65；Silbernagel, M. J. *et al.* (1966). Phytopathology 56:906；土崎常男（1973）日植病報 39:39；土崎常男（1983）植物ウイルス事典（輿良　清ら編）. 409. 朝倉書店. 東京；Troutman, J. L. (1966). Phytopathology 56: 587.

トマトアスパーミィーウイルス

***Tomato aspermy virus*, TAV（＝キク微斑モザイクウイルス *Chrysanthemum mild mottle virus*, ChMMV）**

最初にイギリスで花弁斑入り、萎縮、奇形を示すキク（*Chrysanthemum morifolium*）より記載（Ainworth, 1939）、その後、奇形葉、無種子のトマトからも発見（Blencowe, J. W. and Caldwell, J., 1949）。今日、TAV は ChMMV と近縁種と推定され、国際ウイルス分類委員会は TAV を取り入れているが、本邦では ChMMV を用いることもある。ウイルス粒子（本項 a、b）は径約 29 nm の小球状。浮遊密度約 1.367 g/㎤、沈降定数 98～100S。耐熱性 50～60 ℃、耐保存性 2～6 日、耐希釈性 $10^{-4 \sim 6}$。核酸含量約 21.2 %。構造蛋白質は一種。ゲノムは + 鎖 ssRNA で、3 粒子に分節。RNA 1 = 3,410 nt、RNA 2 = 3,074 nt、RNA 3 = 2,386 nt。RNA-4

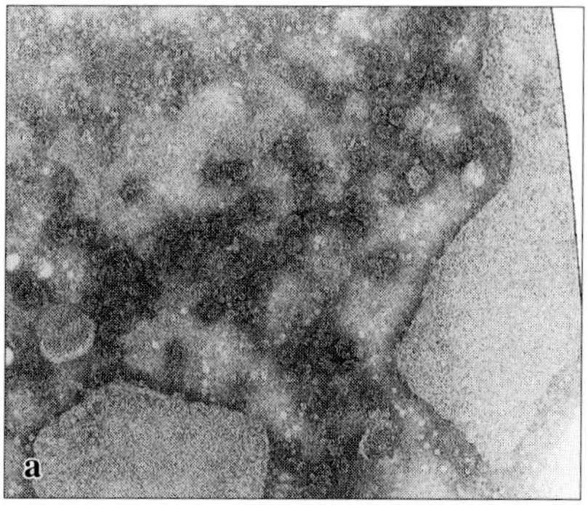

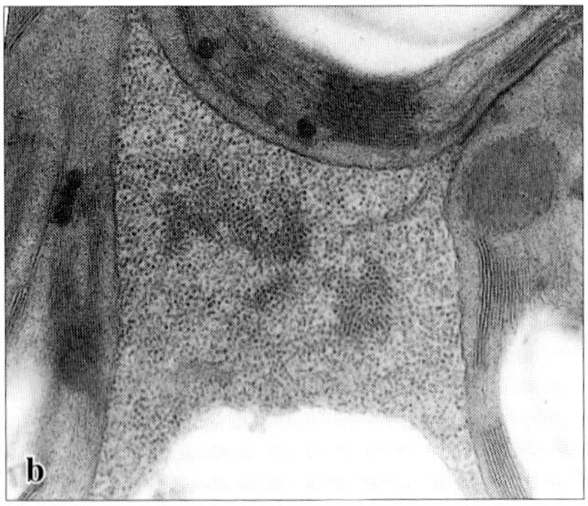

はRNA-3（CP）よりサブゲノムで生ず。5' 末端はゲノム結合蛋白質（Vpg）、3' 末端はチロシンをアミノアシル化するtRNA構造。細胞質内にウイルス粒子の結晶を生ず。宿主域は比較的広く、アブラムシ類で非永続的伝搬。機械的接種は容易。

〈参考文献〉Ainsworth, G. C. (1939). Rep. Exp. Res. Stn. Chesnut, 1938: 60；Blencowe, J. W. and Caldwell, J. (1949). Ann. appl. Biol. 36:320；花田　薫・栃原比呂志（1980）；Hollings, M. and Stone, 0. M. (1971). CMI/AAB Descr. Pl. Viruses No. 79；ICTVdB Descr. (2006). 00.010.0.04.003. *Tomato aspermy virus*；井上忠男ら（1968）農学研究 52: 55；Lawson, R. H. (1967). Virology 32: 357：栃原比呂志（1983）植物ウイルス事典（輿良　清ら編）. 276. 朝倉書店. 東京 .

③ イラルウイルス属　*Ilarvirus*

属名のIlar- はisometric labile ringspotに由来し、タイプ種はタバコストリーク（条斑）ウイルス（*Tobacco streak virus*, TSV）。ウイルス粒子は径 19 ~ 36 × 19 ~ 36 nmの球状～桿菌状（末端丸味）。浮遊密度 1.33 ~ 1.37 g/ cm³。純化標品は 1 ~ 5 成分（沈降定数 90 ~ 125S）。耐熱性 45 ~ 66 ℃、耐保存性 0.0069 ~ 21 日、耐希釈性 $10^{-1 \sim 7}$。核酸含量 12 ~ 24 %。構造蛋白質は 1 種（1.9 ~ 3.0 kDa）。ゲノムは＋鎖 ssRNAで、少なくとも 3 粒子に分節して存在。RNA-1（B成分＝ 3,532 ~ 4,300 nt、RNA-2（M成分）＝ 2,366 ~ 3,700 nt、RNA-3（T成分）＝ 1,605 ~ 2,700 nt、RNA-4 ＝ 845 ~ 1,409 nt（RNA-3（CP）よりサブゲノム（RNA-4）を生ず）。5' 側にはメチル化のキャップ構造。遺伝子間領域にポリA構造を有す。ウイルス粒子は細胞質や核内に存在するといわれる。宿主域は狭～広。通常、株分けのほか、接ぎ木、種子、花粉、接触で伝染するものが多い。TSVではアザミウマの報告もある。機械的接種は容易。血清的性状、生物的性状より 1 ~ 7 の Subgroupに類別。確定種 16。

〈参考文献〉ICTVdB Descr. (2006). 00.010.0.02. *Ilarvirus*；Roossinck, M. J. *et al*. (2005). *Ilarvirus*. *In* Virus Taxonomy 8th ICTV Reports (Fauquet, C. M. *et al*. eds.). 1055. Academic Press.

リンゴモザイクウイルス

***Apple mosaic virus*, ApMV**

モザイク、線条斑を示すリンゴ（*Malvus* spp.）で記載（Bradford and Joley, 1933）。本邦でも確認（福士・田浜、1960）。ウイルス粒子は径25および29 nmの球状～多形。純化標品は少なくとも3成分（沈降定数117、95、88 S）。耐熱性54 ℃、耐保存性0.1～0.2日、耐希釈性10^{-3}。核酸含量16 %。構造蛋白質は1種（2.5 kDa）。RNA 1（B成分）＝3,476 nt、RNA 2（M成分）＝2,979 nt、RNA 3（T成分）＝2,056 nt（CP、MP）（RNA-3（CP）よりサブゲノム（RNA-4）を生ず）。宿主範囲は中程度。接ぎ木、種子伝染。機械的接種可能。European plum line patern virus、Hope A virus、Rose mosaic virusなどは異名。Subgroup 3に分類。

〈参考文献〉Bradford, F. C. and Joley, L. (1933). J. Agr. Res. 46: 901；福士貞吉・田浜康夫（1960）北大農邦文紀要3:116；Fulton, R. W. (1972). CMI/AAB Descr. Pl. Viruses No. 83；ICTVdB Descr. (2006). 00.010.0.02.005. *Apple mosaic virus*；山口昭（1983）植物ウイルス事典（與良　清ら編）. 192. 朝倉書店. 東京.

アスパラガスウイルス2

***Asparagus virus 2*, AV-2**

アスパラガス（*Asparagus officinalis*）でわい化、生育不良、潜在（Paludan, 1964）。本邦でも確認（藤沢ら、1981）。ウイルス粒子は径25～36 nmの球状～多形。純化標品は少なくとも3成分（沈降定数104、95、90 S）。耐熱性45 ℃、耐保存性2日、耐希釈性10^{-3}。構造蛋白質は1種（2.5 kDa）。RNA 1（B成分）＝3,431 nt、RNA 2（M成分＝2,916 nt、RNA 3（T成分）＝2,307 nt（RNA-3（CP）よりサブゲノム（RNA-4）を生ず）。細胞質内に散在・集塊。宿主域は広い。接ぎ木、種子、花粉伝染。機械的接種可能。*Citrus leaf rugose virus*、*Citrus variegation virus*、*Elm mottle virus*、*Tulare apple mosaic virus*などと血清的類縁。Subgroup 2に類別。

〈参考文献〉藤澤一郎ら（1980）日植病報46:100；藤澤一郎ら（1981）日植病報47:410；ICTVdB Descr.(2006). 00.010.0.02.004. *Asparagus virus 2*；Ueda, I. and Mink, G. I. (1981). Phytopathology 71: 1264；Ueda, I. and Mink, G. I. (1984). CMI/AAB Descr. Pl. Viruses No. 288；山下修一（1983）植物ウイルス事典（與良　清ら編）. 202. 朝倉書店. 東京.

カンキツリーフルゴースウイルス

***Citrus leaf rugose virus*, CLRV**

米国のレモン（*Citus limon*）で記載（Fawcett, H. S., 1933）。本邦ではセミノールで確認（難波ら、1980）。カンキツでは

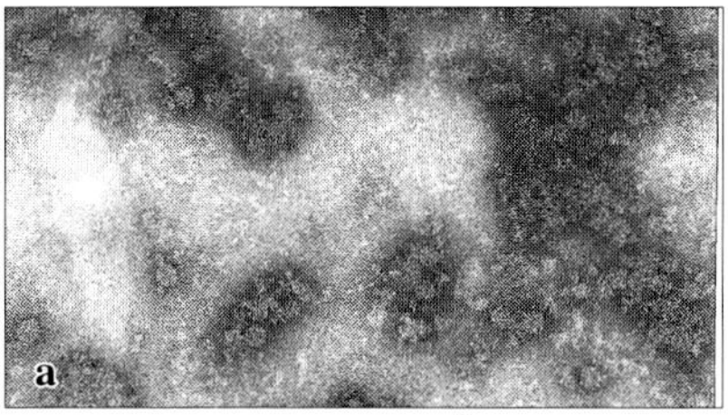

新葉にフレック、縮葉古葉に奇形、潜在も多い（口絵52）。ウイルス粒子は径25～32 nmの球状～多形（本項a）。3～4成分（沈降定数105、98 Sなど）（ほかに、89、79 S）。耐熱性60～65 ℃、耐保存性2日、耐希釈性10^{-2}。構造蛋白質は1種（2.6 kDa）。RNA 1（B成分）= 3,404 nt、RNA 2（M成分）= 2,990 nt（Pol）、RNA 3（T成分）= 2,289 nt（CP、MP）（RNA-3（CP）よりサブゲノム（RNA-4）を生ず）。細胞質内に散在・集塊。宿主域は中程度。接ぎ木、種子伝染。機械的接種可能。*Citrus crinkly leaf virus*は異名。Subgroup 2に類別。

〈参考文献〉Fawcett, H. S., (1933). Phytopathology 23: 930；Gansey, S. M. (1968). Phytopathology 58: 1433；Gansey, S. M. and Gonsales, D. (1976). CMI/AAB Descr. Pl. Viruses No. 164；ICTVdB Descr. (2006). 00.010.0.02.006. *Citrus leaf rugose virus*；難波成任（1983）植物ウイルス事典（輿良　清ら編）. 284. 朝倉書店. 東京；難波成任ら（1980）日植病報46:106.

スモモ黄色網斑ウイルス

***Plum line pattern virus*, PLPV**

スモモ類（*Prunus* spp.）に線状斑、退緑輪紋など。本邦ではサクラ類（*Prunus* spp.）で広く発生（口絵53）。*Ilarvirus*と推定されるが、本邦では性状、被害等は未詳。機械的接種可能。

〈参考文献〉Kirkpatrick, H. C., *et. al* (1964). Pl. Dis. Reptr. 48: 616. 岸　國平ら（1970）. 日植病報36：190.

プルンドワーフウイルス

***Prune dwarf virus*, PDV**

米国のプルーン（セイヨウスモモ）（*Prunus domestica*）（Tomas and Hildebrand, 1936）、本邦ではオウトウ（*P. avium*）で記載（岸ら、1968）。病徴はプルーンでは葉の変形・変成、萎縮など、オウトウでは退緑斑など、モモではわい化など。ウイルス粒子は径19～20 nm、長さ20、23、26、38 nmの球状～多形の多成分（沈降定数113、98 Sなど）（ほかに、85、71 S）。浮遊密度1.33 g/㎤。耐熱性45～54 ℃、耐保存性12～18時間、耐希釈性$10^{-2\sim3}$。核酸含量14 %。構造蛋白質は1種。RNA 1（B成分）= 3,374 nt、RNA 2（M成分）= 2,593 nt（Pol）RNA 3（T成分）= 2,129 nt（CP、MP）（RNA-3（CP）よりサブゲノム（RNA-4）を生ず）。ウイルスは非局在。宿主域は広い。接ぎ木、種子伝染。機械的接種可能。

Sour cherry yellows virus、*Cherry chlorotic ringspot virus*、*Peach stunt virus* は異名。Subgroup 4 に類別。

〈参考文献〉Fulton, R. W. (1970). CMI/AAB Descr. Pl. Viruses No. 19；ICTVdB Descr. (2006). 00.010.0.02.014. Prune dwarf virus；岸國平ら（1968）日植病報 34: 143；山口　昭（1983）植物ウイルス事典（輿良　清ら編）. 440. 朝倉書店. 東京

プルナスネクロティックリングスポットウイルス

***Prunus necrotic ringspot virus*, PNRSV**

米国のモモ（*Prunus persica*）で発見（Cochran and Hutchins, 1941）、本邦でも記載（岸ら、1968）。サクラ属（*Prunus*）植物（えそ輪点、無病徴など）、オウトウ（縮葉など）、アーモンド（キャリコなど）、プラム（線条斑など）、バラ（線条斑など）（口絵 54）。ウイルス粒子は径 22～23 × 23、25、37 nm の球状～多形。3 成分沈降定数 95、90、72 S。浮遊密度 1.35 g/ cm^3。耐熱性 55～62 ℃、耐保存性 6～18 時間、耐希釈性 $10^{-2\sim3}$。核酸含量 16 %。構造蛋白質は 1 種（2.5 kDa）。RNA 1（B 成分）= 3,332 nt、RNA 2（M 成分）= 2,591 nt（Pol）RNA 3（T 成分）= 1,957 nt（CP、MP）（RNA-3（CP）よりサブゲノム（RNA-4）を生ず）。ウイルスは非局在。宿主域は広い。接ぎ木、種子伝染。機械的接種可能。病徴の異なる多くの系統があり。*European plum line virus*、*Hop B virus*、*Hop C virus*、*Peach ringspot virus*、*Plum line pattern virus*、*Prunus ringspot virus*、*Red currant necrotic ringspot virus*、*Rose chlorotic mottle virus*、*Rose line pattern virus*、*Rose vein banding virus*、*Rose yellow vein mosaic virus*、*Sour cherry necrotic ringspot virus* などは異名、近縁種とされる。Subgroup 3 に離別。

〈参考文献〉Cochran, L. C. and Hutchins, L.M. (1941). Phytopathology 31: 860；Fulton, R. W. (1970). CMI/AAB Descr. Pl. Viruses No. 5；ICTVdB Descr. (2006). 00.010.0. 02.015. *Prunus necrotic ringspot virus*；岸國平ら（1968）日植病報 34: 398. 山口　昭（1983）植物ウイルス事典（輿良　清ら編）. 442. 朝倉書店. 東京 .

タバコ条斑ウイルス

***Tobacco streak virus*, TSV**

米国のタバコ（*Nicotiana tabacum*）で記載（Johnson, 1936）、本邦では当初、輸入検疫のダリア（松涛ら、1976）が検出されたが、野外ではタバコ（都丸ら、1985）、ダリア、ギシギシで記載。*Ilarvirus* のタイプ種。自然発生はタバコ（えそ）、ダリア（斑紋、潜在）、アカクローバ（斑紋）、インゲンマメ（節の赤化）、ワタ（斑紋）、アスパラガス（わい化）など。ウイルス粒子は径 27、30、37 nm の球状～桿菌状。3 成

分（沈降定数113、98、90 S）。浮遊密度1.35 g/㎤。耐熱性64 ℃、耐保存性1.5日、耐希釈性$10^{-3\sim-5}$。核酸含量14%。構造蛋白質は1種（2.85~3.0 kDa）。RNA 1（B成分）＝3,491 nt、RNA 2（M成分）＝2,926 nt、RNA 3（T成分）＝2,205 nt（CP、MP）（RNA-3（CP）よりサブゲノム（RNA-4）を生ず。各RNAの3' 末端はヘアピン構造（ACGC-ボックス）、5' 末端はメチル化されたキャップ構造。ウイルス粒子は細胞質、核内に存在、細胞質には繊維状構造が観察されるという。宿主域は広い（85科1,000種以上）。接ぎ木、花粉伝染。アザミウマ（*Frankliniella occidentalis*、*Thrips tabaci*）媒介の報告もある。機械的接種は容易。*Asparagus stunt virus*、*Datura quercina virus*、*Strawberry necrotic shock virus* は異名。Subgroup 1に類別。

〈参考文献〉藤澤一郎・石井正義（1986）日植病報52: 127；Fulton, R. W. (1971). CMI/AAB Descr. Pl. Viruses No. 4；Fulton, R.W. (1985). CMI/AAB Descr. Pl. Viruses No. 307；ICTVdB Descr. (2006). 00.010.0.02.017. *Tobacco streak virus*；Johnson, J. (1936). Phytopathology 26:285；松涛美文ら（1976）植物防疫所調査研報13:49；都丸敬一ら（1985）日植病報

（6）チモウイルス科　*Tymoviridae*

科名の Tymo- は本科の代表的属の *Tymovirus* に由来。

【所属群】

チモウイルス属　*Tymovirus*（タイプ種：カブ黄化モザイクウイルス、*Turnip yellow mosaic virus*, TYMV）

マクラウイルス属　*Maculavirus*（タイプ種：ブドウフレックウイルス、*Grapevine fleck virus*, GFkV）

マラフィウイルス属　*Marafivirus*（タイプ種：*Maize rayado fino virus*, MRFV）

【ウイルス粒子】

ウイルス粒子は径 28 ~ 33 nm の小球状で 1 成分（T ＝ 3）。正 20 面体で 32 キャプソメア 109 ~ 125 S（B）、沈降定数 42 ~ 55 S（T、中空）。耐熱性 55 ~ 90 ℃、耐保存性 2 ~ 100 日、耐希釈性 10^{-2-9}。核酸含量 23 ~ 39 %。ゲノムと構造蛋白質は *Tymovirus* ＝ 6.0 ~ 6.7 kb、20 kDa、*Maculavirus* ＝ 7.5 kb、24 kDa、*Marafivirus* ＝ 6.3 ~ 6.5 kb、21、24 kDa。

【ゲノム】

ゲノムは 6,0 ~ 7.6 kd の ssRNA の 1 分子。5' はキャップ構造、3' は多くが tRNA 様構造。*Tymovirus* は ORF 3 で 3' は tRNA 様構造。*Maculavirus* は ORF 4 で 3' はポリ A 構造。*Marafivirus* では大きな 1 ORF で 3' ポリ A 構造あり、2 ORF で 3' ポリ A 構造なしがある。*Tymovirus* はサブゲノムプロモーターの tymobox、*Marafivirus* と *Poinsettia mosaic virus*（未定属）では marafibox を有する。

【増殖】

組織では *Tymovirus* は非局在、*Maculavirus*、*Marafivirus* は篩部局在。

【生物的性状】

Tymovirus はハムシ類で半永続的伝搬。機械的接種は容易。*Marafivirus* はヨコバイ類で永続的伝搬（虫体内増殖）、*Macluravirus* は媒介生物は不明。宿主域は広くないが、*Marafivirus* は基本的には単子葉植物に発生。

【その他】

確定種は *Tymovirus* で 23 種、*Maculavirus* で 1 種、Marafivirus で 3 種。ポインセチアモザイクウイルス（*Poinsettia mosaic virus*, PoMV）は属未定。

〈参考文献〉Dreher, T. W. *et al*. (2005). *Tymoviridae*. *In* Virus Taxonomy 8th ICTV Reports (Fauquet, C. M. *et al*. eds.). 1067. Academic Press；ICTVdB Descr. (2006). 00.077. *Tymoviridae*；ICTVdB Descr. (2006). 00.077. 0.01. *Tymovirus*；ICTVdB Descr. (2006). 00.077.0.02. *Marafivirus*；ICTVdB Descr. (2006). 00.077.0.03. *Maculavirus*.

① チモウイルス属　*Tymovirus*

属名の Tymo- はタイプ種の *Turnip yellow mosaic virus*（TYMV）の短縮語に由来。ウイルス粒子は径 28～32 nm の小球状で 1 成分（T ＝ 3）。正 20 面体で 32 キャプソメア（12 頂点＋ 20 面）。浮遊密度 1.26～1.45 g/ cm^3、沈降定数 106～125 S（B）、42～64 S（T、中空）。耐熱性 55～90 ℃、耐保存性 2～100 日、耐希釈性 $10^{-2\sim9}$。核酸含量 23～39 %。構造蛋白質は 1 種（2.0 kDa）。ゲノムは 約 6.0～7.0 kd の ssRNA の 1 分子。5' はキャップ構造、3' は多くが tRNA 様構造。3' 側にはサブゲノムのプロモーターとなる tumobox を有す。ORF3 種。ORF 1 は最初に生じた 206 kDa が 141 K と 66 K（Pol）に切断。ORF 2 は 69 K（MP）、3' 側に位置する ORF 3 はサブゲノムとして 20 K（CP）を翻訳。宿主では非局在性で細胞質に存在。葉緑体の表面部には核酸様繊維を含む小胞（vesicles）を特異的に誘導。宿主域は狭い。多くはハムシ（*Phyllotreta*、*Psylloides*、*Phaedon*、*Pediophorus* spp.）で非～半永続的伝搬。機械的接種は容易。確定種 13。

〈参考文献〉ICTVdB Descr. (2006). 00.077. *Tymoviridae*；Koenig, R. and Leseman, D. E. (1979). CMI/AAB Descr. Pl. Viruses No. 214.

カブ黄化モザイクウイルス
***Turnip yellow mosaic virus*, TYMV**

黄斑モザイクを示すハクサイ（*Brassica campestris* subsp. *pekinennsis*）で記載（Markham and Smith, 1949）。本邦でも岡山県のハクサイで確認（桐野ら、2006）。通常、明瞭な黄斑を生じる。ORF3 種。ORF 1 ＝構造蛋白質 1 種（2.0～2.8 kDa）。ORF 1 ＝ 209 K（Pol）は 141 K、66 K にプロセシング、ORF 2 ＝ 69 K（MP）、ORF 3 ＝ 20 K（CP）（サブゲノムで生ずる）。5' はキャップ構造、3' は tRNA 様構造。ウイルスの主な性状はほぼウイルス属と一致。ゲノム＝ 6,318 nt。感染細胞内では葉緑体表面に小胞を誘導。小胞には核酸様繊維を含み、これからはウイルスポリメラーゼ（Pol）、複製型核酸（RF）が検出され、ウイルスゲノムの複製部位の可能性が指摘された。宿主域は狭く、自然発生はアブラナ科植物（*Brassica* spp.）に限定され、ユーラシア大陸、オーストラリア、日本で確認。ハムシ類（*Phyllotreta*、*Psylloides*、*Phaedon*、*Pediophorus*）で非～半永続的伝搬。機械的接種は容易。ウイルス粒子の表面構造が電顕で明瞭に観察され、植物ウイルスの形態学に貢献した。また、遠心分離で分離された核酸を含む粒子と核酸を含まない中空粒子を生じ、前者のみ感染性を有する、すなわち、ウイルスの遺伝情報は核酸に存在することの検証にも貢献した（1949）。

〈参考文献〉Dreher, T. W. *et al.* (2005). *Tymovirus. In* Virus Taxonomy 8th ICTV Reports (Fauquet, C. M. *et al.* eds.). 1070. Academic Press；ICTVdB Descr. (2006). 00.077.0.01.001. *Turnip yellow mosaic virus*；桐野奈美子ら（2006）日植病報 72: 251；大木　理ら（2006）日植病報 72: 252；Matthews, R. E. F. (1970). CMI/AAB Descr. Pl. Viruses No. 2；Matthews, R. E. F. (1980). CMI/AAB Descr. Pl. Viruses No. 230

ポインセチアモザイクウイルス

***Poinsettia mosaic virus*, PoMV**

米国のモザイク、奇形を示すポインセチア（*Euphorbia pulcherrima*）で記載（Furuton and Furuton, 1980）。主な性状はウイルス属とほぼ同じ（口絵55、本項 a、b）。核内にも多数観察（写真 b）。ゲノム＝6,099 nt。通常、挿し木に栄養繁殖で伝染するために広く分布すると推定。媒

介者は存在しない。機械的接種は容易。本ウイルスは現在、属未定であるが、本属の暫定種ともされる。

〈参考文献〉Furton, R. W. and Fulton, J. L. (1980). Phytopathology 70:321；ICTVdB Descr. (2006). 00.077.0.00.024.*Poinsettia mosaic virus*；Koenig, R. *et al.* (1986). CMI/AAB Descr. Pl. Viruses No. 311；黒田啓介ら（2005）日植病報 71:232.

② マクラウイルス属　*Maculavirus*

属名のMacula-はラテンで「汚点」(fleck）を意し、タイプ種のブドウフレックウイルス（*Grapevine fleck virus*, GFkV）の症状に由来。ウイルス粒子は径約30 nmの小球状で、被膜なし。核酸含量35 %。ゲノムはssRNA（7,500～7,600 nt)、線状。4 ORF。5'、3' 末端には長い非翻訳配列。構造蛋白質は1種（2.8 kDa)。ウイルス粒子は篩部に局在し、細胞質に膜状封入体を生ず。本封入体はRNA複製との関係が推定。篩部え死が顕著。接ぎ木伝染。媒介生物は知られていない。機械的接種は不可能。宿主域は狭い。現在、確定種1種。Grapevine red globe virusは暫定種と推定。

〈参考文献〉Castella, M. A. and Martelli, G. P. (1984). J. Ultrastr. Res. 89: 56；Dreher, T. W. *et al*. (2005). *Tymovirus*. *In* Virus Taxonomy 8th ICTV Reports (Fauquet, C. M. *et al*. eds.). 1073. Academic Press.

ブドウフレックウイルス
Grapevine fleck virus, GFkV

ブドウ(*Vitis vinifera*)より発見(Vuittenez *et al*., 1966)。通常、栽培種では潜在。検

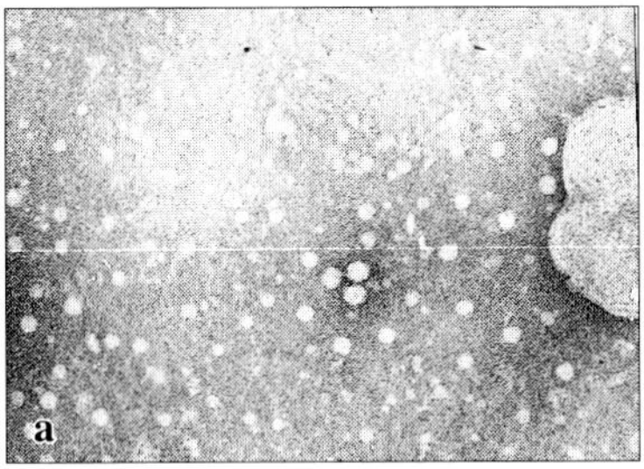

定品種（*V. rupestris*）で葉の小脈の透化、強毒株で葉の奇形。本邦では以前にワイン種の甲州ブドウで糖度の上がらない原因不明の味無果が問題となった（口絵56)。これらより、電顕で篩部局在性の小球状とひも状ウイルスが見出され、前者をブドウ味無果ウイルス（Grapevine ajinashika virus）（本項a)、後者を当時、ウイルス粒子が未定であったブドウ葉巻ウイルス（*Grapevine leafroll virus*）と推定され、同病は2ウイルスの重複感染に起因すると思われた。その後の知見より、前者はGFkVとするのが妥当と想定された。ウイルス粒子は径約30 nmの小球状。純化標品は2成分（B、T)。核酸含量35 %。構造蛋白質は1種（2.8 kDa)。ゲノムは プラス鎖のssRNA（7,564 nt)。ウイルス粒子は篩部に局在し、細胞質に膜状封入体を生ず。封入体はRNA複製との関係が推定。篩部え死が顕著。接ぎ木伝染。媒介生物は知られていない。機械的接種不可能。宿主域は狭い。*Grapevine marbure cirus*、*Grapevine phloem-limited isometric virus*は異名。

〈参考文献〉ICTVdB Descr. (2006). 00. 077.0.04. *Maculavirus*；ICTVdB Descr. (2006). 00.077.0.03.001. *Grapevine fleck virus*；難波成任（1983）植物ウイルス事典（輿良　清ら編）．336．朝倉書店．東京；難波成任ら（1977）日植病報 43:375；寺井康夫・矢野　龍（1979）日植病　報 45:568；Vuittenez , A. *et al*. (1966). Annls. Epiphy. 17: 67.

③ *Marafivirus* 属

属名の Marafi- はタイプ種の *Maize rayano fino virus*（MRFV）の短縮語に由来。タイプ種は南・中・北米国に発生する *Maize rayano fino virus* であるが、本邦では未詳である。本邦では、ゲノムの予備的な分析でコムギ斑紋萎縮ウイルス（Wheat mottle dwarf virus）は本群に類似し、また無脊椎動物のカイコの培養細胞からも似たウイルス（*Silkworm marfiviru-like virus*）が見出されているが、ここでは省略する。確定種 3、暫定種 2。

〈参考文献〉ICTVdB Descr. (2006). 00.077.0.02. *Marafivirus*；Dreher, T. W. *et al*. (2005). *Tymovirus*. *In* Virus Taxonomy 8th ICTV Reports (Fauquet, C. M. *et al*. eds.). 1072. Academic Press.

（7）ポチィウイルス科 *Potyviridae*

科名は本科の代表的属の *Potyvirus* に由来。

【所属群】

バイモウイルス属　*Bymovirus*（タイプ種：オオムギ縞萎縮ウイルス、*Barley yellow mosaic virus*, BaYMV）

ポチィウイルス属 *Potyvirus*（タイプ種：ジャガイモウイルス Y、*Potato virus Y*, PVY）

ライモウイルス属　*Rymovirus*（タイプ種：ライグラスモザイクウイルス、*Ryegrass mosaic virus*, RyMV）

Ipomovirus（タイプ種：*Sweet potato mild mosaic virus*, SPMMV）

Macluravirus（タイプ種：*Maclura mosaic virus*, MaMV）

Tritimovirus（タイプ種：*Wheat streak mosaic virus*, WSMV）

【ウイルス粒子】

ウイルス粒子はひも状で、幅 12～15 nm、長さは 680～900、500～600、200～300 nm と異なる。ら旋ピッチ＝ 3～4 nm。浮遊密度 1.26～1.34 g/ ㎤。核酸含量 5 %。構造蛋白質は 1 種。

【ゲノム】

ゲノムは 約 8.5～10.0 kd のプラス鎖 ssRNA。属で 1～2 分節ゲノムで、ゲノムは異粒子に分布。5' はキャップ構造、3' はポリ A 構造。

【増殖】

ウイルスは非局在性で主に各種細胞の細胞質に存在。本科はすべて細胞質には束状（bundles）、風車状（pinwheel）と称される蛋白質性の細胞質封入体（cytoplasmic inclusion, CP）を生じる。これが本科の特徴といわれる。CI 蛋白質はウイルス構造蛋白質と異なるが、CI 誘導の意義は未詳である。

【生物的性状】

宿主域は一般に狭いが、広いものもある。伝染は栄養繁殖のほか、アブラムシ類で非永続的に伝搬される。一部は、花粉、種子伝染する。

【その他】

本科は 6 属に分類されるが、ここでは本邦では未記載の *Ipomovirus*、*Macluravirus*、*Tritimovirus* 属については割愛する。

〈参考文献〉Berger, P. H. *et al*. (2005). *Potyviridae*. *In* Virus Taxonomy 8th ICTV Reports (Fauquet, C. M. *et al*. eds.). 819. Academic Press；Hollings, M. and Brunt, A. A. (1981). CMI/AAB Descr. Pl. Viruses No. 245；ICTVdB Descr. (2006). 00.057. Potyviridae.

① バイモウイルス属　Bymovirus

属名の Bymo- はタイプ種のオオムギ縞萎縮ウイルス（*Barley yellow mosaic virus*, BYMV）の短縮語に由来。BYMV は本邦で発見され、日本で主に研究。ウイルス粒子は 500 ~ 600、200 ~ 300 × 12 ~ 15 nm の 2 成分からなるひも状（ピッチ約 3.4 nm）。浮遊密度 1.28 ~ 1.34 g/ cm³。耐熱性 44 ~ 65 ℃、耐保存性 1 ~ 14 日、耐希釈性 $10^{-1 \sim 5}$。核酸含量約 5 %。ゲノムは ssRNA の 2 分子。RNA 1（7,262 ~ 7,637 nt）は 5'-P3-7K-Hel（C1）-14K-Vpg-Nla・Pro-Pol・Nlb-Cp-3'。RNA-2（3,524 ~ 359 nt） は 5'-P1-P2-3'。5' 末端はゲノム結合蛋白質（Vpg）、3' 末端はポリ A。

〈参考文献〉Berger, P. H. *et al*. (2005). *Bymovirus*. *In* Virus Taxonomy 8th ICTV Reports (Fauquet, C. M. *et al*. eds.). 837. Academic Press；ICTVdB Descr. (2006). 00.057.0.03. *Bymovirus*.

オオムギ縞萎縮ウイルス

***Barley yellow mosaic virus*, BaYMV**

本邦のモザイク、黄化、え死、萎縮を示すオオムギ（*Hordum vulgare*）より記載（鋳方・河合、1940）（口絵 57）、主に日本で研究。発生は東南アジア、欧州。ウイルス粒子（本項 a）は 270 ~ 290、570 ~ 600 × 12 ~ 15 nm の 2 成分からなるひも状（ピッチ約 3.4 nm）。浮遊密度約 1.32 g/ cm³。耐熱性 40 ~ 45 ℃、耐保存性 1 日、耐希釈性 $10^{-2 \sim 3}$。核酸含量約 5 %。構造蛋白質は 1 種（3.2 kDa）。ゲノムは ssRNA の 2 分子。RNA 1 ＝ 7,637 nt。RNA-2 ＝ 3,582 nt。ゲノム構造・配列は属と同じ。3' 末端はポリ A。蛋白質はポリプロテイン（RNA-1 ＝ 270 kDa、RNA-2 ＝ 98 kDa）として産生され、プロセシングで成熟。ウイルス粒子は各種細胞の細胞質に存在し、ER の増生した膜状および風車状・束状の細胞質封入体を誘導。封入体は光顕レベルまで発達

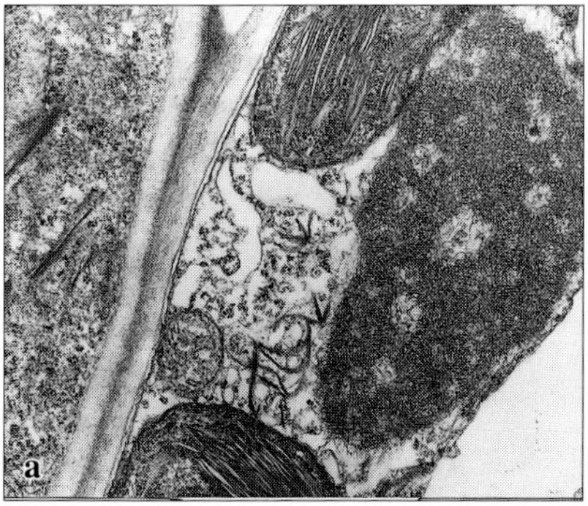

し、X体と称される。宿主域は狭い（自然発生はオオムギのみ）。菌類のネコブカビ科の *Polymyxa graminis* で土壌伝染。機械的接種は容易でないが可能。ビールムギ（二条オオムギ）では病徴が激しい。多くの系統が存在。*Rice necrosis mosaic virus*、*Wheat yellow mosaic virus*、*Wheat spindle streak mosaic virus* と血清的類縁。18～20 ℃以上になると感染しにくくなり、発症が阻害される。難防除病害となっている。

〈参考文献〉鋳方末彦・河合一郎（1940）農事改良資料 154: 123；ICTVdB Descr. (2006). 00.057.0.03.001. *Barley yellow mosaic virus*；Inouye, T. and Saito, Y. (1975). CMI/AAB Descr. Pl. Viruses No. 143；Kashiwazaki, S. *et al*. (1989). J. gen. Virol. 70: 3015；Kashiwazaki, S. *et al*. (1990). J. gen. Virol. 71: 2781；Kashiwazaki, S. *et al*. (1991). J. gen. Virol. 72: 995; 斎藤康夫（1983）植物事典（輿良　清ら編）. 212. 朝倉書店. 東京；宇杉富雄・斎藤康夫（1975）日植病報 41: 87.

オオムギマイルドモザイクウイルス

***Barley mild mosaic virus*, BaMMV**

ドイツの黄色条斑、斑紋を示すオオムギで記載（Huth, 1984）。本邦でも確認（野村ら、1990）され、発生は日本、韓国、欧州各国。ウイルス粒子は 270～290、570～600 × 12（PTA）-15（UA）nm の 2 成分からなるひも状。浮遊密度約 1.314 g/㎤。耐希釈性約 10^{-4}。ゲノムは ssRNA の 2 分子。RNA 1 ＝ 7,262 nt、RNA 2 ＝ 3,524 nt。3' 末端はポリ A。ウイルス粒子は各種細胞の細胞質に存在し、膜状および風車状の細胞質封入体を誘導。宿主域は狭い（自然発生はオオムギのみ）。菌類のネコブカビ科の *Polymyxa graminis* で土壌伝染。機械的接種は難しいが可能。

〈参考文献〉Huth, W. *et al*. (1984). Phytopath. Z. 111:37；ICTVdB Descr. (2006). 00.057.0.03.002. *Barley mild mosaic virus*；Kashiwazaki, S. and Hibino, H. (1996). J. gen. Virol. 77: 581；野村　研ら（1990）日植病報 57: 125；Nomura, K. *et al*. (1996). J. Phytopath. 144: 103.

コムギ縞萎縮ウイルス

***Wheat yellow mosaic virus*, WYMV**

本邦のモザイク、黄化、え死、萎縮を示すコムギ（*Triticum aestivum*）で記載（鋳方・河合、1940）され（口絵 58）、日本で主に研究。発生は日本、韓国、中国、フランス、米国、カナダなど。ウイルス粒子（本項 a）は 275～300、575～600 × 13～14 nm の 2 成分からなるひも状。浮遊密度 1.281 g/㎤。耐熱性 50 ℃、耐保存性 1 日、耐希釈性 $10^{-2\sim3}$。構造蛋白質は 1 種。ゲノムは ssRNA の 2 分子。RNA 1 ＝ 7,636 nt、RNA 2 ＝ 3,659 nt.。

ウイルス粒子は各種細胞に存在。細胞質には膜状および風車状の細胞質封入体を誘導。封入体は光顕レベルまで発達し、X体と称される。宿主域は狭い（自然発生はブギのみ）。菌類のネコブカビ科の *Polymyxa graminis* で土壌伝染。機械的接種は難しいが可能。*Barley yellow mosaic virus*、*Rice necrosis mosaic virus* と血清的類縁。北米の *Wheat spindle streak mosaic virus* は同種の可能性がある。18~20 ℃以上になると感染しにくくなり、発症が阻害される。難防除病害となっている。

〈参考文献〉鋳物末彦・河合一郎（1940）農事改良資料 154: 123 ； ICTVdB Descr. (2006). 00.057.0.03.003.*Wheat yellow mosaic virus*；斎藤康夫（1983）植物ウイルス事典（輿良　清ら編）. 545. 朝倉書店. 東京；斎藤康夫・岡本弘（1964）農技研報 C-17: 75；宇杉富雄・斎藤康夫（1976）日植病報 42: 12；Slykhis, J. T. (1976). CMI/AAB Descr. Pl. Viruses No. 167.

イネえそモザイクウイルス

***Rice necrosis mosaic virus*, RNMV**

本邦の岡山におけるモザイク、桿基部のえ死を示すイネ（*Oryzae sativa*）より発見（藤井ら、1966）。発生は日本のみ（関東以西）。ウイルス粒子（本項 a）は 275、550 × 13~14 nm の 2 成分からなるひも状。耐熱性 60~65 ℃、耐保存性 1~2 週間、耐希釈性 $10^{-3\sim-4}$。ゲノムは ssRNA の 2 分子と推定。ウイルス粒子は各種細胞に存在。細胞質には膜状および風車状の細胞質封入体を誘導。宿主域は狭い（自然発生はコブギのみ）。菌類のネコブカビ科の *Polymyxa graminis* で土壌伝染。機械的接種は難しいが可能。

〈参考文献〉藤井新太郎ら（1966）日植病報 32: 82；藤井新太郎ら（1967）日植病報 33: 105；ICTVdB Descr. (2006). 00.057.0.03.005. *Rice necrosis mosaic virus*；井上忠男（1983）植物ウイルス事典（輿良　清ら編）. 462. 朝倉書店. 東京；Inouye, T. and Fujii, S. (1977). CMI/AAB Descr. Pl. Viruses No. 172；Usugi, T. and Saito,Y. (1976). Ann. Phytopath. Soc. Japan

42:12.

② ポチィウイルス属　Potyvirus

属名のPoty-はタイプ種のジャガイモYウイルス（*Potato Y virus*, PVY）の短縮語に由来。ジャガイモは主要作物の一種で、種薯の栄養繁殖されるので、多くのウイルスが存在し、このウイルスについては古くより国内外とも活発に研究されている。ウイルス粒子は680～900 × 11 nm（ピッチ＝3.3～3.4 nm）。浮遊密度1.28～1.32 g/㎤、沈降定数140～180 S。耐熱性40～90 ℃（通常、55～60 ℃）、耐保存性0.125～64日（通常、2～4日）、耐希釈性$10^{-1\sim-8}$（通常、$10^{-3\sim-4}$）。核酸含量4～7 %。構造蛋白質は多くが1種（32～34 kDa）。ゲノムは＋鎖ssRNAの一種で、9,000～12,000 nt。ゲノム（図1－2）は5'Vpg-P1-Pro-HC-Pro-P3- 6K1-Cl-6K2-Vpg-NIa-Pro- Nib-CP-PolyA3'。5'末端はVpg、3'末端はポリA構造。蛋白質はポリプロティンとして翻訳され、Proでプロセシングされ成熟蛋白質となる。ウイルスは非局在性で、多くが細胞質に散在・集塊。本属はすべて顕著な細胞質封入体（束・層状=bundle、風車状=pinwheel）を誘導する。本封入体の有無が本属診断となる。なお、本属の多くでは細胞質では膜状構造の増生が認められ、これらはウイルスゲノム複製部位と関係あるかもしれない（著者ら、未発表）。ウイルスは栄養繁殖のほか、多くはアブラムシ類で非永続的に伝搬される。花粉、種子伝染するものもある。多くが機械的接種は容易。本属に所属するウイルスは最大で、多数の植物の重要ウイルスを含む。確定種は111種、暫定種は86種が知られる。本邦でも35種が報告されている。本属のウイルス粒子形状、理化学性、ゲノム、細胞内所在などは、ほとんど類似する。本属ウイルスの主な識別は宿主域、媒介生物などの生物的性状による。ここでは、文面の都合上、本邦の主要なウイルス名を列記し、自然発生植物、参考文献などを示すにとどめる。本属ウイルスについては、従来より、多数、紹介されているのでそれらを参考されたい。

〈参考文献〉Berger, P. H. *et al.* (2005). *Potyvirus*. *In* Virus Taxonomy 8th ICTV Reports (Fauquet, C. M. *et al.* eds.). 821；Holling, M. and Brunt, A. A. (1981). CMI/AAB Descr. Pl. Viruses No. 245；ICTVdB Descr. (2006). 00.057.0.01.*Potyvirus*；Shukla, D. D. *et al.* (1998). CMI/AAB Descr. Pl. Viruses No. 366.

アスパラガスウイルス１

Asparagus virus 1, AV-1

アスパラガス（*Asparagus officinalis*）（通常、潜在）に発生。

〈参考文献〉藤澤一郎ら（1981）日植病報 47: 410；ICTVdB Descr. (2006). 00.057.0.01.006. *Asparagus virus 1*；Mink, G. I. and Uyeda, I. (1977). Pl. Dis. Reptr. 61:398；山下修一（1983）植物ウイルス事典（與良　清ら編）. 200. 朝倉書店. 東京.

アストロメリアモザイクウイルス

Alstroemeria mosaic virus, AlMV

モザイク～斑紋、えそ条斑を示すアストロメリア（*Alstroemeria*）。

〈参考文献〉藤田　隆ら（2002）日植病報 68: 59；ICTVdB Descr. (2006). 00.057.0.01.0.002. *Alstroemeria mosaic virus*.

アマゾンユリモザイクウイルス

Amazon lily mosaic virus, AmLMV

モザイクを示すアマゾンユリ（ユーチャリス）（*Eucharis grandiflora*）で報告。ゲノム＝約 10,200 nt。

〈参考文献〉ICTVdB Descr. (2006). 00.057.0.81.002. *Amazon lily mosaic virus*；寺見文宏ら（1993）日植病報 59: 334.

インゲンマメモザイクウイルス

Bean common mosaic virus, BCMV

Azuki bean mosaic virus、*Blackeye cowpea mosaic virus*、*Dendorobium mosaic virus*、*Peanut stripe virus* は近縁または異名。インゲンマメ、ササゲ、アズキ、ラッカセイ、ダイズ、レンゲなどに、モザイク、斑紋、葉巻、葉の奇形など。ゲノム＝ 9,992 nt。

〈参考文献〉ICTVdB Descr. (2006). 00.057.0.01.007. *Bean common mosaic virus*；　井上忠男（1983）植物ウイルス事典（與良　清ら編）. 214. 朝倉書店. 東京；Lovisolo, O. (1971). CMI/AAB Descr. Pl. Viruses No. 73；Morales, F. J. and Bos. L. (1988). CMI/AAB Descr. Pl. Viruses No. 337.

インゲンマメ黄斑モザイクウイルス

Bean yellow mosaic virus, BYMV

インゲンマメ、ソラマメ、エンドウ、ダイズ、アズキ、クローバ類などのマメ科植物、グラジオラス、フリージア、イリス、トルコギキョウ、エビネ他。モザイク、斑紋、えそなどを生じる。発生が多く、被害も大きい（口絵 59、本項 a、

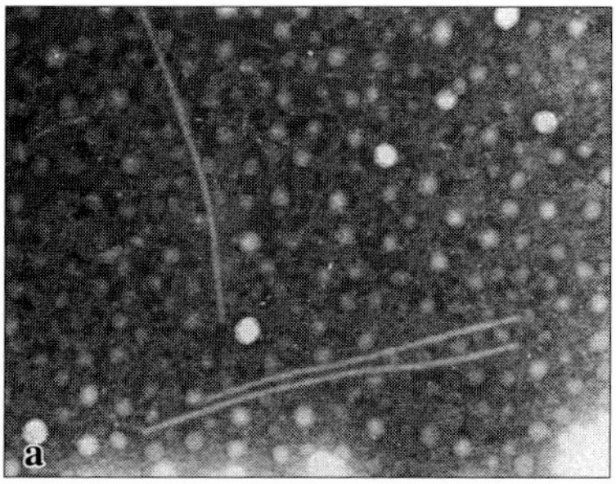

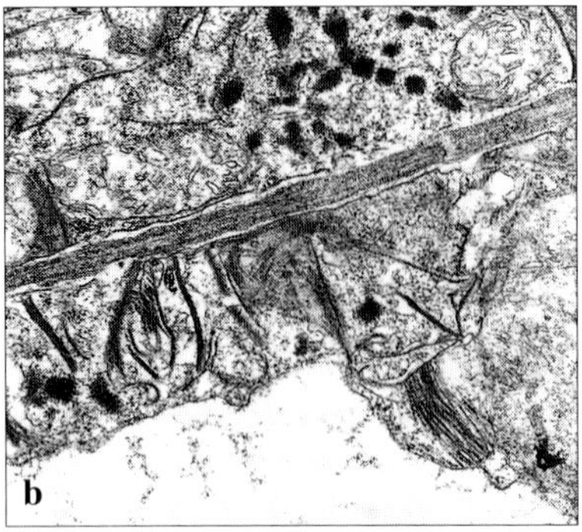

b)。*Pea mosaic virus* は異名。多くの系統が存在。細胞内所在は写真 a（土居原図）。ゲノム = 9,532 nt。

〈参考文献〉Bos, L. (1970). CMI/AAB Descr. Pl. Viruses No. 40；ICTVdB Descr. (2006). 00.057.0.01.009. *Bean yellow mosaic virus*；井上忠男（1983）植物ウイルス事典（與良　清ら編）. 216. 朝倉書店.

ビートモザイクウイルス

***Beet mosaic virus*, BMV**

テンサイ（*Beta vulgaris*）、ホウレンソウ（*Spinacia orelacea*）などにモザイク、

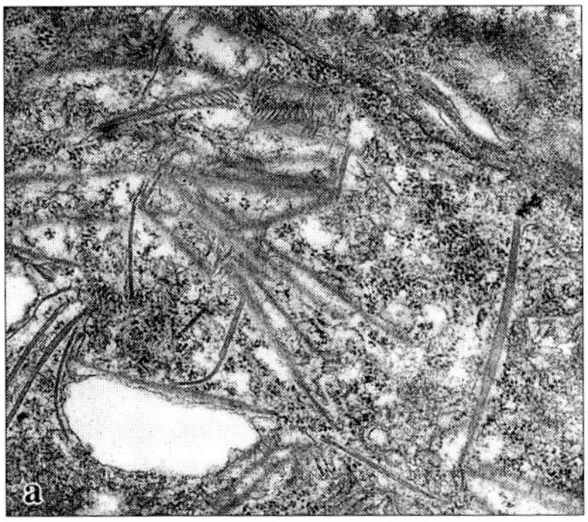

斑紋など。細胞内所在は写真 a（土居原図）。ゲノム = 9,591 nt。

〈参考文献〉ICTVdB Descr. (2006). 00.057.0.01.010. *Beet mosaic virus*；大木理（1983）植物ウイルス事典（與良　清ら編）. 221. 朝倉書店. 東京；Russell, G. E. (1971). CMI/AAB Descr. Pl. Viruses No. 53.

カーネーションベインモットルウイルス

***Carnation vein mottle virus*, CVMV**

カーネーション（*Dianthus* spp.）に、葉に退色斑～暗緑斑、フレック、斑紋、花に斑入り、奇形など。

〈参考文献〉Hollings, M. and Stone, O. M. (1977). CMI/AAB Descr. Pl. Viruses No. 78；ICTVdB Descr. (2006). 00.057.0.01.013. *Carnation vein mottle virus*；栃原比呂志（1983）植物ウイルス事典（與良　清ら編）. 259. 朝倉書店. 東京.

セルリーモザイクウイルス

***Celery mosaic virus*, CeMV**

ニンジン、セルリー、セリ、パセリーに、モザイク、斑紋、葉の奇形など。

〈参考文献〉ICTVdB Descr. (2006). 00.057.0.01.015. *Celery mosaic virus*；Shepard, J. F. and Grogan, R. G. (1971). CMI/AAB Descr. Pl. Viruses No. 50；山下修一（1983）植物ウイルス事典（與良　清ら編）. 271. 朝倉書店. 東京.

クローバ葉脈黄化ウイルス

***Clover yellow vein virus*, ClYVV**

インゲンマメ黄斑モザイクウイルス（BYMV）のえそ（N）系統とされる。*Pea necrosis virus*、*Statice virus Y* は異名。クローバ類、インゲンマメ、エンドウ、ホウレンソウ、スターチス、インパチエンス、リンドウ、エビネなどに、モザイク、斑紋、条斑、葉脈黄化など。ゲノム＝9,584 nt。

〈参考文献〉Hollings, M. and Stone, O. M. (1974). CMI/AAB Descr. Pl. Viruses No. 131；ICTVdB Descr. (2006). 00.057.0.01.017. *Clover yellow vein virus*.

ササゲモザイクウイルス

***Cowpea aphid-borne mosaic virus*, CABMV**

現在、インゲンマメモザイクウイルス（BCMV）とされる。ササゲ（*Vigna unguiculata*）、アズキ（*V. angularis*）にモザイク、葉脈緑帯、脈間退色、奇形、萎縮など。*Sesame mosaic virus*、*South African passiflora virus* は異名。多くの系統が存在。ゲノム＝9,465 nt。

〈参考文献〉Bock, K. R. and Conti, M. (1974). CMI/AAB Descr. Pl. Viruses No. 134；ICTVdB Descr. (2006). 00.057.0.01.021. *Cowpea aphid-borne mosaic virus*；土崎常男（1983）植物ウイルス事典（輿良 清ら編）. 298. 朝倉書店. 東京.

サトイモモザイクウイルス

***Dasheen mosaic virus*, DsMV**

サトイモ（*Colocasia esculenta*）、カラー（*Zantedeschia* spp.）、コンニャク（*Amorphophallus konjac*）にモザイク、奇形など。ゲノム＝10,038 nt。

〈参考文献〉荒井 啓（1983）植物ウイルス事典（輿良 清ら編）. 316. 朝倉書店. 東京；ICTVdB Descr. (2006). 00.057.0.01.023. *Dasheen virus*；Zettler, F. W. *et al*. (1978). CMI/AAB Descr. Pl. Viruses No. 191.

デンドロビウムモザイクウイルス

***Dendrobium mosaic virus*, DeMV**

デンドロビウム（*Dendrobium* spp.）に、主にモザイク。

〈参考文献〉ICTVdB Descr. (2006). 00.057.0.01.025. *Dendrobium mosaic virus*；井上成信（1983）植物ウイルス事典（輿良 清ら編）. 318. 朝倉書店. 東京.

ニンニクモザイクウイルス

***Garlic mosaic virus*, GarMV**

リーキ黄色条斑ウイルス（*Leek yellow stripe virus*, LYSV）と近縁。ニンニク（*Allium sativum*）、リーキ（*A. ampeloprasum*）に主にモザイク～条斑。外国での *Garlic mosaic virus* は *Flexiviridae-Carlavirus*。

〈参考文献〉井上忠男（1983）植物ウイルス事典（輿良 清ら編）. 332. 朝倉書店. 東京

グロリオーサ条斑ウイルス

***Gloriosa stripe mosaic virus*, GlSMV**

Bean virus 2、*Canna mosaic virus*、*Gladiolus mosaic virus*、*Bean yellow mosaic virus*（BYMV）と近縁。グロリオーサ（*Gloriosa* spp.）にモザイク、条斑。

〈参考文献〉荒城雅昭ら（1980）日植病報 46: 59-60；荒城雅昭ら（1985）日植病報 51: 632； Koenig, R. and Lesemann, D. (1974). Phytopath. Z. 80: 136-142.

サギソウモザイクウイルス

***Habenaria mosaic virus*, HaMV**

葉のモザイク、捻れを示すサギソウ（*Habenaria radiata*）より本邦で記載。当初、*Pecteillis mosaic virus* として報告。

〈参考文献〉井上成信ら（1998）. 岡大資源生化研報 5: 155.

アマリリスモザイクウイルス

***Hippeastrum mosaic virus*, HiMV**

アマリリス（*Hippeastrum* spp.）にモザイク、条斑など。

〈参考文献〉Brunt, A. A. (1973). CMI/AAB Descr. Pl. Viruses No. 117；ICTVdB Descr. (2006). 00.057.0.01.031. *Hippeastrum mosaic virus*；岩木満朗（1983）植物ウイルス事典（輿良　清ら編）. 350. 朝倉書店. 東京.

アイリス微斑モザイクウイルス

***Iris mild mosaic virus*, IMMV**

アイリス（*Iris* spp.）に、モザイク、条斑など。ゲノム= 10,038 nt。

〈参考文献〉Brunt, A. A. (1973). CMI/AAB Descr. Pl. Viruses No. 116；Brunt, A. A. (1986). CMI/AAB Descr. Pl. Viruses No. 324；ICTVdB Descr. (2006). 00.057. 0.01.033. *Iris mild mosaic virus*；井上成信（1983）植物ウイルス事典（輿良　清ら編）. 354. 朝倉書店. 東京.

リーキ黄色条斑ウイルス

***Leek yellow stripe virus*, LYSV**

モザイク～黄色条斑を示すニンニク、ラッキョウ、ネギ、リーキや観賞用アリウムなどで記載。本邦の *Garlic mosaic virus* は近縁。ゲノム = 10,142 nt。

〈参考文献〉Bos, L. (1976). CMI/AAB Descr. Pl. Viruses No. 158；ICTVdB Descr. (2006). 00.057.0.01.037. *Leek yellow stripe virus*；Noda, C. and Inouye, N. (1989). Ann. Phytopath. Soc. Japan 55: 208；山下一夫ら（1995）日植病報 61: 273.

レタスモザイクウイルス

***Lettuce mosaic virus*, LMV**

レタス（*Lactuca sativa*）、ホウレンソウ（*Spinacia orelacea*）、エンドウ（*Pisum sativum*）などに、モザイク、退色斑～えそ斑、葉脈黄化、奇形など。ゲノム= 10,080

nt。

〈参考文献〉ICTVdB Descr. (2006). 00.057. 0.01.038. *Lettuce mosaic virus*；Tomlinson, J. A. (1970). CMI/AAB Descr. Pl. Viruses No. 9；山下修一（1983）植物ウイルス事典（輿良　清ら編）. 359. 朝倉書店. 東京.

ユリモットルウイルス

***Lily mottle virus*, LiMV**

斑紋を示すユリ（*Lilium* spp.）で記載。

〈参考文献〉ICTVdB Descr. (2006). 00.057. 0.01.069. *Lily mottle virus*；佐藤栄典ら（2001）日植病報 67: 175.

トウモロコシドワーフモザイクウイルス

***Maize dwarf mosaic virus*, MDMV**

モザイクやえそを示すトウモロコシ（*Zea mays*）やソルガム（*Sorghum vulgare*）で記載。ゲノム＝9,515 nt。

〈参考文献〉Ford, R. E. *et al*. (1989). CMI/AAB Descr. Pl. Viruses No. 341；ICTVdB Descr. (2006). 00.057.0.01.039. *Maize dwarf mosaic virus*；御子柴義郎ら（2002）日植病報 68: 70.

スイセン黄色条斑ウイルス

***Narcissus yellow stripe virus*, NYSV**

スイセン（*Narcissus* spp.）に、モザイク～黄色条斑など。ゲノム＝9,650 nt。

〈参考文献〉Brunt, A. A. (1971). CMI/AAB Descr. Pl. Viruses No. 76；ICTVdB Descr. (2006). 00.057.0.01.041. *Narcissus yellow stripe virus*；岩木満朗（1983）植物ウイルス事典（輿良　清ら編）. 382. 朝倉書店. 東京.

ネギ萎縮ウイルス

***Onion yellow dwarf virus*, OYDV**

本邦ではタマネギ（*Allium cepa*）、ニンニク（*A. sativum*）、ネギ（*A. fistulosum*）、ラッキョウ（*A. chinense*）（黄色線条、モザイク、奇形、萎縮など）で記載された。今日、リーキ黄色条斑ウイルス（*Leek yellow stripe virus*, LYSV）と近縁と推定。ネギ萎縮ウイルス（*Welsh onion yellow stripe virus*）は異名。ゲノム＝10,538 nt。

〈参考文献〉Bos, L. (1976). CMI/AAB Descr. Pl. Viruses No. 158；ICTVdB Descr. (2006). 00.057.0.01.043. *Onion yellow dwarf virus*；山下修一（1983）植物ウイルス事典（輿良　清ら編）. 390. 朝倉書店. 東京.

オーニソガラムモザイクウイルス

Ornithogalum mosaic virus, OrMV

モザイクを示すユリ科花卉の *Ornithogalum thyrsoides*、*O. dubium* で記載。

〈参考文献〉松本　勤ら（2003）日植病報 69: 31.

パチョリモットルウイルス

Patchouli mottle virus, PaMX

ブラジルで斑紋を示すパチョリ（*Pogostemon patchouli*）で報告。本邦にも存在。

〈参考文献〉ICTVdB Descr. (2006). 00. 057.0.71. 0.008. *Patchouli mottle virus*；Natsuaki, K. T. *et al*. (1994). Plant Dis. 78: 1094.

パパイア奇形葉モザイクウイルス

Papaya leaf distortion mosaic virus, PLDMV

葉に奇形、モザイクを示すパパイア（*Carcica papaya*）で記載。ゲノム＝10,155 nt。

〈参考文献〉Maoka, T. *et al*. (2002). J. Gen. Plant Pathol. 68: 89；真岡哲夫・宇杉富雄（1994）日植病報 60: 398.

パパイア輪点ウイルス

***Papaya ringspot virus*, PRSV**

パパイアの最重要ウイルス。葉に斑紋～モザイク、奇形、果実、茎などに輪紋、条斑、株の萎縮など。被害大。ウリ科植物に広く発生するカボチャモザイクウイルス1（*Watermelon mosaic virus 1*, WMV-1）と同一と推定される。ゲノム＝10,326 nt。

〈参考文献〉ICTVdB Descr. (2006). 00.057. 0.01.0.45. *Papaya ringspot virus*；ICTVdB Descr. (2006). 00.057.0.01.045. 00.001. *Watermelon mosaic virus 1*；Purcifull, D. E. (1972). CMI/AAB Descr. Pl. Viruses No. 84；難波成任（1983）植物ウイルス事典（輿良　清ら編）. 394. 朝倉書店. 東京 .

パッションフルーツウッディネスウイルス

Passion fruit woodiness virus, PFWV

葉にモザイク、果実に奇形を示すパッションフルーツ（*Passiflora edulis*）で記載。

〈参考文献〉ICTVdB Descr. (2006). 00.057. 0.01.047. *Passion fruit woodiness virus*；Iwai, H. *et al*.（1996）. Ann. Phytopath. Soc. Japan 62: 459；Taylor, R. H. and Greber, R. S. (1973). CMI/AAB Descr. Pl. Viruses No. 122.

エンドウ種子伝染モザイクウイルス

***Pea seed-borne mosaic virus*, BSbMV**

エンドウ（*Pisum sativum*）に、葉脈透化、モザイク、ロゼット化、花の奇形、不稔など。ゲノム＝9,924 nt。

〈参考文献〉Hamilton, R. O. and Mink, G. I. (1975). CMI/AAB Descr. Pl. Viruses No. 146；ICTVdB Descr. (2006). 00. 057.0.01.048. *Pea seed-borne mosaic virus*；井上忠男（1983）植物ウイルス事典（輿良　清ら編）. 397. 朝倉書店. 東京 .

ラッカセイ斑紋ウイルス

***Peanut mottle virus*, PeMoV**

ラッカセイ（*Arachis hypogaea*）、エンドウ（*Pisum sativum*）などに、斑紋～モザイク、葉脈退緑など。ゲノム＝9,709 nt。

〈参考文献〉Bock, K. R. and Kuhn, C. W. (1975). CMI/AAB Descr. Pl. Viruses No. 141；ICTVdB Descr. (2006). 00. 057.0.01.049. *Peanut mottle virus*；井上忠男（1983）植物ウイルス事典（與良　清ら編）. 407. 朝倉書店. 東京.

トウガラシ斑紋ウイルス

Pepper mottle virus, PeMV

モザイク～斑紋、奇形果、萎縮を示すピーマン（*Capsicum annuum*）で記載。以前に報告されたジャガイモウイルス（*Potato virus Y*）と近縁。ゲノム＝9,640 nt。

〈参考文献〉ICTVdB Descr. (2006). 00.057. 0.01.050. *Pepper mottle virus*；尾川宜広ら（2002）日植病報 68: 231.

シソ斑紋ウイルス

Perilla mottle virus, PerMV

モザイクを示すシソ（*Perilla ocymoides*）に発生。

〈参考文献〉李　準璋ら（1980）. 日植病報 46：105，672；山下修一（1983）植物ウイルス事典（與良　清ら編）. 416. 朝倉書店. 東京.

アズマネザサモザイクウイルス

***Pleioblastus mosaic virus*, PlMV**

アズマネザサ（*Pleioblastus chino*），タイミンチク（*P. gramineus*）、ヤダケ（*Peudosasa japonica*）などに、モザイク～斑紋など。

〈参考文献〉鳥山重光（1983）植物ウイルス事典（與良　清ら編）. 420. 朝倉書店. 東京.

プラムポックスウイルス

***Plum pox virus*, PPV**

核果類（*Prunus* spp.）に広く発生。症状は宿主で様々。アンズ（アプリコット）（*P. armeniaca*）で果実に淡い輪点や奇形など、プラム（*P. cerasifera*）で潜在、時に淡い緑色斑紋など、プラム・スモモ（*P. domestica*）で緑色斑紋、黄緑輪点、斑点、えそ斑、果実の変形、変色、落果、枯死、モモ（*P. percica*）で葉の葉脈透化、退色斑、奇形、果実の輪点、奇形、落果など。生果を食とする欧米では重要。ゲノム＝9,741 nt。

〈参考文献〉ICTVdB Descr. (2006). 00.057. 0.01.054. *Plum pox virus*； Kegler, H. and Shade, C. (1971). CMI/AAB Descr. Pl. Viruses No. 70.

ジャガイモＡウイルス

***Potato virus A*, PVA**

ジャガイモ（*Solunum tuberosum*）に、潜在、斑紋など。ゲノム＝9,585 nt。

〈参考文献〉Bartels, R. (1971). CMI/AAB Descr. Pl. Viruses No. 54；堀尾英弘（1983）植物ウイルス事典（與良　清ら編）. 430. 朝倉書店. 東京；ICTVdB Descr. (2006). 00.057.0.01.0.56. *Potato virus A.*

ジャガイモＹウイルス

Potato virus Y, PVY

イギリスでジャガイモで報告（1931）され、本邦でも記載（1949）。多くの国に存在し、被害大と推定。タバコ（*Nicotiana tabacum*）にも発生。ジャガイモではえそ、漣葉、タバコではモザイク、えそなど（口絵60）。ウイルス粒子（本項a（土居原図）、b）は730 × 11 nmのひも状（ピッチ約3.3 nm）。浮遊密度1.323～1.326 g/cm³、沈降定数145 S。耐熱性50～62 ℃、耐保存性7～50日、耐希釈性10日$^{-2\sim-6}$。核酸含量5.4～6.4 %。構造蛋白質は1種（約3.4 kDa）。ゲノムは＋鎖ssRNAの1分子（9,704 nt）。ゲノム構造・配列・翻訳、細胞内所在などは属の項で紹介。塊茎による栄養繁殖のほか、モモアカ、チューリップヒゲナガ、ワタアブラムシなどで非永続的伝搬。機械的接種は可能。

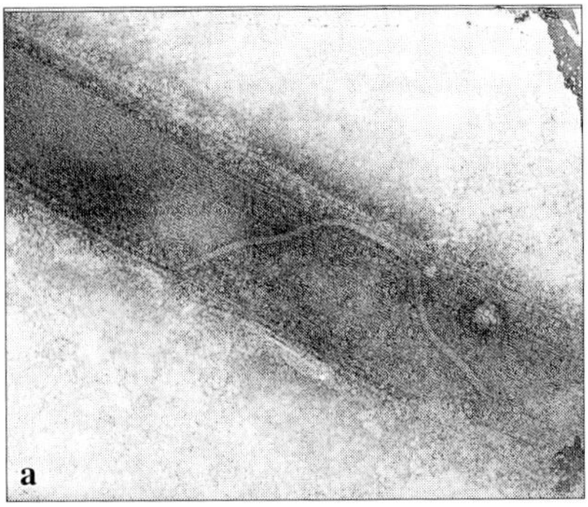
a

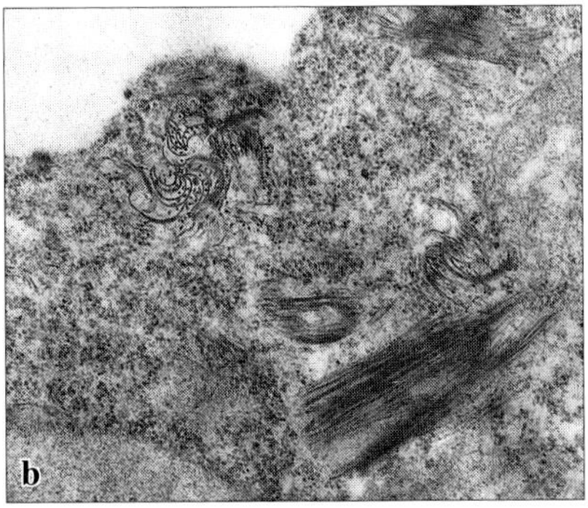
b

〈参考文献〉de Bokx, J. A. and Huttinga, H. (1981). CMI/AAB Descr. Pl. Viruses No. 242； Delgado-Sanchez, S. and Grogan, R. G. (1970). CMI/AAB Descr. Pl. Viruses No. 37；堀尾英弘（1983）植物ウイルス事典（與良　清ら編）. 438. 朝倉書店. 東京；ICTVdB Descr. (2006). 00.057.0.01. 001. *Potato virus Y.*

ラナンキュラスモットルウイルス

Ranunculus mottle virus, RanMV

退緑斑、モザイクを示すラナンキュラス（*Ranunculus asiaticus*）で記載。

〈参考文献〉藤森文啓ら（1989）日植病報55: 532；ICTVdB Descr. (2006). 00. 057. 0.81.075. *Ranunculus mottle virus.*

クサヨシモザイクウイルス

Reed canary mosaic virus, RCMV

モザイク、え死条斑を示すクサヨシ（リードカナリーグラス）（*Phalaris arundinaceae*）で記載。

〈参考文献〉鳥山重光（1983）植物ウイルス事典（輿良　清ら編）．450．朝倉書店．東京；鳥山重光ら（1968）日植病報 34:199.

シャロット黄色条斑ウイルス

***Shallot yellow stripe virus*, SYSV**

若葉にモザイク～線条斑、萎縮を示すタマネギ（*Allium cepa*）、ラッキョウ（*A. chinense*）、ネギ（*A. fitulosum*）で記載。従来、ネギ萎縮ウイルス（*Welsh onion yellow stripe virus*、*Onion yellow dwarf virus*）と称されていた。ゲノム＝10,429 nt。

〈参考文献〉Bos, L. (1976). CMI/AAB Descr. Pl. Viruses No. 158；ICTVdB Descr. (2006). 00.057.0.01.092. *Shallot yellow stripe virus*.

ソルガムモザイクウイルス

***Sorghum mosaic virus*, SrMV**

モザイクを示すサトウキビ（*Saccharum officinarum*）で記載。ゲノム＝9,624 nt。

〈参考文献〉ICTVdB Descr.（2006）. 00. 057.0.01.060. *Sorghum mosaic virus*.

ダイズモザイクウイルス

***Soybean mosaic virus*, SbMV**

ダイズ（*Glicine max*）に広く発生し、主にモザイク、斑紋などを生じる（口絵 61）。ゲノム＝9,588 nt。

〈参考文献〉Bos, L. (1972). CMI/AAB Descr. Pl. Viruses No. 93；ICTVdB Descr. (2006). 00.057.0.01.061, *Soybean mosaic virus*；井上忠男（1983）植物ウイルス事典（輿良　清ら編）．486．朝倉書店．東京．

サトウキビモザイクウイルス

***Sugarcane mosaic virus*, SCMV**

サトウキビ（*Saccharum officinarum*）、トウモロコシ（*Zea mays*）、ソルガム類（*Sorghum* spp.）、ヒエ・キビ類（*Panicum* spp.），エノコログサ類（*Setaria* spp.）、オヒシバ類（*Eleusine* spp.）などに、モザイク～斑紋、条斑など（口絵 62）。ゲノム＝9,596 nt。

〈参考文献〉ICTVdB Descr. (2006). 00. 057.0.01.062. *Sugarcane mosaic virus*；Pirone, T. P. (1972). CMI/AAB Descr. Pl. Viruses No. 88；Teakle, D. S. *et al*. (1989). CMI/AAB Descr. Pl. Viruses No. 342；鳥山重光（1983）植物ウイルス事典（輿良　清ら編）．499．朝倉書店．東京．

サツマイモ微斑モザイクウイルス

***Sweet potato feathery mottle virus*, SPFMV**

サツマイモ（*Ipomoea batatas*）に、モザイク、白色～褐色斑点、輪点など（口絵63）。高温時、マスキングが多い。系統により、塊根帯状粗皮。ゲノム＝10,820 nt。

〈参考文献〉土居養二（1983）植物ウイルス事典（與良　清ら編）. 501. 朝倉書店. 東京 ; ICTVdB Descr. (2006). 00. 057. 0.01.064. *Sweet potato feathery mottle virus*.

サツマイモ潜在ウイルス

***Sweet potato latent virus*, SPLV**

無病徴のサツマイモで記載。

〈参考文献〉ICTVdB Descr. (2006). 00.057. 0.01.082. *Sweet potato latent virus*；Usugi, T. *et al*. (1991). Ann. Phytopath. Soc. Japan 57: 512.

サツマイモGウイルス

Sweet potato virus G, SPVG

無病徴のサツマイモでG10ウイルスとして記載。

〈参考文献〉ICTVdB Descr. (2006). 00. 057.0.01.010. *Sweet potato virus G*；山崎修一ら（2009）日植病報 75: 102.

タバコ脈緑モザイクウイルス

***Tobacco vein banding mosaic virus*, TVBMV**

タバコ（*Nicotiana tabacum*）に、葉脈緑帯、モザイクなど。

〈参考文献〉ICTVdB Descr. (2006). 00.057. 0.01.083. *Tobacco vein banding mosaic virus*；久保　進（1983）植物ウイルス事典（與良　清ら編）. 524. 朝倉書店. 東京.

チューリップモザイクウイルス

***Tulip breaking virus*, TBV**

チューリップ（*Tulipa* spp.）に発生。葉にモザイク、斑紋、潜在、花弁に斑入りなどを生ずる（口絵64）。最初の植物ウイルスとして記載。

〈参考文献〉ICTVdB Descr. (2006). 00. 057.0.01.070. *Tulip breaking virus*；van Slogteren, D. H. M. (1971). CMI/AAB Descr. Pl. Viruses No. 71；山下修一（1983）植物ウイルス事典（與良　清ら編）. 534. 朝倉書店. 東京.

カブモザイクウイルス

***Turnip mosaic virus*, TuMV**

アブラナ科植物で被害の大きい最重要ウイルス。ダイコン（*Raphanus sativus*）、ハクサイ、カブ、コマツナ、キャベツ、カリフラワー、ブロッコリー（*Brassica*

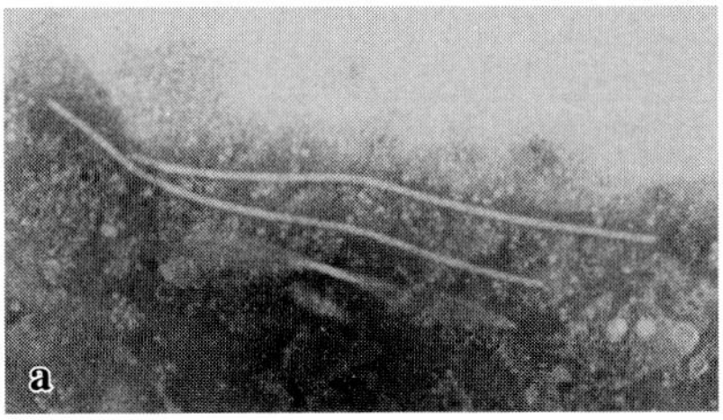

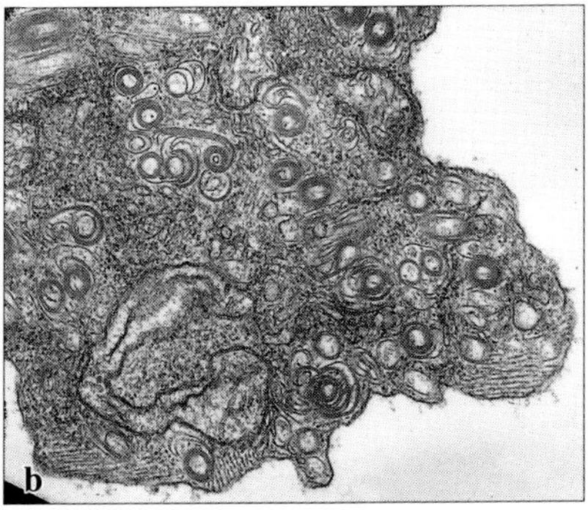

campestris)、ワサビ（*Eutrema japonica*）などのアブラナ科植物のほか、キンセンカ、ジニア、トルコギキョウ、ポピー類、イリス、エビネなどに広く発生し、モザイク～斑紋、えそなどを生じる（口絵65）。本邦のダイコン品種「練馬ダイコン」は罹病性で栽培が不可能となったとされる。ウイルス粒子（本項a、b）は、本属の典型的な形状を示す。ゲノム＝9,835 nt。

〈参考文献〉ICTVdB Descr. (2006). 00.057.0.01.072. *Turnip mosaic virus*；Tomlinson, J. A. (1970). CMI/AAB Descr. Pl. Viruses No. 8；栃原比呂志（1983）植物ウイルス事典（與良　清ら編）. 536. 朝倉書店. 東京.

カボチャモザイクウイルス

***Watermelon mosaic virus*, WMV**

スイカ（*Citrullus lanatus*）のほか、カボチャ（*Cucurbita* spp.）、ズッキーニ（*C. pepo*）、メロン（*C. melo*）、キュウリ（*C. sativus*）などに、主に、モザイク、斑紋など（口絵66）。ゲノム＝19,035 nt。

〈参考文献〉ICTVdB Descr. (2006). 00.057.0.01.073 *Watermelon mosaic virus*；Purcifeull, D. E. *et al*. (1984). CMI/AAB Descr. Pl. Viruses No. 293；van Regenmortel, M. H. (1971). CMI/AAB Descr. Pl. Viruses No. 63；山下修一（1983）植物ウイルス事典（與良　清ら編）. 539. 朝倉書店. 東京.

ヤマノイモマイルドモザイクウイルス

Yam mild mosaic virus, YMMV

モザイクを示すヤム（ダイジョウ）（*Discorea alata*）で記載。

〈参考文献〉藤　晋一ら（1999）日植病報 65: 668.

ヤマノイモモザイクウイルス

***Yam mosaic virus*, YaMV**

ヤマイモ類（*Dioscorea* spp.）で発見。主に、葉にモザイク、葉脈緑帯、奇形など。ゲノム＝9,608 nt。近縁の *Japanese yam mosaic virus* のゲノムは 9,760 nt。

〈参考文献〉ICTVdB Descr. (2006). 00.057.0.01.075. *Yam mosaic virus*；Touvenel, J. C. and Fauquet, C. (1986). CMI/AAB Descr. Pl. Viruses No. 314；山下修一（1983）植物ウイルス事典（與良　清ら編）. 550. 朝倉書店. 東京.

カラーモザイクウイルス

Zantedeschia mosaic virus, ZaMV

モザイクを示すカラー（*Zantedeschia* spp.）で韓国で記載され、本邦にも存在するという。

〈参考文献〉ICTVdB Descr. (2006). 00. 057. 0.01.115.117.991. *Zantedeschia mosaic virus*.

シバモザイクウイルス

Zoysia mosaic virus, ZoMV

本邦のモザイクを示すノシバ（*Zoysia japonica*）（口絵67）、コウライシバ（*Z. tenuifolia*）で発見。通常、栄養繁殖で垂直伝染されるが、アブラムシ伝搬が推定される。ノシバでは野生、植栽で広く発生。

〈参考文献〉ICTVdB Descr. (2006). 00. 057. 0.01.010. *Zoysia mosaic virus*；鳥山重光（1983）植物ウイルス事典（與良 清ら編）. 552. 朝倉書店. 東京 .

ズッキーニ黄斑モザイクウイルス

Zucchini yellow mosaic virus, ZYMV

ズッキーニ（西洋カボチャ）（*Cucurubita pepo*）で記載。本邦では、従来、カボチャモザイクウイルス 2（*Watermelon mosaic virus 2*, WMV2）と称され、カボチャのほか、キュウリ、トウガン、ユウガオ、エンドウ、ソラマメ、ゴマ、トルコゴキョウ、サギソウなどに発生し、主に、モザイク、斑紋、ウリ科では時に奇形、萎縮などを生じる。ゲノム＝ 9,591 nt。

〈参考文献〉ICTVdB Descr. (2006). 00. 057.0.01.077. *Zucchini yellow mosaic virus*. Lisa, V. and Lecoq. H. (1984). CMI/AAB Descr. Pl.Viruses No. 282.

③ ライモウイルス属　*Rymovirus*

属名の Rymo- は本属のタイプ種の *Ryegrass mosaic virus*（RyMV）の短縮語に由来。ウイルス粒子は 693 ~ 760 × 11 ~ 15.5 nm のひも状（ら旋ピッチ 3.4 nm）。浮遊密度 1.30 ~ 1.32 g/ ㎤、沈降定数 150 ~ 166S。耐熱性 50 ~ 60 ℃、耐保存性 1 ~ 56 日、耐希釈性 $10^{-3\sim-4}$。核酸含量 5.3 %。構造蛋白質は 1 種。ゲノムは＋鎖 ssRNA の一種で、9,000 ~ 10,000 nt。ゲノムは 5'Vpg-P1-Pro-HC-Pro-P3-6K1-Cl-6K2-Vpg-NIa-Pro-Nib-CP-PolyA3'。5' 末端は Vpg、3' 末端はポリ A 構造。蛋白質はポリプロテインとして翻訳され、Pro でプロセシングされ成熟蛋白質となる。ウイルスは非局在性で、多くが細胞質に散在・集塊。本属はすべて顕著な特有の細胞質封入体を誘導。本封入体の有無が本属の診断となる。本属ウイルスは栄養繁殖のほか、フシダニ（*Abacarus hystrix*）で半永続的に伝搬される。多くが機械的接種可能。以前は *Toritimovirus* に分類されていた。

〈参考文献〉Berger, P. H. *et al*. (2005). *Rymovirus*. *In* Virus Taxonomy 8th ICTV Reports (Fauquet, C. M. *et al*. eds.). 833. Academic Press；ICTVdB Descr. (2006). 00.057.002. *Rymovirus*.

ライグラスモザイクウイルス

***Ryegrass mosaic virus*、RyMV**

米国でイネ科牧草のイタリアンライグラス（*Lolium multiflorum*）で発見（Bruehl *et al*., 1957）され、本邦、ヨーロッパ、オーストラリアなどで確認。ライグラス類（*Lolium* spp.）、オーチャードグラス（*Dactylis glomerata*）にモザイク、退色、フレック、萎縮などを生ず。ウイルス粒子は約 700 × 15 nm のひも状（ら旋ピッチ 3.3 nm）。浮遊密度約 1.325 g/㎤、沈降定数約 166 S。耐熱性約 60 ℃、耐保存性約 1 日、耐希釈性約 10^{-3}。核酸含量 5.3 %。構造蛋白質は 1 種（2.82 kDa）。ゲノムは＋鎖 ssRNA の一種（9,535 nt）。ゲノムは 5'Vpg-P1-Pro-HC-Pro-P3-6K1-Cl-6K2-Vpg-NIa-Pro-Nib-CP-PolyA3'。5' 末端は Vpg、3' 末端はポリ A 構造。蛋白質はポリプロテインとして翻訳され、宿主域は狭い。フシダニ（*Abacarus hystrix*）で半永続的に伝搬。機械的接種は可能。

〈参考文献〉ICTVdB Descr. (2006). 00. 057.0.02.001. *Ryegrass mosaic virus*； 御子柴義郎ら（1982）日植病報 48: 79；Slykhuis, J. T. and Paiwal, Y. C. (1972). CMI/AAB Descr. Pl.Viruses No. 86.

（8）クロステロウイルス科　*Closteroviridae*

科名の Clostero- は代表的属の *Closterovirus* に由来。

【所属群】

クロステロウイルス属　*Closterovirus*（タイプ種：カンキツトリステザウイルス、*Citrus tristeza virus*, CTV）

クリニウイルス属　*Crinivirus*（タイプ種：*Lettuce infectious yellows virus*, LIYV）

アムペロウイルス属　*Ampelovirus*（タイプ種：ブドウ葉巻随伴ウイルス 3, *Grapevine leafroll-associated virus 3*, GLRV-3）

【ウイルス粒子】

10 ~ 13 nm、長さは 650 ~ 900 nm または 1,200 ~ 2,200 nm のひも状。ら旋ピッチ = 3.4 ~ 3.7 nm。被膜なし。浮遊密度 1.30 ~ 1.34 g/ ㎤。核酸含量 5 %。構造蛋白質は 1 種（22 ~ 46 kDa）。

【ゲノム】

ゲノムは 約 7.5 ~ 19.5 kd のプラス鎖 ssRNA。*Closterovirus* は非分節、*Crinivirus* は 2 分節。5' はキャップ構造、3' はヘアピン構造。

【増殖】

ウイルスは篩部局在。篩部細胞に散在・集塊。核酸様繊維を含む小胞誘導。篩部え死で、葉肉細胞での葉緑体内にでんぷん粒滞積、葉緑体崩壊が顕著。

【生物的性状】

宿主域は狭い。伝染は栄養繁殖のほか、アブラムシ類で半永続的伝搬。機械的接種は多くが困難。

〈参考文献〉ICTVdB Descr. (2006). 00.017. *Closeroviridae*；Martelli, G. P. *et al*. (2005). *Clostero-viridae In* Virus Taxonomy 8th ICTV Reports (Fauquet, C. M. *et al*. eds.). 1077. Academic Press.

① クロステロウイルス属　*Closterovirus*

属名の Closero- はギリシア語で細い「ひも状」を意し、ウイルス粒子の形状に由来。ウイルス粒子は 1,250 ~ 2,200 × 11 ~ 13 nm の屈曲したひも状。ウイルスでは最長の長さ。ら旋ピッチ＝約 3.5 nm。浮遊密度 1.332 ~ 1.34 g/ ㎤、沈降定数 110 ~ 140 S。耐熱性 40～55 ℃、耐保存性 1～5 日、耐希釈性 $10^{-3\sim-5}$。核酸含量 5～5.15 %。構造蛋白質は 1 種（22.5～25.0 kDa）。ゲノムは＋鎖 ssRNA の一種で、15.5～19.3 kb。ORF はタイプ種の BYV ＝ 9 は 5'-ORF 1（L-Pro-Mtr-Hel）-Pol-p6-Hsp70h-p64-Cpm-CP-p20-p21-3' で、p6～p21 はサブゲノムで生ず。カンキツトリステザウイルス（CTV）＝ 12 は 5' キャップ -ORF 1a（P-Pro-Mt-Hel）-ORF 1b（Pol）-10 ORF-3'。ウイルスは篩部局在性で、細胞質に散在・集塊し、多くが核酸様繊維を含む小胞を生ず。篩部え死、葉肉細胞の葉緑体でのでんぷん粒堆積とその崩壊が顕著で、植物体は黄化、赤化、萎縮を生ず。多くが、アブラムシ類で半永続的伝搬。機械的接種は困難ながら、一部可能。確定種 8、暫定種 4

〈参考文献〉Bar-Joseph, M *et al.* (1979). Adv. Virus Res. 25: 93；ICTVdB Descr. (2006). 00.017.0.01. *Closterovirus*；Martelli, G. P. *et al.* (2005). *Closterovirus. In* Virus Taxonomy 8th ICTV Reports（Fauquet, C. M. *et al.* eds.). 1080. Academic Press.

ビート萎黄ウイルス

***Beet yellows virus*, BYV**

本属のタイプ種で、ベルギーのビート（*Beta vulgaris*）で発見（Roland, 1936）。本邦（村山ら、1967）を含め、各国に存在すると推定。通常、下葉の葉力の黄化、萎縮を生じる（口絵 68）。ウイルス粒子は 1,200～2,000 × 10～30 nm の屈曲したひも状（ら旋ピッチ 3.4～3.7 nm）。沈降定数 130 S。耐熱性 55 ℃、耐保存性約 1 日、耐希釈性 10^{-4}。核酸含量 5.0 %。構造蛋白質は 1 種（22.3 kDa）。ゲノムは＋鎖 ssRNA の 1 分子（15,480 nt）。ゲノム構造・配列・翻訳などは属の性状とほぼ同じ。ウイルス粒子は篩部局在性で、細胞質、核内に散在・集塊。細胞質には核酸様繊維を含む小胞を多産。通常、各種のアブラムシ類（モモアカアブラムシ *Myzus persicae*、マメクロアブラムシ *Aphis fabae*）で半永続的伝搬。塊茎による栄養繁殖のほか、機械的接種は可能。

〈参考文献〉Agranovsky, A. A. and Leseman, D. E. (200). *Beet yellows virus*；Bar-Joseph, M. and Murant, A. F. (1982). CMI/AAB Descr. Pl. Viruses No. 260；ICTVdB Descr. (2006). 00.017.0.01.004. *Beet yellows virus*；村山大記・讃井　蕃（1967）日植病報 33:94；大木理（1983）植物ウイルス事典（輿良　清ら編）. 227. 朝倉書店. 東京；Roland, G. (1936). Sug. Belge. 55: 213.

ゴボウ黄化ウイルス

***Burdock yellows virus*, BuYV**

下葉の穏やかな黄化を示すゴボウ

（*Arctium lappa*）で本邦で記載（井上・光畑、1971）され、発生は日本のみ。ウイルス粒子は1,700～1,750 nm × 12 nmの屈曲したひも状。ら旋ピッチ = 3.6 nm。耐熱性45～50 ℃、耐保存性1～2日。ウイルスは篩部局在性で、散在・束状集塊を生じ、核酸様繊維を内含する小胞、篩部え死を誘導。ゴボウヒゲナガアブラムシ（*Uroleucon gobonis*）で半永続的伝搬。機械的接種は困難ながら可能。

〈参考文献〉ICTVdB Descr. (2006). 00.057. 0.01.010. *Burdock yellows virus*；井上忠男（1983）植物ウイルス事典（與良　清ら編）. 240. 朝倉書店. 東京；井上忠男・光畑興二（1971）. 農学研究 54: 1.

カーネーションえそ斑ウイルス

***Carnation necrotic fleck virus*, CNFV**

本邦のカーネーション（*Dianthus caryophyllus*）で記載（Inouye and Mitsuhata, 1973）。各国に分布すると推定。アメリカナデシコ（ビジョナデシコ）（*Dianthus barbatus*）にも発生。紫斑、白斑え死、潜在などを生ず。ウイルス粒子は1,250～1,400 × 12～13 nmの屈曲したひも状。ら旋ピッチ = 3.4～3.7 nm。浮遊密度1.325 g/ ㎤、沈降定数122～128 S。耐熱性40～45 ℃、耐保存性2～4日、耐希釈性10^{-4}。核酸含量約5.15 %。構造蛋白質は1種（23.5 kDa）。ウイルスは篩部局在性と推定され、しばしば束状の集塊。小胞誘導、篩部え死が顕著。モモアカアブラムシ（*Myzus persicae*）で半永続的伝搬。機械的接種は困難ながら可能。

〈参考文献〉ICTVdB Descr. (2006). 00.017. 0.01.010. *Burdock yellows virus*；Inouye,T. (1974). CMI/AAB Descr. Pl. Viruses No. 136；井上忠男（1983）植物ウイルス事典（與良　清ら編）. 257. 朝倉書店. 東京.

ニンジン黄葉ウイルス

***Carrot yellow leaf virus*, CYLV**

下葉の黄化、赤化を示すニンジン（*Dacus carota*）で本邦（埼玉）で発見（山下ら、1976）（口絵69）。ウイルス粒子（本項a、b、c）は屈曲したひも状（約1,600 × 12 nm）。ら旋ピッチ約3.7 nm。ウイルス粒子は細胞質内あるいは稀に核内に散在・集塊。感染細胞では核酸様繊維を含む小胞を増生。篩部え死とこれにもとづく葉肉細胞の葉緑体でのでんぷん粒蓄積が顕著。写真cは厚さ約1 μ切片を超高圧電顕で観察。機械的接種

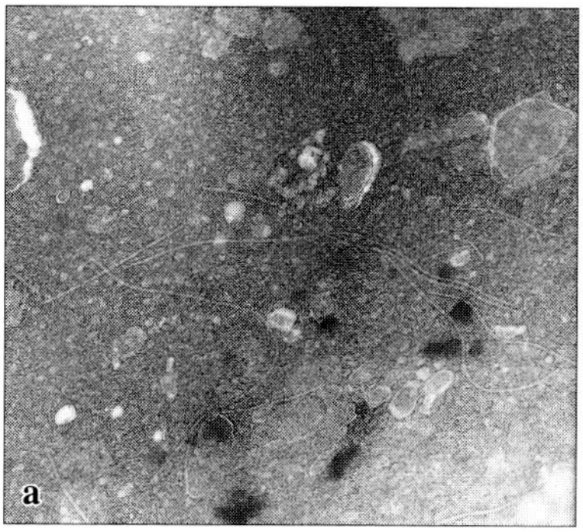

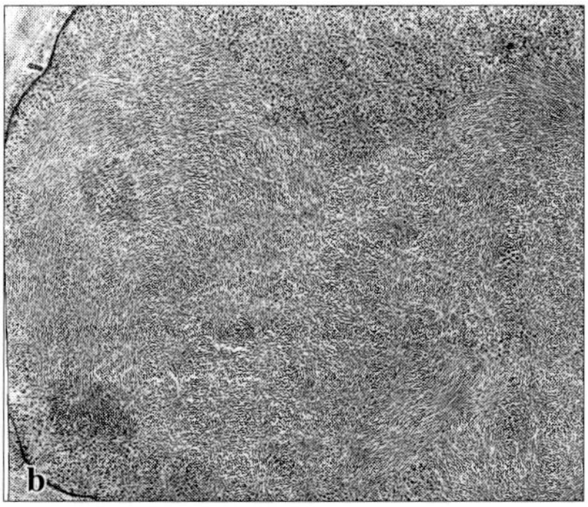

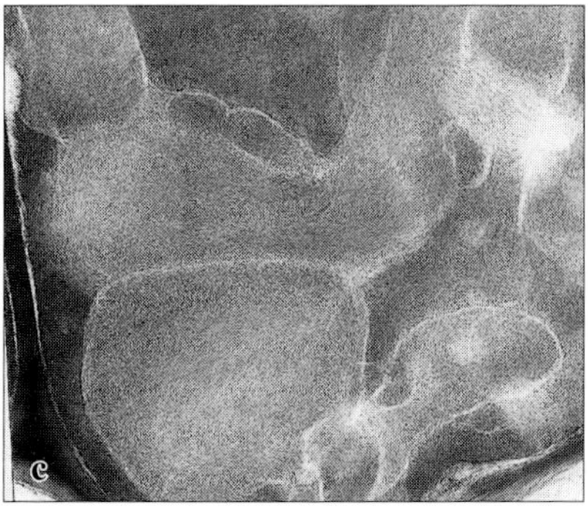

は成功していない。ニンジンアブラムシ（*Semiaphis heraclei*）で半永続的伝搬。発生は日本。

〈参考文献〉Brunt, A. A. *et al*. eds. (1996). *In* Viruses of Plants. 325. CAB International；山下修一（1983）植物ウイルス事典（與良　清ら編）. 267. 朝倉書店. 東京；山下修一ら（1976）日植病報 42: 382；ICTVdB Descr. (2006). 00.017.0.01.007. *Carrot yekow leaf virus*.

カンキツトリステザウイルス

***Citrus tristeza virus*, CTV**

カンキツの *Citrus sinensis*、*C. aurantifolia* において、米国、イタリアで記載（Meneghini, 1946. Fawcett and Wallece, 1946）。本邦でも確認（山田、1958）され、ハッサク、ナツミカンなど（幹のピッチングなど）。いくつかの系統が存在。ウイルス粒子（本項 a、b）は約 2,000 × 10 ~ 11 nm。浮遊密度 1.257 g/ ㎤、沈降定数約 140 S。ゲノムは＋鎖 ssRNA の 1 分子（19,296 nt）。ゲノム構造・配列などは属の性状とほぼ同じと推定。ウイルス粒子は篩部局在性で、その細胞質、核内に散在・集塊。細胞質には核酸様繊維を

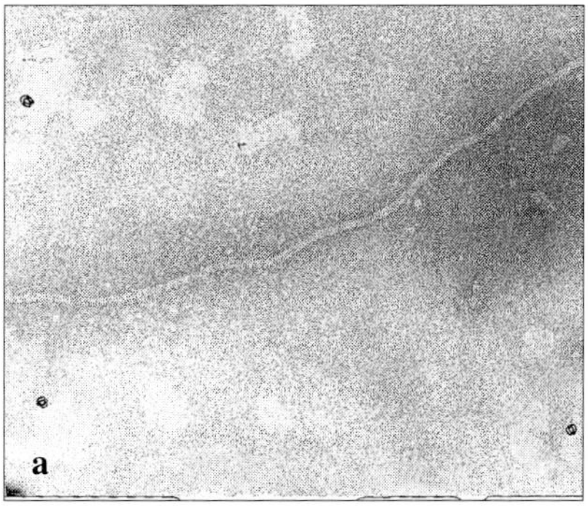

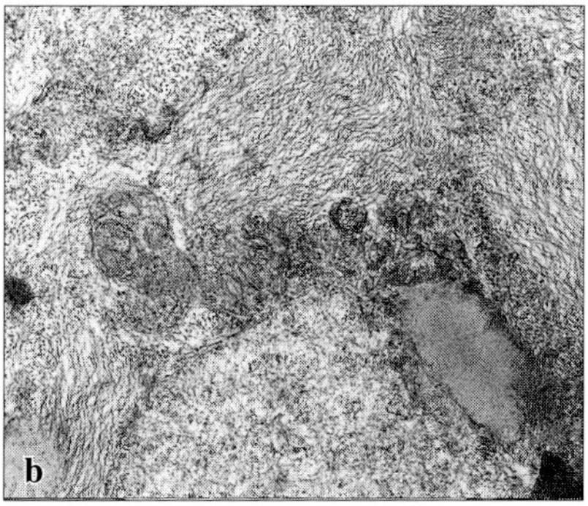

含む小胞を多産。通常、アブラムシ類（*Toxoptera citricidus*、*T.aurantii*、*Aphis gossypii*、*A. apiracola* など）で非～半永続的伝搬。機械的接種は困難ながら可能。カンキツでは各国に分布する重要ウイルスとされる。

〈参考文献〉Bar-Joseph, M. and Lee, R. F. (1989). CMI/AAB Descr. Pl. Viruses No. 353；Fawcett, H. S. and Wallece, J. M. (1946). Calif. citrogr. 32:50；ICTVdB Descr. (2006). 00.017.0.01.008. *Cittrus tristeza virus*；Meneghini, M. (1946). Biologico 12: 285. Price, W. C. (1970). CMI/AAB Descr. Pl. Viruses No. 33；土崎常男（1983）植物ウイルス事典（輿良　清ら編）. 291. 朝倉書店. 東京；山田俊一（1958）日植病報 23:29.

クローバ萎黄ウイルス

***Clover yellows virus*, CYV**

本邦の葉先の黄化～赤化を示すクローバ類（*Triffolium* spp.）で記載（Ohki *et al*., 1976）（口絵 70）。ウイルス粒子は屈曲したひも状（約 1,600 × 12 nm）。篩部局在性で、細胞質内あるいは稀に核内に散在・集塊。感染細胞では核酸様繊維を含む小胞を増生。篩部え死とこれにもとづく葉肉細胞の葉緑体でのでんぷん粒蓄積が顕著。日本では各地に存在。機械的接種は成功していない。

〈参考文献〉ICTVdB Descr. (2006). 00.017.0.01.010. *Clover yellows virus*；Ohki, S. T. *et al*. (1976). Ann. Phytopath. Soc. Japan 42:313.

ブドウ葉巻随伴ウイルス 2

***Grapevine leafroll-associated virus 2*, GLRV-2**

ブドウ（*Vitis vinifera*）で記載（Gugerli, P. *et al*., 1984）され、本邦にも存在するとされる。ひも状粒子。ゲノム = 16,494 nt。9 ORF（(5'-ORF1a（Hel）-ORF1b（Pol=52 kDa）-ORF2（p6）-ORF3（HSP3=65 kDa）-ORF4（p63）-ORF 5（p23 または 25=CP）-ORF6（22 kDa=CP）-ORF7（p18 または 19）- ORF8（p24）=-3'))。ORF1a と ORF1b はリボソームフレームシフトで生じる。細胞内所見は未詳。通常、接ぎ木伝染。*Nicothiana benthamiana* に機械的接種可能という。

〈参考文献〉Abou-Ghanem, A. *et al*. (1998). J. Plant Path. 80: 37；ICTVdB Descr. (2006). 00.017.0.01.009. *Grapevine leafroll-associated virus 2*；Tomazic, I. *et al*. (2008). Acta agric. Slovenica 91 75；Zhu, H. Y, *et al*. (1998). J. Gen. Virol. 79:1289.

コムギ黄葉ウイルス

***Wheat yellow leaf virus*, WYLV**

本邦のコムギ（*Triticum aestrivum*）、オオムギ（*Hordeum vulgare*）で記載（井上ら、1973）。発生は日本のみ。エンバク

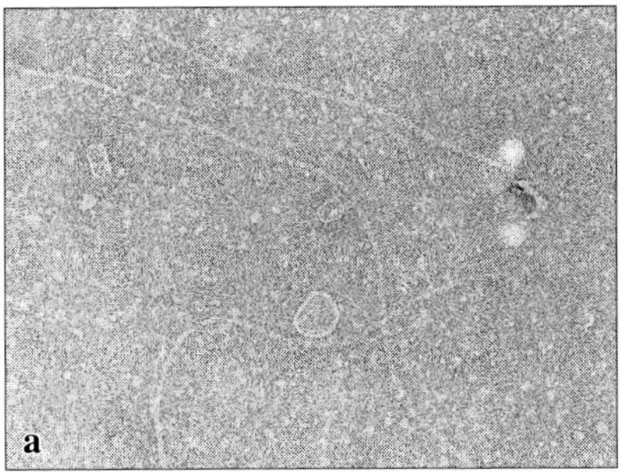

(*Avena sativa*)、カモジグサ（*Agropyron tsukusiense*）にも発生。黄化、枯死などを生ず（口絵71)。ウイルス粒子（本項a）は屈曲したひも状（約1,600～1,850 × 12 nm)。ら旋ピッチ＝3.4 nm。篩部局在性で、細胞質内に散在・束状集塊。感染細胞では核酸様繊維を含む小胞を増生。篩部え死とこれにもとづく葉肉細胞の葉緑体でのでんぷん粒蓄積が顕著。トウモロコシアブラムシ（*Rhopalosiphum maidis*)、ムギクビレアブラムシ（*R. padi*）で半永続的伝搬。機械的接種は成功していない。

〈参考文献〉ICTVdB Descr. (2006). 00.017.0.01.012. *Wheat yellow leaf virus*；Inouye, T. (1976). CMI/AAB Descr. Pl. Viruses No. 157；井上忠男（1983）植物ウイルス事典（輿良　清ら編）. 543. 朝倉書店. 東京；井上忠男ら（1973）農学研究 55:1.

②クリニウイルス属　*Crinivirus*

属名のCrini-はラテン語で「髪毛」を意し、ウイルス粒子がひも状の形状に由来。ウイルス粒子は幅10～13 nm、長さ1,200～2,000または650～850、700～900 nmのひも状。ら旋構造は対称型～未詳。被膜なし。多くが2成分（bipartite)。構造蛋白質＝28-33 kDa、80 kDa。ゲノムは＋鎖ssRNAの一種で、15.3～17.6 kb。タイプ種のLIYVは2分節ゲノムで、RNA 1（LIYV）(8,118 nt）は5' キャップ?-ORF1a（P-Pro-Mtr-Hel）-ORF 1B（Pol）-ORF 2（31 K）-3'、RNA 2（7,193 nt）は5' キャップ-5 K-HSP 70-59 K-9 K-CP-CPm-26 K-3'。ウイルス種によって、ゲノム構造に多少の差異。篩部局在性と推定され、感染細胞内にはERが増生した2本鎖（ds）RNAを含む小胞を多産。コナジラミ（*Bemisia*、*Trialeurodes* spp.）で半永続的伝搬。LIYVは比較的、宿主域は広く（15科45種以上)、自然発生はキク、ビート、ウリ科、アブラナ科植物など。確定種8、暫定種2。

〈参考文献〉Falk, B. W. and Tian, T. (1999). CMI/AAB Descr. Pl. Viruses No. 369；ICTV dB Descr. (2006). 00.017.0.02. *Crinivirus*；ICTVdB Descr. (2006). 00.017.0.02.005. *Lettuce infectious yellows virus*；Martelli, G. P. *et al.* (2005). *Crinivirus*. *In* Virus Taxonomy 8th ICTV Reports

(Fauquet, C. M. *et al*. eds.). 1084. Academic Press.

キュウリ黄化ウイルス

***Cucumber yellows virus*, CuYV**

米国では黄化を示すビート（*Beta vulgaris*）よりオンシツコナジラミ（*Trialeurodes vapirariorum*）伝搬の *Beet pseudo-yellows virus*（BPYV）が知られていた（Duffus, 1965）が、ウイルス粒子は未詳であった。1976～1977年、本邦の関東地区でキュウリに黄化症状を生じる未詳病が問題となり、これらよりオンシツコナジラミ（口絵74）半永続的伝搬性、篩部局在性ひも状ウイルスを見出し、キュウリ黄化ウイルス（*Cucumber yellows virus*, CuYV）（山下ら、1979）とした（口絵72、73、本項a、b）。その後、本ウイルスはBPYVに近縁とされたが、ここでは従来の名称で示す。ウイルス粒子は不安定なひも状2種（約650～850、700～1,000 × 12 nm）。核酸含量506%。ゲノムは線状ssRNA2種。構造蛋白質は2種（約28.4、74.4 kDa）。ゲノムは（＋）鎖2分節RNA。RNA1; 7,889 nt、ORF ＝ 7、RNA2; 7,607 nt、ORF ＝ 2。RNA1; 5'-Cap-P5-HSP70-P59-P9-CP-CPd-P26-3'。RNA2; 5'-P-PRO・MTR・HEL-RdRp-3'。ウイルス粒子は篩部局在性で、細胞質内に散在・集塊。核酸様繊維を含む小胞が産生、篩部え死と葉肉細胞の葉緑体内に澱粉粒の蓄積が顕著。自然宿主としてキュウリ（*Cucumis sativa*）、メロン（*C. melo*）、ビート（*Beta vulgaris*）、レタス（*Lactuca sativa*）など。葉の黄化、脈間退色斑、下葉の葉巻・脆弱化を生じるという。宿主域はBPYVは比較的広いとされる。

〈参考文献〉Abou-Tawdah, Y. *et al*. (2000). J. Pl. Pathol. 82: 55. Brunt, A. A. *et al*. eds. (1996). *In* Viruses of Plants. 217 CAB International；Cutts, R. H. A. and Coffin, R. S. (1996) Virus Genes 13: 179-181；

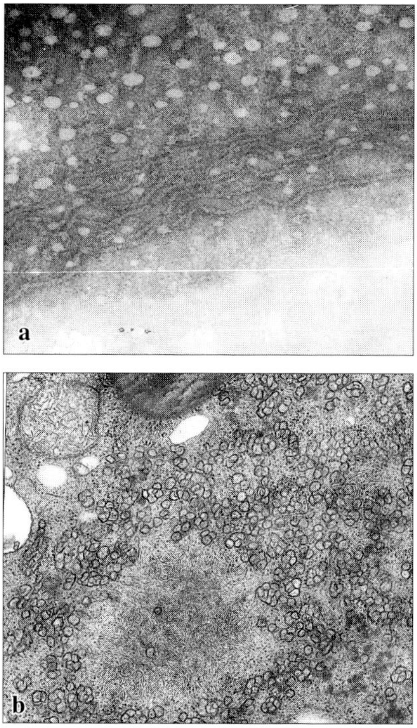

Duffus, J. E. (1965). Phytopathology 55: 450；Lot, H. *et al.* (1982). Acta Hort. 127: 175-182；Harton, S. *et al.* (2003). J. Gen. Virol. 84: 1007；ICTVdB Descr. (2006). 00.017.0.02.010. *Beet pseudo yellows virus*；Liu, H. Y. and Duffus, J. E. (1990). Phytopathology 80: 866-869；Lot, H. *et al.* (1982). Acta Hort. 127: 175；van Doist, H. J. M. *et al.* (1980). Neth. J. Pl. Path. 86: 311-313；山下修一ら（1979）日植病報 45: 566；Yamashita, S. *et al.* (1979). Ann. Phytopath. Soc. Japan. 45: 484-498；吉野正義ら（1979）植物防疫 33: 498-502；善林六朗ら（1981）日植病報 47: 411.

③ アムペロウイルス属　*Ampelovirus*

属名の Ampelo- はギリシア語で「ブドウ」を意し、ウイルスの宿主に由来。ウイルス粒子は長さ 1,800 ~ 2,000 nm のひも状。ブドウ葉巻ウイルス（*Grapevine leafroll virus*, GLRV）はブドウ（*Vitis vinifera*）の最重要ウイルスのひとつとされ、たぶん各国に分布。葉が下向きに巻き、早期に黄～赤化（口絵 75）。本ウイルスは長年、粒子不明であったが、本邦で篩部局在性のひも状ウイルスが示唆されたことを契機に、ヨーロッパで主に検討された（本項 a（岩波原図））。ゲノムは + 鎖 ssRNA の 1 種で、16.9 ~ 17.9 kb。構造蛋白質は 1 種（35 ~ 46 kDa）。ゲノムは + 鎖 ssRNA の一種で、9,000 ~ 12,000 nt。13ORF。5' 末端はキャップ構造。GLRAV-3: 5'-ORF1a（Pro、Mtr、Hel）-ORF 1b（Pol）-p6-p5-Hsp70h-p55-CPm-CP-p21-p19-p20-p4-p7-3'。ORF 1a と ORF 1b はゲノムのリボソームフレームシフト、p6 ~ p7 はサブゲノムで生じる。組織では篩部局在性で、それらの細胞質で散在・集塊。核酸様繊維を含む小胞を多産。篩部え死、葉肉細胞の葉緑体にでん粉粒滞積が顕著。宿主域は狭い。接ぎ木伝染のほか、カイガラムシ類（*Parthenole canium*、*Pulvinaria*、*Neovinaria*、*Pseudococcus*、*Planococcus*、*Saccharicoccus*、*Dysmicoccus*、*Phenacoccus*、*Helivoccus* など）で半永続的伝搬。機械的接種は困難。確定種 6、暫定種 5。

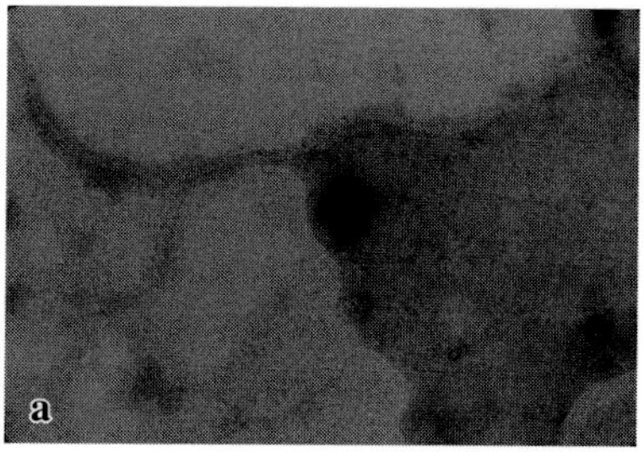

〈参考文献〉Candresse, T. and Martelli, G. P. (1995). Arch. Virol. 10:461；ICTVdB Descr. (2006). 00.017.0.03. *Ampelovirus*；Iwanami, T. *et al.* (1987). Ann. Phytopath. Soc. Japan 53: 655; Martelli, G. P. *et al.* (2005). *Ampelovirus*. *In* Virus Taxonomy　8th ICTV

Reports (Fauquet, C. M. *et al*. eds.). 1082. Academic Press；難波成任（1983）植物ウイルス事典（輿良　清ら編）. 342. 朝倉書店. 東京.

ブドウ葉巻随伴ウイルス 1
***Grapevine leafroll-associated virus 1*, GLRAV 1**

Martelli ら（1997）が記載。本邦にも存在するといわれる。ゲノム = 12,394 nt。カイガラムシ類（*Neopulvinaria innunmerabilis*、*Parthenolecanium corn* など）で伝搬。

〈参考文献〉Fazeli, C. F. and Rezaian, M. A. (2000). J. Gen. Virol. 81: 605.

ブドウ葉巻随伴ウイルス 3
***Grapevine leafroll-associated virus 3*, GLRAV 3**

ウイルス粒子は 1,800 ~ 2,200 nm のら旋構造を有するひも状。ゲノムは＋鎖 ssRNA（17,919 nt）。近年、ウイルス検出のためのプライマーが開発された。ブドウ B ウイルス（*Grapevine B virus*）に近縁と推定される。クワコナカイガラムシ（*Pseudococcus longispinus*）、ブドウコナカイガラムシ（*Planococcus ficus*）などで伝搬。機械的接種は困難。

〈参考文献〉ICTVdB Descr. (2006). 00.017. 0.03.0.003. *Grapevine leafroll-associated virus 3*；中畦良二（2003）植物防疫 57: 548；那須英夫ら（2006）日植病報 72: 143.

（9）フレキシウイルス科　*Flexiviridae*

科名の Flexi- はラテン語で「屈曲した」の意で、ウイルス粒子の形状に由来。植物ウイルス独自の科で、近年 8 属に整理。本邦では 6 属が存在。

【所属群】

アレクスウイルス属　*Allexivirus*（タイプ種：*Shallot virus X*, SVX）

キャピロウイルス属　*Capillovirus*（タイプ種：リンゴステムグルービングウイルス、*Apple stem grooving virus*, ASGV）

カルラウイルス属　*Carlavirus*（タイプ種：カーネーション潜在ウイルス、*Carnation latent virus*, CarLV）

フォベアウイルス属　*Foveavirus*（タイプ種：リンゴステムピッチングウイルス、*Apple stem pitting virus*, ASPV）

ポテックスウイルス属　*Potexvirus*（タイプ種：ジャガイモウイルス X、*Potato virus X*, PVX）

トリコウイルス属　*Trichovirus*（タイプ種：リンゴクロロリーフスポットウイルス、*Apple chlorotic leaf spot virus*, ACLV）

ビティウイルス属　*Vitivirus*（タイプ種：*Grapevine virus A*, GVA）

Mandarivirus（タイプ種：*Indian citrus ringspot virus*, ICRSV）

【ウイルス粒子】

470 ~ 1,000 × 12 ~ 13 nm のひも状。ら旋ピッチ = 3.3 ~ 3.7 nm。明瞭なクロスバンドを有する。被膜なし。沈降定数 92 ~ 176 S。

【ゲノム】

核酸含量 5 ~ 6 %。ゲノムは 5.9 ~ 9.0 kd のプラス鎖 ssRNA。ゲノム構造は属で多少異なる。遺伝子は 3 ~ 6 種。*Allexivirus*: 5'-Mtr-Hel-Pol-TGB- CP-3' ポリ A、*Capillovirus*: 5'-Mtr-P・Pro-Hel-Pol-MP-CP-3' ポリ A、*Carlavirus*: 5'-Mtr-P・Pro-Hel-Pol-TGB-CP-NB-3' ポリ A、*Foveavirus*: 5'-Mtr-Hel-Pol-TGB-CP-3' ポリ A、*Potexvirus*: 5'-Mtr- Hel-Pol-TGB-CP-3' ポリ A、*Trichovirus*: 5'-Mtr-Hel-Pol-MP-CP-3' ポリ A、*Vitisvirus*: 5'- Mtr-Hel-?-MP-CP-NB-3' ポリ A、*Mandarivirus*: 5'-Mtr-Hel-Pol-TGB-CP-NB-3' ポリ A。5' 側の ORF 1（Mtr、P・Pro、Hel、Pol）は 1 蛋白質として翻訳（150 ~ 250 kDa）。MP は約 30 K。TGB はトリプル遺伝子配列。

【増殖】

ウイルスは非局在性で、各種細胞に散在・集塊。大きな束状集塊（封入体）を生じる *Potexvirus* は光顕診断に利用できる。ウイルス量、細胞変成はウイルス属で異なる。

【生物的性状】

宿主域は広くない。通常の伝染は栄養繁殖。ほかに、媒介生物（アブラムシ類、フシダニ類、コナジラミ類）、接触（農機具等も含む）、種子伝染するものがある。機械的接種は容易。

【その他】

本科は近年に設立され、8 属に分類。ここでは、本邦に存在する 7 属について限定して紹介する。なお、文面の都合上、従来より広く知られ、性状の類似する *Carlavirus* と *Potexvirus* については本邦の主要なウイルス名を列記し、自然発生植物、参考文献などを示すにとどめる。詳細については既報を参考されたい。

〈参考文献〉Adams, M. J. *et al.* (2004). Arch. Virol. 149: 1045；Adams, M. J. *et al.* (2005). *Flexiviridae*. *In* Virus Taxonomy 8th ICTV Reports (Fauquet, C. M. *et al.* eds.). 1089. Academic Press；ICTVdB Descr. (2006). 00.056. *Flexiviridae*.

①アレクスウイルス属　*Allexvirus*

属名の Allex- は ネギ属（*Allium*）に発生するウイルスに由来。ウイルス粒子は 800 × 12 nm のひも状。クロスバンド構造。浮遊密度 1.33 g/ cm³、沈降定数約 170 S。耐熱性 40 ~ 55 ℃、耐保存性 1 ~ 5 日、耐希釈性 $10^{-3\sim-5}$。核酸含量 5 ~ 5.15 %。構造蛋白質は 1 種（22.5 ~ 25.0 kDa）。ゲノムは + 鎖 ssRNA の一種で、15.5 ~ 19.3 kb。構造蛋白質は 1 種（35 ~ 46 kDa）。ゲノム構造は上記。確定種 8、暫定種 3。

〈参考文献〉Adams, M. J. *et al.* (2005). *Allexivirus*. *In* Virus Taxonomy 8th ICTV Reports (Fauquet, C. M. *et al.* eds.). 1098. Academic Press；ICTVdB Descr. (2006). 00.056.0.03. *Allexivirus*.

ニンニクダニ伝染モザイクウイルス
Garlic mite-borne mosaic virus, GMBMV

モザイクを示すニンニク（*Allium sativum*）より本邦で記載（Yamashita, *et al.*, 1996）。ウイルス粒子は 700 ~ 800 × 12 nm のひも状。ゲノムは + 鎖 ssRNA。構造蛋白質は 2 種（30、28.5 kDa）。3' 側の 2,518 nt には、40 K、28 K（CP）、15 K の ORF が存在。細胞質封入体は生じない。チューリップサビダニ（*Aceria tulipae*）で伝搬。機械的接種可能。

〈参考文献〉ICTVdB Descr. (2006). 00.057.

0.01.010. *Garlic mite-borne mosaic virus*；Yamashita, K. *et al*. (1996). Ann. Phytopath. Soc. Japan 62: 483.

② キャピロウイルス属　*Capillovirus*

属名の Capillo- はラテン語の「髪毛」の意の、ウイルス粒子のひも状の形状に由来。ウイルス粒子は 640 ~ 700 × 12 nm。ら旋ピッチ 3.4 nm。沈降定数 1,120S。核酸含量約 5 %。構造蛋白質は 1 種（24 ~ 27 kDa）。ゲノムは + 鎖 ssRNA（6.5 ~ 7.4 kb）。ゲノム構造は上記だが、タイプ種のリンゴステムグルービングウイルス（*Apple stem grooving virus*, ASGV）では、5' キャップ - ORF 1（247 K: Mtr-Hel-Pol）-25 K-13 K-44 K（CP）- ポリ A。確定種 3、暫定種 1。

〈参考文献〉Adams, M. J. *et al*. (2005). *Capillovirus*. *In* Virus Taxonomy 8th ICTV Reports (Fauquet, C. M. *et al*. eds.). 1110. Academic Press；ICTVdB Descr. (2006). 00.056.0.06. *Capillovirus*.

リンゴステムグルービングウイルス
Apple stem grooving virus, ASGV

米国においてリンゴ（*Malvus sylvestris*）の Virginia Crab で記載（Lister *et al*., 1967）され、本邦でも確認（Yanase, 1974）。リンゴで潜在、Virginia Crab で樹幹の褐色条線（stem grooving）、接木部異常。各国に分布すると推定。ウイルス粒子は 800 × 12 ~ 15 nm のひも状。ら旋構造を有す。耐熱性 55 ~ 60 ℃、耐保存性 0.3 ~ 1 日、耐希釈性 $10^{-2\sim3}$。ゲノムは + 鎖 ssRNA（6,495 nt）。ゲノム構造は上記。通常、接木で伝染。特に、コバノズミ、マイツバカイドウ台木では高接病に留意。機械的接種可能。近年、ゲノム構造から下記のカンキツタターリーフウイルス（*Citrus tatter leaf virus*, CTLV）は同種との主張がある。

〈参考文献〉ICTVdB Descr. (2006). 00.056. 0.06.001 *Apple stem grooving virus*；Lister, R. M. (1970). CMI/AAB Descr. Pl. Viruses No. 31；山口　昭（1983）植物ウイルス事典（輿良　清ら編）. 196. 朝倉書店. 東京 .

カンキツタターリーフウイルス
Citrus tatter leaf virus, CTLV

米国のレモン（*Citrus limon*）で記載（Wallece and Drake, 1962）。本邦でも確認（Miyakawa and Mastui, 1978）。自然発生で、カンキツに接木部異常、テッポウユリ（*Lolium longiflorum*）にも自然発生し、

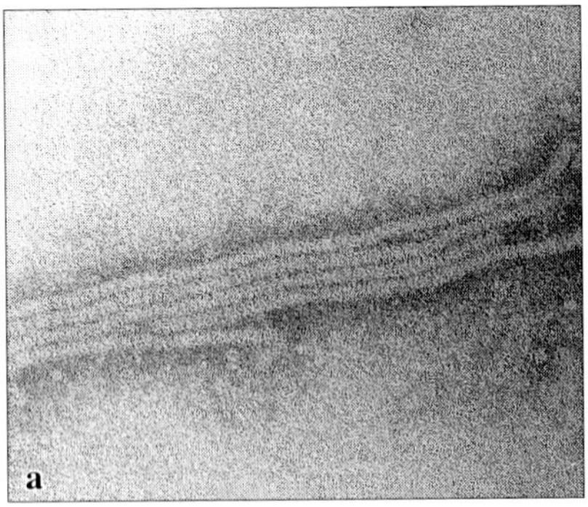

a

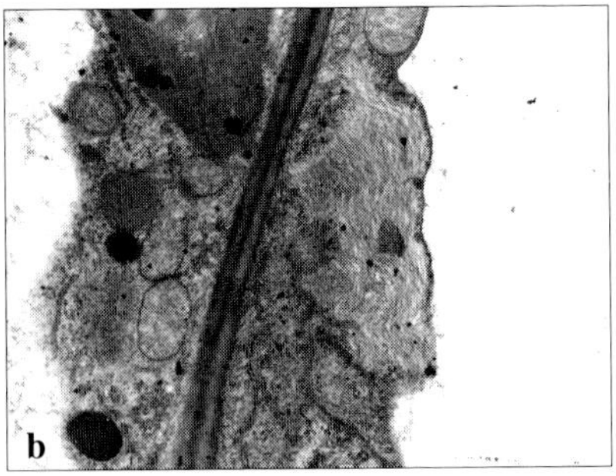

b

葉のわん曲、萎黄、潜在。ウイルス粒子（本項a、b）は650 × 12 nmのひも状。ら旋ピッチ＝3.8 nm。耐熱性65～70 ℃、耐保存性4～8日、耐希釈性$10^{-4～-5}$。ウイルス粒子は篩部細胞とみられるというが局在性は未詳。通常、接ぎ木伝染。種子伝染もある。機械的接種は可能。近年、主にゲノム構造からタイプ種のASGV（上記）に近縁としてこれに統一する傾向にある。

〈参考文献〉ICTVdB Descr.（2006）. 00.056.0.06.001.00.002. *Citrus tatter leaf virus*；井上成信（1983）植物ウイルス事典（輿良　清ら編）. 289. 朝倉書店. 東京 .

③カルラウイルス属　*Carlavirus*

属名のCarla-は本属のタイプ種のカーネーション潜在ウイルス（*Carnation latent virus*, CarLV）の短縮語に由来。本属には多くの種が知られるが、一般的に症状は穏やかで、潜在感染もある。ウイルス粒子は610～700 × 12～15 nm（ピッチ＝3.3～3.5 nm）。浮遊密度1.28～1.32 g/ ㎤、沈降定数147～176 S。耐熱性50～85 ℃、耐保存性0.5～2日、耐希釈性$10^{-2～-7}$。核酸含量2.5～8.5 %。構造蛋白質は1種（31～36 kDa）。ゲノムは＋鎖ssRNAの一種で、6,480～8,535 nt。6 ORFを有し、5'-223K（Pol）-25K-12K-7K-34K（CP）-11K-3'。多くが5' はキャップ構造、3' はポリA構造。ウイルスは非局在で、多くが細胞質に散在・集塊。細胞質にゲノム核酸の複製と関連すると推定される膜状構造体を増生する例が多い。本属ウイルスは栄養繁殖のほか、多くはアブラムシ類で非永続的に伝搬される。花粉、種子伝染するものもある。多くが機械的接種は容易。本属のウイルス粒子形状、理化学性、ゲノム、細胞内所在などはほとんど類似する。確定種は35、暫定種は29と多い。ここでは、文面の都合上、本邦の主要なウイルス名を列記し、自然発生植物、参考文献などを示すにとどめる。詳細は既報を参考されたい。

〈参考文献〉Adams, M. J. *et al.* (2005). *Carlavirus*. *In* Virus Taxonomy 8th ICTV Reports (Fauquet, C. M. *et al.* eds.). 1101. Academic Press；ICTVdB (2006). 00.056.0.04. *Carlavirus*；Koenig, R. (1982). CMI/AAB Descr. Pl. Viruses No. 259.

フキモザイクウイルス

Butterbur mosaic virus, ButMV

モザイク、萎縮を示すフキ（*Petasites officinalis*）より本邦で記載。

〈参考文献〉ICTVdB, 00.056.0.84.005. *Butterber mosaic virus*；栃原比呂志（1983）植物ウイルス事典（輿良　清ら編）. 242. 朝倉書店. 東京；栃原比呂志・田村　実（1976）日植病報 42:533.

エビネモザイクウイルス

Calanthe mosaic virus, CalMV

モザイクを示すエビネ（*Calanthe* spp.）より本邦で記載。

〈参考文献〉山本孝志・石井正義（1981）日植病報 47: 130.

カーネーション潜在ウイルス

***Carnation latent virus*, CarLV**

無病徴のカーネーション（*Dianthus* spp.）でイギリスで報告（1955）、本邦でも記載（1965）。多くの国に存在と推定される。*Carlavirus* のタイプ種。ウイルス粒子は 650 × 12 nm のひも状（ピッチ約 3.3 nm）。沈降定数 167 S。耐熱性 60 ~ 65 ℃、耐保存性 2 ~ 3 日、耐希釈性 $10^{-3\sim4}$。核酸含量 6 %。構造蛋白質は 1 種（約 3.2 kDa）。ゲノムは＋鎖 ssRNA の 1 分子（9,704 nt）で、6ORF。5' はキャップ構造、3' はポリ A 構造と推定。ゲノム構造・配列・翻訳、細胞内所在などは属の項で紹介。挿し木による栄養繁殖のほか、モモアカアブラムシなどで非永続的伝搬。機械的接種は容易。

〈参考文献〉ICTVdB Descr. (2006). 00.056.0.04.001. *Carnation latent virus*；Koenig, R. (1982). CMI/AAB Descr. Pl. Viruses No. 259；栃原比呂志（1983）植物ウイルス事典（輿良　清ら編）. 253. 朝倉書店. 東京；Wetter, C. (1971). CMI/AAB Descr. Pl. Viruses No. 61.

ニラ萎縮ウイルス

Chinese chive dwarf virus, CCDV

萎縮を示すニラ（*Allium tuberosum*）で本邦で記載。

〈参考文献〉ICTVdB Descr. (2006). 00.056.0.84. 010. *Chinese chive dwarf virus*；米山伸吾ら（1974）日植病報 40: 211.

ヤマノイモえそモザイクウイルス

Chinese yam necrotic mosaic virus, CYNMV

ヤマノイモ（*Discorea batatas*）（退緑斑、輪紋、斑点、網目状え死など）より本邦で記載（口絵 76）。

〈参考文献〉福本文良・栃原比呂志（1978）日植病報 44: 1；ICTVdB, 00.056.0.84.010. *Chinese yam necrotic mosaic virus*；栃原比呂志（1983）植物ウイルス事典（輿良　清ら編）. 274. 朝倉書店. 東京 .

キク B ウイルス

***Chrysanthemum virus B*, CVB**

無病徴～斑紋のキク（*Dendranthema gradiflorum*）で記載。ゲノム＝ 8,855 nt。

〈参考文献〉Hollings, M. (1972). CMI/AAB Descr. Pl. Viruses No. 110；ICTVdB Descr. (2006). 00.056.0.04.007. *Chrysanthemum virus B.*；尾崎武司（1983）植物ウイルス事典（輿良　清ら編）. 280. 朝倉書店. 東京.

ジンチョウゲ S ウイルス

Daphne virus S, DaVS

無病徴～モザイクのジンチョウゲ（*Daphne odora*）より本邦で記載。ゲノム＝ 8,739 nt。

〈参考文献〉楠木　学（1983）植物ウイルス事典（輿良　清ら編）. 314. 朝倉書店. 東京 .

ニワトコ輪紋ウイルス

Elder ring mosaic virus, ERMV

輪紋、無病徴のニワトコ（*Sambucus racemosa*）より本邦で記載。

〈参考文献〉楠木学（1983）植物ウイルス事典（輿良　清ら編）. 320. 朝倉書店. 東京 .

イチジク S ウイルス

***Fig virus S*, FVS**

モザイクを示すイチジク（*Ficus carica*）より本邦で記載。

〈参考文献〉難波成任（1983）植物ウイルス事典（輿良　清ら編）. 326. 朝倉書店. 東京 .

ニンニク潜在ウイルス

***Garlic latent virus*, GLV**

ニンニク（*Allium sativum*）に通常は無病徴感染。ゲノム＝ 8,363 nt。

〈参考文献〉張　茂雄（1983）植物ウイルス事典（輿良　清ら編）. 328. 朝倉書店. 東京；ICTVdB Descr. (2006). 00.056.0.04.032. *Garlic latent virus.*

ホップ潜在ウイルス

***Hop latent virus*, HpLV**

ホップ（*Humulus lupulus*）で通常、潜在。ゲノム＝ 8,612 nt。

〈参考文献〉Barbara, D. J. and Adams, A. N. (1983). CMI/AAB Descr. Pl. Viruses No.

261；土居養二（1983）植物ウイルス事典（輿良　清ら編）. 351. 朝倉書店. 東京；ICTVdB Descr. (2006). 00.056.0.04.013. *Hop latent virus*.

ホップモザイクウイルス

***Hop mosaic virus*, HpMV**

モザイクを示すホップで記載。ゲノム = 8,550 nt。

〈参考文献〉Barbara, D. J. and Adams, A. N. (1981). CMI/AAB Descr. Pl. Viruses No. 241；Kanno, Y. *et al*. (1994). Ann. Phytopath. Soc. Japan 60: 675.

インパチェンス潜在ウイルス

Impatiens latent virus, ImLV

インパチェンス（*Impatiens sultani*）で通常、潜在。

〈参考文献〉向本　春ら（1990）日植病報 56: 127；Xiang, B. C. *et al*. (1990). Ann. Phytopath. Soc. Japan 56: 557.

ライラック輪紋ウイルス

Lilac ringspot virus, LRSV

退色輪紋を示すライラック（*Lyringa vulgaris*）より本邦で記載。

〈参考文献〉楠木　学（1983）植物ウイルス事典（輿良　清ら編）. 361. 朝倉書店. 東京 .

ユリ潜在ウイルス

***Lily symptomless virus*, LSV**

ユリ（*Lillium* spp.）で通常、潜在。ゲノム = 8,394 nt。

〈参考文献〉Allen, J. C. (1972). CMI/AAB Descr. Pl. Viruses No. 96；ICTVdB Descr. (2006). 00.056.0.04.018. *Lily symptomless virus*；岩木満朗（1983）植物ウイルス事典（輿良　清ら編）. 353. 朝倉書店. 東京；前田孚憲・井上成信（1981）日植病報 47:410.

クワ潜在ウイルス

***Murberry latent virus*, MLV**

クワ（*Morus* spp.）で通常、潜在。本邦で記載。

〈参考文献〉ICTVdB Descr. (2006). 00.056. 0.04.019. *Murberry latent virus*; 土崎常男（1976）日植病報 42:304；土崎常男（1983）植物ウイルス事典（輿良　清ら編）. 374. 朝倉書店. 東京.

スイセン微斑モザイクウイルス

Narcissus mild mottle virus, NMMV

スイセン（*Narcissus* spp.）に軽いモザイク。

〈参考文献〉岩木満朗（1983）植物ウイルス事典（輿良　清ら編）. 378. 朝倉書店. 東京 .

トケイソウ潜在ウイルス

***Passiflora latent virus*, PLV**

トケイソウ（*Passiflora caerulea*）で通常、潜在。ゲノム＝8,386 nt。

〈参考文献〉ICTVdB Descr. (2006). 00.056.0.04.022. *Passiflora latent virus*; 井上成信（1983）植物ウイルス事典（輿良　清ら編）. 396. 朝倉書店. 東京 .

ジャガイモ M ウイルス

***Potato virus M*, PVM**

縮葉、漣葉を示すジャガイモ（*Solanum tuberosum*）で記載。ゲノム＝8,533 nt。

〈参考文献〉堀尾英弘（1983）植物ウイルス事典（輿良　清ら編）. 432. 朝倉書店. 東京；ICTVdB Descr. (2006). 00.056.0.04.025. *Potato virus M*；Wetter, C. (1972). CMI/AAB Descr. Pl. Viruses No. 87.

ジャガイモ S ウイルス

***Potato virus S*, PVS**

モザイク～斑紋を示すジャガイモで

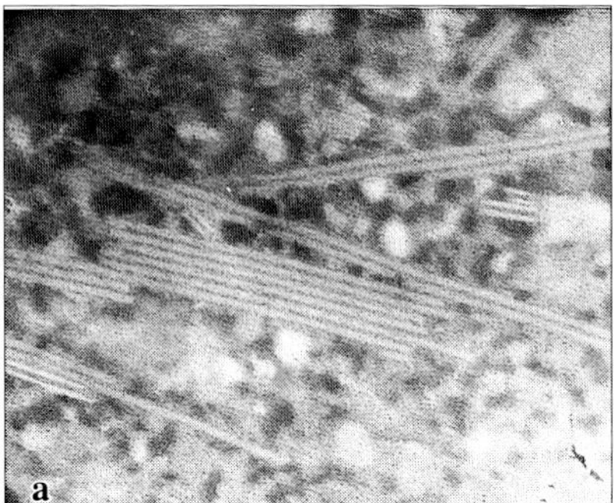

a

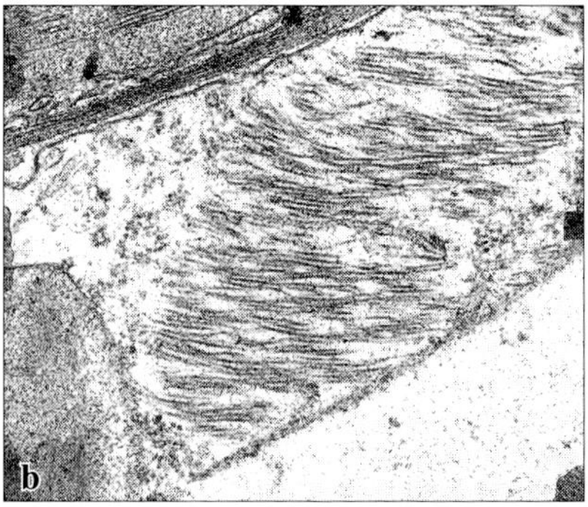

b

記載。通常、症状は穏やか。ゲノム＝8,478 nt。ウイルス粒子は約 620 × 12 nm（本項 a、b（土居原図））。

〈参考文献〉堀尾英弘（1983）植物ウイルス事典（輿良　清ら編）. 434. 朝倉書店. 東京；ICTVdB Descr. (2006). 00.056.0.04.026. *Potato virus S*；Wetter, C. (1971). CMI/AAB Descr. Pl. Viruses No. 60.

モモ S ウイルス

Prunus virus S, PrVS

モモ（*Prunus* spp.）などのバラ科植物に潜在感染と推定。

〈参考文献〉難波成任（1983）植物ウイルス事典（輿良　清ら編）. 444. 朝倉書店. 東京.

シャロット潜在ウイルス

***Shallot latent virus*, SLV**

本邦ではネギ、ニンニク、ラッキョウ、ワケギ、ニラ、アサツキ、ノビルなどの Allium 属植物に発生するといわれるが、

Garlic latent virus、*Chenes chive dwarf virus* との関連は未詳。ゲノム = 8,363 nt。

〈参考文献〉Bos, L. (1982). CMI/AAB Descr. Pl. Viruses No. 250；ICTVdB Descr. (2006). 00.056.0.04.028. *Shallot latent virus*.

ジャガイモ南部潜在ウイルス

Southern potato latent virus, SPLV

ジャガイモで潜在。植物検疫で記載（小林ら、1982）。

〈参考文献〉小林敏郎ら（1982）日植病報 48: 79；山下修一（1983）植物ウイルス事典（與良　清ら編）. 477. 朝倉書店. 東京.

イチゴシュイドマイルドイエローエッジウイルス

***Strawberry pseudo mild yellow edge virus*, SPMYEV**

イチゴ（*Fragaria x ananassa*）で通常、無病徴、時に葉縁の穏やかな黄化。

〈参考文献〉ICTVdB Descr. (2006). 00.056.0.04.030. *Strawberry pseudo mild yellow edge virus*；Yoshikawa, N. and Inouye, T. (1986). Ann. Phytopath. Soc. Japan 52: 643；Yoshikawa, N. *et al*. (1986). Ann. Phytopath. Soc. Japan 52: 728.

サツマイモシンプトンレスウイルス

Sweet potato symptomless virus, SPSLV

無病徴のサツマイモ（*Ipomoea batatas*）より本邦で記載。

〈参考文献〉大貫正俊ら（1996）日植病報 62: 637；Usugi, T. *et al*. (1991). Ann. Phytopath. Soc. Japan 57: 512.

ワサビ潜在ウイルス

Wasabi latent virus, WLV

無病徴のワサビ（*Eutrema japonica*）より本邦で記載。ウイルス粒子（本項 a、b）は 650 ~ 700 × 13 nm。

〈参考文献〉岸良日出男ら（1990）日植病報 56: 100；岸良日出男ら（1992）関東病虫研報 39:111.

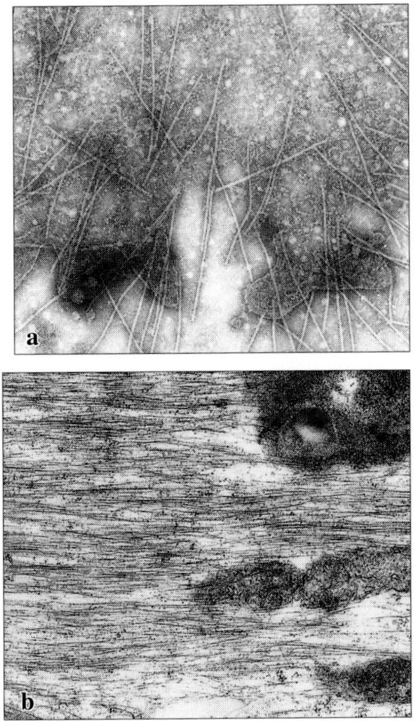

④フォベアウイルス属 *Foveavirus*

属名のFovea-はラテン語で「くぼみ」、「穴」を意味し、宿主の幹にみられる病徴に由来。ウイルス粒子は800～1,000 × 12～15 nmのひも状。ら旋構造、クロスバンドがみられる。耐熱性60 ℃、耐保存性0.3～1日、耐希釈性$10^{-2\sim3}$。ゲノムは＋鎖ssRNA。ゲノム構造は上記。タイプ種のASPVは5' キャップ-ORF 1（Mtr-Hel-Pol=247K）-TGB（25K-13K-7K）-CP（44K）-3' ポリA。通常、接木伝染。媒介生物は存在しないとされる。機械的接種可能。確定種3。

〈参考文献〉Adams, M. J. *et al.* (2005). *Foveavirus*. *In* Virus Taxonomy 8th ICTV Reports (Fauquet, C. M. *et al.* eds.). 1107. Academic Press；ICTVdB Descr. (2006). 00.056.0.05. *Foveavirus*.

リンゴステムピッチングウイルス
***Apple stem pitting virus*, ASPV**

米国のリンゴで記載（Smith, 1954）され、本邦でも確認（柳瀬・沢村、1968）。通常、樹皮（bark）のえそ、衰弱（die-back）、潜在など。各国に分布と推定される。ウイルス粒子は800 × 12～15 nmのひも状。ら旋構造がみられる。耐熱性55～60 ℃、耐保存性0.3～1日、耐希釈性$10^{-2\sim3}$。構造蛋白質1種（48 kDa）。ゲノムは＋鎖ssRNA（9,306 nt）で、構造は上記の科、属を参照。伝染は接木。本邦ではミツバカイドウ台木リンゴでの高接病に留意。

〈参考文献〉ICTVdB Descr. (2006). 00.056.0.05.001. *Apple stem pitting virus*；山口　昭（1983）植物ウイルス事典（與良　清ら編）. 197. 朝倉書店. 東京；柳瀬春夫・沢村健三（1968）日植病報34: 204.

⑤ポテックスウイルス属 *Potexvirus*

属名のPotex-は本属のタイプ種のジャガイモウイルスX（*Potato virus X*, PVX）の短縮語に由来。ウイルス量が多く、安定性が高いので、モデルウイルスとしての利用もある。ウイルス粒子は470～580 × 13 nmのひも状。ら旋ピッチ＝2.8～3.5 nm。浮遊密度約1.28～1.33 g/ cm³、沈降定数102～112 S。耐熱性55～100 ℃、耐保存性0.25～365日、耐希釈性$10^{-3\sim10}$。核酸含量約5～8 %。ゲノムは＋鎖ssRNA（5,845～8,100 nt）。5' はキャップ構造、3' はポリA構造。タイプ種のPVXゲノムは5' キャップ-ORF 1（147 K:Polなど）-ORF 2（26 K）–ORF 3（13 K）-ORF 4（7 K）-ORF 5

(21K=CP) - 3' ポリ A。2 種のサブゲノム（ORF 2 ~ 4 と ORF 5 を生ずる。ウイルスは各種細胞に多数生じる。媒介生物は存在せず、通常、栄養繁殖、接触（農機具等を含む）伝染。機械的接種は容易。確定種 28、暫定種 18。

〈参考文献〉Adams, M. J. *et al*. (2005). *Potexvirus*. *In* Virus Taxonomy 8th ICTV Reports (Fauquet, C. M. *et al*. eds.). 1091. Academic Press；ICTVdB Descr. (2006). 00.056.0.01. *Potexvirus*；Koenig. R. and Lesemann, D. E. (1978). CMI/AAB Descr. Pl. Viruses No. 200

アスパラガスウイルス 3

***Asparagus virus 3*, AV-3**

穏やかな退色のアスパラガス（*Asparagus officinalis*）で記載。ゲノム = 6,937 nt。

〈参考文献〉藤澤一郎・飯塚則男（1986）日植病報 52:193；ICTVdB Descr. (2006). 00.056.0.01.002. *Asparagus virus 3*.

サボテン X ウイルス

***Cactus virus X*, CaVX**

サボテン類で多くが無病徴、種類により斑紋。ゲノム = 6,614 nt。ウイルス粒子は 520 × 13 nm（本項 a、b）。

〈参考文献〉Berka, R. (1971). CMI/AAB Descr. Pl. Viruses No. 58；ICTVdB Descr. (2006). 00.056.0.01.003. *Cactus virus X*；Koenig, R. and Lesemann, D. E. (1983). CMI/AAB Descr. Pl. Viruses No. 265；山下修一（1983）植物ウイルス事典（與良清ら編）. 246. 朝倉書店. 東京.

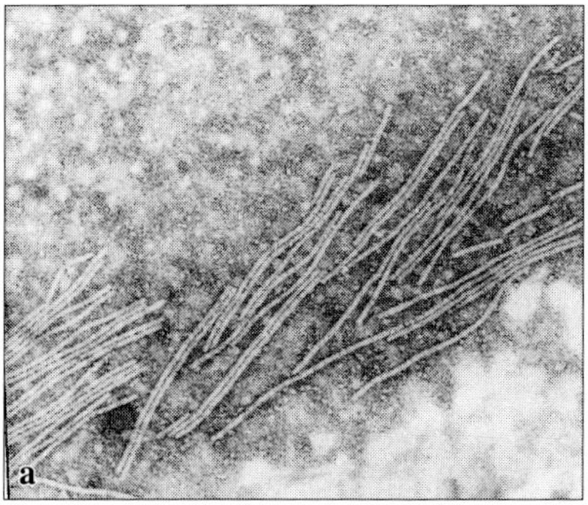
a

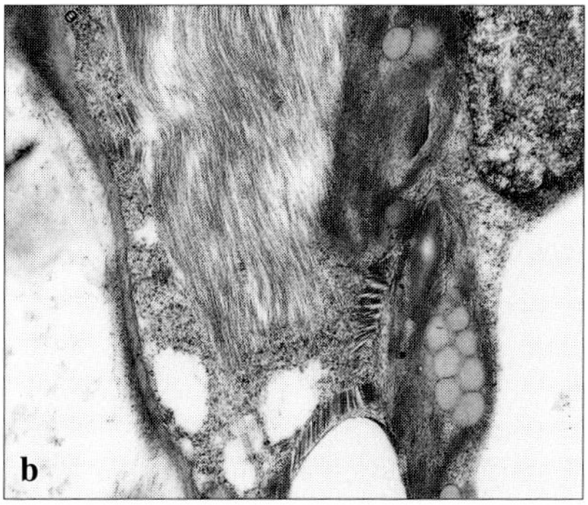
b

シンビジウムモザイクウイルス

***Cymbidium mosaic virus*, CyMV)**

シンビジウム、カトレヤ、デンドロビウムなどのラン類にモザイク、え死。容易に接触伝染。ゲノム = 6,227 nt。

〈参考文献〉Francki, R. I. B. (1970). CMI/AAB Descr. Pl. Viruses No. 27；ICTVdB Descr. (2006). 00.056.0.01.017. *Cymbidium mosaic virus*；井上成信（1983）植物ウイ

ルス事典（輿良　清ら編）. 310. 朝倉書店. 東京.

バイモモザイクウイルス

***Fritillaria mosaic virus*, FMV**

モザイクを示すバイモ（*Fritillaria verticillata*）で記載。

〈参考文献〉尾崎武司ら（1991）日植病報 57: 93.

ギボウシXウイルス

***Hosta virus X*, HVX**

モザイクを示すギボウシ（*Hosta* spp.）で記載。

〈参考文献〉尾崎武司ら（1991）日植病報 57: 93.

ユリXウイルス

***Lily virus X*, LVX**

モザイクを示すユリ（*Lillium* spp.）やプリムラ（*Primura* spp.）より記載。ゲノム＝5,823 nt。

〈参考文献〉萩田孝志ら（2000）北日本病虫研報 51: 98 ；ICTVdB Descr. (2006). 00.056.0.01.010. *Lily virus X*；山下一夫ら（2003）日植病報 69:32.

スイセンモザイクウイルス

***Narcissus mosaic virus*, NMV**

穏やかなモザイクを示すスイセン（*Narcissus* spp.）より記載。ゲノム＝6,955 nt。

〈参考文献〉ICTVdB Descr. (2006). 00.056.0.01.011. *Narcissus mosaic virus*；岩木満朗（1983）植物ウイルス事典（輿良　清ら編）. 380. 朝倉書店. 東京；Mowat, W. P. (1971). CMI/AAB Descr. Pl. Viruses No. 45.

ジャガイモ黄斑モザイクウイルス

***Potato aucuba mosaic virus*, PAMV**

ジャガイモ（*Solanum tuberosum*）に黄斑モザイク。ゲノム＝7,059 nt。

〈参考文献〉ICTVdB Descr. (2006). 00.056.0.01.017. *Potato aucuba mosaic virus*；　堀尾英弘（1983）植物ウイルス事典（輿良　清ら編）. 424. 朝倉書店. 東京；Kassanis, B. and Govier, D. A. (1972). CMI/AAB Descr. Pl. Viruses No. 98.

ジャガイモXウイルス

***Potato virus X*, PVX**

イギリスで報告（1931）され、本邦でも記載（1949）。多くの国に存在と推定。ジャガイモ、トマト、タバコなどにモザイク～斑紋、条斑、えそ、潜在など（口絵 77）。*Potexvirus* のタイプ種。515 × 13 nm のひも状（ピッチ約 3.4 nm）（本項 a、b）。沈降定数 117.7 S。耐熱性 68 ~76 ℃、耐保存性 40~60 日、耐希釈性 $10^{-5\sim6}$。核酸含量 6 %。構造蛋白質は 1 種（約 3.0 kDa）。ゲノムは＋鎖 ssRNA の 1 分子（6,435 nt）で、5 ORF。5' は

キャップ構造、3' はポリ A 構造と推定。5'-0RF 1（1.5 ~ 1.81 kDa、Pol）- ORF 2（2.6 kDa）-ORF 3（13 K Da）-ORF 4（7 kDa）-ORF 4（CP）-3'。配列よりトリプル遺伝子ブロック構造。CVX は ORF 2、ORF 3 のサブゲノムを生ずる。各種細胞の細胞質に散在・集塊。ウイルス粒子の集塊からなる封入体を生ずる。塊茎による栄養繁殖のほか、接触伝染。ツボカビのジャガイモがんしゅ病菌（*Synchytorium endobioticum*）で土壌伝搬の報告もある。機械的接種は容易。

〈参考文献〉Bercks, R. (1970). CMI/AAB Descr. Pl. Viruses No. 4；堀尾英弘（1983）植物ウイルス事典（與良　清ら編）. 436. 朝倉書店. 東京；ICTVdB Descr. (2006). 00.056.0.01.001. *Potato virus X*；Koenig, R. and Lesemann, D. E. (1989). CMI/AAB Descr. Pl. Viruses No. 354.

ジオウXウイルス
Rehmannia virus X, ReVX

斑紋～潜在のアカヤジオウ、カイケイジオウ（*Rehmannia glutinosa*）より本邦で記載。多くが株分けによる栄養繁殖で伝染。

〈参考文献〉李　準璋ら（1981）日植病報 47:137；山下修一（1983）植物ウイルス事典（輿良　清ら編）. 452. 朝倉書店. 東京 .

イチゴマイルドイエローエッジウイルス
***Strawberry mild yellow edge virus*, SMYEV**

イチゴ（*Fragaria x ananassa*）で潜在、若葉の退色斑、古葉の脈間退色、斑紋、葉縁の穏やかな黄化。ほかの *Potexvirus* と異なり、アブラムシ（*Chaetosiphon fragaraefolii*）で永続的伝搬するという。機械的接種は未詳。ゲノム = 5,966 nt。

〈参考文献〉ICTVdB Descr. (2006). 00.056. 0.81.019. *Strawberry mild yellow edge-associated virus*；奥田誠一（1983）植物ウイルス事典（輿良　清ら編）. 494. 朝倉書店. 東京 .

チューリップ X ウイルス
***Tulip virus X*, TVX**

チューリップ（*Tulipa* sp.）で葉に退色、えそ条斑、花弁に条斑～変色など。ゲノム＝ 6,056 nt。

〈参考文献〉ICTVdB Descr. (2006). 00.056. 0.01.019. *Tulip virus X*；Mowat, W. P. (1984). CMI/AAB Descr. Pl. Viruses No. 276.

シロクローバモザイクウイルス

***White clover mosaic virus*, WCMV**

シロクローバ、エンドウ、レンゲなどにモザイク～斑紋、条斑などを生ずる（口絵 78）。ウイルス粒子は 480 × 13 nm。（本項 a、b）。ゲノム＝ 5,845 nt。

〈参考文献〉Bucks, R. (1971). CMI/AAB Descr. Pl. Viruses No. 41；ICTVdB Descr. (2006). 00.056.0.01.021. *White clover mosaic virus*；山下修一（1983）植物ウイルス事典（與良　清ら編）. 547. 朝倉書店. 東京.

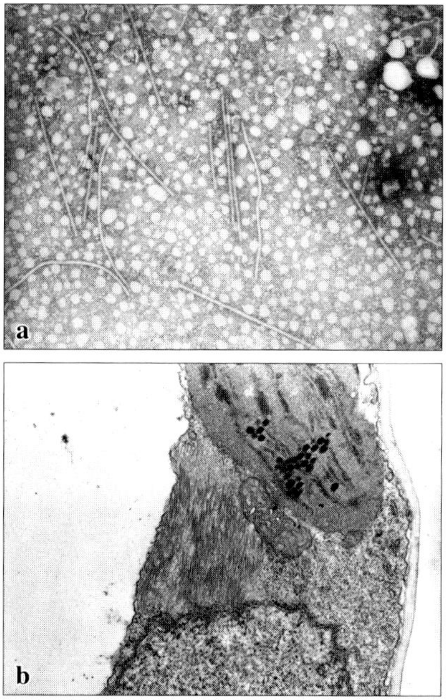

⑥トリコウイルス属　*Trichovirus*

属名の Tricho- はギリシア語で「髪毛」を意し、ウイルス粒子の形状に由来。640～769 × 10～12 nm のひも状。クロスバンド、十文字（criss-cross）構造などが観察。ら旋ピッチ＝ 3.3～3.5 nm。ら旋 1 回転当たり 10 サブユニト。浮遊密度約 1.27 g/ cm³、沈降定数 96～99S。耐熱性 55～60 ℃、耐保存性 1～10 日、耐希釈性 $10^{-4\sim-5}$。核酸含量約 5 %。構造蛋白質 1 種（20.5～27 kDa）。ゲノムは＋鎖 ssRNA（7.5～8.0 kb）で 3～7 ORF。5' はキャップ構造、3' はポリ A 構造。タイプ種の ALSV のゲノムは下記。ウイルスは非局在性で、細胞質に存在。通常、接木伝染。フシダニ（*Colomerus*、*Eriophyes*）や種子伝染するものもある。確定種 4。

〈参考文献〉Adams, M. J. *et al.* (2005). *Trichovirus*. *In* Virus Taxonomy 8th ICTV Reports

(Fauquet, C. M. *et al.* eds.). 1116. Academic Press；ICTVdB Descr. (2006). 00.056.0.08. *Trichovirus*.

リンゴクロロリーフスポットウイルス

Apple chlorotic leaf spot virus, ACLV

米国でリンゴ（*Malvus* spp.）で記載（Cropley, 1963）され、本邦でも確認（柳瀬・沢村、1968）。各国に分布と推定される。通常、自然発生のリンゴでは無病徴感染。セイヨウナシでは輪紋、モザイク、モモでは暗緑色の斑紋。ウイルス粒子は 720 ~ 740 × 12 nm のひも状。ら旋ピッチ = 3.8 ~ 3.9 nm。浮遊密度約 1.27 g/ cm³、沈降定数 96S。耐熱性 52 ~ 55 ℃、耐保存性 1 日（20 ℃）、10 日（4 ℃）、耐希釈性 10^{-4}。核酸含量約 5 %。構造蛋白質 1 種（23.5 kDa）。ゲノムは + 鎖 ssRNA（7,555 nt）で 3 ORF。5' キャップ -ORF 1（180 ~ 220 kDa）（Mtr-Hel-Pol）-ORF 2（40 ~ 50 kDa）（MP）-ORF 3（CP）-3' ポリ A。非局在性で細胞質に存在。検定植物が存在。4 系統が知られ、本邦では普通系とマルバ潜在系が存在。機械的接種可能。

〈参考文献〉Cropley, R. (1963). Pl. Dis. Reptr. 47: 165；ICTVdB Descr. (2006). 00. 056.0.08.001. *Apple chlorotic leaf spot virus*；柳瀬春夫・沢村健三（1968）日植病報 34: 204.

ブドウえそ果ウイルス

Grapevine berry inner necrosis virus, GBINV

本邦の茨城でモザイクを示すブドウの巨峰で記載（田中、1984）され、その後、各地で確認。発生は日本のみ。葉のモザイク、小形化、果実の幼果で果面から内部にかけて濃緑色のえ死を生ず（口絵 79、80）。途中、本ウイルス称に改名（1992）。ウイルス粒子は 740 ~ 760 × 12 nm ゲノム = 7,243 nt。5' キャップ -ORF 1（214 kDa）（Met-P・Pro-Hel-Pol）-ORF 2（39 kDa）（MP）-ORF 3（21 kDa）（CP）-3' ポリ A。非局在性で細胞質に存在。通常、接木伝染。フシダニ（ブドウハモグリダニ *Colomerus vitis*）で伝搬。

〈参考文献〉ICTVdB Descr. (2006). 00.057. 0.01.010. *Grapevine berry inner necrosis virus*；宮下享子ら（2003）日植病報 319；田中寛康（1984）日植病報 50: 133；寺井康夫ら（1992）日植病報 58: 617.

⑦ ビティウイルス属　*Vitivirus*

属名の Viti- は宿主のブドウ（*Vitis vinifera*）に由来し、近年に設立された属。ウイルス粒子は 725 ~ 825 × 12 nm のひも状。ら旋ピッチ = 3.3 ~ 3.5 nm。沈降定数約 92 S。核酸含量約 5 %。構造蛋白質 1 種（18 ~ 21.5 kDa）。ゲノムは + 鎖 ssRNA（~ 7.6 kb）。5' はキャップ構造、3' ポリ A 構造。5 OFR。5' キャップ -Mtr-Hel-Pol-20 K ？ -MP（31 ~ 36.5 K）-CP-NB（10 K）- 3' ポリ A。サブゲノムを産生。確定種 4、暫定種 1。

〈参考文献〉Adams, M. J. *et al*. (2005). *Trichovirus*. *In* Virus Taxonomy 8th ICTV Reports (Fauquet, C. M. *et al*. eds.). 1112. Academic Press；ICTVdB Descr. (2006). 00.056.0.07. *Vitivirus*.

ブドウ A ウイルス

***Grapevine A virus*, GVA**

葉巻、葉縁の赤化、茎の部分的膨化、亀裂などを示すブドウからイタリアで記載（Conti, M. *et al*., 1980）され、本邦でも確認（今田・中畝、1999）。ウイルス粒子は約 900 × 12 nm のひも状。ら旋ピッチ = 3.8 nm。ゲノムは + 鎖 ssRNA（7,351 nt）。5 ~ 7 ORF といわれる。通常、接木伝染。クワコナカイガラムシ（*Pseudococcus longispinus*）、ブドウコナカイガラムシ（*Planococcus ficus*）、ミカンコナカイガラムシ（*P. citri*）でも伝搬。機械的接種可能。

〈参考文献〉Conti, M. *et al*. (1980). Phytopathology 70: 394；ICTVdB Descr. (2006). 00.056.0.07. 001. *Grapevine virus A*；今田準・中畝良二（1999）日植病報 65: 677.

ブドウ B ウイルス

***Grapevine B virus*, GVB**

樹皮のコルク化（corky bark、corkywoody）を示すブドウで記載（Bonavia *et al*., 1993）され、本邦でも確認（今田ら、1998）。ウイルス粒子は 800 × 11 ~ 12 nm のひも状。構造蛋白質は 1 種（23 kDa）ゲノムは + 鎖 ssRNA（7,599 nt）で、5' はキャップ構造、3' はポリ A 構造。5 ORF。ORF 1 に Pol 含。通常、接木伝染。クワコナカイガラムシ（*Pseudococcus longispinus*）でも伝染。機械的接種可能。

〈参考文献〉Bonavia, A. *et al*.（1993）. Arch. Virol. 130: 109；Bonavia, A. *et al*. (1996). Vitis 35: 53；ICTVdB Descr. (2006). 00.056.0.07. 002. *Grapevine virus B*; 今田準ら（1998）日植病報 64: 423；中野正明ら（2006）日植病報 71:76；Shi, B. J. *et al*. (2004). Virus Genes 29:279.

⑧ *Mandarivirus* 属

近年、設立された群で、属名の Mandari- は宿主のカンキツ・mandarin（*Citrus reticulata*）に由来。本邦での発生は未記載なので説明は割愛。ウイルス粒子は 650 × 13 nm のひも状。ゲノムは 5'-187 K（Mtr-Hel-Pol）-25 K-12 K-6.4 K-34 K（CP）-28 K（NB）ーポリ A。1 属 1 種。

〈参考文献〉Adams, M. J. *et al*. (2005). *Trichovirus*. *In* Virus Taxonomy 8th ICTV Reports (Fauquet, C. M. *et al*. eds.). 1096. Academic Press.

(10) 科未定

植物ウイルスでは現行のウイルス分類体系への対応が遅れたために、科未定のウイルス属も多く残されている。これらの整理、位置付けは今後の課題である。

桿（棒）状ウイルス

①ホルディウイルス属 *Hordeivirus*

属名の Hordei- はタイプ種のムギ斑葉モザイクウイルス（*Barley stripe mosaic virus*, BSMV）の宿主であるオオムギ属（*Hordeum*）に由来。ウイルス粒子は 110 ~ 150 × 20 nm（ピッチ = 2.5 nm）の多粒子性の桿（棒）状。沈降定数 182 ~ 193 S（ほかに、165 ~ 200 S）。耐熱性 60 ~ 68 ℃、耐保存性 15 ~ 120 日、耐希釈性 $10^{-2 \sim 4}$。核酸含量 3.8 ~ 5.0 %。構造蛋白質は 1 種（21.5 ~ 23.0 kDa）。ゲノム（図 1 - 2）は + 鎖 ssRNA の一種で、3 分節（RNA α、β、γ）。各ゲノムは 5' はキャップ構造、3' はポリ A 構造。RNA α は 5'-Mtr-130 K-Hel-3'、RNA β は 5'-CP（22 K）-Hel-14 K-23 K-17 K-3'（3' 側はトリプル遺伝子構造。CP を含まない β 1 のサブゲノムも生ず）、RNA γ は 5'-74 K（GDD 含）-17 K-3'（17 k のみのサブゲノムも生ず）。非局在性で、各種細胞の細胞質、核内に散在・集塊。主に種子伝染。機械的接種は容易。確定種 4。

〈参考文献〉Bragg, J. N. *et al*. (2005). *Hordeivirus*. *In* Virus Taxonomy 8th ICTV Reports (Fauquet, C. M. *et al*. eds.). 1021. Academic Press；ICTVdB Descr. (2006). 00.032.0.01. *Hordeivirus*.

ムギ斑葉モザイクウイルス

***Barley stripe mosaic virus*, BSMV**

線状斑、モザイク、えそを示すオオムギ（*Hordeum vulgare*）（口絵 81）、コムギ（*Triticum aestivum*）において 米国で記載（McKinney, 1951）。本邦でも発生（高橋ら、1957）。オオムギでは不稔も生ず。ウイルス粒子（本項 a、b）は約 112 ~ 150 × 18 ~ 24 nm の桿（棒）状。ら旋ピッチ = 2.5 ~ 2.6 nm。中心溝 = 3 ~ 4 nm。沈降定数約 199 S、166 ~ 194 S（3 粒子性）。耐熱性 60 ~ 68 ℃、耐保存性 15 ~ 22 日、耐希釈性 $10^{-2 \sim 4}$。核酸含量 3.8 ~ 4 %。構造蛋白質は 1 種（21.5 kDa）。ゲノム特性は属とほぼ同じ。RNA α = 3,768 nt、RNA β = 3,289 nt、RNA γ = 3,164 nt。

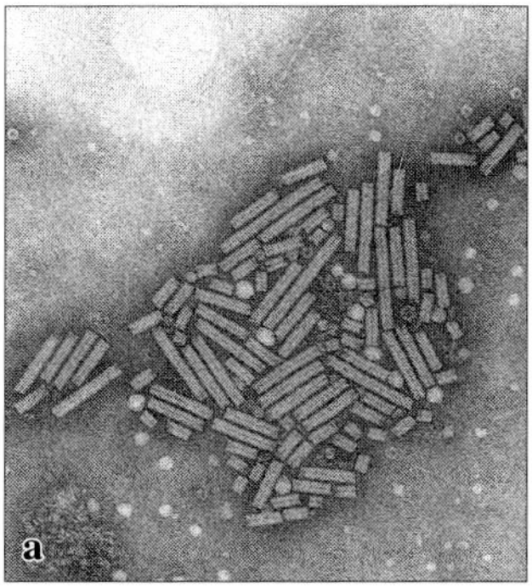

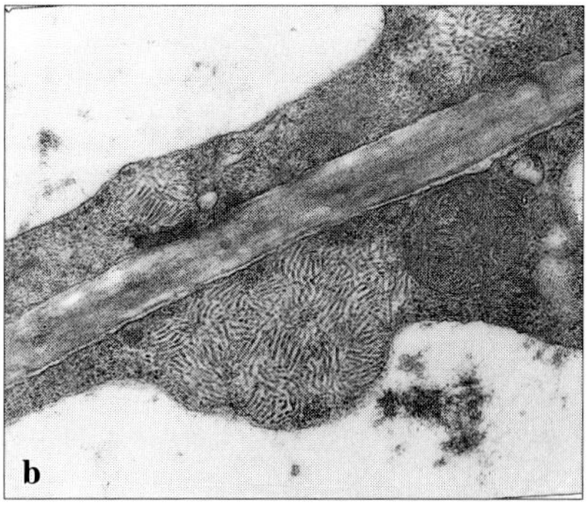

サブゲノムは 1.830 kb、0.788 kb。非局在性での細胞質、核内に散在・集塊。葉緑体表層の小胞化、ミトコンドリア変形などがみられる。主に種子伝染。機械的接種は容易。

〈参考文献〉Atabekov, J. G. and Novikov, V. K. (1971). CMI/AAB Descr. Pl. Viruses No. 68；Atabekov, J. G. and Novikov, V. K. (1989). CMI/AAB Descr. Pl.Viruses No. 344；ICTVdB Descr. (2006). 00.032.0.01.001. *Barley stripe mosaic virus*；井上忠男（1983）植物ウイルス事典（輿良　清ら編）. 208. 書店. 東京；McKinney, H. H. (1951). Phytopathology 41: 563；高橋隆平ら（1957）農学研究 44: 147.

②トバモウイルス属　*Tobamovirus*

属名の Tobamo- はタイプ種のタバコモザイクウイルス（*Tobacco mosaic virus*, TMV）の短縮語に由来。TMV はきわめて量が多く、安定しているために、植物ウイルス学の研究に大きく貢献。ウイルス粒子は約 300~310 × 18 nm の桿（棒）状。ら旋ピッチ = 2.3 nm。中心溝 = 2~4 nm。粒子量 40×10^6。浮遊密度約 1.325 g/ cm³、沈降定数約 176~212 S。耐熱性 80~95 ℃、耐保存性 30~35,000 日、耐希釈性 $10^{-5\sim10}$。核酸含量 5 %。構造蛋白質は 1 種（17~18 kDa）。ゲノム（図 1 - 2）は + 鎖 ssRNA の一種で、6.3~6.6 kb。ORF は 4。ORF 1 = 126 K、ORF 2 = 183 K、ORF 3 = MP、ORF 4 = CP。ORF 3、4 はサブゲノムで発現。ORF 2 は ORF 1 のリードスルーで生じる。5' はキャップ構造、3' は tRNA 様構造。組織では各種細胞の細胞質、液胞、時に核内に散在・集塊、結晶。大型のウイルス粒子の結晶は光顕レベル（X 体）に達し、診断に有効。通常、接触、農作業、汚染土壌などで伝染し、種子伝染するものもある。確定種22、暫定種1。本属については広く紹介されているので、本邦のウイルスを列記するにとどめる。

〈参考文献〉Gibbs, A. J. (1977). CMI/AAB Descr. Pl. Viruses No. 184；ICTVdB Descr. (2006). 00.071.0.01. *Tobamovirus*；Lewandowski, D. J. (2005). *Tobamovirus*. *In* Virus Taxonomy 8th ICTV Reports (Fauquet, C. M. *et al*. eds.). 1009. Academic Press.

キュウリ緑斑モザイクウイルス

***Cucumber green mottle mosaic virus*, CGMMV**

キュウリ（*Sucumis sativus*）、メロン（*C. melo*）、スイカ（*Citrullus vulgaris*）、ユウガオ（*Lagenaria siceraria*）などにモザイク（口絵82）。ウイルス粒子は約300 × 18 nm（本項a、b）。ゲノム＝6,424 nt。スイカ（W）系、キュウリ（C）系、余戸（Y）系などの系統あり。W系は以前に関東地方でスイカこんにゃく病、C系は西日本でキュウリ異常果を誘起し、問題。近年、C系、Y系をCGMMV、W系を別種としてスイカ緑斑モザイクウイルス（*Kyuri green mottle mosaic virus*, KGMMV）とする提案がある。種子・接触・土壌伝染。媒介者なし。*Cucumber mosaic virus* 3、4は異名。

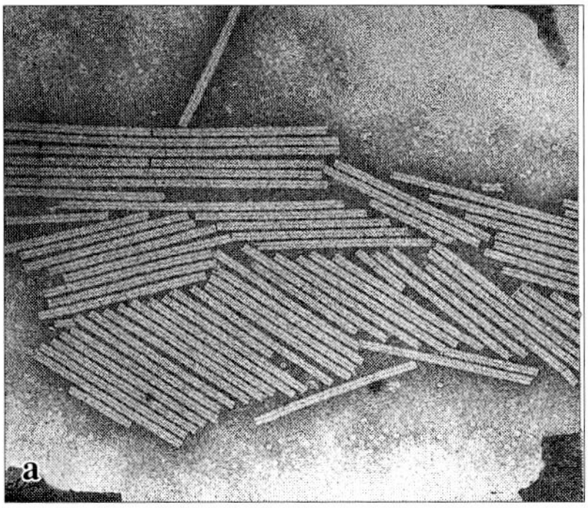
a

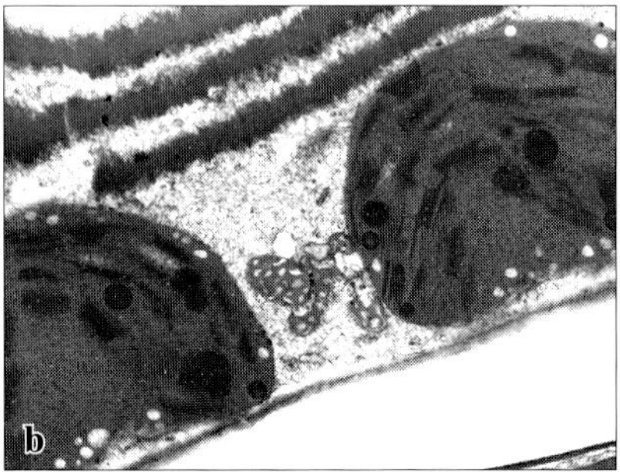
b

〈参考文献〉Gibbs, A. J. (1977). CMI/AAB Descr. Pl. Viruses No. 184；Hollings, M. *et al*. (1975). CMI/AAB Descr. Pl. Viruses No. 154；ICTVdB Descr. (2006). 00.071.0.01.002. *Cucumber green mottle mosaic virus*；ICTVdB Descr. (2006). 00.071.0.01.004. *Kyuri green mottle mosaic virus*；井上忠男（1983）植物ウイルス事典（輿良　清ら編）. 300. 朝倉書店. 東京.

ハイビスカス黄斑ウイルス

Hibiscus yellow mosaic virus, HYMV

葉に黄斑、退色斑、斑紋を示すハイビスカス（*Hibiscus* spp.）で本邦で記載（口絵 83）。多くの国で類似ウイルス（*Hibiscus latent Hort Pierce*、*Hibiscus latent Singapore*）が報告。関連は未詳。

〈参考文献〉ICTVdB Descr. (2006). 00.071.0.91.001. *Hibiscus yellow mosaic virus*； 柏崎 哲ら（1982）日植病報 48: 395；山下修一（1983）植物ウイルス事典（與良清ら編）. 348. 朝倉書店. 東京.

オドントグロッサムリングスポットウイルス

***Odontoglossum ringspot virus*, ORSV**

ラン類（orchid）に広く発生。葉にモザイク～斑紋、輪紋、条斑、花弁に斑入りなどを生じる。株分けによる栄養繁殖のほか、汚染した器具、手指、灌水など接触伝染し、被害は大。ゲノム = 6,618 nt。ウイルス粒子は細胞質で交叉集塊（本項 a）。

〈参考文献〉ICTVdB Descr. (2006). 00.057.0.01.005. *Odontoglossum ringspot virus*； 井上成信（1983）植物ウイルス事典（與良清ら編）. 388. 朝倉書店. 東京；Paul, H. L. (1975). CMI/AAB Descr. Pl. Viruses No. 155.

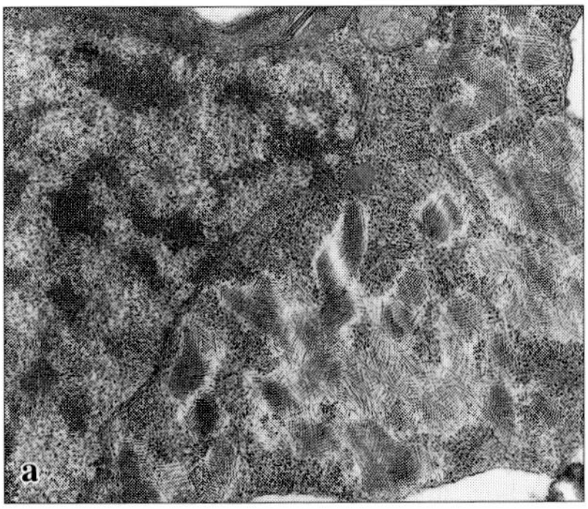
a

トウガラシマイルドモザイクウイルス

***Pepper mild mosaic virus*, PMMV**

斑紋を示すピーマン・トウガラシ（*Capsicum annuum*）より記載。以前のタバコモザイクウイルス（*Tobacco mosaic virus*, TMV）のトウガラシ（P）系が該当。接触、土壌伝染。ゲノム = 9,640 nt。

〈参考文献〉ICTVdB Descr. (2006). 00.057.0.81.068. *Pepper mild mosaic virus*；Nelson, R. M. *et al*. (1982). CMI/AAB Descr. Pl. Viruses No. 253；尾崎武司ら（1972）日植病報 38: 209.

オオバコモザイクウイルス

***Ribgrass mosaic virus*, RiMV**

モザイク、輪紋を示すオオバコ（*Plantago* spp.）で米国で記載（口絵 84）。タバコモザイクウイルス（*Tobacco mosaic virus*, TMV）には多くの系統があ

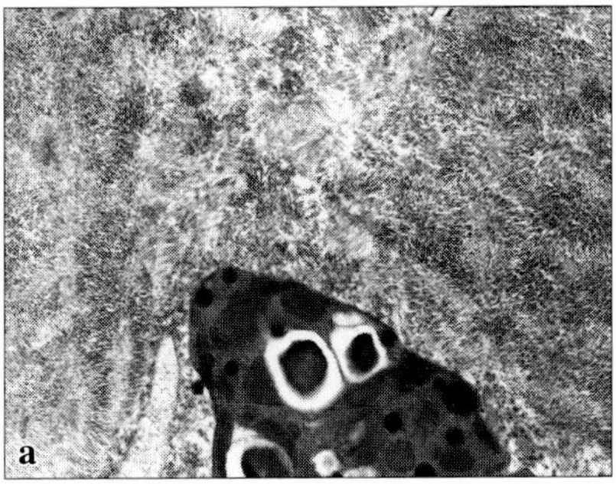
a

り、本邦のオオバコ（plantago）系、アブラナ（W）系、ヤチイヌガラシ（C）系は Hormes（1941）の報告した RiMV と推定。ウイルス粒子は 300 × 18 nm（本項 a)。なお W 系は近年、*Wasabi mottle virus* として種とされている。ゲノム＝約 6,300 nt。

〈参考文献〉ICTVdB Descr. (2006). 00. 057.0.01.008. *Ribgrass mosaic virus*；Kashiwazaki, S. *et al*. (1990). Ann. Phytopath. Soc. Japan 56: 257；Oshima. N. and Harrison, B. D. (1975). CMI/AAB Descr. Pl. Viruses No. 152.

サーモンズオプンチアウイルス

***Sammons' Opuntia virus*, SOV**

通常、サボテン類（cactus）で潜在、時に斑紋～輪紋（口絵 85）を生じ、多くの国に存在すると推定。ウイルス粒子は約 300 × 18 nm（本項 a、b)。

〈参考文献〉ICTVdB Descr. (2006). 00.057. 0.01.009. *Sammons' Opuntia virus*.；I. M. and Chessin, M. (1961). Nature 191: 517-518；Wetter, C. (1989). Sammons' Opuntia virus；山下修一ら（1991）日植病報 57: 73；山下修一ら（1993）日植病報 59: 727.

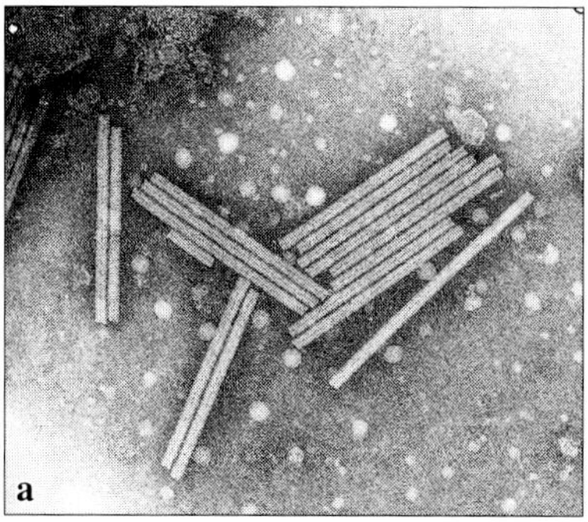
a

b

タバコモザイクウイルス

***Tobacco mosaic virus*, TMV**

TMV は Mayer（1886）によりタバコ（*Nicotiana tabacum*）で記載。本邦では大工原（1902）が確認。TMV は植物ウイルスの発見、ウイルスの結晶化、そのほか、ウイルス学、植物ウイルス学に大きく貢献した。タバコに斑紋～モザイクを生じる（口絵 86)。各種の系統が存在。

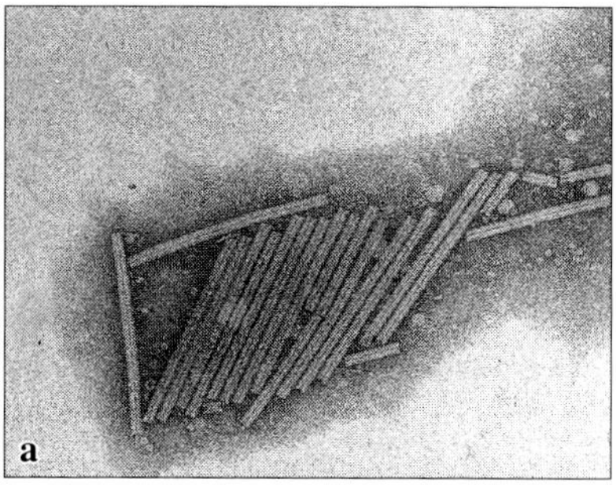
a

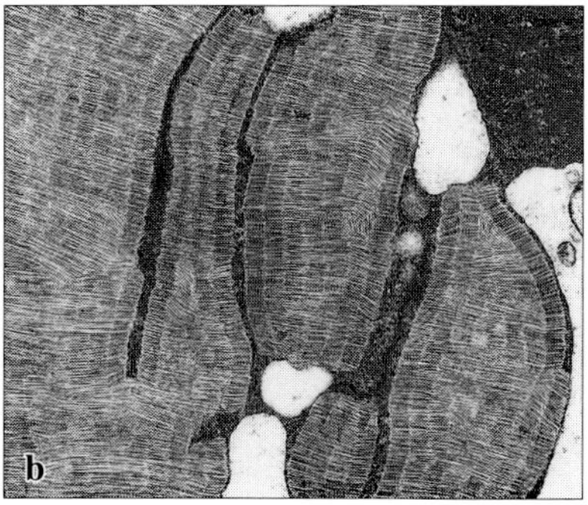

従来、自然宿主とされていたトマト、トウガラシのウイルスが近年、別種ウイルスとされたので、主要な伝染様式である接触伝染に注意すると、TMV による実害は少ないと思われる。ウイルス粒子は約 300 × 18 nm の桿（棒）状（本項 a、b）。ら旋ピッチ = 2.3 nm。中心溝 = 2 nm。浮遊密度約 1.325 g/ ㎤、沈降定数約 194 S。耐熱性 88 ~ 93 ℃、耐保存性 1 年以上、耐希釈性 $10^{-6\sim7}$。核酸含量 5 %。構造蛋白質は 1 種（17.5 kDa）。ゲノムは + 鎖 ssRNA の一種（6,395 nt）。ゲノム構造・配列・翻訳、細胞内所在、伝染様式などは属と同じ。

〈参考文献〉Gibbs, A. J. (1977). CMI/AAB Descr. Pl. Viruses No. 184；ICTVdB Descr. (2006). 00.071.0.01.012. *Tobacco mosaic virus*；久保　進（1983）植物ウイルス事典（輿良　清ら編）. 597. 朝倉書店. 東京；Mayer, A. (1886) . Landwirtsch. Vers. Stn. 32: 450；Zaitlin, M. and Israel, H.W. (1975). CMI/AAB Descr. Pl. Viruses No. 151.

トマトモザイクウイルス

***Tomato mosaic virus*, ToMV**

斑紋～モザイク、細葉を示すトマト（*Lycopersicon esculentum*）で記載。本邦では以前にタバコモザイクウイルス（*Tobacco mosaic virus*, TMV）―トマト（T）系と称されたもの。ゲノム = 6,383 nt。

〈参考文献〉Hollings, M. and Huttinga, H. (1978). CMI/AAB Descr. Pl. Viruses No. 156；ICTVdB Descr. (2006). 00.071. 0.01.013. *Tomato mosaic virus*.

③トブラウイルス属　*Tobravirus*

属名の Tobra- はタイプ種のタバコ茎えそウイルス（*Tobacco rattle virus*, TRV）の短縮語に由来。ウイルス粒子は 180 ~ 215、46 ~ 115 × 20.5 ~ 23.1 nm の桿（棒）状（ら旋ピッチ = 2.5 nm、中心溝を有する）の長短（L、S）2 粒子。ら旋 1 回転当たり 25 または 32 個のサブユニット。粒子量 48 ~ 50 × 10^6。浮遊密度 1.306 ~ 1.324 g/ ㎤、沈降定数 286 ~ 306 S、155 ~ 245 S。耐熱性 74 ~ 85 ℃、耐保存性 40 ~ 183 日、耐希釈性 $10^{-5\sim6}$。核酸含量 5 %。構造蛋白質は 1 種（22 ~ 24 kDa）。ゲノム（図 1 - 2）は

＋鎖 ssRNA で、2 分節ゲノム。RNA 1 ＝約 6.8 kb、RNA 2 ＝約 1.8 kb。両者とも 5' はキャップ構造。RNA 1 は 5' キャップ -134 K（このリードスルーで 194 K）-29 K（P1a）-16 K（P1b）-3'（サブゲノムで 29 K、16 K を翻訳）。RNA 2 は 5' キャップ -CP-27 K（P2b）-18 K（P2c）-3'。組織では各種細胞の細胞質、液胞、時に核内に散在・集塊。膜状構造の増生、ミトコンドリアの変形もみられる。宿主域は比較的広い。線虫（*Trichodorus*、*Paratrichodorus*）で土壌伝染。種子伝染するものもある。確定種 3。

〈参考文献〉ICTVdB Descr. (2006). 00.072.0.01. *Tobravirus*；Robinson, D. J. (2005). *Tobravirus*. *In* Virus Taxonomy 8th ICTV Reports (Fauquet, C. M. *et al.* eds.). 1015. Academic Press.

タバコ茎えそウイルス

***Tobacco rattle virus*, TRV**

ドイツで記載（Boning, 1931）され、本邦でも記載（都丸、1964）。日本での自然発生はタバコで茎葉のえ死、濃斑、奇形)、スイセンで黄色条斑、え死斑)、アスターで黄色輪紋、ダイズでモザイク、え死斑、チューリップで白色条斑・え死、萎縮、シャクヤクで輪紋、ホウレンソウで斑紋（口絵 87）を生じる。ウイルス粒子は 180 ~ 215、46 ~ 115 × 20.5 ~ 23.1 nm の桿（棒）状（ら旋ピッチ＝ 2.5 nm、中心溝を有する）の長短（L、S）2 粒子（本項 a、b）。浮遊密度 1.306 ~ 1.324 g/ ㎤、沈降定数 300 S（L）、155 ~ 245（S）。耐熱性 80 ~ 85 ℃、耐保存性 40 ~ 50 日、耐希釈性 10^{-6}。核酸含量 5 %。構造蛋白質は 1 種（21 ~ 23 kDa）。ゲノムは＋鎖 ssRNA で、2 分節ゲノム。ゲノムの性状は属と同じ。ウイルスは非局在性で各種細胞に存在。系統によりミトコンドリアの変形を生ずる。寄主域はかなり広い。通常、線虫（*Paratorichodorus allius*、*P. anemones*、*P. christiei*、*P. nanaus*、*P.*

a

b

pachydermus、*P. teres*、*Torichodorus minoor*、*P. primitivus*、*T. viruliferus*）で土壌伝染。種子伝染する植物もある。機械的接種は可能（系統により難易あり）。ホウレンソウは感受性が高く、伝染試験に利用されることも多い。

〈参考文献〉Harrison, B. D. (1970). CMI/AAB Descr. Pl. Viruses No. 12；Harrison, B.D. and Robinson, D. J. (1978). Adv. Virus Res. 23: 25；ICTVdB Descr. (2006). 00.072.0.01. 010. *Tobacco rattle virus*；Quanjer, H. M. (1943). Tijdschr. pl. Ziekt. 49: 275；都丸敬一（1964）植物防疫 18: 350；都丸敬一（1983）植物ウイルス事典（輿良　清ら編）. 516. 朝倉書店. 東京；都丸敬一・中田和男（1967）秦野たばこ誌報 58: 89.

④ ベニウイルス属　*Benyvirus*

属名の Beny- はタイプ種のビートえそ性葉脈黄化ウイルス（*Beet necrotic yellow vein virus*, BNYVV）の短縮語に由来。ウイルス粒子は 390、265、100、85 × 20 nm の桿（棒）状（ら旋ピッチ = 2.6 nm、中心溝を有する）。物理性はさまざま。耐熱性 65 ~ 70 ℃、耐保存性 5 ~ 8 日、耐希釈性 $10^{-4\sim-5}$。核酸含量 5 %。構造蛋白質は 1 種（21 ~ 23 kDa）。ゲノムは + 鎖 ssRNA で、4 ~ 5 分節（主なもの：6.7、4.6、1.8、1.4、1.3 kb）。各分節ゲノムは 5' キャップ構造、3' キャップ構造はポリ A 構造。タイプ種の BNYVV では RNA1（5,746 nt）は 5' -273 K（Mtr-Hel-Pro-Pol）-3'（ポリプロテインとして生じ、290 K → 220 K → 150 K、66 K に切断）、RNA-2（4,612 nt）は 5'-19 K（CP）-75 K-42 K（Hel）-13 K-15 K-14 K-3'（3' 側の 42 K、13 K-15 K、14 K はサブゲノム）、RNA-3（1,775 nt）は 5'-25 K-?-4.6 K-3'（4.6 K はサブゲノム）、RNA-4（1,431 nt）は 31 K、RNA-5（1,349 nt）は 26 K を翻訳。非局在性。ネコブカビ科の *Polymyxa betae*、*P. graminis* などで土壌伝染。ウイルスは遊走子に付着して伝搬されるが、休眠胞子内にも獲得と推定。

〈参考文献〉ICTVdB Descr. (2006). 00.088.0.01. *Benyvirus*；Koenig, R. and Lesemann, D. E. *et al*. (2005). *Benyvirus*. *In* Virus Taxonomy 8th ICTV Reports (Fauquet, C. M. *et al*. eds.). 1043. Academic Press.

ビートえそ性葉脈黄化ウイルス
***Beet necrotic yellow vein virus*, BNYVV**

イタリアのビート（テンサイ）（*Beta vulgris*）で記載（Canova, 166）され、本

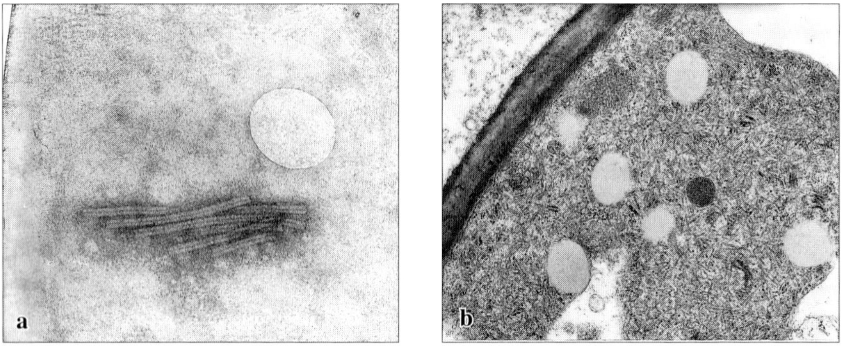

邦でも確認（玉田ら、1970）。ビートで黄化、葉脈黄化～えそ、わい化、叢根、根腐れなどを生じる（口絵92）。ホウレンソウにも発生。ウイルス粒子は390、265、100、70 × 20 nmの多成分性の桿（棒）状（ら旋ピッチ＝約2.6 nm）。耐熱性65 ~ 70 ℃、耐保存性5 ~ 8 日。核酸含量5 %。構造蛋白質は1種（21 kDa）。ゲノムの性状、細胞内所見、伝搬様式等は属と同じ。

〈参考文献〉土居養二（1983）植物ウイルス事典（與良　清ら編）. 223. 朝倉書店. 東京；ICTVdB Descr. (2006). 00.088.0.01.001. *Beet necrotic yellow vein virus*；玉田哲男ら（1970）日植病報 36: 365；Tamada, T. (1975). CMI/AAB Descr. Pl. Viruses No. 144；Tamada, T. and Baba, T. (1973). Ann. Phytopath. Soc. Japan 39:325.

⑤フロウイルス属　*Furovirus*

属名のFuro-は菌類伝搬性桿状ウイルス（*Fungus-borne rod-shaped virus*）に由来。ウイルス粒子は140 ~ 160、260 ~ 300 × 18 ~ 25 nmの長短（L、S）2成分性の桿（棒）状（ら旋ピッチ＝ 2.6 ~ 2.9 nm、中心溝＝約4.5 nm）。浮遊密度1.32 ~ 1.321 g/ ㎤、沈降定数L ＝ 170 S、S ＝ 126 ~ 177 S。耐熱性45 ~ 80 ℃、耐保存性1 ~ 4,000 日、耐希釈性 $10^{-1 \sim 5}$。核酸含量4.0 ~ 5.0 %。構造蛋白質は1種（19 ~ 20.5 kDa）。ゲノムは＋鎖ssRNAで、2分節（RNA 1、2）。RNA1（6 ~ 7 kb）は5' キャップ-150 K（Mtr-Hel）（150 Kのリードスルーで209 K（Pol含））-37 K（MP）- 3'。RNA 2（3.5 ~ 3.6 kb）は5' キャップ-25 K-19 K（CP）-84 K-19 K-3'。5' はキャップ構造、3' はポリtRNA構造。組織では非局在性。細胞質、液胞に散在・集塊。細胞質には膜状構造体が増生し

た封入体（X 体）を生ず。宿主域は狭い。ウイルスはネコブカビ科の菌類（*Polymyxa graminis*）で土壌伝染。いったん、土壌が汚染されると、難防除病害となる。機械的接種可能。確定種 5。

〈参考文献〉ICTVdB Descr. (2006). 00.027.0.01. *Furovirus*；Torrance, L. and Koenig, R. (2005). *Furovirus*. *In* Virus Taxonomy 8th ICTV Reports (Fauquet, C. M. *et al*. eds.). 1027. Academic

ムギ類萎縮ウイルス

Soil-borne wheat mosaic virus, SBWMV

本邦のコムギ（*Triticum aestivum*）（静岡農試、1916）で記載。日本、中国、米国、イタリアなどで確認。コムギ、オオムギに黄緑モザイク、ロゼット、萎縮など（口絵 88、89）。ウイルス粒子は 110 ~ 160、280 ~ 300 × 20 nm の 桿（棒）状（ら旋ピッチ = 2.6 nm、中心溝を有す）。沈降定数 212 S（ほかに、173 S）。耐熱性 60 ~ 65 ℃、耐保存性 1 ~ 3 ヵ月、耐希釈性 $10^{-2\sim-3}$。核酸含量 5.0 %。構造蛋白質は 1 種（19 kDa）。ゲノムは + 鎖 ssRNA で、2 分節（RNA 1 = 7,099 nt、RNA 2 = 3,593 nt）。ゲノム特性は属とほぼ同じ。ウイルス粒子は各種細胞の細胞質に散在・集塊。細胞質には光顕レベルに 達する膜状封入体を誘導。ウイルスは菌類（*Polymyxa graminis*）の遊走子（zoospore）で土壌伝染。休眠胞子（resting spore）にも取り込まれるとされ、汚染土壌は 10 年以上病原性を示す。本邦では、特に契約栽培が行われるビールムギでの被害は大きい。

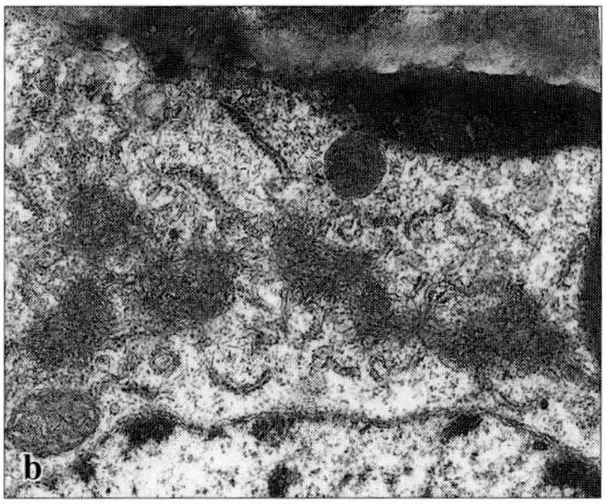

〈参考文献〉Brakke, M. K. (1971). CMI/AAB Descr. Pl. Viruses No. 77；ICTVdB Descr. (2006). 00.027.0.01.001.*Soil-borne wheat mosaic virus*；静岡農試（1916）病虫雑 3: 937；土崎常男（1983）植物ウイルス事典（與良　清ら編）. 473. 朝倉書店. 東京.

⑥ ポモウイルス属　*Pomovirus*

属名のPomo-はタイプ種のジャガイモモップトップウイルス（*Potato mop-top virus*, PMTV）の短縮語に由来。ウイルス粒子は110 ~ 150、250 ~ 300 × 18 ~ 20 nmの桿（棒）状（ら旋ピッチ = 2.4 ~ 2.5 nm、中心溝を有す）。沈降定数230 S、170 S、125 S。耐熱性75 ~ 80 ℃、耐保存性200日、耐希釈性10^{-3}。核酸含量5.0 %。構造蛋白質は1種（20 kDa）。ゲノムは+鎖ssRNAで、3分節（RNA 1 = 6.0 kb、RNA 2 = 3.0 ~ 3.5 kb、RNA 3 = 2.5 ~ 3.0 kb）。5' 末端はキャップ構造。RNA 1は5'キャップ-149 K（Mt, Hel）（149Kのリードスルーで207 K（Pol含））-3'、RNA 2は5'キャップ-19 K（CP）-104 K-3'、RNA 3は5'キャップ-48 K（Hel）-13 K-22 K-3'。各種細胞の細胞質に散在・集塊。細胞質にはERが増生した膜状封入体を誘導。ネコブカビ科の菌類（*Spongospora*、*Polymyxa*）で土壌伝染。機械的接種可能。症状は高温でマスキングしやすい。確定種4。

〈参考文献〉Koenig, R. and Lesemann, D. E. (2005). *Pomouvirus*. *In* Virus Taxonomy 8th ICTV Reports (Fauquet, C. M.*et al.* eds.). 1033. Academic Press；ICTVdB Descr. (2006). 00.086.0.01. *Pomovirus*.

ソラマメえそモザイクウイルス
***Broad bean necrosis virus*, BBNV**

本邦でえそモザイク、輪紋などを示すソラマメ（*Vicia faba*）で記載（深野・横山、1951）（口絵90）。発生は日本のみ。ウイルス粒子は約150、250 × 25 nmの桿（棒）状（ら旋構造、中心溝がみられる）。耐熱性55 ~ 60 ℃、耐保存性8日、耐希釈性$10^{-3\sim4}$。ゲノムは+鎖ssRNAで、3分節（RNA 1 = 5,600 nt、RNA 2 = 2,831 nt、RNA 3 = 2,417 nt）。各種細胞の細胞質に散在・集塊。細胞質には

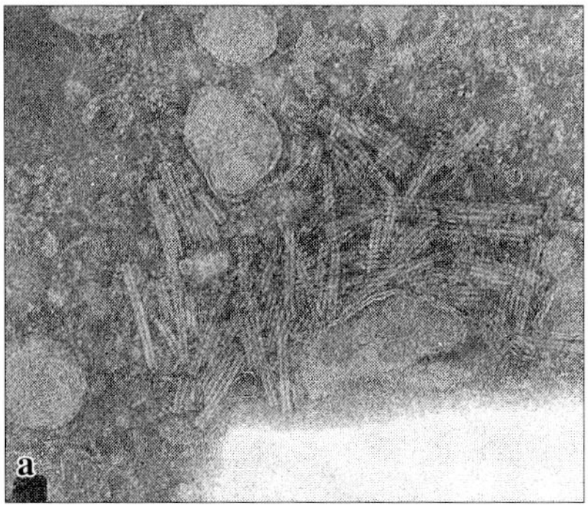

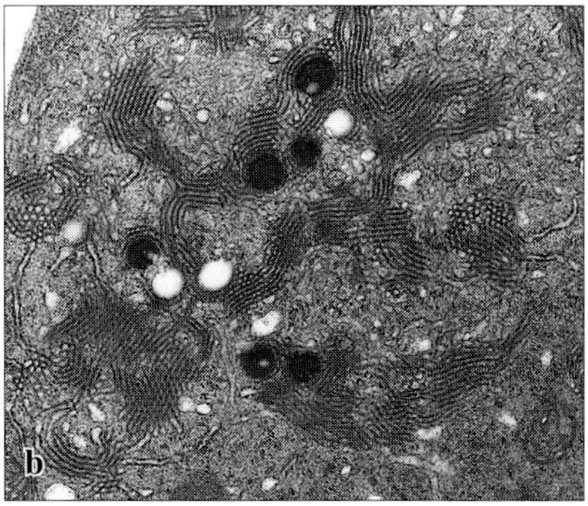

ERが増生した膜状封入体を誘導。媒介者は不明であるが、千葉県の某地では5年以上、連続して発病がみられ、土壌伝染が示唆される。機械的接種可能。症状は高温でマスキングしやすい。

〈参考文献〉深野弘・横山佐太正（1951）九州農業研究 10 : 133 ； ICTVdB Descr. (2006). 00.086.0.01.004. *Broad bean necrosis virus*；Inouye, T. and Nakasone, W. (1980). CMI/AAB Descr. Pl. Viruses No. 223; 井上忠男・麻谷正義（1968）日植病報 34:317；井上忠男（1983）植物ウイルス事典（與良　清ら編）. 229. 朝倉書店. 東京.

ジャガイモモップトップウイルス

***Potato mop-top virus*, PMTV**

北アイルランドのジャガイモ（*Solanum tuberosum*）で記載（Calvert and Harrison, 1966）、本邦でも確認（井本ら、1981）。主に、塊茎で表面に褐色輪紋、内部に円弧状褐変、株で萎縮、葉で退色～え死斑など（口絵91）。ウイルス粒子は約100～150、250～300 × 18～20 nmの桿（棒）状（ら旋構造、中心溝がみられる）。沈降定数236 S、171 S、126 S。耐熱性75～80 ℃、耐保存性200日、耐希釈性10^{-3}。構造蛋白質は1種（18.5～20 kDa）。ゲノムは＋鎖ssRNAで3分節（RNA 1 ＝ 6,043 nt、RNA 2 ＝ 2,964 nt、RNA 3 ＝ 3,134 nt）。ゲノム特性は属とほぼ同じ。各種細胞の細胞質に散在・集塊。細胞質にはERが増生した膜状封入体を誘導。症状は高温でマスキングしやすい。

〈参考文献〉Calvert, E. L. and Harrison, B. D. (1966). Pl. Path. 15: 134；ICTVdB Descr. (2006). 00.086.0.01.001. *Potato mop-top virus*；井本征史ら（1981）日植病報 47: 409；栃原比呂志（1983）植物ウイルス事典（與良　清ら編）. 428. 朝倉書店. 東京.

⑦ *Pecluvirus* 属

属名のPeclu-はタイプ種の*Peanut clunp virus*の短縮語に由来。ウイルス粒子は約190、245 × 21 nmの桿（棒）状（ら旋ピッチ＝ 2.6 nm、中心溝がみられる）で、ゲノムを有する多成分性。本邦には存在しないのでここでは割愛。確定種2。

〈参考文献〉ICTVdB Descr. (2006). 00.087.0.01. *Pecluvirus*；Richards, K. E. *et al*. (2005). *Pecluvirus*. *In* Virus Taxonomy 8th ICTV Reports (Fauquet, C. M. *et al*. eds.). 1039. Academic Press..

球状ウイルス

① ソベモウイルス属　*Sobemovirus*

属名の Sobemo- は本属のタイプ種のインゲンマメ南部モザイクウイルス（*Southern bean mosaic virus*, SBMV）の短縮語に由来。ウイルス粒子は径 28 ~ 30 nm の小球状（T ＝ 3）。被膜なし。26 ~ 34 kDa の蛋白質サブユニットを粒子当たり 180 個を有す。粒子量約 6.6×10^6、浮遊密度約 1.36 g/ ㎤。ゲノムは＋鎖 ssRNA（4.0 ~ 4.5 kb）。ORF は 4 種。ORF 1 ＝ MP、ORF 2 ＝ Pro、Vpg、Pol。ORF 3 が ORF 2 の内部に存在するもの、ORF 2a と ORF 2b、ORF 2 または ORF 2b と ORF 4（CP）が一部、重複するもの。5' はゲノム結構蛋白質（Vpg）、3' はポリ A 構造。ウイロイド用の低分子の環状 ssRNA を含むものがある。組織では非局在性で、各種細胞の細胞質、核、液胞内に散在・集塊、結晶。細胞質に膜状構造体の増生が顕著。宿主域は広くない。多くはハムシ類で半永続的伝搬されるが、カスミカメムシ類で半永続的伝搬されるものもある。機械的接種可能。確定種 13、暫定種 4。

〈参考文献〉Hull, R. and Fargette, T. *et al.* (2005). *Sobemovirus*. *In* Virus Taxonomy 8th ICTV Reports (Fauquet, C. M. *et al.* eds.). 885. Academic Press；ICTVdB Descr. (2006). 00.067.0.01. *Sobemovirus*.

インゲンマメ南部モザイクウイルス
***Southern bean mosaic virus*, SBMV**

米国のインゲンマメ（*Phaseolus vulgaris*）で記載（Zaumeyer and Harter, 1942）され、本邦ではダイズ（*Glycine max*）（飯塚、1975）、とツルマメ（*G. ussuriensis*）（口絵 93）で確認。ササゲ、*Vigna mungo* にも発生するという。症状は斑紋～モ

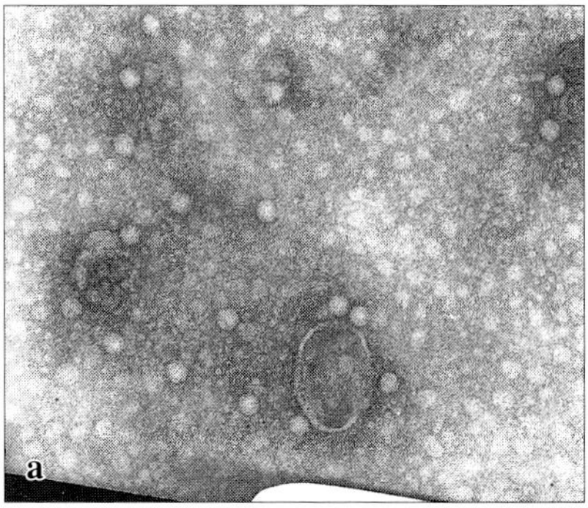

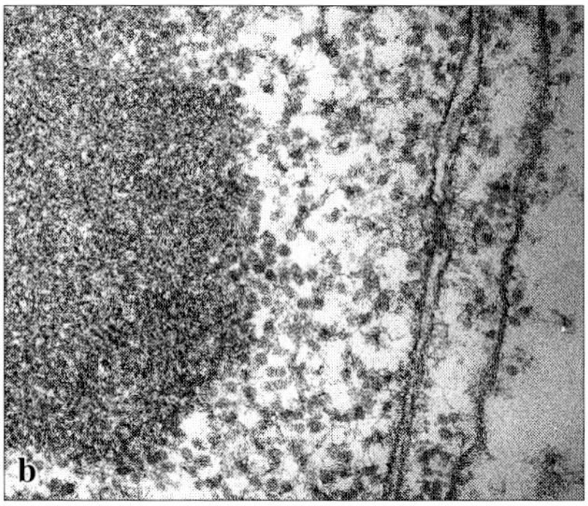

ザイク。ウイルス粒子（本項a、b）は径 28～30 nm の小球状。T = 3。32 キャプソメア（180 サブユニット）。浮遊密度約 1.36 g/ cm³、沈降定数 115。耐熱性 90～95 ℃、耐保存性 20～165 日、耐希釈性 $10^{-5\sim-6}$。核酸含量 21 %。ゲノムは + 鎖 ssRNA（4,109～4,136 nt）で非分節。粒子によっては非ゲノム、サブゲノム、サテライト、tRNA、mRNA を含むものがある。ORF は 4 種。5' はゲノム結構蛋白質（Vpg）（感染性に必要と推定）。組織では各種細胞の細胞質、核、液胞内に散在・集塊、時に結晶。ハムシ（*Ceratoma trifurcata*、*Epilachna variestris*）で半永続的伝搬する。ササゲでは花粉、種子伝染あり。機械的接種は容易。

〈参考文献〉ICTVdB Descr. (2006). 00.067. 0.01.001. *Southern bean mosaic virus*；飯塚則男（1975）植物防疫 28: 471；Shepherd, R. J. (1971). CMI/AAB Descr. Pl. Viruses No. 57；Tremaine, J. H. and Hamilton, R. I. (1983). CMI/AAB Descr. Pl. Viruses No. 274；山下修一（1983）植物ウイルス事典（與良　清ら編）. 475. 朝倉書店. 東京；Zaumeyer, W. J. and Harter, L. (1942). Phytopathology 32: 438.

コックスフットウイルス

***Cocksfoot mottle virus* , CoMV**

オーチャードグラス（*Dactylis glomera*）

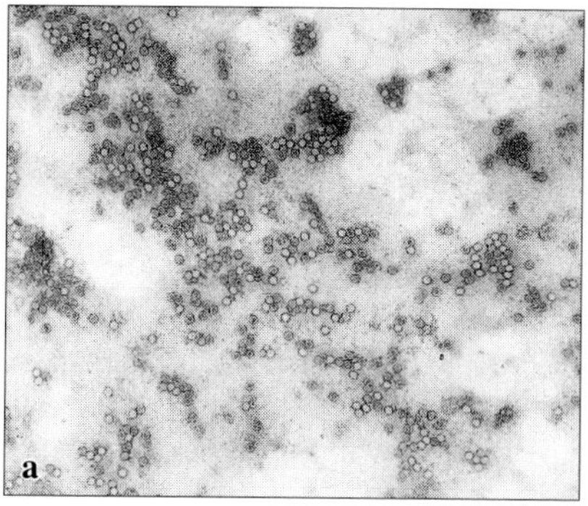

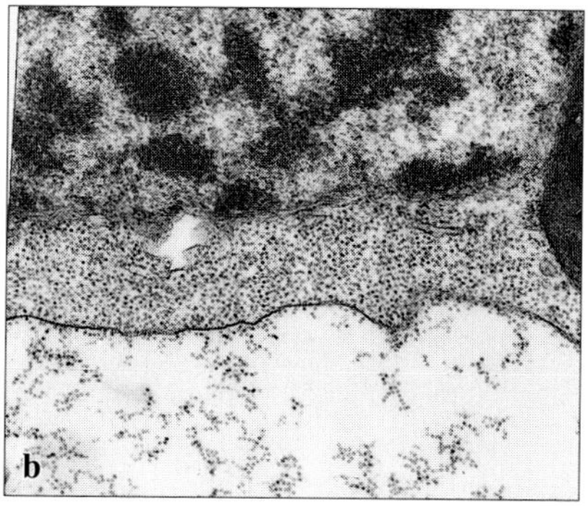

に斑紋、黄色条斑（口絵 94）。外国ではコムギでの発生も知られる。ウイルス粒子は径約 28 nm の小球状。T = 3。浮遊密度約 1.39 g/ cm³、沈降定数約 118 S。耐熱性約 65 ℃、耐保存性 4～6 日、耐希釈性 10^{-3}。核酸含量 25 %。構造蛋白質 1 種（27,610 Da = 254 a.a.）。ゲノムは + 鎖 ssRNA（4,082 nt）で非分節。ORF は 4 種。組織では各種細胞の細胞質、核、液胞内に散在・集塊、時に結晶。ハムシ（*Lema melanopa*、*L. lichenis*）で半永続的伝搬する。機械的接種可能。

〈参考文献〉Catherall, P. L. (1970). CMI/

AAB Descr. Pl. Viruses No. 23；ICTVdB Descr. (2006). 00.067.0.01.003. *Cocksfoot mottle virus*：鳥山重光（1983）植物ウイルス事典（輿良　清ら編）. 297. 朝倉書店. 東京.

アカザモザイクウイルス
Sowbane mosaic virus, SoMV

米国において *Chenopodium murale* で記載（Barnett and Costa, 1961）。本邦でも確認（輿良ら、1965）。アカザ、*C. amaranticolor*、*C. quinia* など各種アカザ科植物で退色斑、斑紋～モザイク、潜在など。ブドウ（*Vitis* sp.）やプルーン（*Prunus domestica*）（潜在）から分離されることもある。ウイルス粒子は径約 26～28 nm の小球状。粒子量約 6.6 × 10^6。沈降定数約 104～107 S。耐熱性約 86～96 ℃、耐保存性約 60 日、耐希釈性 $10^{-7\sim9}$。核酸含量 20 %。構造蛋白質 1 種（3.1～3.2 kDa）。ゲノムは + 鎖 ssRNA（4,200 nt）で非分節。組織では各種細胞の細胞質、核、液胞内に散在・集塊、時に結晶。ウイルスは数種の昆虫（カスミカメの一種 *Halticus citri*、ハモグリバエの一種 *Liriomyza langei*、ヨコバイの一種 *Circulifer tenellus* など）で非永続的伝搬するとされる。*C. murale* などでは種子伝染。機械的接種は容易。

〈参考文献〉Barnett, C. W. and Costa, A. C. (1961). Phytopathology 51: 546；土居養二（1983）植物ウイルス事典（輿良　清ら編）. 479. 朝倉書店. 東京；ICTVdB Descr. (2006). 00.067.0.01.008. *Sowbane mosaic virus*；Kado, C. I. (1971). CMI/AAB Descr. Pl. Viruses No. 64；輿良 清ら（1965）日植病報 30: 264.

②サドワウイルス属　*Sadwavirus*

属名の Sadwa- は本属のタイプ種であるカンキツ萎縮ウイルス（*Satsuma dwarf virus*, SDV）の短縮語に由来。本邦の SDV を中心に最近、設立。ウイルス粒子は 25～30 nm の小球状。被膜なし。2 粒子から成る多成分（B、M、T（中空））。浮遊密度約 1.43～1.46 g/㎤、構造蛋白質 は大小 2 種（40～45、21～29 kDa）。ゲノムは＋鎖 ssRNA で 2 分節。RNA 1 ＝約 7,000 nt（5'Vpg?-Hel-Vpg?-Pro-Pol-3' ポリ A）、RNA 2 ＝ 4,600～5,400 nt（5'Vpg?-Mp?-CPL-CPS-3' ポリ A）。両者はポリプロテインとして翻訳後、プロセシングで切断。5' はゲノム結合蛋白質（Vpg）構造、3' はポリ A 構造。媒介生物は未詳。機械的接種可能。確定種 3、暫定種 2。

〈参考文献〉ICTVdB Descr. (2006). 00.112.0.01. *Sadwavirus*；Le Gall, O. *et al*. (2005).

Sadwavirus. *In* Virus Taxonomy 8th ICTV Reports (Fauquet, C. M. *et al*. eds.). 799. Academic Press.

カンキツ萎縮ウイルス

***Satsuma dwarf virus*, SDV**

本邦の温州ミカン（*Citrus unshu*）に萎縮、葉の奇形（舟形、サジ形）（山田・沢村、1952）（口絵95）。本邦のカンキツモザイク（*citrus mosaic*）、ナツカン萎縮（*natsudaidai dwarf*）、ネーブル斑葉モザイク（*nevele orange infectious mottling*）は系統関係と推定。ウイルス粒子は25~30 nmの小球状。2粒子から成る多成分（B、M、T（中空））。浮遊密度・沈降定数はB = 1.4 g/ cm³、129 S、M = 1.43 g/ cm³、119 S。構造蛋白質 は大小2種（40、21 kDa）。ゲノムは2分節で、RNA 1 = 6,794 nt、RNA 2 = 5,344 nt。ゲノム構造・配列、翻訳は属と同じと推定。細胞内所見は属で示したが、鞘状構造体内に存在するウイルス粒子像が知られ、細胞間移行はウイルス粒子の形状で起こる（？）。媒介生物は未詳。機械的接種可能。

〈参考文献〉ICTVdB Descr. (2006). 00.112.0.01.001. *Satsuma dwarf virus*；土崎常男（1983）植物ウイルス事典（輿良　清ら編）. 471. 朝倉書店. 東京；山田俊一・沢村健三（1952）. 東海近畿農試研報園芸 1: 61；Usugi, T. and Saito, Y. (1979). CMI/AAB Descr. Pl. Viruses No. 208.

イチゴモットルウイルス

***Strawberry mottle virus*, SmoV**

イギリスで記載（Prentice, 1952）、本邦でも確認（阿部・山川、1959）。ウイルス粒子は径約37 nmの球状とされるが、そのサイズは植物ウイルスでは少ない。2成分。浮遊密度約1.42 g/ cm³。構造蛋白質は1種。ゲノムは＋鎖ssRNAで2分節（RNA-1 = 7,036 nt、RNA-2 = 5,619 nt）。宿主では葉肉、表皮、篩部の細胞質に散在・集塊。原形質連糸内の粒子も観察。 株分け、接木のほか、アブラムシ類（イチゴクギケナガアブラムシ、*Chaetosiphon minor*、イチゴケナガアブラムシ、*C. fragaefolii*、ワタアブラムシ、*Aphis gossypii*）などで半永続的伝搬。機械的接種可能。

〈参考文献〉阿部定夫・山川邦夫（1959）農及園 43: 1505；ICTVdB Descr. (2006). 00.112.0.01.003. *Strawberry mottle virus*；奥田誠一（1983）植物ウイルス事典（輿良清ら編）. 496. 朝倉書店. 東京；Prentice, I. W. (1952). Ann. appl. Biol 39: 487；Yoshikawa, N. and Converse, R. H. (1991). Ann, appl. Biol. 118:565.

③ チェラウイルス属　*Cheravirus*

属名の Chera- はタイプ種の *Cherry rasp leaf virus*（CRLV）の短縮語に由来。ウイルス粒子は径約 25 ~ 30 nm の小球状。2 粒子から成る多成分（B、M、T（中空））。浮遊密度・沈降定数は B ＝ 1.45 g/ ㎤・120 S、M ＝ 1.41 g/ ㎤・96 S。構造蛋白質は 3 種（24 ~ 25、24 ~ 22、20 kDa）。ゲノムは＋鎖 ssRNA で 2 分節。RNA 1（B）＝約 7,000 nt（5'Vpg?-?-Hel-Pro- Pol- ポリ A）、RNA 2（M）＝ 3,300 nt（5'Vpg?-MP-CP1-CP2-CP3- ポリ A）。両者はポリプロティンとして翻訳後、プロセシングで切断。宿主域は狭い。症状は穏やか。タイプ種の *Cherry rasp leaf virus* は線虫（*Xiphinema americanum*）で土壌伝染。種子伝染。機械的接種可能。確定種 2、暫定種 2。

〈参考文献〉ICTVdB Descr. (2006). 00.111.0.01. *Cheravirus*；ICTVdB Descr. (2006). 00.111. 0.01.001. *Cherry rasp leaf virus*；Le Gall, O. *et. al.* (2005). *Cheravirus*. *In* Virus Taxonomy 8th ICTV Reports (Fauquet, C. M. *et al.* eds.). 803. Academic Press；Stace-Smith, R. and Hansen, A. J. (1976). CMI/AAB Descr. Pl. Viruses No. 159.

リンゴ潜在球状ウイルス

***Apple latent spherical virus*, ALSV**

本邦のリンゴ（*Malus pumila* var. *domestica*）で記載（小金沢ら、1985）。通常、潜在。ウイルス粒子は径約 25 nm の小球状。2 成分性で浮遊密度は B ＝ 1.43 g/ ㎤、M ＝ 1.41 g/ ㎤。構造蛋白質は 3 種（25、24、20 kDa）。ゲノムは 2 分節で、RNA 1（B）＝約 6,815 nt（ORF 2 種（5'Vpg?- ORF 1（＝ 23 K）-ORF 2（＝ 235 K）Pro・co-Hel-Pro（C）-Pol- ポリ A）、RNA2（M）＝ 3,384 nt（ORF 1）（＝ 108 K）（5'Vpg?-MP（42K）-CP1（25 K）-CP2（20 K）-CP3（24 K）- ポリ A）。接ぎ木伝染。機械的接種可能。以前、*Comoviridae* や *Sadwavirus* との関連も検討された。

〈参考文献〉小金沢碩城ら（1985）日植病報 51: 363；Li, C, *et al.* (2000). J. Gen. Virol. 81: 541.

④ *Idaeovirus* 属

属名の Idaeo- は宿主のラーズベリー（*Rubus idaeus*）に由来。ウイルス粒子は径約 33 nm の小球状。ゲノムは＋鎖 ssRNA で 3 分節ゲノム。本邦では未発生のために割愛。1 属 1 種。

〈参考文献〉ICTVdB Descr. (2006). 00.034.0.01. *Idaeovirus*；ICTVdB Descr. (2006). 00.034.

0.01.001. *Rasberry bushy dwarf virus*；Jones, A. T. (2005). *Idaeovirus*. *In* Virus Taxonomy 8th ICTV Reports (Fauquet, C. M. *et al*. eds.).1063. Academic Press.

⑤ ***Umbravirus* 属**

属名の Umbra- はラテン語で「影」、英語で「影」、「招かざる客」の意で、媒介虫（アブラムシ）伝搬には介在ウイルス（*Luteovirus*）の存在が必要。通常のウイルス粒子は欠く（CP の遺伝子は有しない）。超薄切片で液胞膜（トノプラスト）に接した径約 52 nm の被膜球状粒子が特異的に存在。ゲノムは＋鎖 ssRNA（4,019～4,201 nt）で、3 ORF。本邦での発生は未詳のため、ここでは割愛。確定種 7、暫定種 3。

〈参考文献〉ICTVdB Descr. (2006). 00.078.0.01. *Umbravirus*；ICTVdB Descr. (2006). 00.078. 0.01.001. *Carrot mottle virus*；Taliansky, M. E. *et al*. (2005). *Umbravirus*. *In* Virus Taxonomy 8th ICTV Reports (Fauquet, C. M. *et al*. eds.).901. Academic Press.

桿菌状ウイルス

① ***Ourmiavirus* 属**

属名の Ourmia- はタイプ種の *Ourumia melon virus*（OuMV）が発見されたイランの土地（*Ourmia*）に由来。退色斑、不規則な輪紋、ひだを生じるメロン（*Cucumis melo* で記載）。発生はイラン。ウイルス粒子は 37、30 × 18.5 nm の桿菌状。ゲノムは＋鎖 ssRNA で分節。RNA-1 ＝ 2,814 nt（Pol など）、RNA-2 ＝ 1,054 nt（MP など）、RNA-3 ＝ 974 nt（CP など）。本邦には不在のため、詳細は割愛。

〈参考文献〉ICTVdB Descr. (2006). 00.089.0.01. *Ourmiavirus*；ICTVdB Descr. (2006). 00.089. 0.01.001 *Ourmia melon virus*；Milne, R. G. (2005). *Ourmiavirus*. *In* Virus Taxonomy 8th ICTV Reports (Fauquet, C. M. *et al*. eds.). 1059. Academic Press.

5．未分類あるいは未詳ウイルス

今日、多くのウイルスが知られている。本章では本邦で記載されている主なウイルスについて紹介した。しかし、未分類あるいは性状未詳もある。ここでは、それらのウイルス名、分類などについて列記する。詳細は今後の研究を待ちたい。

球状ウイルス

フクジュソウモザイクウイルス

***Adonis mosaic virus*, AdMV**

本邦のモザイク～斑紋、潜在を示すフクジュソウ（*Adonis amerensis*）で記載（柏崎ら、1976）。ウイルス粒子は径約 28 nm の小球状。沈降定数約 100 S、浮遊密度約 1.35 g/ cm^3。構造蛋白質 1 種（約 42 kDa）。ゲノムは（＋）鎖 ssRNA1 種（約 1.4 kb）。各種細胞の細胞質内に散在あるいは集塊。宿主域は広くない。通常、株分けによる栄養繁殖で垂直伝染。機械的接種可能。

〈参考文献〉Kashiwazaki, S. (1998). *In* Plant Viruses in Asia (Murayama, D. *et al*. eds.). 382. Gadjanh Made Univ. Press；柏崎　哲ら（1984）日植病報 50:131.

リンゴえそウイルス

***Apple necrosis virus*, ApNV**

本邦で記載。径 20～32 nm の小球状（*Ilarvirus* ?）。機械的接種可能。

〈主要文献〉難波成任（1983）植物ウイルス事典（輿良　清ら編）．193．朝倉書店．東京．

ソラマメ黄色輪紋ウイルス

***Broad bean yellow ringspot virus*, BBYRSV**

本邦で記載。ソラマメに黄色輪紋（口絵 96）。径約 28 nm の小球状（本項 a）。機械的接種は成功していない。

〈主要文献〉山下修一（1983）植物ウイルス事典（輿良　清ら編）．234．朝倉書店．東京．

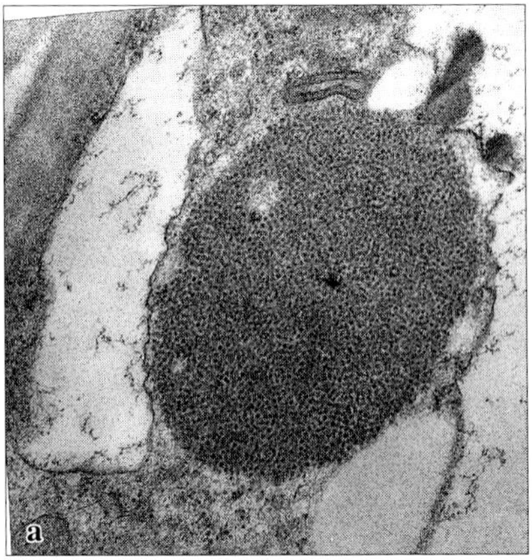

チェリーリーフロールウイルス

***Cherry leafroll virus*, ChLRV**

本邦ではニラ（*Allium tuberosum*）で確認。ウイルス粒子は径約 28 nm の小球状（*Nepovirus*、Subgroup C ？）

〈参考文献〉ICTVdB Descr. (2006). 00.018. 0.03.009. *Cherry leaf roll virus*；山下一夫ら（2000）日植病報 66: 145.

カンキツベインエネーションウイルス

***Citrus vein enation virus*, CVEV**

本邦では各種のカンキツ類に発生すると推定。ウイルス粒子は径約 25 nm の小球状。各種のアブラムシ類（ミカンクロアブラムシ、*Toxoptera citricidus*、モモアカアブラムシ、*Myzus persicae*、ワタアブラムシ、*Aphis gossypii* など）で伝搬。こぶ部の篩部細胞内に観察されるという。

〈参考文献〉難波成任（1983）植物ウイルス事典（輿良　清ら編）. 293. 朝倉書店. 東京.

シュンラン退緑斑ウイルス

***Cymbidium chlorotic mosaic virus*, CyCMV**

本邦のシュンラン（*Cymbidium goeringii*）ウイルス粒子は径約 28 nm の小球状（*Sobemovirus* ?）

〈参考文献〉近藤栄樹ら（194）日植病報 60: 396.

シンビジウム微斑モザイクウイルス

***Cymbidium mild mosaic virus* , CyMMV**

本邦のシンビジウム（*Cymbidium* spp.）で報告。ウイルス粒子は径約 28 nm の小球状（*Carmovirus* ?）

〈参考文献〉張茂雄（1983）植物ウイルス事典（輿良　清ら編）. 308. 朝倉書店. 東京.

ブドウ萎縮ウイルス

***Grapevine stunt virus*, GrSV**

本邦のブドウ（*Vitis* spp.）のキャンベルアーリーで記載。ウイルスは径約 25 nm 小球状で、篩部局在性。

〈参考文献〉難波成任（1983）植物ウイルス事典（輿良　清ら編）. 344. 朝倉書店. 東京.

モモひだ葉ウイルス

***Peach enation virus*, PeEV**

本邦のモモで記載（*Prunus* spp.）。ウイルス粒子は径約 33 nm の小球状。機械的接種可能。

〈参考文献〉山口　昭（1983）植物ウイルス事典（輿良　清ら編）. 401. 朝倉書店. 東京.

ナシ輪点ウイルス

***Pear ringspot virus*, PeRS**

本邦で記載。*Ilarvirus* ?

〈参考文献〉井上忠男（1983）植物ウイルス事典（與良　清ら編）．485．朝倉書店．東京．

ダイオウ潜伏ウイルス

***Rhubarb temperate virus*、RhTV**

本邦のダイオウ（*Rheuum* spp.）で記載。径約 30 nm の小形状（*Alphacrypticvirus* ?）。

サントウサイ潜伏ウイルス

***Santousai temperate virus*, SaTV**

本邦のサントウサイ（*Brassica* spp.）で記載。径約 30 nm の小形状（*Alphacrypticvirus* ?）。

スモモ黄色網斑ウイルス

***Plum line pattern virus* , PLPV**

Ilarvirus と推定（口絵 53）。

ダイズ微斑モザイクウイルス

Soybean mild mosaic virus, SMMV

（＝ソテツえそ萎縮ウイルス *Cycas necrotic stunt virus*）

本邦のダイズ（*Glycine max*）で記載。ウイルス粒子は径約 26 ~ 27 nm の小球状。近年、*Nepovirus* のソテツえそ萎縮ウイルス（CNSV）に近縁と推定。

〈参考文献〉井上忠男（1983）植物ウイルス事典（與良　清ら編）．485．朝倉書店．東京；花田　薫ら（2008）日植病報 74: 223.

タバコネクロシスサテライトウイルス

Tobacco necrosis satellite virus, TNV-AV

Tombusviridae-Necrovirus のタバコネクロシスウイルス（*Tobacco necrosis virus*, TNV）はしばしば衛星（付随、サテライト、associated（AS））ウイルスを有する。ウイルス粒子は径約 17 nm で、ウイルスとしては最小のサイズである。この AV は自己の構造蛋白質（CP）のゲノムを有するが、その複製には親ウイルスの TNV の複製酵素（Pol）を利用するために、常に親ウイルスの TNV と重複感染し、病徴には関与しない。ほかに植物ウイルスではいくつか知られるが、ここでは TNV-AV を例にして割愛する。

〈参考文献〉都丸敬一（1983）植物ウイルス事典（與良　清ら編）．512．朝倉書店．東京．

コムギ斑紋萎縮ウイルス

Wheat mottle dwarf virus, WMDV

斑紋～モザイク、萎縮を示すコムギ（*Triticum aestivum*）から検出（山下ら、1978）、その後、モザイク、萎縮を示すノシバ（*Zoysia japonica*）、コウライシバ（*Z. tenuifolia*）からも確認（山下ら、1978）。ウイルス粒子は径約 26 nm の小球状（口絵 97）（本項 a、b）。沈降定数 154、104、55 S（55 S は中空粒子？）、

浮遊密度約 1.44 g/ cm³。構造蛋白質 1 種（約 23 kDa）。ゲノムはプラス（＋）ssRNA1 種（約 1.78 kd）。ゲノムの予備的試験では *Marafivirus* に似る（未発表）。感染細胞では各種細胞の細胞質、液胞内に散在・集塊、結晶。細胞質内ではしばしば連鎖あるいは層状配列。機械的接種は成功していない。媒介生物は不明。シバ類では株分けで垂直伝染。発生は日本。

〈参考文献〉Brunt, A. A. *et al*. eds. (1996). *In* Viruses of Plants. p.965. CAB International；山下修一（1983）植物ウイルス事典（輿良　清ら編）. 541. 朝倉書店. 東京；山下修一ら（1978）日植病報 44: 395；山下修一ら（1978）日植病報 44: 101；山下修一ら（1977）日植病報 43: 78；Yamashita, S. and Yokoi, Y. (2004). *In* Viruses and Virus Diseases of *Poaceae* (*Gramineae*) (Lapierre. H. and Signoret, P. A. eds.), 593, INRA.

桿（棒）状〜ひも状ウイルス

ツバキ斑葉ウイルス

***Camellia yellow mottle virus* , CaYMV**

本邦の斑葉を示すツバキ（*Camellia japonica*）で記載（福士、1951）。ウイルス様の桿状粒子が報告され、これは *Varicosavirus* に近縁とされたことがあったが未詳。

〈参考文献〉福士貞吉（1951）日植病報 21:1；井上忠男・井上成信（1974）日植病報 40:133.

ゴボウ斑紋ウイルス

Burdock mottle virus, BuMV

本邦で穏やかな斑紋を示すゴボウ

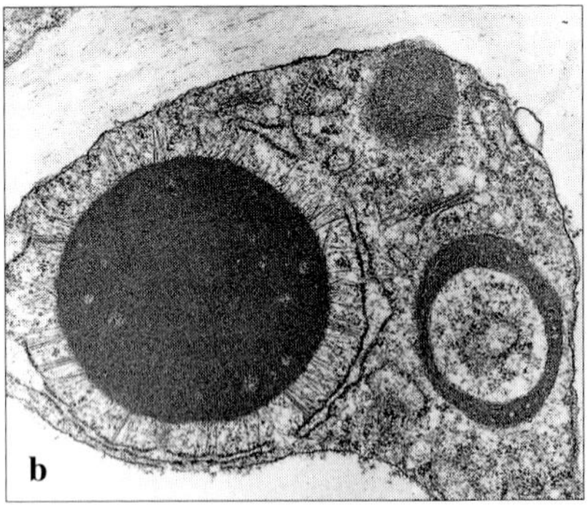

(*Arctium lappa*) で記載（Inouye, 1973）（口絵 98）。ウイルス粒子は約 250 × 17 nm の棒状（本項 a、b）。ら旋構造 = 2.3 nm、中心溝観察。被膜なし。耐熱性 60 ~ 65 ℃、耐保存性 5 ヵ月。各種細胞の細胞質に内部に空隙を有するバイロプラズム（VP）の封入体を誘導。ウイルス粒子は当初これに付随。周囲に ER 膜、リボソーム増生。VP でウイルス粒子が産生されると推定。桿（棒）状ウイルスによる VP はほかにない。

〈参考文献〉ICTVdB Descr. (2006). 00.088. 0.01.004.0.84. *Burdock mottle virus*；Inouye, T. (1973). Ber. Ohara Inst. Okayama Univ；井上忠男（1983）植物ウイルス事典（與良　清ら編）. 238. 朝倉書店. 東京；山下修一ら（2008）日植病報 74:97.

チェリー緑色輪紋ウイルス

***Cherry green ring mottle virus*, ChGRV**

本邦では緑色濃淡斑、輪紋を示すミザクラ（*Montmorency*）よりシフロゲン検定で記載（小畑、1968）。ウイルス粒子はひも状で *Trichovirus* と推定。ゲノムは + 鎖 ssRNA（8,372 nt）。3 ORF。ORF 1 = Pol、ORF 2 = Hel、ORF 3 = CP。

〈参考文献〉ICTVdB Descr. (2006). 00.056. 0.00.0.002.00.001. *Cherry green ring mottle virus*；小畑琢志（1968）日植病報 34: 377.

ブドウコキーバークウイルス

***Grapevine corky bark virus* , GCBV**

ウイルスは *Ampelovirus* または *Vitisvirus* と推定。

〈参考文献〉山口　昭（1983）植物ウイルス事典（與良　清ら編）. 338. 朝倉書店. 東京.

カンキツ黄色斑葉ウイルス

***Citrus yellow mottle virus*, CYMV**

本邦で記載（牛山欽司ら、1980）されたが、近年、*Citrus tatter leaf virus*（=*Apple stem grooving virus*）に近縁と推定。

〈参考文献〉山下修一（1983）植物ウイルス事典（與良　清ら編）. 294. 朝倉書店. 東京.

リトルチェリーウイルス

***Little cherry virus*, LChV**

今日、LChV として LChV1（*Closteroviridae*、属未定）と LchV2（*Closteroviridae*、*Ampelovirus*）が存在。

〈参考文献〉ICTVdB Descr. (2006). 00.017.

0.03.004.00.003. *Little cherry virus 2*；山口　昭（1983）植物ウイルス事典（輿良　清ら編）. 365. 朝倉書店. 東京.

モモ黄葉ウイルス

***Peach yellow leaf virus*, PYLV**

本邦のモモ、ネクタリン、ウメにおいて、萌芽前に花芽枯死落下、時に脈間黄化株より記載（難波ら、1980）。粒子形状、細胞内所在より、*Closterovirus* と推定。

〈参考文献〉難波成任（1983）植物ウイルス事典（輿良　清ら編）. 403. 朝倉書店. 東京；難波成任ら（1980）日植病報 46: 59.

ナシえそ斑点ウイルス

***Pear necrotic spot virus*, PNSV**

本邦で記載。*Apple stem pitting virus*（*Pear vein yellows virus*）（*Foveavirus*）に近縁と推定。

〈参考文献〉山口　昭（1983）植物ウイルス事典（輿良　清ら編）. 411. 朝倉書店. 東京.

被膜を欠く短桿菌状ウイルス

被膜を有する桿菌状ウイルスはラブドウイルス（104 頁参照）に分類されているが、被膜を欠く短桿菌状ウイルス群が存在する。これらは、一時、ラブドウイルスの亜群に分類されたことがあるが、現在、未分類とされる（*unclassified non-enveloped small bacilliform virus*）。本群は本邦で記載されたランえそ斑紋ウイルス（*Orchid fleck virus*, OFV）を中心とする。類似ウイルスはブラジルで多数知られ（Kitajima *et al.*）、ラブドウイルスと同様に核増殖型と細胞質増殖型に分けられ、それぞれバイロプラズム（VP）の封入体を生じ、この部位でウイルス粒子が産生されると推定される。ウイルス粒子は不安定で崩壊しやすく、PTA 染色では前固定が望まれる。細胞質増殖型はこれまでに明瞭なネガティブ染色像はないが、固定試料では大型球状にも似る。栄養繁殖のほか、多くはヒメハダ類（*Brevipalpus* spp.）で永続的伝搬され、その体内増殖も示唆されている。多くが機械的接種可能。ここでは、当方がブラジルで調べたウイルスも含めて示す。

〈参考文献〉Rodrigues, J. C. V. *et al* . (2008). Trop. Pl. Path. 33: 12.

① 核増殖型ウイルス

ランえそ斑紋ウイルス

Orchid fleck virus, OFV

本邦のシンビジウム（*Cymbidium* spp.）で記載（Doi, *et al.*, 1969）。各種のラン類（*Cymbidium*、*Phalaenopsis*、*Coleogyne*、*Dendrobium*、*Miltonia*、*Odontoglossum*、*Oncidium*、*Paphiophedium*、*Vanda*、*Calanthe* など）にえ死斑紋（口絵99、100）。ウイルス粒子は被膜を欠く 150 × 40 nm の短桿菌状（本項 a、b）。ら旋ピッチ約 4.5 nm。中心耕溝観察。耐保存性 1 日、耐希釈性 10^{-2}。＋鎖 ssRNA の 2 分子（RNA-1 ＝ 6,413 nt、RNA-2 ＝ 6,001 nt）。2 分節 2 成分は未詳。ウイルス粒子は各種細胞の核内にバイロプラズム（VP）と思われる封入体を生じ、この部位でヌクレオキャプシドを産生し、核膜内膜を被って出芽することなく核膜に出現する。出芽しないので、車軸状（spoke-wheel）を生じる。核内 VP でウイルスヌクレオキャプシドが産生と推定。株分けのほか、ヒメハダ類（*Brevipalpus* spp.）で永続的伝搬。機械的接種可能。

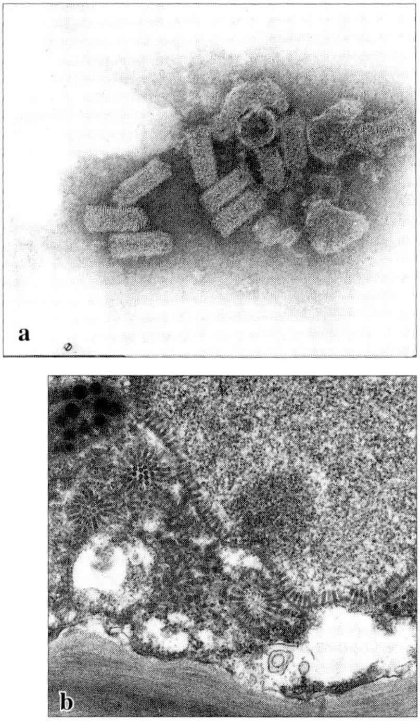

〈参考文献〉張　茂雄（1983）植物ウイルス事典（與良　清ら編）. 392. 朝倉書店. 東京；Doi, Y. *et al.* (1977). CMI/AAB Descr. Pl. Viruses No. 183；ICTVdB Descr. (2006). 00.000.4.00.019. *Orchid fleck virus*；Kitajima, E. W. *et al.* (1974). Virology 50: 254；Kitajima, E. W. *et al.* (2003). Exper. Appl. Acarol. 30: 135；Kondo, H. *et al.* (2006). J. Gen Virol 87:2413.；山下修一ら（2008）日植病報 74: 97.

Citrus leprosis virus, CiLV

〈参考文献〉ICTVdB Descr. (2006). 01.062. 0.85.057.*Citrus leprosis virus*；Kitajima, E. W. *et al.* (1972). Virology 50: 254.

Coffee ringspot virus, CRSV

〈参考文献〉ICTVdB Descr. (2006). 01.062. 0.85.011.*Citrus leprosis virus*.

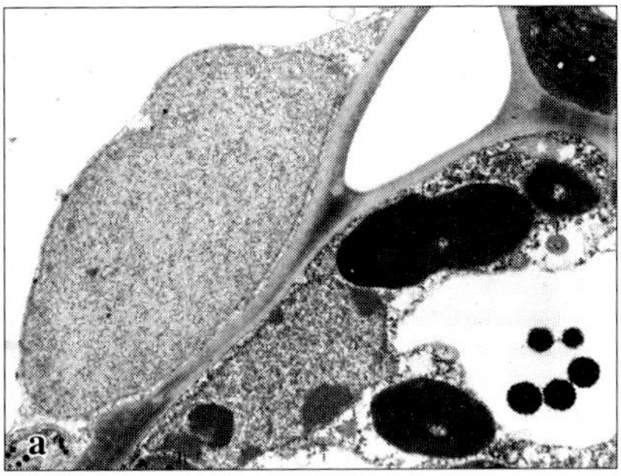

Piper bacilliform virus, PBV

著者らがブラジルのコショウ（*Piper nigrum*）で記載（山下ら、2004）（口絵101）。ウイルス粒子は100～180 × 33～38 nm（本項a）。

〈参考文献〉山下修一ら（2004）日植病報 70: 261.

② 細胞質増殖型ウイルス

本群はこれまで、南米に限られ、本邦などそのほかの地域では知られていない。本項のウイルスはすべてブラジル産。一部の病徴、電顕写真を示す。

***Solanum violaefolium* ringspot virus**（SvRSV）（口絵102）（本項a、b）。

Hibiscus green spot virus（HGSV）

Passionfruit green spot virus（PFGSV）

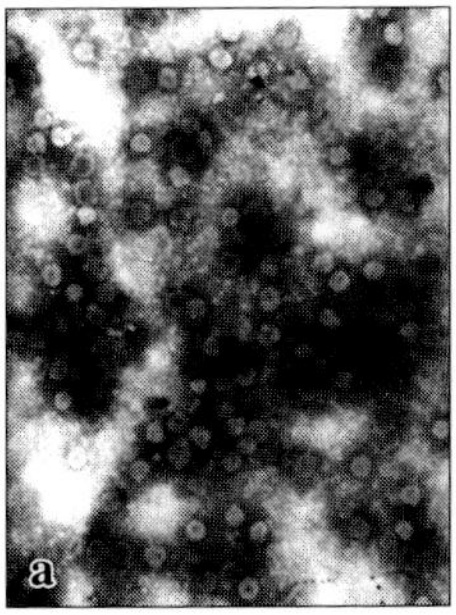

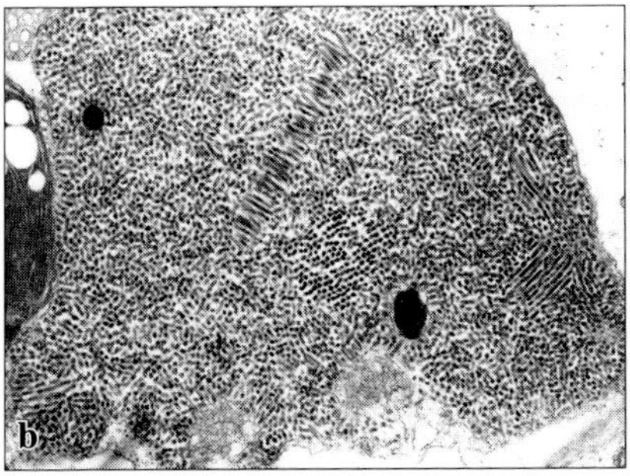

6．ウイロイド（Viroid）

ウイロイド（viroids）は「ウイルスに類する」の意。ウイルスは核蛋白質の一定の構造・形態を示すが、ウイロイドは核酸（RNA）のみの病原である。ウイルスと同様に階層的分類が用いられている。

【所属群】

(1) ポスピウイロイド科　*Pospiviroidae*

アポスカウイロイド属　*Apscaviroid*（タイプ種：*Apple scar skin viroid*, ASSVd）；確定種 8、暫定種 2

ホスツウイロイド属　*Hostviroid*（タイプ種：*Hop stunt viroid*, HSVd）；確定種 1

ポスピウイロイド属　*Pospiviroid*（タイプ種：*Potato spindle tuber viroid*, PSTVd）；確定種 9

コカドウイロイド属 *Cocadviroid*（タイプ種：*Coconut cadang-cadang viroid*, CCCVd）；確定種 4

コレウイロイド属　*Coleviroid*（タイプ種：*Coleus blumei viroid 1*, CBVd1）；確定種 3

(2) アブスンウイロイド科　*Avsunviroidae*

アブスンウイロイド属　*Avsunviroid*（タイプ種：*Avocado sunblotchviroid*, ASBVd）；確定種 1

ペラモウイロイド属　*Pelamoviroid*（タイプ種：*Peach latent mosaicviroid*, PLVMd）；確定種 2

エラビウイロイド属　*Elaviviroid*（タイプ種：*Eggplant latent viroid*, ELVd）；確定種 1 ？

【核酸】

ウイルスは核蛋白質のウイルス粒子を生じるが、ウイロイドは低分子（約 250 ~ 350 nt）の裸の核酸（RNA）が病原である（表 I - 3、43 頁）。核酸は分子内に 2 本鎖構造を有する環状（約 50 nm）で、熱融解すると 1 本鎖（約 100 nm）となる。*Pospiviroidae* は高 GC 含量、特定の保存コア配列（PSTVd グループ（*Cocad-*、*Cole-Hostu-*、*Pospi-viroid*）は左（T1）末端領域 - 病原性領域（P）- 中央保存領域（central conserved region）（C）- 可変領域（V）- 右（T2）末端領域、ASSVd は ASSVd コア配列)。*Avsunviroidae* は低 GC 含量、自己切断能(ribozyme)を有す(図I-5(52 頁)、6(61 頁))。分子内にループ構造、枝分かれ構造を有するものもある。

【増殖】

ウイロイド核酸はプラス(+)鎖 RNA とされ、2 科ともローリングサーク型で複製されるが、様式は異なる。PSTVd 型はプラス鎖(非対称)型、ASBVd 型は両鎖(対称)型と称される。後者は親ウイロイドから生じたマイナス(−)鎖およびこれから生じた子ウイロイドのプラス(+)鎖が 2 回ほど自身の ribozyme で切断される。複製には宿主の polymerase、nuclease などが利用されると思われる。複製部位は核内と推定されている。

【細胞内所在】

複製部位は核内と推定されている。細胞内に特定の内部病変は知られていない。

【生物的性状】

宿主域は狭い。通常、栄養繁殖で伝染するが、接触、農機具などで伝染する場合がある。一部、種子、花粉伝染も知られている。機械的接種は容易。一部の病徴を示す(口絵 103~106)。

【その他】

長年、ウイルス病原と推定されながら、ウイルス粒子の確認できなかった一連の病害があった。Diner ら(1967)は塊茎が肥大しない Potato spindle tuber より分離した低分子の RNA が病原であるとして、従来のウイルスと区別するためにウイロイド(viroid)なる名称を提案した。その後、類似病原が相次いで見いだされ、今日、2 科 8 属で約 30 種が知られている。現在、ウイロイドは植物に限られるが、脊椎動物でも長年、ウイルス粒子の検出ができなかった一連の病気(亜急性海綿状脳症、SSE)なるものがあり、これらもウイロイドの可能性が疑われたが、今日、これらは蛋白質が病原(蛋白質性伝染粒子、proteinaceous infectious particles)(プリオン、prion)とされている。プリオンは菌類にも存在する。

〈参考文献〉Flores, R. *et al*. (2005). Viroids. *In* Virus Taxonomy 8th ICTV Reports (Fauquet, C. M. *et al*. eds.). 1147. Academic Press;ICTVdB (2006). 80.Viroids;ICTVdB (2006). 80.001. *Pospiviroidae*;ICTVdB (2006). 80.002. *Avsunviroidae*;ICTVdB (2006). 80.001.0.01. *Pospiviroid*;ICTVdB (2006). 80.001.0.02. *Hostuviroid*;ICTVdB (2006). 80.001.0.03. *Cocadviroid*;ICTVdB (2006). 80.001.0.04. *Avscaviroid*;ICTVdB (2006). 80.001. 0.05. *Coleviroid*;ICTVdB (2006). 80.002. *Avsunviroid*, ICTVdB (2006). 80.002.0.02. *Pelamoviroid*;ICTVdB (2006). 80.002.0.20.

参考図書

〈欧文文献〉

Barnett, O. W. ed. (1992). Potyvirus taxonomy. Springer, Wien New York.

Bawden, F. C. (1964). Plant viruses and virus diseases (4th ed.). Ronald Press Co., New York.

Beale, D. D. ed. (1976). Bibliography of plant viruses. Colombia Univ. Press, New York.

Bojanasky, V. & Fagrasova, A. (1991). Dictionary of plant virology. Elsevier, Amsterdam.

Beemster, A. B. & Dikstra, A. (1991). Viruses of plants. North-Holland Publ. Comp., Amsterdam.

Bos, L. (1978). Symtoms of virus diseases in plants (3rd ed.), Pudoc., Wagenigen.

Bos, L. (1983). Introduction to plant virology. Pudoc., Wagenigen.

Bos, L. (1999). Plant viruses, unique and intriguing pathogens. A textbook of plant Virology. Backhuys Pub., Leiden.

Brunt, A. A. *et al.* (1990). Viruses of plants. C.A.B. International, Cambridge.

Brunt, A. A. *et al.* (1990). Viruses of tropical plants. C. A. B. International, Wallingford.

Calissher, C. H. & Horzinek, M. C. eds. (1999). 100 years of virology. Springer-Verlag, Wien.

Cann, A. J. (2000). RNA viruses. A practical approach. Oxford Univ. Press, New York.

Cooper, J. I. (1993). Virus diseases of trees and shrubs. Shapman & Hall, London.

Creager, A. N. H. (2003). The life of a virus. Tobacco mosaic virus as an experimental model, 1930-1965. The University of Chicago Press. Chicago.

D'Arcy, C. & Burnett, P. T. (1995). Barley yellow dwarf virus. APS Press, Minnesota.

Davies, J. W. ed. (1985). Molecular plant virology. Vol. I. Virus structure and assembly and nucleic acid-protein interactions. CRC Press, Florida.

Davies, J. W. ed. (1985). Molecular plant virology. Vol. II. Replication and gene expression. CRC Press, Florida.

Decreaemer, W. (1995). The family Trichodoridae：Stubby root and virus vector nematodes. Klumer Academic Pub., Boston.

Diener, T. O. (1979). Viroids and viroid diseases. John Wiley & Sons., New York.（岡田吉美監訳（1980）．ウイロイド．共立出版）．

Diener, T. O. ed. (1987). The viroids. Plenum Press, New York.

Dijkstra, J. & de Jagar, C. P. (1998). Pratical plant virology. Protocol and exercises. Springer-Verlag, Heiderberg.

Edwardson, J. R. & Christie, R. G. (1991). Handbook of viruses infecting legumes. CRC

Press, Florida.
Esau, K. (1968). Viruses in plant hosts. Univ. Wisconsin Press. Madison.
Fauquet, C. M. *et al*. eds. (2005). Virus taxonomy. Classification and nomenclature of viruses. 8th Rep. ICTV. Elsevier Academic Press, San Diego.
Foster, G. D. & Tayler, S. (1997). Plant virology protocols. Humana Press, New Jersey.
Foster, G. D. *et al*. eds. (2008). Plant virology protocols (2nd ed.). Springer-Verlag, New York.
Francki, R. I. ed. (1985). The plant viruses. Vol. I. Polyhedral virions with tripartite genomes. Plenum Press. New York.
Francki, R. I. *et al*. (1985). Atlas of plant viruses. Vol. I, 2. CRC Press, Florida.
Fraser, R. S. S. (1987). Research Studies Press LTD., Hertfordshire.
Frazier, N. W. ed. (1970). Virus diseases of small fruits and grapevines. Univ. California, Berkeley.
Gibbs, A. J. & Harrison, B. D. (1976). Plant virology: The principles. Elward Arnold, London.
Gijkstra, J. & de Jagar, C. P. (1998). Practical plant virology. Protocols and exercies. Springer-Verlag, New York.
Granoff, A. & Weber, R. G. eds. (1999). Encyclopedia of virology (2nd ed.). Vol. I, II, III. Academic Press, New York.
Hadidi, A. *et al*. eds. (1999). Plant virus disease control. APS Press. Minnesota.
Hamilton, R. *et al*. (1993). Serological methods for detection and identification of viral and bacterial plant pathogens. APS Press, Minnesota.
Harpez, I. (1972). Maize rough dwarf virus. Israel Univ. Press, Jersalen.
Harris, K. F. ed. (1983-1987). Current topics in vector research. Vol. 1,2,3,4. Springer-Verlag, New York.
Harris, K. F. & Maramorosch, K. eds. (1977). Aphids as virus vectors. Academic Press, New York.
Harris, K. F. & Maramorosch, K. eds. (1980). Vectors of plant pathogens. Academic Press, New York.
Harris, K. F. & Maramorosch, K. eds. (1982). Pathogens, vectors and virus diseases: Approaches control. Academic Press, New York.
Harris, K. F. *et al*. eds. (2001). Virus-insect-plant interaction. Academic Press.
Harrison, B. D. & Murant, A. F. eds. (1996). The plant viruses. Polyhedral virions and bipartite RNA genomes. Plenum Press, New York.
Hill, S. A. (1985). Methods in plant virology (2nd ed.). Blackwell, Oxford.
Horne, R. W. (1978). The structure and function of viruses. Elward Arnold Ltd., London.
Hull, R. (2002). Matthews' plant virology (4th ed.). Academic Press, New York.

Hull. R. (2009). Comparative plant virology. Academic Press. New York.

Hurst, C. J. ed. (2000). Viral ecology. Academic Press, New York.

Kado, C. I. and Argal, H. O. eds. (1972). Principles and techniques in plant virology. Van Nortrand Reinhold Comp., New York.

Khan, J. A. & Dijkstra, J. eds. (2002). Plant viruses as molecular pathogens. Food Products Press, New York.

Khan, J. A. & Dijkstra, J. eds. (2006). Handbook of plant viruses. Food Products Press, New York.

Koenig, R. ed. (1988). The plant viruses. Vol.3. Polyhedral virions with monopartite RNA genomes. Pleum Press, New York.

Kllinkowski, M. ed. (1977-1980). Planzlische virology (3rd ed.). Band 1-IV. Academic-Berlag, Berlin.

Kurstak, E. ed. (1981). Handbook of plant virus infections: Comparative diagnosis. Elsevier/ North-Holland Biomedicak Press, Amsterdam.

Lamberti, F. *et al.* eds. (1974). Nematodes vectors of plant viruses. Pleum Press, London.

Lapierre, H. & Signoret, P. A. eds. (2004). Viruses and virus diseases of Poaceae (Gramineae). Science Publishers, Inc., New Hampshire

Lecoq, H., *et al.* (2007). Principles of plant virology: Genome, pathogenicity, virus ecology. Science Pub Inc. .

Lobenstein, G. *et al.* (1995). Viruses and virus-like diseases of bulbs and flower crops. John Wiley & Sons, Cheichster.

Lobenstein, G. *et al.* eds. (2001). Viruses and virus-like diseases of potatoes and production of seed-potatoes. Kluwer Academic Pub., Dordrecht.

Mahy, B. W. J. and van Regenmortel, M. H.V. (2010). Desk encyclopedia of plant and fungal virology. Academic Press.

Mandahar, C. L. ed. (1989). Plant viruses. Vol. I. Structures and replication. CRC Press, Florida.

Mandahar, C. L. ed. (1990). Plant viruses. Vol. II. Pathology. CRC Press, Florida.

Mandahar, C. L. ed. (1999). Molecular biology of plant viruses. Kluwer Academic Pub., Boston.

Mandahar, C. L.. (2006). Multiplication of RNA plant viruses. Springer, London.

Marmorosch, K. ed. (1969). Viruses, vectors and vegetation. John Wiley & Sons, New York.

Marmorosch, K. & Harris, K. F. eds. (1981). Plant viruses and vectors: Ecology and epidemiolog. Academic Press, New York.

Marmorosch, K. & Mckelvery. J. J. eds. (1985). Subviral pathogens of plants and animals: viroids and prions. Academic Press, New York.

Matthews, R. E. F. (1957). Plant virus serology. Cambridge Univ. Press, Cambridge.
Matthews, R. E. F. (1991). Plant viruses (3rd ed.). Academic Press, New York.
Matthews, R. E. F. (1992). Fundamentals of plant viruses. Academic Press, New York.
Matthews, R. E. F. ed. (1993). Diagnosis of plant virus diseases. CRC Press, Florida.
Milne, R. G. ed. (1988). The plant viruses. Vol. 4. The filamentous viruses. Plenum Press, New York.
Murayama, D. *et al.* eds. (1998). Plant viruses in Asia. Gadjah Mada Univ. Press, Yogyakarta.
Noordam, D. (1973). Identification of plant viruses. Pudoc, Wageningen.
Plumb, R. T. & Thresch, J. W. (1982). Plant virus epidemiology. Blackwell, London.
Pirone, T. P. & Show, J. G. (1990). Viral genes and plant pathogens. Springer-Verlag, Wien New York.
Rawins, W. S. & Takahashi, W. N. (1952). Technics and plant histochemistry and virology. The National Press. Willbrac.
Robertson, H. D. *et al.* eds. (1983). Plant infectious agents, viruses, viroids, virosoids and satellites. Cold Springer Haber Lab., New York.
Shukla, D. D. *et al.* eds. (1994). The Potyviridae. CABI Pub., Wallingford.
Singh, B.P. *et al.* eds. (1995). Pathogenesis and host specificity in plant diseases. histological, biochemical, genetic and molecular bases. Vol.III. Viruses and viroids. Pergamon, London.
Smith, H. G. & Barker, H. (1999). The Luteoviridae. CABI Pub., Wallingford.
Smith, K. M. (1972). A textbook of plant viruses (2nd ed.). Longmann, London.
Smith, K. M. (1977). Plant viruses (6th ed.). Champman and Hall, London.
Stanley, W. M. & Valens, E. G. (1961). Viruses and the nature of life. E. P. Dutter & Co. Ltd., New York（梅田敏郎訳（1963）．ウイルス――生命の本質について．岩波書店）.
Scholthof, K. B. G. *et al.* eds. (1999). Tobacco mosaic virus. One hundred of years of Contributions to virology. APS Press. Minnesota.
Stevens, W. A. (1983). Virology of flowering plants. Blackie & Son, Glasgow.
Sutic, D. D. *et al.* eds. (1998). Handbook of plant virus diseases. CRC Press, Florida.
Tepfer, M. & Balazs, E. eds. (1997). Virus-resistant transgenic plants: Potential ecological impact. Springer-Verlag, Paris.
The International Rice Research Institute (1967). The diseases of the rice plants. The John Hopkins Press, Baltimore.
van Regenmortel. M. H. V. (1982). Serology and immunochemistry of plant viruses. Academic Press, New York.
van Regenmortel. M. H. V. & Fraenkel-Conrat, H. eds. (1986). The plant viruses. Vol.2. The rod-shaped plant viruses. Academic Press, New York.

van Regenmortel. M. H. V. & Neurath, A. R. (1985). Immunochemistry of viruses：The basis of serodiagnosis and vaccines. Elsevier, Amsterdam.
Vogt, P. K. & Jackson, S. O. eds. (1999). Satellites and defective viral RNAs. Springer-Verlag, Berlin・New York.
Waigmann, E. & Heinlein, M. eds. (2007). Viral transport in plants. Springer- Verlag, Berlin. Heidelberg.
Walkey, D. G. A. (1991). Applied plant virology. Chamman and Hall, London.

〈邦文文献〉

明日山秀文ら（1967）．日本作物ウイルス病便覧．農業技術協会．
福士禎吉（1952）．植物バイラス．朝倉書店．
福士禎吉ら（1986）．植物のウイルス病．養賢堂．
古澤　巌ら（1996）．植物ウイルスの分子生物学——分子分類の世界——．学会出版．センター．
日高　醇ら編（1960）．植物ウイルス病——実験法と種類——．朝倉書店．
平井篤造（1972）．ウイルスと植物．南江堂．
平井篤造ら（1988）．新編植物ウイルス学．養賢堂．
平山重勝（1932）．植物のバァイラス病．岩波書店．
植物病理学会編（2000）．日本植物病名目録．日本植物防疫協会．
家城洋之編（2002）．原色果樹のウイルス・ウイロイド病：診断・検定・防除．全国農村教育協会．
井上成信（2001）．原色ランのウイルス病．診断・検定・防除．農文協．
岸　国平（1998）．日本植物病害大事典．全国農村教育協会．
小室康夫（1968）．野菜のウイルス病——その種類の判別と防除．日本植物防疫協会．
小室康夫（1972）．野菜のウイルス．誠文堂新光社．
宮川径邦（1975）．果樹のウイルス病——研究と対策．農文協．
宮川径邦（1977）．原色柑橘のウイルス病診断．農文協．
大木　理（1997）．植物ウイルス同定のテクニックとデザイン．日本植物防疫協会．
岡田吉美（1989）．植物ウイルスと分子生物学．東京大学出版会．
岡田吉美（2004）．タバコモザイクウイルス研究の 100 年．東京大学出版会．
佐藤邦彦ら編（2001）．植物病害虫の事典．朝倉書店．
植物ウイルス学研究所学友会編（1984）．野菜のウイルス病．養賢堂．
都丸敬一（2001）．植物のウイルス病物語．全国農村教育協会．
土崎常男ら編（1993）．作物ウイルス病事典．全国農村教育協会．
山口　昭（1982）．果樹ウイルス病の基礎知識．農文協．

山下修一（2002）．生物学データ大百科事典（石原勝敏ら編）．朝倉書店．
與良　清ら編（1983）．植物ウイルス事典．朝倉書店．

和文索引

〔**太字**は口絵の番号を示す〕

【ア行】

アイリス　118，184
アイリスイエロースポットウイルス　*Iris yellow spot virus*　118
アイリス微斑モザイクウイルス　*Iris mild mosaic virus*　184
カウリモウイルス属　*Caulimovirus*　65
アオキ　**5**，70，138
アオキ輪紋ウイルス　*Aucuba ringspot virus*　**5**，70
アカクローバ　169
アカザ科植物　81，120，131，134，139，140，141，142，234
アカザモザイクウイルス　*Sowbane mosaic virus*　234
アカヤジオウ　215
アキメギシバ　112
亜急性海綿状脳症　247
アサガオ類　78
アサツキ　210
アザミウマ　*Thrips*　117，166，170
アザミウマ類　119
アジサイ科　120
アズキ　162，181，183
アスター　226
アストロメニア　181
アストロメリア科　120
アストロメリアモザイクウイルス　*Alstroemeria mosaic virus*　181
アスパラガス　167，169，181，213
アスパラガスウイルス１　*Asparagus virus1*　181
アスパラガスウイルス２　*Asparagus virus 2*　167
アスパラガスウイルス３　*Asparagus virus 3*　213
アズマネザサ　187
アズマネザサモザイクウイルス　*Pleioblastus mosaic virus*　187
アネモネ　117
アブスンウイロイド科　*Avsunviroidae*　246
アブスンウイロイド属　*Avsunviroid*　246
アブチロン　**12**，76
アブチロンモザイクウイルス　*Abutilon mosaic virus*　**12**，76
アブラナ　224
アブラナ科植物　65，134，136，146，173，191，199
アブラムシ伝搬性ウイルス　3
アブラムシ類　13，67，68，82，128，129，131，135，143，144，146，147，149，162，163，164，165，166，176，180，192，194，195，198，204，206，215，235，237，239
アフリカ　74
アポスカウイロイド属　*Apscaviroid*　246
アマゾンユリ（ユーチャリス）　181
アマゾンユリモザイクウイルス　*Amazon lily mosaic virus*　181
アマリリス　184
アマリリスモザイクウイルス　*Hippeastrum mosaic virus*　184

アムペロウイスル属　*Ampelovirus*　201
アメーバ　7
アメリカナデシコ　196
アーモンド　169
アヤメ科植物　139
アラビスモザイクウイルス　*Arabis mosaic virus*　137
アリウム　184
アルギン酸ソーダ　31
アルストロメリア　118
アルファクリプトウイルス属　*Alphacryptovirus*　91
アルファモウイルス属　*Alfamovirus*　162
アルファルファ　91，162
アルファルファ潜伏ウイルス１　*Alfalfa cryptic virus 1*　91
アルファルファモザイクウイルス　*Alfalfa mosaic virus*　**48**，162
アルボウイルス　Arboviruses　29
アレクスウイルス属　*Allexvirus*　204
アワ　86，123，144
アンズ　187
イギリス　157，165，207
萎縮病　3
依存伝搬　dependent transmission　29
イタリアンライグラス　112，193
イチゴ　110，113，137，141，157，211，215
イチゴクギケナガアブラムシ　235
イチゴクリンクルウイルス　*Strawberry crinkle virus*　113
イチゴケナガアブラムシ　110，113，235
イチゴシュイドマイルドイエローエッジウイルス　*Strawberry pseudo mild yellow edge virus*　211
イチゴ潜在Ｃウイルス　*Strawberry latent C virus*　110
イチゴベインバンディングウイルス　*Strawberry vein banding virus*　68
イチゴマイルドイエローエッジウイルス　*Strawberry mild yellow edge virus*　215
イチゴモットルウイルス　*Strawberry mottle virus*　235
イチジク　208
イチジクＳウイルス　*Fig virus S*　208
一段増殖　one step growth　29
１本鎖 DNA ウイルス　73
１本鎖 RNA ウイルス　98
遺伝学　20
遺伝コード表（トリプレット）　21
遺伝子　gene　20，22
遺伝子診断　gene diagnosis　17
イニシェーションコドン　21
イネ　**15**，**16 (a)**，17，30，32，34，85，86，88，97，109，123，124，128，129，179
イネ萎縮ウイルス　*Rice dwarf virus*　**17**，86
イネいもち病菌　*Pyricularia oryzae*　7
イネえそモザイクウイルス　*Rice necrosis mosaic virus*　179
イネエンドルナウイルス　*Oryza sativa endornavirus*　97
イネ科植物　74，85，86，122，128，144，193
イネグラッシースタントウイルス　*Rice grassy stunt virus*　**32**，124
イネ黄葉ウイルス　*Rice transitory yellowing*

virus 109
イネ黒条萎縮ウイルス *Rice black-streaked dwarf virus* **15**, **16 (a)**, **16 (b)**, 85
イネ縞葉枯ウイルス *Rice stripe virus* **30**, **31**, 123
イネラギッドスタントウイルス *Rice ragged stunt virus* 88
イネわい化ウイルス Rice waika virus **34**, 129
イノコズチ 136
イラルウイルス属 *Ilarvirus* 166
イラン 237
イリス 181, 191
インゲンマメ 76, 77, 145, 164, 169, 181, 183, 232
インゲンマメ黄斑モザイクウイルス *Bean yellow mosaic virus* **59**, 181
インゲンマメ南部モザイク *Southern bean mosaic virus* **93**
インゲンマメ南部モザイクウイルス *Southern bean mosaic virus* 232
インゲンマメモザイクウイルス *Bean common mosaic virus* 181
インターフェロン 30
インド洋沿岸国 74
インパチェンス 117, 183, 209
インパチェンスえそ斑点ウイルス *Impatiens necrotic spot virus* 117
インパチェンス潜在ウイルス Impatiens latent virus 209
インフルエンザ influenza 4
インフルエンザウイルス influenza virus 26
ウイルス学 virology 2, 224
ウイルスゲノム 20
ウイルス粒子 virus particle, virion 9, 19
ウイルス粒子の集塊 *Tobamovirus, Potexvirus* 15
ウイロイド viroid 9, 25, 246
ウガンダ 115
ウシ 6
ウシ狂牛病 bovine spongiform encephalopathy 6
ウシ口蹄疫ウイルス food and mouth disease virus 8
ウメ 243
ウリ科植物 131, 138, 141, 142, 147, 186, 192, 199
ウンカ 13
ウンカ類 84, 88, 113, 124
温州ミカン 235
栄養繁殖 11
エキザカム 117
液性伝染生物 contagium vivum fluidum 8
エノコログサ類 189
エビネ **100**, 181, 183, 191, 207
エビネモザイクウイルス Calanthe mosaic virus 207
エマージングウイルス emerging 5
エラビウイロイド属 *Elaviviroid* 246
エンドウ **45**, 81, 135, 136, 145, 149, 156, 164, 181, 183, 184, 186, 187, 192, 216
エンドウ茎えそウイルス *Pea stem necrosis virus* **45**, 156
エンドウ種子伝染モザイクウイルス *Pea seed-borne mosaic virus* 186
エンドルナウイルス属 *Endornavirus* 97

エンバク　**26**, **39**, 85, 112, 123, 144, 198
黄化性ウイルス　3
オウトウ　168, 169
黄熱　yellow fever　5, 8
オオバコ　**84**, 223
オオバコモザイクウイルス　*Ribgrass mosaic virus*　**84**, 223
オオムギ　**38**, **57**, **81**, 3, 85, 88, 112, 144, 177, 177, 198, 220, 229
オオムギ黄萎ウイルス　*Barley yellow dwarf virus*　**38**, 144
オオムギ縞萎縮ウイルス　*Barley yellow mosaic virus*　**57**, 177
オオムギマイルドモザイクウイルス　*Barley mild mosaic virus*　178
オギ　**7**, 75
オギ条斑ウイルス　*Miscanthus streak virus*　7, 74
オーストラリア　193
オダマキ　**3**, 65
オダマキえそモザイクウイルス　Aquilegia necrotic mosaic virus　**3**, 65
オーチャードグラス　**94**, 193, 233
オドントグロッサムリングスポットウイルス　*Odontoglossum ringspot virus*　223
オーニソガラムモザイクウイルス　Ornithogalum mosaic virus　185
オニタビラコ　119
オニノゲシ　95
オヒシバ類　189
オフィオウイルス属　*Ophiovirus*　125
オリザウイルス属　*Oryzavirus*　88
オンシツコナジラミ　**74**, 200

【カ行】

科　family　32
カイガラムシ類　201, 202
カイケイジオウ　215
カイコ　175
会合　assembly　29
カイコ多角体病　*Silkworm nuclear polyhedrosis virus*　8
介在ウイルス　*Luteovirus*　237
外被蛋白質　coat protein　18, 31
外部病徴　external symptom　10
カウリモウイルス科　*Caulimoviridae*　64
カカオ　3
家きん類　6
核果類　187
核酸　RNA　9, 18, 20, 21
核酸プローブ法　17
核増殖型ウイルス　244
核蛋白質　nucleoprotein　16
カスミカメ　234
カスミカメムシ類　232
家畜類　domestic animal　5
可動遺伝子　9
カトレヤ　213
カナダ　178
カーネーション　**42**, 66, 153, 182, 196, 207
カーネーションえそ斑ウイルス　*Carnation necrotic fleck virus*　196
カーネーションエッチドリングウイルス　*Carnation etched ring virus*　66
カーネーション潜在ウイルス　*Carnation*

latent virus　207
カーネーション斑紋ウイルス　*Carnation mottle virus*　**42**，153
カーネーションベインモットルウイルス　*Carnation vein mottle virus*　182
カブ　134，190
カブ黄化モザイクウイルス　*Turnip yellow mosaic virus*　172
カブモザイクウイルス　*Turnip mosaic virus*　**65**，4，190
ガーベラ　108，117
ガーベラ潜在ウイルス　*Gerbera latent virus*　108
カボチャ　**66**，134，164，191，192
カボチャモザイクウイルス　*Watermelon mosaic virus*　**66**，191
カボチャモザイクウイルス１　*Watermelon mosaic virus 1*　186
カボチャモザイクウイルス２　*Watermelon mosaic virus 2*　192
カモジグサ　199
カラー　183，192
カラーモザイクウイルス　Zantedeschia mosaic virus　192
カリフラワー　**1**，66，190
カリフラワーモザイクウイルス　*Cauliflower mosaic virus*　**1**，22，66
カルトウイルス属　*Curtovirus*　78，153，206
肝炎　hepatitis　5
カンキツ　**52**，95，197，205，219，239
カンキツ萎縮ウイルス　*Satuma dwarf virus*　**95**，235
カンキツ黄色斑葉ウイルス　*Citrus yellow mottle virus*　242
カンキツタターリーフウイルス　*Citrus tatter leaf virus*　205
カンキツトリステザウイルス　*Citrus tristeza virus*　3，197
カンキツベインエネーションウイルス　*Citrus vein enation virus*　239
カンキツモザイク　235
カンキツリーフルゴースウイルス　*Citrus leaf rugose virus*　**52**，167
カンキツ類　239
桿菌状ウイルス　*Bacilliform DNA virus*　70，237
韓国　178
干渉　interference　30
桿（棒）状ウイルス　220
桿（棒）状～ひも状ウイルス　241
カンナ　**6**，71
カンナ黄色斑紋ウイルス　*Canna yellow mottle virus*　**6**，71
キイチゴ　137，142
機械的接種　mechanical inoculation　12
キク　**104**，117，165，199，208
キクＢウイルス　*Chrysanthemum virus B*　208
キク科植物　119，131，138
キク茎えそ　*Chrysanthenum stem necrosis virus*　117
キク微斑モザイクウイルス　*Chrysanthemum mild mottle virus*　165
キクわい化ウイロイド　*Chrysanthemum stunt viroid*　104
ギシギシ　169
キビ　86

ギボウシ　214
ギボウシXウイルス　*Hosta virus X*　214
逆転社（RT）ウイルス　98
キャピロウイルス属　*Capillovirus*　205
キャプソメア　capsomere　18
キャベツ　66，164，190
吸汁性昆虫　13
球状ウイルス　232，238
牛痘　cow pox　5，8
キュウリ　**72**，118，120，134，140，164，191，192，200，222
キュウリ異常果　222
キュウリ黄化ウイルス　*Cucumber yellows virus*　**72**，200
キュウリモザイクウイルス　*Cucumber mosaic virus*　**49 (a)**，4、163
キュウリ緑斑モザイクウイルス　*Cucumber green mottle mosaic virus*　**82**，4，222
狂犬病　rabies　5，8
キョウチクトウ科　120
共通保存領域（モチーフ）　22
局部病徴　local symptom　10
金コロイド法　16
キンセンカ　191
菌類　fungi　12，28
菌類ウイルス　fungal viruses, mycoviruses　7
菌類ウイルス分科会　Fungal Virus Subcommittee　32
菌類伝搬性桿状ウイルス　*Fungus-borne rod-shaped virus*　228
ククモウイルス属　*Cucumovirus*　163
クサヨシ（リードカナリーグラス）　189
クサヨシモザイクウイルス　Reed canary mosaic virus　189
クジャクサボテン　71
クズ　162
グラジオラス　138，140，181
クリスマスローズ　117
クリニウイルス属　*Crinivirus*　199
クールー病　Kuru　6
クロスジツマグロヨコバイ　109
クロステロウイルス科　*Closteroviridae*　194
クロステロウイルス属　*Closterovirus*　194
クローバ萎黄ウイルス　*Clover yellows virus*　**70**，198
クローバ葉脈黄化ウイルス　*Clover yellow vein virus*　183
クローバ類　145，164，181，183，198
グロリオーサ　**22**，108，184
グロリオーサ条斑ウイルス　*Gloriosa stripe mosaic virus*　184
グロリオーサ白斑ウイルス　Gloriosa fleck virus　**22**，108
クワ　140，209
クワ科　140
クワコナカイガラムシ　202，218
クワ潜在ウイルス　*Murberry latent virus*　209
クワ輪紋ウイルス　*Mulberry ringspot virus*　140
形質転換体　31
経卵伝染　11
血清試験　16
ゲノム　genome　20
検出　detection　10

原虫（プロトゾア） 7
抗ウイルス剤 30
光学顕微鏡 8
抗血清 antiserum 16
孝謙天皇 3
コウジカビ菌抽出物 31
甲州ブドウ 174
構造単位 structure unit 18
構造蛋白質のアミノ酸配列解 21
抗体 antibody 16
口蹄疫 foot and mouth disease 6
後天性免疫不全症候群（エイズ） acquired immunodeficiency syndrome, AIDS 5
コウライシバ 192，240
コカドウイロイド属 *Cocadviroid* 246
国際ウイルス分類委員会 InternationalCmittee on Taxnomy of Viruses 31，32
コショウ **101**，245
コックスフットウイルス *Cocksfoot mottle virus* **94**，233
コッホ，ロベルト 8，10
コナジラミ 13，75，199
コナジラミ類 204
コバノズミ 205
ゴボウ **98**，112，164，195，241
ゴボウ黄化ウイルス *Burdock yellows virus* 195
ゴボウ斑紋ウイルス Burdock mottle virus 98，241
ゴボウヒゲナガアブラムシ 196
ゴボウラブドウイルス *Burdock rhabdovirus* 112
ゴマ 192
ゴマ科 120
コマツナ 190
コムギ **58**，**71**，**88**，**97**，85，112，123，144，178，198，220，229，233，240
コムギ黄葉ウイルス *Wheat yellow leaf virus* **71**，198
コムギ縞萎縮ウイルス *Wheat yellow mosaic virus* **58**，178
コムギ斑紋萎縮ウイルス Wheat mottle dwarf virus **97**，175，240
コモウイルス科 *Comoviridae* 132
コモウイルス属 *Comovirus* 133
コルク化 218
コレウイロイド属 *Coleviroid* 246
昆虫 12
昆虫ウイルス 8，28
コンニャク 164，183

【サ行】

細菌ウイルス bacterial virus, bacteriophage 7，8
細菌ウイルス分科会 Bacerial Virus Subcommittee 32
細菌学 bacteriology 8
細菌ろ過器 8
サイトラブドウイルス属 *Cytorhabdovirus* 111
細胞質増殖型ウイルス 245
細胞質封入体 cytoplasmic inclusion 11，15
細胞内小器官異常 11
サギソウ 84，192
サギソウモザイクウイルス *Habenaria mosaic virus* 184

サクラ　53
サクラソウ科　120
サクラ属植物　169
ササゲ　181，183，232，233
ササゲモザイクウイルス　*Cowpea aphid-borne mosaic virus*　183
サッポロトビウンカ　86
サツマイモ　**11**，**63**，78，190，211
サツマイモGウイルス　Sweet potato virus G　190
サツマイモシンプトンレスウイルス　Sweet potato symptomless virus　211
サツマイモ潜在ウイルス　*Sweet potato latent virus*　190
サツマイモ葉巻ウイルス　*Sweet potato leaf curl virus*　**11**，78
サツマイモ斑紋モザイクウイルス　*Sweet potato feathery mottle mosaic virus*　**63**，189
サトイモ　164，183
サトイモモザイクウイルス　*Dasheen mosaic virus*　183
サトウキビ　189
サトウキビモザイクウイルス　*Sugarcane mosaic virus*　**62**，189
サドワウイルス属　*Sadwavirus*　234
サブユニット　subunit　18
サボテン　85
サボテンXウイルス　*Cactus virus X*　213
サボテン桿菌状ウイルス　Epiphyllum bacilliform virus　71
サボテン類　213，224
サーモンズオプンチアウイルス　*Sammons' Opuntia virus*　**85**，224
サワーオレンジ　3
酸化防止剤　119
サントウサイ　240
サントウサイ潜伏ウイルス　*Santousai temperate virus*　240
シイタケ菌抽出物　31
ジェミニウイルス科　*Geminiviridae*　73
ジオウXウイルス　Rehmannia virus X　215
子宮頸がん　human papilloma　5
シクラメン　117
自己組立　self assembly　29
シストロン　cistron　20，23
シソ　187
シソ科　120
シソ斑紋ウイルス　Perilla mottle virus　187
ジニア　191
シネラリア　117
シバモザイクウイルス　*Zoysia mosaic virus*　**67**，192
篩部　15
篩部え死　phloem necrosis　11
ジャガイモ　**77**，**91**，3，4，141，146，148，162，164，180，187，188，210，211，214，231
ジャガイモAウイルス　*Potato virus A*　187
ジャガイモMウイルス　*Potato virus M*　210
ジャガイモSウイルス　*Potato virus S*　210
ジャガイモXウイルス　*Potato virus X*　**77**，214
ジャガイモYウイルス　*Potato virus Y*　**60**，188
ジャガイモ黄斑モザイクウイルス　*Potato aucuba mosaic virus*　214

ジャガイモがんしゅ病菌　215
ジャガイモ衰弱病　148
ジャガイモ南部潜在ウイルス　Southern potato latent virus　211
ジャガイモ葉巻ウイルス　*Potato leafroll virus*　148
ジャガイモヒゲナガアブラムシ　145，149
ジャガイモモップトップウイルス　*Potato mop-top virus*　**91**，231
シャクヤク　226
シャロット黄色条斑ウイルス　*Shallot yellow stripe virus*　189
シャロット潜在ウイルス　*Shallot latent virus*　210
種　species　32
シュイドウイルス科　*Pseudoviridae*　98
獣医学　6
汁液接種　sap inoculation　12
シュイドウイルス属　*Pseudovirus*　99
腫瘍（ガン）　8
腫瘍（ゴール）　11
循環型ウイルス　13
シュンラン　239
シュンラン退緑斑ウイルス　*Cymbidium chlorotic mosaic virus*　239
ショウジョウバエ　101
小児マヒ（ポリオ）　polio　4
植物ウイルス学　224
植物ウイルス分科会　Plant Virus Subcommittee　31
シレウイルス属　*Sirevirus*　100
シロオビウンカ　86
シロクローバ　**48**，**70**，**78**，93，94，162，216
シロクローバ潜伏ウイルス１，３　*White clover cryptic virus 1, 3*　93
シロクローバ潜伏ウイルス２　*White clover cryptic virus 2*　94
シロクローバモザイクウイルス　*White clover mosaic virus*　78，216
進化　evolution　26
シンジウム　99
診断　diagnosis　10
ジンチョウゲ　208
ジンチョウゲSウイルス　Daphne virus S　208
シンビジウム　213，239，244
シンビジウム微斑モザイクウイルス　*Cymbidium mild mosaic virus*　239
シンビジウムモザイクウイルス　*Cymbidium mosaic virus*　213
スイカ　120，134，164，191，222
スイカ灰白色斑紋ウイルス　*Watermelon silver mottle virus*　120
スイカこんにゃく病　4，222
スイカズラ　**9 (b)**，76
スイカズラ葉脈黄化ウイルス　*Honeysuckle yellow vein mosaic virus*　76
スイカ緑斑モザイクウイルス　*Kyuri green mottle mosaic virus*　222
スイセン　137，141，142，185，209，214，226
スイセン黄色条斑ウイルス　*Narcissus yellow stripe virus*　185
スイセン微斑モザイクウイルス　Narcissus mild mottle virus　209
スイセンモザイクウイルス　*Narcissus mosaic virus*　214

垂直伝染　vertical transmission　11, 28
水平伝染　horizonal transmission　11, 28
スカッシュモザイクウイルス　*Squash mosaic virus*　134
スクレイピー群　scrapie　6
スズメノカタビラ　112
スズメノテッポウ　86
スターチス　117, 183
ズッキーニ　191, 192
ズッキーニ黄斑モザイクウイルス　*Zucchini yellow mosaic virus*　192
ストロメリア　117
スプライシング　splicing　23
スモモ黄色網斑ウイルス　*Plum line pattern virus*　53, 168, 240
スモモ類　168
制限酵素　restrictive enzyme　21
セイヨウナシ　217
脊椎動物　247
脊椎動物ウイルス分科会　Vertebrate Virus Subcommittee　32
セクイウイルス科　*Sequiviridae*　127
セクイウイルス属　*Sequivirus*　130
接触　contact　11, 28
節足動物　Arthopoda　28, 115
セミノール　167
セリ　182
セリ科植物　128, 131
セルリー　106, 137, 141, 150, 182
セルリーモザイクウイルス　*Celery mosaic virus*　182
全身病徴　systemic symptom　10
線虫　nematode　12, 28, 137, 138, 139, 140, 141, 226
線虫伝染性多面体ウイルス　*nematode-borne polyhedral virus*　137
ソイモウイルス属　*Soymovirus*　69
藻類　7
属　genus　32
組織局在性　15
ソテツ　**36**, 138
ソテツえそ萎縮ウイルス　*Cycas necrotic stunt virus*　**36**, 138, 240
ソテツ科　139
ソベモウイルス属　*Sobemovirus*　232
ソラマメ　**13**, **25**, **35 (a)**, **51**, **59**, **90**, **96**, 81, 111, 135, 136, 149, 162, 164, 181, 192, 230, 238
ソラマメウイルトウイスル１　*Broad bean wilt virus 1*　135
ソラマメウイルトウイスル２　*Broad bean wilt virus 2*　**35 (a)**, **35 (b)**, 136
ソラマメえそモザイクウイルス　*Broad bean necrosis virus*　**90**, 230
ソラマメ黄色輪紋ウイルス　Broad bean yellow ringspot virus　**96**, 238
ソラマメ潜伏ウイルス　*Vicia cryptic virus*　93
ソラマメ葉脈黄化ウイルス　Broad bean yellow vein virus　**25**, 111
ソルガム　185
ソルガムモザイクウイルス　*Sorghum mosaic virus*　189
ソルガム類　189

【タ行】

ダイオウ　240
ダイオウ潜伏ウイルス　*Rhubarb temperate virus*　240
ダイコン　**18**, 65, 66, 134, 136, 164, 190
ダイコンひだ葉ウイルス　*Radish mosaic virus*　134
ダイコン葉縁黄化ウイルス　*Radish yellow edge virus*　**18**, 92
ダイズ　**61**, 69, 81, 138, 140, 145, 162, 164, 181, 189, 226, 232, 240
ダイズ退緑斑紋ウイルス　*Soybean chlorotic mottle virus*　69
ダイズ微斑モザイクウイルス　Soybean mild mosaic virus　139, 240
ダイズモザイクウイルス　*Soybean mosaic virus*　**61**, 189
ダイズわい化ウイルス　*Soybean dwarf virus*　145
タイミンチク　187
台湾　109
タイワンツマグロヨコバイ　109
高接病　212
多成分（粒子）ウイルス　multi-component　20
ダニ　12
タバコ　**20**, **37**, **46**, **50**, **60**, **86**, 76, 77, 119, 120, 140, 142, 150, 157, 163, 164, 169, 188, 190, 214, 224, 226
タバコえそ萎縮ウイルス　*Tobacco necrotic dwarf virus*　150
タバコ茎えそウイルス　*Tobacco rattle virus*　**87**, 226
タバココナジラミ　76, 77, 78
タバコ条斑ウイルス　*Tobacco streak virus*　169
タバコネクローシスウイルス　*Tobacco necrosis virus*　**46**, 157
タバコネクロシスウイルス　*Tobacco necrosis virus*　240
ダバコネクロシスサテライトウイルス　Tobacco necrosis satellite virus　240
タバコ葉巻ウイルス　*Tobacco leaf curl virus*　8, **9 (a)**, **9 (b)**, 3, 76
タバコ脈緑モザイクウイルス　*Tobacco vein banding mosaic virus*　190
タバコモザイクウイルス　*Tobacco mosaic virus*　**86**, 19, 223, 224
タバコモザイク病　4, 8
タバコ輪点ウイルス　*Tobacco ringspot virus*　**37**, 140
タバコわい化ウイルス　*Tobacco stunt virus*　**20**, 96
タマネギ　117, 118, 185, 189
ターミネーションコドン　22
多面体ウイルス　18
ダリア　**2**, 67, 119, 169
ダリアモザイクウイルス　*Dahlia mosaic virus*　**2**, 67
単成分（粒子）ウイルス　mono-component　20
蛋白質　9, 18, 22
蛋白質性伝染粒子　proteinaceous infectious particles　247
蛋白質分解酵素　protease　23
蛋白質を生じるウイルス群　*Potyviridae*　15
チェラウイルス属　*Cheravirus*　236
チェリーリーフロールウイルス　*Cherry*

leafroll virus　239
チェリー緑色輪紋ウイルス　*Cherry green ring mottle virus*　242
チモウイルス科　*Tmoviridae*　171
チモウイルス属　*Tymovirus*　172
中国　178
チューリップ　**33**，**47**，**64**，157，190，216，226
チューリップXウイルス　*Tulip virus X* 215
チューリップサビダニ　204
チューリップヒゲナガ　188
チューリップ微斑モザイクウイルス　*Tulip mild mottle mosaic virus*　**33**，126
チューリップ斑入り　3
チューリップモザイクウイルス　*Tulip breaking virus*　**64**，3，190
超薄切片法　14
沈降定（係）数　19
ツノゼミ　79
ツノナス　159，160
ツバキ　241
ツバキ斑葉ウイルス　*Camellia yellow mottle virus*　241
ツボカビ　215
ツマグロヨコバイ　109
ツリフネソウ科　120
ツルナ科　139，141，142
ツルマメ　**93**，232
テオシント　144
テッポウユリ　205
テヌイウイルス属　*Tenuivirus*　122
テンサイ　182
電子顕微鏡　13
デンドロビウム　183，213
デンドロビウムモザイクウイルス　*Dendrobium mosaic virus*　183
天然痘（痘瘡）　variola　4
ドイツ　68
トウガラシ　77，162，223
トウガラシ（ピーマン）　117
トウガラシ斑紋ウイルス　Pepper mottle virus 187
トウガラシマイルドモザイクウイルス　*Pepper mild mosaic virus*　223
トウガラシ葉脈黄化ウイルス　*Pepper vein yellows virus*　148
トウガン　192
同定　identification　10
トウモロコシ　**16 (b)**，**31**，**62**，85，88，123，128，144，164，185，189
トウモロコシアブラムシ　144，199
トウモロコシドワーフモザイクウイルス　*Maize dwarf mosaic virus*　185
トケイソウ　210
トケイソウ潜在ウイルス　*Passiflora latent virus*　210
土壌伝染　12，28
トスポウイルス属　*Tospovirus*　116，221
トビイロウンカ　88，124
トビイロウンカレオウイルス　*Nilaparvata lugens reovirus*　85
トブラウイルス属　*Tobravirus*　225
トポクウイルス属　*Topocuvirus*　79
トマト　**8**，**10**，**24**，**28**，**49 (a)**，76，77，79，110，117，119，141，142，159，163，164，165，214，225
トマトアスパーミィーウイルス　*Tomato*

aspermy virus　165
トマト黄化えそウイルス　*Tomato spotted wilt virus*　**28**, **29**, 119
トマト黄化葉巻ウイルス　*Tomato yellow leaf curl virus*　**10**, 77
トマト黒色輪点ウイルス　*Tomato black ring virus*　141
トマトブッシースタントウイルス　*Tomato bushy stunt virus*　159
トマトモザイクウイルス　*Tomato mosaic virus*　225
トマト葉脈透化ウイルス　Tomato vein clearing virus　**24**, 110
トマト輪点ウイルス　*Tomato ringspot virus*　141
トムブスウイルス科　*Tombusviridae*　152
トムブスウイルス属　*Tombusvirus*　158
トランスポゾン　27
トリコウイルス属　*Trichovirus*　216
トルコギキョウ　77, 117, 118, 157, 159, 181, 191, 192
トルコギキョウえそウイルス　*Lisianthus necrosis virus*　157

【ナ行】

内部病徴　internal symptom　10
ナシえそ斑点ウイルス　*Pear necrotic spot virus*　243
ナシ輪点ウイルス　*Pear ringspot virus*　239
ナス　136, 164
ナス科植物　81, 119, 131, 134, 138, 139, 141, 142
ナズナ　150
なすり付け接種　12
ナツカン萎縮　235
ナツミカン　197
ナノウイルス科　*Nanoviridae*　80
ナノウイルス属　*Nanovirus*　80
ニガウリ　120
肉腫　oncorna　5, 25
ニビル　210
２本鎖（逆転写）DNA ウイルス　64
２本鎖 RNA ウイルス　83
乳がん　25
ニューカッスル病　newcastle disease　6
ニューギニアインパチェンス　117
ニラ　118, 207, 210, 239
ニラ萎縮ウイルス　Chinese chive dwarf virus　207
ニワトコ　107, 208
ニワトコ葉脈透明ウイルス　*Elder vein clearing virus*　107
ニワトコ輪紋ウイルス　Elder ring mosaic virus　208
ニワトリ肉腫　rous sarcoma　8
ニンジン　**27**, **69**, **93**, 106, 114, 150, 164, 182, 196
ニンジンアブラムシ　106, 150, 197
ニンジン黄化ウイルス　*Carrot red leaf virus*　150
ニンジン黄葉ウイルス　*Carrot yellow leaf virus*　**69**, 196
ニンジン潜在ウイルス　*Carrot latent virus*　106
ニンジン潜伏ウイルス１, ３, ４　*Carrot temperate virus 1, 3, 4*　91
ニンジン潜伏ウイルス２　*Carrot temperate*

virus 2　93
ニンジンフタオアブラムシ　150
ニンジンラブドウイルス　Carrot rhabdovirus　**27**，113
ニンニク　183，184，185，204，208，210
ニンニク潜在ウイルス　*Garlic latent virus*　208
ニンニクダニ伝染モザイクウイルス　*Garlic mite-borne mosaic virus*　204
ニンニクモザイクウイルス　*Garlic mosaic virus*　183
ヌクレオキャプシド　nucleocapside　18
ヌクレオラブドウイルス属　*Nucleorhabdovirus*　106
ネガティーブ染色法　13
ネギ　138，184，185，189，210
ネギアザミウマ　118
ネギ萎縮ウイルス　*Onion yellow dwarf virus*　185，189
ネギ類　204
ネクタリン　243
ネクロウイルス属　*Necrovirus*　157
ネコブカビ科　178，179，227，229，230
ネーブル斑葉モザイク　235
ネポウイルス属　*Nepoirus*　137
練馬ダイコン　4
脳炎　encephalitis　5
ノゲシ　119
ノシバ　**67**，192，240

【ハ行】

媒介生物　vector　12，28
ハイビスカス　**83**，154，222
ハイビスカス黄斑ウイルス　Hibiscus yellow mosaic virus　**83**，222
ハイビスカス退緑斑ウイルス　*Hibiscus chlorotic ringspot virus*　154
バイモ　214
バイモウイルス属　Bymovirus　177
バイモモザイクウイルス　*Fritillaria mosaic virus*　214
培養　8
バイロプラズム　viroplasm　15
ハクサイ　136，164，172，190
バクテリオファージ　bacteriophage　9
麻疹　measles　5
ハス　**23**，109
ハスクビレアブラムシ　109
ハス条斑ウイルス　*Lotus streak virus*　**23**，109
パスツール，ルイ　8
パセリー　150，182
パチョリ　186
パチョリモットルウイルス　Patchouli mottle virus　185
白血病　leukosis　5，25
ハッサク　197
パッションフルーツ　186
パッションフルーツウッディネスウイルス　Passion fruit woodiness virus　186
バドナウイルス属　*Badnavirus*　70
ハナショウブ　43
ハナショウブえそ輪紋ウイルス　*Japanese iris necrotic ring virus*　**43**，155
バナナ　**14**，81
バナナバンチィトップウイルス　*Banana bunchy top virus*　**14**，81

パパイア　186
パパイア奇形葉モザイクウイルス　Papaya leaf distortion mosaic virus　186
パパイア輪点ウイルス　*Papaya ringspot virus*　186
バブウイルス属　*Babuvirus*　81
バーベナ　117
ハムシ　153, 172, 233
ハムシ類　133, 134, 171, 173, 232
ハモグリバエ　234
バラ　**54**, 169
バラ科植物　138, 141
バリコサウイルス属　*Varicosavirus*　95
パルチチウイルス科　*Partitiviridae*　90
非アブラナ科　126
ヒエ・キビ類　189
キカンバナ科　138
ヒゲナガアブラムシ　81
ビジョナデシコ　196
ヒツジ　6
ビティウイルス属　*Vitivirus*　218
ビート　**92**, 3, 4, 78, 141, 146, 164, 195, 199, 200
ビート（テンサイ）227
ビート萎黄ウイルス　*Beet yellows virus*　**68**, 195
ビートえそ性葉脈黄化ウイルス　*Beet necrotic yellow vein virus*　**92**, 227
ビート西部萎黄ウイルス　*Beet western yellows virus*　**40**, 146
ヒト天然痘　6
ヒト免疫不全　*Human immunodeficiency*　5
ビートモザイクウイルス　*Beet mosaic virus*　182
被膜　envelope　19
被膜を欠く短桿菌状ウイルス　243
ピーマン　**29**, 119, 148, 187, 223
ピーマン退緑斑紋　Capsicum chlorotic virus　117
ヒメトビウンカ　86
ヒメハダ類　243, 144
ヒャクニチソウ　67
ヒユ科　131, 139
病気　disease　2
病原　pathogen　2
病原学　etiology　2
病徴　symptom　10
病毒　8
ヒヨドリバナ　**9 (a)**, 3, 76
ヒラズハナザミウマ　117
ビールムギ（二条オオムギ）178
ビロプラズム　viroplasm　11
ファイトレオウイルス属　*Phytoreovirus*　86
ファージ汚染　7
ファバウイルス属　*Fabavirus*　135
フィジーウイルス属　*Fijivirus*　84
風疹　rubella　5
封入体　inclusion　11, 15
フォベアウイルス属　*Foveavirus*　212
フキ　106, 137, 163, 164, 207
フキモザイクウイルス　Butterbur mosaic virus　207
フキラブドウイルス　*Butterbur rhabdovirus*　106
フクジュソウ　238
フクジュソウモザイクウイルス　*Adonis*

mosaic virus 238
フシダニ 192，193，216，217
フシダニ類 204
ブタ 6
ブタコレラ hog cholera 8
ブドウ **56**，**75**，**79**，139，142，160，174，198，201，217，218，234，239
ブドウ A ウイルス *Grapevine A virus* 218
ブドウ B ウイルス *Grapevine B virus* 202，218
ブドウ味無果ウイルス Grapevine ajinashika virus 174
ブドウアルジェリア潜在ウイルス *Grapevine Algerian latent virus* 160
ブドウ萎縮ウイルス *Grapevine stunt virus* 239
ブドウえそ果ウイルス *Grapevine berry inner necrosis virus* **79**，217
ブドウ球菌 8
ブドウコキーバークウイルス *Grapevine corky bark virus* 242
ブドウコナカイガラムシ 202，218
ブドウ葉巻ウイルス *Grapevine leafroll virus* **56**，**75**，174，201
ブドウ葉巻随伴ウイルス１ *Grapevine leafroll-associated virus 1* 202
ブドウ葉巻随伴ウイルス２ *Grapevine leafroll-associated virus 2* 198
ブドウ葉巻随伴ウイルス３ *Grapevine leafroll-associated virus 3* 202
ブドウハモグリダニ 217
ブドウファンリーフウイルス *Grapevine fanleaf virus* 139
ブドウフレックウイルス *Grapevine fleck virus* 56，174
ブニヤウイルス科 *Bunyaviridae* 115，122
浮遊密度 19
プラス（＋）鎖ウイルス 127
プラム 169，187
プラム・スモモ 187
プラムボックスウイルス *Plum box virus* 187
プランクトン 7
フランス 178
プリオン prion 6，9，247
フリージア 181
プリムラ 214
プルナスネクロティックリングスポットウイルス *Prunus necrotic ringspot virus* 169
プルナスリングスポットウイルス *Prunus necrotic ringspot virus* 54
プルーン 168
プルン 234
プルンドワーフウイルス *Prune dwarf virus* 168
フレキシウイルス科 *Flexiviridae* 203
フロウイルス属 *Furovirus* 228
ブロッコリー 66，190
ブロモウイルス科 *Bromoviridae* 161
分子生物学 20
分離 10
ベゴニア 117
ベゴモウイルス属 *Begomovirus* 75
ベースクリプトウイルス属 *Betacryptovirus* 93
ペチュウイルス属 *Petuvirus* 68
ペチュニア **4**，68，117

ペチュニア葉脈透化ウイルス *Petunia vein clearing virus* **4**, 68
ベニウイルス属 *Benyvirus* 227
ペラモウイロイド属 *Pelamoviroid* 246
ヘルペス herpes 5
変異 variation 26
べん毛菌類 157, 158
ポインセチア **55**, 173
ポインセチアモザイクウイルス *Poinsettia mosaic virus* **55**, 173
方向づけられた組立 directed assembly 29
ホウレンソウ **35 (b)**, **40**, **68**, **87**, 146, 150, 164, 182, 183, 184, 226, 228
ホウレンソウ潜伏ウイルス *Spinach temperate virus* 92
ホスツウイロイド属 *Hostviroid* 246
ポスピウイロイド科 *Pospiviroidae* 246
ポスピウイロイド属 *Pospiviroid* 246
ポチィウイルス科 *Potyviridae* 176
ポチィウイルス属 Potyvirus 180
ホップ **103**, 208, 209
ホップ潜在ウイルス *Hop latent virus* 208
ホップモザイクウイルス *Hop mosaic virus* 209
ホップわい化ウイロイド *Hop stunt viroid* **103**
ポテックスウイルス属 *Potexvirus* 212
ポピールイ 191
ポモウイルス属 *Pomovirus* 230
ポリオ 8
ポリシストロン 23
ホルディウイルス属 *Hordeivirus* 220
ポレロウイルス属 *Polerovirus* 146
翻訳 translation 23

【マ行】

マイツバカイドウ 205
マイナス（−）鎖ウイルス 104
膜状封入体 vesicular body 11, 15
マクラウイルス属 *Maculavirus* 174
マサキ **21**, 107
マサキモザイクウイルス Euonymus mosaic virus **21**, 107
マスツレウイルス属 *Mastrevirus* 74
マッシュルーム *Agaricus bisporus* 7
マメ科植物 81, 120, 139, 140, 141, 142, 146, 181
万葉集 3, 76
ミカンキイロアザミウマ 117
ミカンクロアブラムシ 239
ミカンコナカイガラムシ 218
ミザクラ 242
ミツバ 106
ミツバカイドウ台木リンゴ 212
ミトコンドリア 11, 16
ミナミキイロアザミウマ 118, 120
ミラフォリレタスウイルス *Mirafiori lettuce virus* 126
ムギクビレアブラムシ 144, 199
ムギ斑葉モザイクウイルス *Barley stripe mosaic virus* 81, 220
ムギヒゲナガアブラムシ 144
ムギミドリアブラムシ 144
ムギ類萎縮ウイルス *Soil-borne wheat mosaic virus* **88**, 229
ムギ類北地モザイクウイルス *Northern cereal mosaic virus* **26**, 112

虫体内増殖型ウイルス　13
無脊椎動物ウイルス分科会　Invertebrate Virus Subcommittee　32
命名　nomenclature　33
メタウイルス科　*Metaviridae*　101
メタウイルス属　*Metavirus*　102
メヒシバ　86
メロン　**41**, **44**, **73**, **82**, 118, 120, 134, 147, 155, 164, 191, 200, 222, 237
メロンえそ斑点ウイルス　*Melon necrotic spot virus*　**44**, 155
メロン黄化えそウイルス　*Melon yellow spot virus*　118
メロン葉脈黄化ウイルス　Melon vein yellowing virus　**41**, 147
免疫　immunity　30
免疫電顕法　16
免疫不全　25
モモ　142, 169, 187, 210, 217, 239, 243
モモSウイルス　Prunus virus S　210
モモアカアブラムシ　66, 148, 149, 150, 188, 196, 207, 239
モモ黄葉ウイルス　*Peach yellow leaf virus* 243
モモひだ葉ウイルス　*Peach enation virus* 239
モロコシ　86

【ヤ行】

ヤダケ　187
ヤチイヌガラシ　224
ヤマイモ類　191
ヤマノイモ　**76**, 208
ヤマノイモえそモザイクウイルス　Chinese yam necrotic mosaic virus　**76**, 208
ヤマノイモマイルドモザイクウイルス　Yam mild mosaic virus　191
ヤマノイモモザイクウイルス　*Yam mosaic virus*　191
ヤム（ダイジョウ）　191
ユウガオ　192, 222
有用植物　2
ユリ　185, 209, 214
ユリXウイルス　*Lily virus X*　214
ユリ科植物　120, 139, 147, 185
ユリ潜在ウイルス　*Lily symptomless virus* 209
ユリモットルウイルス　*Lily mottle virus* 185
溶菌斑（プラーク）　plaque　8
葉緑体　16
ヨコバイ　13, 78, 234
ヨコバイ類　74, 128, 129, 172

【ラ行】

ライグラスモザイクウイルス　*Ryegrass mosaic virus*　193
ライグラス類　193
ライムギ　85, 88, 144
ライモウイルス属　*Rymovirus*　192
ライラック　209
ライラック輪紋ウイルス　Lilac ringspot virus 209
裸子植物　138
ラーズベリー　236
ラッカセイ　165, 181, 187

ラッカセイ斑紋ウイルス *Peanut mottle virus* 186
ラッカセイわい化ウイルス *Peanut stunt virus* 165
ラッキョウ 147，184，185，189，210
ラナンキュラス 188
ラナンキュラスモットルウイルス Ranunculus mottle virus 188
ラブドウイルス 243
ラブドウイルス科 *Rhabdoviridae* 104
ランえそ斑紋ウイルス Orchid fleck virus **99**，244
ラン類 223，244
リーキ 147，183，184
リーキ黄化ウイルス *Leek yellows virus* 147
リーキ黄色条斑ウイルス *Leek yellow stripe virus* 183，184，185
リトルチェリーウイルス *Little cherry virus* 242
リボゾーム 9
両意（±）鎖ウイルス ambisense 104
リンゴ **105**，167，205，212，217，236
リンゴえそウイルス *Apple necrosis virus* 238
リンゴクテムピッチングウイルス *Apple stem pitting virus* 212
リンゴクロロリーフスポットウイルス *Apple chlorotic leaf spot virus* 217
リンゴさび果ウイロイド *Apple scar skin viroid* 105
リンゴステムグルーピングウイルス *Apple stem grooving virus* 205
リンゴ潜在球状ウイルス *Apple latent spherical virus* 236
リンゴモザイクウイルス *Apple mosaic virus* 167
リンゴゆず果ウイロイド *Apple fruit crinkle viroid* 106
リンドウ 117，183
リンドウ科 120
ルコウソウ 78
ルテオウイルス科 *Luteoviridae* 143
ルテオウイルス属 *Luteovirus* 144
ルバーブ 137
レオウイルス科 *Reoviridae* 83
レタス 19，95，126，137，141，164，184，200
レタスビッグベインウイルス *Lettuce big-vein virus* **19**，95
レタスモザイクウイルス *Lettuce mosaic virus* 184
レトロイドウイルス retoroidvirus 24
レトロトランスポゾン 27，101
レトロトランスポゾン（RNA 転移因子） 99，102
レトロポゾン retro transposon 9
レモン 167，205
レンゲ 81，181，216
レンゲ萎縮ウイルス *Milkvetch dwarf virus* **13**，81
レンコン **23**，109
ろ過性ウイルス 8

【ワ行】

ワイカウイルス属 *Waikavirus* 128
ワケギ 210

ワサビ　111, 191, 211
ワサビ潜在ウイルス　Wasabi latent virus　211
ワサビダイコン　66
ワサビヌクレオラブドウイルス　*Wasabi nucleorhabdo virus*　111
ワタ　169
ワタアブラムシ　147, 148, 188, 235, 239

欧文索引

〔**太字**は口絵の番号を示す〕

【A】

Abutilon mosaic virus　アブチロンモザイクウイルス　**12**、76
acquired immunodeficiency syndrome, AIDS　後天性免疫不全症候群（エイズ）　5
Adonis mosaic virus　フクジュソウモザイクウイルス　238
Agaricus bisporus　マッシュルーム　7
Alfalfa cryptic virus 1　アルファルファ潜伏ウイルス1　91
Alfalfa mosaic virus　アルファルファモザイクウイルス　**48**、162
Alfamovirus　アルファモウイルス属　162
Allexvirus　アレクスウイルス属　204
Alphacryptovirus　アルファクリプトウイルス属　91
Alstroemeria mosaic virus　アストロメリアモザイクウイルス　181
Amazon lily mosaic virus　アマゾンユリモザイクウイルス　181
ambisense　両意（±）鎖ウイルス　104
Ampelovirus　アムペロウイスル属　201
antibody　抗体　16
antiserum　抗血清　16
Anthriscus yellow virus　128
Apple chlorotic leaf spot virus　リンゴクロロリーフスポットウイルス　217
Apple fruit crinkle viroid　リンゴゆず果ウイロイド　106
Apple latent spherical virus　リンゴ潜在球状ウイルス　236
Apple mosaic virus　リンゴモザイクウイルス　167
Apple necrosis virus　リンゴえそウイルス　238
Apple scar skin viroid　リンゴさび果ウイロイド　105
Apple stem grooving virus　リンゴステムグルーピングウイルス　205
Apple stem pitting virus　リンゴクテムピッチングウイルス　212
Apscaviroid　アポスカウイロイド属　246
Aquilegia necrotic mosaic virus　オダマキえそモザイクウイルス　**3**、65
Arabis mosaic virus　アラビスモザイクウイルス　137
Arboviruses　アルボウイルス　29
Arthopoda　節足動物　28、115
Asparagus virus 1　アスパラガスウイルス1

181
Asparagus virus 2　アスパラガスウイルス２　167
Asparagus virus 3　アスパラガスウイルス３　213
assembly　会合　29
Aucuba ringspot virus　アオキ輪紋ウイルス　**5**、70
Avsunviroid　アブスンウイロイド属　246
Avsunviroidae　アブスンウイロイド科　246

【B】

Babuvirus　バブウイルス属　81
Bacerial Virus Subcommittee　細菌ウイルス分科会　32
Bacilliform DNA virus　桿菌状ウイルス　70、237
bacterial virus, bacteriophage　細菌ウイルス　7、8
bacteriology　細菌学　8
bacteriophage　バクテリオファージ　9
Badnavirus　バドナウイルス属　70
Banana bunchy top virus　バナナバンチィトップウイルス　**14**、81
Barley mild mosaic virus　オオムギマイルドモザイクウイルス　178
Barley stripe mosaic virus　ムギ斑葉モザイクウイルス　81、220
Barley yellow dwarf virus　オオムギ黄萎ウイルス　**38**、144
Barley yellow mosaic virus　オオムギ縞萎縮ウイルス　**57**、177
Bean common mosaic virus　インゲンマメモザイクウイルス　181
Bean golden mosaic virus　75
Bean virus 2　184
Bean yellow mosaic virus　インゲンマメ黄斑モザイクウイルス　**59**、181
Bean yellow mosaic virus　184
Beet curly top virus　3
Beet curly top virus　78
Beet mosaic virus　ビートモザイクウイルス　182
Beet necrotic yellow vein virus　ビートえそ性葉脈黄化ウイルス　**92**、227
Beet western yellows virus　ビート西部萎黄ウイルス　**40**、146
Beet yellows virus　ビート萎黄ウイルス　**68**、195
Begomovirus　ベゴモウイルス属　75
Benyvirus　ベニウイルス属　227
Betacryptovirus　ベータクリプトウイルス属　93
bovine spongiform encephalopathy　ウシ狂牛病　6
Broad bean yellow ringspot virus　ソラマメ黄色輪紋ウイルス　**96**、238
Broad bean yellow vein virus　ソラマメ葉脈黄化ウイルス　**25**、111
Broad bean necrosis virus　ソラマメえそモザイクウイルス　**90**、230
Broad bean wilt virus 1□ソラマメウイルトウイスル１　135
Broad bean wilt virus 2　ソラマメウイルトウイスル２　**35 (a)**、**35 (b)**、136
Bromoviridae　ブロモウイルス科　161
Bunyaviridae　ブニヤウイルス科　115、122

Burdock mottle virus　ゴボウ斑紋ウイルス　98、241
Burdock rhabdovirus　ゴボウラブドウイルス　112
Burdock yellows virus　ゴボウ黄化ウイルス　195
Butterbur rhabdovirus　フキラブドウイルス　106
Butterbur mosaic virus　フキモザイクウイルス　207
Bymovirus　バイモウイルス属　177

【C】

Caccao swollen shoot virus　3
Cactus virus X　サボテンXウイルス　213
Calanthe mosaic virus　エビネモザイクウイルス　207
Camellia yellow mottle virus　ツバキ斑葉ウイルス　241
Canna mosaic virus　184
Canna yellow mottle virus　カンナ黄色斑紋ウイルス　**6**、71
Capillovirus　キャピロウイルス属　205
Capsicum chlorotic virus　ピーマン退緑斑紋　117
capsomere　キャプソメア　18
Carnation etched ring virus　カーネーションエッチドリングウイルス　66
Carnation latent virus　カーネーション潜在ウイルス　207
Carnation mottle virus　カーネーション斑紋ウイルス　**42**、153
Carnation necrotic fleck virus　カーネーションえそ斑ウイルス　196
Carnation vein mottle virus　カーネーションベインモットルウイルス　182
Carrot latent virus　ニンジン潜在ウイルス　106
Carrot mottle virus　150
Carrot red leaf virus　ニンジン黄化ウイルス　150
Carrot rhabdovirus　ニンジンラブドウイルス　**27**、113
Carrot temperate virus 1, 3, 4　ニンジン潜伏ウイルス１、３、４　91
Carrot temperate virus 2　ニンジン潜伏ウイルス２　93
Carrot yellow leaf virus　ニンジン黄葉ウイルス　**69**、196
Cauliflower mosaic virus　カリフラワーモザイクウイルス　**1**、22、66
Caulimoviridae　カウリモウイルス科　64
Caulimovirus　カウリモウイルス属　65
Celery mosaic virus　セルリーモザイクウイルス　182
Cheravirus　チェラウイルス属　236
Cherry green ring mottle virus　チェリー緑色輪紋ウイルス　242
Cherry leafroll virus　チェリーリーフロールウイルス　239
Chinese chive dwarf virus　ニラ萎縮ウイルス　207
Chinese yam necrotic mosaic virus　ヤマノイモえそモザイクウイルス　**76**、208
Chrysanthemum mild mottle virus　キク微斑モザイクウイルス　165
Chrysanthemum stunt viroid　キクわい化ウイ

ロイド　104
Chrysanthemum virus B　キクBウイルス　208
Chrysanthenum stem necrosis virus　キク茎えそ　117
cistron　シストロン　20、23
Citrus leaf rugose virus　カンキツリーフルゴースウイルス　**52**、167
Citrus leprosis virus　244
Citrus psorosis virus　125
Citrus tatter leaf virus　カンキツタターリーフウイルス　205
Citrus tristeza virus　カンキツトリステザウイルス　3、197
Citrus vein enation virus　カンキツベインエネーションウイルス　239
Citrus yellow mottle virus　カンキツ黄色斑葉ウイルス　242
Closteroviridae　クロステロウイルス科　194
Closterovirus　クロステロウイルス属　194
Clover wound tumor virus　86
Clover yellow vein virus　クローバ葉脈黄化ウイルス　183
Clover yellows virus　クローバ萎黄ウイルス　**70**、198
coat protein　外被蛋白質　18，31
Cocadviroid　コカドウイロイド属　246
Cocksfoot mottle virus　コックスフットウイルス　**94**、233
Coconut foliar decay virus　80
Coffee ringspot virus　244
Coleviroid　コレウイロイド属　246
Comoviridae　コモウイルス科　132
Comovirus　コモウイルス属　133
contact　接触　11、28
contagium vivum fluidum　液性伝染生物　8
core gene 説　26
Cowpea aphid-borne mosaic virus　ササゲモザイクウイルス　183
Cowpea mosaic virus　133
cow pox　牛痘　5、8
Creatzfelt-Jakob disease　6
Crinivirus　クリニウイルス属　199
Cucumber green mottle mosaic virus　キュウリ緑斑モザイクウイルス　**82**、4、222
Cucumber mosaic virus　キュウリモザイクウイルス　**49 (a)**、4，163
Cucumber yellows virus　キュウリ黄化ウイルス　**72**、200
Cucumovirus　ククモウイルス属　163
Curtovirus　カルトウイルス属　78、153、206
Cycas necrotic stunt virus　ソテツえそ萎縮ウイルス　**36**、138、240
Cymbidium chlorotic mosaic virus　シュンラン退緑斑ウイルス　239
Cymbidium mild mosaic virus　シンビジウム微斑モザイクウイルス　239
Cymbidium mosaic virus　シンビジウムモザイクウイルス　213
cytoplasmic inclusion　細胞質封入体　11、15
Cytorhabdovirus　サイトラブドウイルス属　111
Cytorhabdovirus　104

【D】

Dahlia mosaic virus　ダリアモザイクウイル

ス　**2**、67
Dandelion yellow mosaic virus　130
Daphne virus S　ジンチョウゲ S ウイルス　208
Dasheen mosaic virus　サトイモモザイクウイルス　183
Dendrobium mosaic virus　デンドロビウムモザイクウイルス　183
dependent transmission　依存伝搬　29
detection　検出　10
diagnosis　診断　10
directed assembly　方向づけられた組立　29
disease　病気　2
domestic animal　家畜類　5
ds-DNA ウイルス　22、24
ds-RNA ウイルス　22、24

【E】

Elaviviroid　エラビウイロイド属　246
Elder ring mosaic virus　ニワトコ輪紋ウイルス　208
Elder vein clearing virus　ニワトコ葉脈透明ウイルス　107
emerging　エマージングウイルス　5
Enamovirus　Enamovirus 属　149
encephalitis　脳炎　5
Endornavirus　エンドルナウイルス属　97
envelope　被膜　19
Ephemerovirus　104
Epiphyllum bacilliform virus　サボテン桿菌状ウイルス　71
etiology　病原学　2
Euonymus mosaic virus　マサキモザイクウイルス　**21**、107
evolution　進化　26
external symptom　外部病徴　10

【F】

Fabavirus　ファバウイルス属　135
family　科　32
Fig virus S　イチジク S ウイルス　208
Fijivirus　フィジーウイルス属　84
Flexiviridae　フレキシウイルス科　203
foot and mouth disease　口蹄疫　6
food and mouth disease virus　ウシ口蹄疫ウイルス　8
Foveavirus　フォベアウイルス属　212
Fritillaria mosaic virus　バイモモザイクウイルス　214
Fungal Virus Subcommittee　菌類ウイルス分科会　32
fungal viruses, mycoviruses　菌類ウイルス　7
fungi　菌類　12、28
Fungus-borne rod-shaped virus　菌類伝搬性桿状ウイルス　228
Furovirus　フロウイルス属　228

【G】

Garlic latent virus　ニンニク潜在ウイルス　208
Garlic mite-borne mosaic virus　ニンニクダニ伝染モザイクウイルス　204
Garlic mosaic virus　ニンニクモザイクウイルス　183
Geminiviridae　ジェミニウイルス科　73

Phlebovirus　Phlebovirus 属　122
Phlebovirus　115
phloem necrosis　篩部え死　11
Phytoreovirus　ファイトレオウイルス属　86
Piper bacilliform virus　**101**，245
Plant Virus Subcommittee　植物ウイルス分科会　31
plaque　溶菌斑（プラーク）　8
Pleioblastus mosaic virus　アズマネザサモザイクウイルス　187
Plum box virus　プラムボックスウイルス　187
Plum line pattern virus　スモモ黄色網斑ウイルス　53、168、240
Poinsettia mosaic virus　ポインセチアモザイクウイルス　**55**、173
Polerovirus　ポレロウイルス属　146
polio　小児マヒ（ポリオ）　4
polymerase chain reaction　PCR 法　17
Polymyxa graminis　178，179
Pomovirus　ポモウイルス属　230
Pospiviroid　ポスピウイロイド属　246
Pospiviroidae　ポスピウイロイド科　246
Potato aucuba mosaic virus　ジャガイモ黄斑モザイクウイルス　214
Potato leafroll virus　ジャガイモ葉巻ウイルス　148
Potato mop-top virus　ジャガイモモップトップウイルス　**91**、231
Potato virus A　ジャガイモ A ウイルス　187
Potato virus M　ジャガイモ M ウイルス　210
Potato virus S　ジャガイモ S ウイルス　210
Potato virus X　ジャガイモ X ウイルス　**77**、214
Potato virus Y　ジャガイモ Y ウイルス　**60**、188
Potexvirus　ポテックスウイルス属　212
Potyviridae　蛋白質を生じるウイルス群　15
Potyviridae　ポチィウイルス科　176
Potyvirus　ポチィウイルス属　180
prion　プリオン　6、9、247
protease　蛋白質分解酵素　23
proteinaceous infectious particles　蛋白質性伝染粒子　247
Prune dwarf virus　プルンドワーフウイルス　168
Prunus necrotic ringspot virus　プルナスネクロティックリングスポットウイルス　169
Prunus necrotic ringspot virus　プルナスリングスポットウイルス　54
Prunus virus S　モモ S ウイルス　210
Pseudoviridae　シュイドウイルス科　98
Pseudovirus　シュイドウイルス属　99
Pyricularia oryzae　イネいもち病菌　7

【R】

Radish mosaic virus　ダイコンひだ葉ウイルス　134
rabies　狂犬病　5、8
Radish yellow edge virus　ダイコン葉縁黄化ウイルス　**18**、92
Ranunculus mottle virus　ラナンキュラスモットルウイルス　188
Reed canary mosaic virus　クサヨシモザイクウイルス　189
Rehmannia virus X　ジオウ X ウイルス　215

Reoviridae　レオウイルス科　83
restrictive enzyme　制限酵素　21
retoroidvirus　レトロイドウイルス　24
retro transposon　レトロポゾン　9
Retoroviridae　25
Rhabdoviridae　ラブドウイルス科　104
Rhubarb temperate virus　ダイオウ潜伏ウイルス　240
Ribgrass mosaic virus　オオバコモザイクウイルス　**84**、223
Rice black-streaked dwarf virus　イネ黒条萎縮ウイルス　**15**、**16 (a)**、**16 (b)**、85
Rice dwarf virus　イネ萎縮ウイルス　**17**、86
Rice giallume virus　144
Rice grassy stunt virus　イネグラッシースタントウイルス　**32**、124
Rice necrosis mosaic virus　イネえそモザイクウイルス　179
Rice ragged stunt virus　イネラギッドスタントウイルス　88
Rice rosette virus　124
Rice stripe virus　イネ縞葉枯ウイルス　**30**、**31**、123
Rice transitory yellowing virus　イネ黄葉ウイルス　109
Rice tungro 病　128
Rice waika virus　イネわい化ウイルス　**34**、129
RNA　核酸　9、18、20、21
rous sarcoma　ニワトリ肉腫　8
RT-PCR 法　18
rubella　風疹　5
Ryegrass mosaic virus　ライグラスモザイクウイルス　193
Rymovirus　ライモウイルス属　192

【S】

Sadwavirus　サドワウイルス属　234
Sammons' Opuntia virus　サーモンズオプンチアウイルス　**85**、224
Santousai temperate virus　サントウサイ潜伏ウイルス　240
Satuma dwarf virus　カンキツ萎縮ウイルス　**95**、235
sap inoculation　汁液接種　12
scrapie　スクレイピー群　6
self assembly　自己組立　29
Sequiviridae　セクイウイルス科　127
Sequivirus　セクイウイルス属　130
Shallot latent virus　シャロット潜在ウイルス　210
Shallot yellow stripe virus　シャロット黄色条斑ウイルス　189
Silkworm nuclear polyhedrosis virus　カイコ多角体病　8
Sirevirus　シレウイルス属　100
Sobemovirus　ソベモウイルス属　232
Soil-borne wheat mosaic virus　ムギ類萎縮ウイルス　**88**、229
Solanum violaefolium ringspot virus　**102**, 245
Sorghum mosaic virus　ソルガムモザイクウイルス　189
Southern bean mosaic virus　インゲンマメ南部モザイクウイルス　**93**, 232
Southern potato latent virus　ジャガイモ南部

潜在ウイルス　211
Sowbane mosaic virus　アカザモザイクウイルス　234
Soybean chlorotic mottle virus　ダイズ退緑斑紋ウイルス　69
Soybean dwarf virus　ダイズわい化ウイルス　145
Soybean mild mosaic virus　ダイズ微斑モザイクウイルス　139、240
Soybean mosaic virus　ダイズモザイクウイルス　**61**、189
Soymovirus　ソイモウイルス属　69
species　種　32
Spinach temperate virus　ホウレンソウ潜伏ウイルス　92
splicing　スプライシング　23
Squash mosaic virus　スカッシュモザイクウイルス　134
ss-DNA ウイルス　22、24
ss-RNA ウイルス（+鎖）　23
ss-RNA ウイルス（±、両意鎖）　23
Strawberry crinkle virus　イチゴクリンクルウイルス　113
Strawberry latent C virus　イチゴ潜在 C ウイルス　110
Strawberry mild yellow edge virus　イチゴマイルドイエローエッジウイルス　215
Strawberry mottle virus　イチゴモットルウイルス　235
Strawberry pseudo mild yellow edge virus　イチゴシュイドマイルドイエローエッジウイルス　211
Strawberry vein banding virus　イチゴベインバンディングウイルス　68
structure unit　構造単位　18
subunit　サブユニット　18
Sugarcane mosaic virus　サトウキビモザイクウイルス　**62**、189
Sweet potato feathery mottle mosaic virus　サツマイモ斑紋モザイクウイルス　**63**、189
Sweet potato latent virus　サツマイモ潜在ウイルス　190
Sweet potato leaf curl virus　サツマイモ葉巻ウイルス　**11**、78
Sweet potato symptomless virus　サツマイモシンプトンレスウイルス　211
Sweet potato virus G　サツマイモ G ウイルス　190
symptom　病徴　10
systemic symptom　全身病徴　10

【T】

Tenuivirus　テヌイウイルス属　122
Thrips　アザミウマ　117、166、170
Tmoviridae　チモウイルス科　171
Tobacco leaf curl virus　タバコ葉巻ウイルス　8、**9 (a)**、**9 (b)**、3、76
Tobacco mosaic virus　タバコモザイクウイルス　**86**、19、223、224
Tobacco necrosis satellite virus　ダバコネクロシスサテライトウイルス　240
Tobacco necrosis virus　タバコネクローシスウイルス　**46**、157
Tobacco necrosis virus　タバコネクロシスウイルス　240
Tobacco necrotic dwarf virus　タバコえそ萎縮ウイルス　150

Tobacco rattle virus　タバコ茎えそウイルス **87**、226
Tobacco ringspot virus　タバコ輪点ウイルス **37**、140
Tobacco streak virus　タバコ条斑ウイルス 169
Tobacco stunt virus　タバコわい化ウイルス **20**、96
Tobacco vein banding mosaic virus　タバコ脈緑モザイクウイルス　190
Tobamovirus　19
Tobamovirus, Potexvirus　ウイルス粒子の集塊　15
Tobravirus　トブラウイルス属　225
Tomato aspermy virus　トマトアスパーミィーウイルス　165
Tomato black ring virus　トマト黒色輪点ウイルス　141
Tomato bushy stunt virus　トマトブッシースタントウイルス　159
Tomato mosaic virus　トマトモザイクウイルス　225
Tomato pseudo-curly top virus　79
Tomato ringspot virus　トマト輪点ウイルス 141
Tomato spotted wilt virus　トマト黄化えそウイルス　**28**、**29**、119
Tomato vein clearing virus　トマト葉脈透化ウイルス　**24**、110
Tomato yellow leaf curl virus　トマト黄化葉巻ウイルス　**10**、77
Tombusviridae　トムブスウイルス科　152
Tombusvirus　トムブスウイルス属　158
Tombusvirus　152
Topocuvirus　トポクウイルス属　79
Tospovirus　トスポウイルス属　116、221
Tospovirus　115
translation　翻訳　23
Trichovirus　トリコウイルス属　216
Tulip breaking virus　チューリップモザイクウイルス　**64**、3、190
Tulip mild mottle mosaic virus　チューリップ微斑モザイクウイルス　**33**、126
Tulip virus X　チューリップXウイルス 215
Turnip mosaic virus　カブモザイクウイルス **65**、4，190
Turnip yellow mosaic virus　カブ黄化モザイクウイルス　172
Turnip yellow mosaic virus　19
Tymovirus　チモウイルス属　172
Tymovirus　19

【U】

Umbravirus 属　237

【V】

variation　変異　26
Varicosavirus　バリコサウイルス属　95
variola　天然痘（疱瘡）　4
vector　媒介生物　12、28
Vertebrate Virus Subcommittee　脊椎動物ウイルス分科会　32
vertical transmission　垂直伝染　11
vesicular body　膜状封入体　11、15
Vesiculovirus　104

Vicia cryptic virus　ソラマメ潜伏ウイルス　93
viroid　ウイロイド　9、25、246
virology　ウイルス学　2、224
viroplasm　バイロプラズム　15
viroplasm　ビロプラズム　11
virus particle, virion　ウイルス粒子　9、19
Vitivirus　ビティウイルス属　218
Vivum　8

【W】

Waikavirus　ワイカウイルス属　128
Wasabi latent virus　ワサビ潜在ウイルス　211
Wasabi nucleorhabdo virus　ワサビヌクレオラブドウイルス　111
Watermelon mosaic virus 1　カボチャモザイクウイルス１　186
Watermelon mosaic virus 2　カボチャモザイクウイルス２　192
Watermelon mosaic virus　カボチャモザイクウイルス　**66**、191
Watermelon silver mottle virus　スイカ灰白色斑紋ウイルス　120
Wheat mottle dwarf virus　コムギ斑紋萎縮ウイルス　**97**、175、240
Wheat yellow leaf virus　コムギ黄葉ウイルス　**71**、198
Wheat yellow mosaic virus　コムギ縞萎縮ウイルス　**58**、178
White clover cryptic virus 1, 3　シロクローバ潜伏ウイルス１、３　93
White clover cryptic virus 2　シロクローバ潜伏ウイルス２　94
White clover mosaic virus　シロクローバモザイクウイルス　78, 216

【Y】

Yam mild mosaic virus　ヤマノイモマイルドモザイクウイルス　191
Yam mosaic virus　ヤマノイモモザイクウイルス　191
yellow fever　黄熱　5、8

【Z】

Zantedeschia mosaic virus　カラーモザイクウイルス　192
Zoysia mosaic virus　シバモザイクウイルス　**67**、192
Zucchini yellow mosaic virus　ズッキーニ黄斑モザイクウイルス　192

山下修一（やました・しゅういち）

1970年、宮崎大学卒業。1975年、東京大学大学院博士課程（農学博士）。現在、東京大学大学院農学生命科学研究科准教授。農作物をふくめ各種有用植物を中心に、それらの病原についてひろく探求。菌類ウイルスについてはその黎明期から研究し、植物病原菌類として最初にイネいもち病菌ウイルスを発見したほか、食用きのこ、発酵菌などのウイルスについても究明。植物ウイルスに関しては、本邦産の3分の2以上を直接に電子顕微鏡で探究し、多数の新記載・未記載ウイルスを見出した。細菌、菌類、微小動物（フシダニ等）、ポストハーベスト（収穫後）病害、罹病植物の微細構造などについても探究しており、関連する分野は基礎科学・応用科学の両面に、幅広くわたっている。『植物病害虫の事典』(2001年、朝倉書店) など、多数の著書・編著書・論文がある。

植物ウイルス

——病原ウイルスの性状——

2011年6月10日　初版発行

編著者　**山下修一**

発行者　**長岡 正博**

発行所　**悠 書 館**

〒113-0033　東京都文京区本郷 2-35-21-302

TEL 03-3812-6504　FAX 03-3812-7504

URL http://www.yushokan.co.jp/

印刷・製本：シナノ印刷（株）

Japanese Text © Shuichi Yamashita, 2011 printed in Japan

ISBN978-4-903487-47-2

定価はカバーに表示してあります。